GH4169 高温合金塑性变形工艺与控制

骆俊廷 编著

燕山大学出版社
· 秦皇岛 ·

图书在版编目(CIP)数据

GH4169 高温合金塑性变形工艺与控制/骆俊廷编著. —秦皇岛:燕山大学出版社,2021.11
(2026.1重印)

ISBN 978-7-5761-0231-4

Ⅰ. ①G… Ⅱ. ①骆… Ⅲ. ①耐热合金—塑性变形—研究 Ⅳ. ①TG132.3

中国版本图书馆 CIP 数据核字(2021)第 211976 号

GH4169 高温合金塑性变形工艺与控制

骆俊廷 编著

总 策 划:陈 玉
责任编辑:孙志强
封面设计:方志强
出版发行:燕山大学出版社 YANSHAN UNIVERSITY PRESS
地 址:河北省秦皇岛市河北大街西段 438 号
邮政编码:066004
电 话:0335-8387555
印 刷:廊坊市印艺阁数字科技有限公司
经 销:全国新华书店

开 本:700 mm×1000 mm 1/16 **印 张**:20 **字 数**:300 千字
版 次:2021 年 11 月第 1 版 **印 次**:2026年1月第2次印刷
书 号:ISBN 978-7-5761-0231-4
定 价:78.00 元

前言

GH4169高温合金对应的美国牌号为Inconel718，是1959年由美国研发的一种Ni-Cr-Fe基变形合金，是一种时效硬化Ni-Cr-Fe基变形合金，具有优异的抗氧化性、抗热腐蚀性和抗疲劳性能以及良好的断裂韧性和塑性等综合力学性能且组织性能稳定，特别适合于飞行器热端部件和固体火箭零部件的制造，在航空航天高温材料领域中应用广泛。GH4169高温合金不适宜通过热处理方式来改善其性能，通过塑性变形工艺来提高锻件的组织性能和质量是重要手段，因此对其塑性变形过程中的组织进行控制是GH4169高温合金领域的重要研究课题。

轧制和锻造是常见的塑性变形工艺，轧制工艺主要用来制备板材，锻造工艺用来制备块体材料。高压扭转和多向锻造是典型的剧烈塑性变形(Severe Plastic Deformation，SPD)工艺，可以在变形过程中引入大的应变量(传统的塑性变形很难实现应变量大于1的真应变)，从而有效细化(亚微米或纳米量级)材料，且获得完整大尺寸块体试样；通过在变形过程中微观组织的控制，可以同时获得具有高强度与大塑性的块体微纳米材料。

当GH4169高温合金在高温条件下进行塑性变形时，动态再结晶的发生受到多种因素共同作用，传统的方式通常是通过经验来预估再结晶程度。近年来，计算机技术和数值计算技术得到了迅速的发展，有限元法现已在金属成形领域得到了广泛的应用，借助有限元仿真的手段可以直观地看到GH4169高温合金在变形过程中的流动行为，不仅能实现温度、应力和应变等力学指标的宏观描述，还可以对再结晶、回复和晶粒长大等材料物理行为进行宏观描述。因此，使用有限元模拟手段来预测金属在成形过程中的宏观变形行为和微观组织的演变行为能够节约大量的资源。热变形过程中的数值计算主要依靠材料的数学模型，从宏观角度来讲，材料的本构模型能够描述变形过程中的流变应力与温度、应变速率等参数之间的关系，从微观角度来讲，材料的再结晶模型能够描述变形过程中晶粒演变与变形条件间的关系，因此在材料塑性成形领域中具有重要作用。

本书针对塑性工艺与组织性能控制领域，重点介绍如下内容：GH4169 高温合金基本知识、高温合金板材轧制工艺及组织性能、高温合金锻造工艺及组织预报、高温合金多向锻造工艺及组织预报、高温合金高压扭转工艺以及高温合金超塑性和超塑性成形。

本书由燕山大学骆俊廷编著，本书的第 2 章～第 5 章和第 6 章的部分内容为作者多年来的研究成果的凝练，第 6 章的大部分内容源自作者的博士导师哈尔滨工业大学张凯锋教授团队的科研成果，第 1 章较多地参考了天津大学刘永长教授发表的相关综述文章，在此表示感谢。本书在编写过程中也得到了先进锻压成形技术与科学教育部重点实验室和亚稳材料制备技术与科学国家重点实验室的大力支持，在此表示感谢。

GH4169 高温合金是一种重要的高温合金材料，作者仅仅在特定领域对其进行了一些研究，研究还不够全面深入。由于个人能力所限，一些相关内容和作者的研究成果会存在问题或错误，望读者批评指正。

作　者

2020 年 12 月

目录

第1章 GH4169高温合金基本知识 …… 1

1.1 GH4169高温合金 …… 1
1.2 主要成分及相的构成 …… 2
1.3 高温合金强化原理 …… 4
1.3.1 固溶强化原理 …… 4
1.3.2 第二相强化原理 …… 4
1.3.3 晶界强化原理 …… 4
1.3.4 工艺强化原理 …… 5
1.4 高温合金细晶处理工艺研究概况 …… 6
1.4.1 细化工艺概述 …… 6
1.4.2 等温锻造细化工艺 …… 8
1.4.3 轧制细化工艺 …… 10

第2章 GH4169高温合金板材轧制工艺及组织性能 …… 11

2.1 引言 …… 11
2.2 板材轧制工艺 …… 11
2.2.1 试验材料与方案 …… 11
2.2.2 合金板材超细晶工艺 …… 13
2.2.3 高温金相研究 …… 17
2.2.4 性能检测及晶粒细化原理 …… 19
2.3 合金δ相析出规律及含量测定 …… 22
2.3.1 δ相形貌演变规律 …… 22
2.3.2 冷轧对合金δ相析出含量的影响 …… 25
2.4 合金相组成对力学性能的影响 …… 35
2.4.1 热处理方案 …… 35
2.4.2 第二相对GH4169合金塑性的影响 …… 36
2.4.3 第二相对GH4169合金硬度的影响 …… 40

第 3 章　GH4169 高温合金锻造工艺及组织预报 …… 46

3.1　引言 …… 46
3.2　GH4169 高温合金的高温变形行为研究现状 …… 46
3.2.1　GH4169 高温合金的流变应力模型研究现状 …… 47
3.2.2　GH4169 高温合金的微观组织演化模型研究 …… 48
3.3　GH4169 高温合金热变形过程中的成形模拟 …… 51
3.3.1　GH4169 高温合金热变形过程中的宏观模拟 …… 51
3.3.2　GH4169 高温合金热变形过程中的微观模拟 …… 52
3.4　GH4169 高温合金的热压缩变形试验 …… 53
3.4.1　动态再结晶 …… 53
3.4.2　亚动态再结晶 …… 66
3.4.3　静态再结晶 …… 75
3.4.4　晶粒长大 …… 85
3.4.5　GH4169 高温合金的热加工图 …… 87
3.5　GH4169 高温合金的微观组织演化模型 …… 95
3.5.1　GH4169 高温合金动态再结晶模型的建立 …… 95
3.5.2　GH4169 高温合金亚动态再结晶模型的建立 …… 97
3.5.3　GH4169 高温合金静态再结晶模型的建立 …… 100
3.5.4　GH416 高温合金晶粒长大模型的建立 …… 104
3.6　GH4169 高温合金涡轮盘锻造工艺模拟 …… 106
3.6.1　等效热参数的测定 …… 106
3.6.2　高温合金涡轮盘锤锻模拟 …… 109
3.6.3　模拟结果分析 …… 109
3.6.4　模拟验证试验 …… 119

第 4 章　GH4169 高温合金多向锻造工艺及组织预报 …… 121

4.1　引言 …… 121
4.2　多向锻造工艺 …… 122
4.2.1　二维多向锻造工艺 …… 123
4.2.2　三维多向锻造工艺 …… 124
4.3　材料模型研究进展 …… 125
4.3.1　材料本构模型研究进展 …… 125
4.3.2　材料微观组织演变模型研究进展 …… 129

4.4　神经网络及在锻造组织中的预测应用 …… 131
4.4.1　神经网络 …… 131
4.4.2　神经网络在锻造组织预测中的研究进展 …… 132
4.5　GH4169 合金本构方程和 Deform 软件二次开发 …… 132
4.5.1　试验材料和试验方法 …… 132
4.5.2　试验结果分析 …… 134
4.5.3　本构方程的构建 …… 136
4.5.4　动态再结晶模型 …… 141
4.5.5　Deform 软件二次开发 …… 148
4.5.6　再结晶过程子程序的编制 …… 149
4.6　多向锻造微观组织演化模拟 …… 151
4.6.1　有限元模型的建立 …… 152
4.6.2　单开式多向锻造数值模拟结果与分析 …… 153
4.6.3　不同工艺对比分析 …… 180
4.6.4　锻件在不同条件下微观组织变化情况 …… 184
4.6.5　锻件的不均匀性 …… 187
4.7　微观组织演化的神经网络预测 …… 191
4.7.1　网络结构设计 …… 191
4.7.2　神经网络训练结果与分析 …… 193
4.8　微观组织演化预测的试验验证 …… 200
4.8.1　试验材料及方法 …… 200
4.8.2　锻造工艺 …… 201
4.8.3　试验结果分析 …… 201
4.8.4　与神经网络预测结果的对比分析 …… 213

第 5 章　GH4169 高温合金高压扭转工艺 …… 215

5.1　概念及分类 …… 215
5.2　HPT 工艺的研究现状 …… 216
5.3　HPT 应变的定义及计算 …… 217
5.4　HPT 工艺的影响因素 …… 218
5.4.1　摩擦系数 …… 218
5.4.2　高径比 …… 218
5.4.3　压力 …… 218
5.4.4　下模扭转角度 …… 218

5.5 高压扭转对材料组织性能的影响 …… 218
5.6 GH4169 高温合金的高压扭转工艺 …… 219
5.6.1 高压扭转工艺流程 …… 219
5.6.2 试验设备 …… 220
5.6.3 VF-1600 高真空高温热处理炉 …… 220
5.7 试验结果分析 …… 221
5.7.1 成形零件的尺寸变化 …… 221
5.7.2 金相组织分析 …… 222
5.7.3 试样硬度分析 …… 227
5.7.4 GH4169 高温金相研究 …… 228
5.8 晶粒细化机制分析 …… 231
5.9 高压扭转工艺有限元模拟 …… 233
5.9.1 几何模型的建立 …… 233
5.9.2 高压扭转工艺 …… 234
5.9.3 高压扭转变形过程分析 …… 234
5.9.4 扭转角度对 HPT 工艺的影响 …… 242
5.9.5 压力对 HPT 工艺的影响 …… 243
5.10 高径比对高压扭转工艺的影响 …… 243
5.10.1 工艺参数 …… 243
5.10.2 高径比对高压扭转应力应变分布的影响 …… 244

第 6 章 GH4169 高温合金超塑性和超塑性成形 …… 252

6.1 超塑性研究现状及发展方向 …… 252
6.1.1 超塑性研究的现状 …… 252
6.1.2 超塑性变形的力学特性、组织变化及主要变形机理 …… 254
6.2 Inconel 718 合金超塑组织、超塑性能及机理研究概况 …… 258
6.2.1 适合超塑成形的 Inconel 718 合金材料及其超塑性特性 …… 258
6.2.2 Inconel 718 合金超塑成形过程中孔洞的产生及控制 …… 263
6.2.3 Inconel 718 合金超塑成形机理研究概况 …… 265
6.3 Inconel 718 合金超塑成形及应用研究进展 …… 265
6.3.1 超塑自由胀形试验情况 …… 265
6.3.2 Inconel 718 合金件的超塑成形 …… 266
6.3.3 超塑成形后的热处理 …… 267
6.3.4 Inconel 718 合金超塑成形在航天飞机上的应用探讨 …… 268

6.4 细晶 GH4169 合金板材的超塑性性能 …… 269
6.4.1 细晶合金组织条件分析 …… 269
6.4.2 冷变形+再结晶退火工艺所得细晶 GH4169 合金的超塑性 …… 273
6.4.3 冷变形+δ相析出+冷变形+再结晶退火工艺所得超细晶 GH4169 合金板材的超塑性 …… 275
6.4.4 超细晶 GH4169 合金与普通 GH4169 合金的性能比较 …… 279
6.4.5 超塑变形组织及变形机理 …… 281
6.4.6 细晶合金拉伸曲线分析 …… 297
6.5 集合器超塑性成形工艺研究 …… 303
6.5.1 试验材料 …… 303
6.5.2 制造方案确定 …… 303
6.5.3 成形结果 …… 305
参考文献 …… 307

GH4169高温合金基本知识

1.1 GH4169 高温合金

GH4169 高温合金对应的美国牌号为 Inconel718，是 1959 年由美国研发的一种 Ni-Cr-Fe 基变形合金，1962 年，美国国际镍公司对其申请了专利保护。其由于具有良好的高温组织稳定性、抗氧化腐蚀性能和焊接性能，优异的抗疲劳和抗蠕变性能，已成为当前应用最为广泛的高温合金之一(占世界高温合金总产量的 40%～50%)。GH4169 高温合金在 −253～700 ℃温度范围内都具有很好的综合性能，其屈服强度在 650 ℃以下居变形高温合金之首，不但具有良好的抗疲劳、抗氧化、抗辐射和耐腐蚀性能，还具有良好的焊接性能、加工性能以及长期组织稳定性，从而能够制造出各种形状复杂的零部件，适合于飞行器热端部件和固体火箭零部件的制造，被广泛应用于汽轮机工业、航天工业、化学工业和核工业等一些国防建设和国民经济生产活动。特别是在航空发动机上的应用，其用量占到材料总量的 40%～60%，可以说没有高温合金就没有航空工业。GH4169 合金虽然有很多优异的性能，但是由于其在锻造过程中的变形抗力大、导热性差和可锻温度范围窄等特点，使得 GH4169 合金锻件的晶粒细化和组织均匀不能通过热处理的方式获得，而只能通过改进变形或者成形工艺来控制。随着我国制造业的日益发展，对形状复杂、机械性能良好、精度高以及更好的耐高温材料的需求日益突出，同时对合金的质量也有更高的要求。

强度与塑性作为 GH4169 合金的研究热点已被重点关注。在室温下，其变形抗力为 800 MPa，抗拉强度为 1 100 MPa，在高温条件下如 600 ℃时其变形抗力接近 400 MPa，即使是在 800 ℃下，GH4169 高温合金的变形抗力也高达 270 MPa。传统的机加工过程中高温合金需要经过多道次热变形处理，在此过程合金必定会发生动态再结晶造成内部晶粒不规则持续长大，因此很难通过常规方法获得组织均匀细小的产品。

GH4169 高温合金通过固溶与时效处理后，其内部会存在奥氏体基体(γ 相)、强化相 γ'相和 γ''相、在晶内或晶界上析出 δ 相，同时会夹杂少量 NbC、TiN 相。δ 相的形貌、含量和分布对 GH4169 高温合金在热加工过程及正常工作中的机械性能有重要影响，通过控制热锻、冷轧过程中 δ 相的含量可以有效阻止该合金在后续热处理过程中晶粒长大的问题，达到细晶的效果。通过变形和热处理等处理方法

来控制 δ 相的含量、形貌和分布，以达到板材细晶的目的，从而获得均匀细小的晶粒结构并优化合金的机械性能，对促进其发展与应用具有重要意义。

1.2 主要成分及相的构成

GH4169 高温合金其主要化学成分(质量分数,%)为：Ni 50.00～55.00，Cr 17.00～21.00，Nb 4.40～5.40，C＜0.08，Mn＜0.35，Si＜0.35，Mo 2.80～3.30，Cu＜0.30，Co＜1.00，Al 0.20～1.15，Ti 0.65～1.15，B＜0.01，S＜0.01，P＜0.01，Fe 余量。

GH4169 高温合金的基体相为 γ 相，主要强化相为 γ″相，辅助强化相为 γ′相，组织中还包括少量的 δ 相-Ni_3Nb(γ″相的平衡相)和 MX 型碳氮化物，此外，在铸锭或焊缝组织中常常存在有害的 Laves 相。表 1-1 列出了上述组成相的分子式、晶体结构及点阵常数。

表 1-1　GH4169 高温合金主要相的晶体结构及组成

相	分子式	晶体结构	点阵常数/nm
γ	—	fcc(A1)	$a=0.3616$
γ′	$Ni_3(Al,Ti)$	fcc($L1_2$)	$a=0.3589$
γ″	Ni_3Nb	bct(DO_{22})	$c=0.7406(c/a=2.04)$
δ	Ni_3Nb	Orthogonal(DO_3)	$a=0.5141, b=0.4231, c=0.4534$
MX	(Nb,Ti)(C,N)	fcc(B_1)	$a=0.443\sim0.444$
Leaves	$(Ni,Cr,Fe)_2(Nb,Mo,Ti)$	Hexagonal	—

GH4169 高温合金基体 γ 相与亚稳 γ″相晶格错配度较大，γ″相通常以共格对应关系在 γ′相基体中呈圆盘状弥散析出，为主要强化相。亚稳 γ″相高温长期服役时将粗化长大并逐渐失去与基体 γ 相的共格对应关系，最终发生向 δ 相的转变，其析出温度区间为 595～870 ℃，溶解温度区间为 870～930 ℃。一般在基体中弥散析出的辅助强化 γ′相其晶格常数与基体 γ 相十分相近，较低的 γ′相/γ 相界面能有利于改善 γ′相的组织稳定性，γ′相的析出温度区间为 593～816 ℃，溶解温度区间为 843～871 ℃。在加工、时效和热处理过程通常会析出具有 Cu_3Ti 型正交有序结构的 δ 相(亚稳 γ″相的高温稳定相)，其析出温度为 780～980 ℃。关于其析出最快的温度区间尚存在争议，一般认为在 890～900 ℃，也有报道指出应在 930～950 ℃，其起始溶解温度为 980 ℃，完全溶解温度区间为 1 020～1 038 ℃。一般认为，δ 相在低于 900 ℃时效时，在 γ′相和 γ″相析出后呈针状析出；高于 900℃时效

时，直接从基体中呈短棒状析出。

GH4169 高温合金铸锭或者焊缝凝固过程中将析出 MX 相和 Laves 相。少量 MX 型碳氮化物在晶界和晶内呈块状分布，可以起到抑制晶粒长大的作用；Laves 相在凝固和熔焊时均会以块状或岛状在枝晶间析出。MX 型碳氮化物的原子排列致密，热稳定性强，高温服役时因变形难以协调将导致碳氮化物及其与基体界面结合处破碎，从而成为疲劳裂纹源。Laves 相的析出将消耗大量 Nb 原子，恶化合金性能。

γ 相是面心立方结构，其主要元素为 Ni，是合金元素在 Ni 中的固溶体，该相对 Co、Cr、Mo 和 W 等元素都有较大的溶解度，γ 相强度的提高就是因为此类元素的固溶强化。在不同温度下，各种元素在 γ 相内的溶解度随着合金成分的不同而发生改变。GH4169 高温合金在时效过程中，将从基体 γ 相中析出 γ′、γ″、δ 三种沉淀相。

γ′相是由 Ni_3(Al、Ti、Nb)组成的金属间化合物，为面心立方结构，其形状为球形，为 GH4169 合金的次要强化相。GH4169 高温合金通常利用 γ′相均匀沉淀来增加合金的强度。γ 相与 γ′相点阵常数十分接近，差距通常小于 0.5%，两者为共格关系，而 γ″相与基体之间的界面能比较低，所以 γ′相的稳定性要强于 γ″相。γ′相中除 Ni 和 Al、Ti、Nb 以外，还有 Co、Ta、Hf 和 W 等元素。通过掺杂上述元素能够有效阻止 γ′相在热处理过程中的快速时效，从而使 γ′相的稳定性和固溶温度得到提高。

当 Ni_3Nb 开始从基体中析出时，根据其结构的不同可以分为体心四方的 Ni_3Nb-γ″和正交晶系的 Ni_3Nb-δ，γ″相是 GH4169 高温合金的主要强化相，呈圆盘状，具有较高的屈服强度。由于 γ″相是亚稳过渡相，在高温下长期工作时，γ″相往往会聚集长大转变成 δ 相-Ni_3Nb。δ 相是一种均匀弥散分布且稳定的金属间析出相，δ 相大多以针片状或者短棒状的形式析出，其含量、形貌和分布会对合金的力学性能和冷热变形行为产生重要影响。可以通过热处理的方式来增加 δ 相的含量，以便在后续加工过程中控制合金的晶粒尺寸。

J. P. Collier 提出 γ″相和基体相 γ 相的共格畸变是造成 δ 相的根本原因，δ 相的析出方式分为晶界析出与晶内析出两种，其形核位置随析出温度不同而发生改变。超过 900 ℃进行时效 δ 相从过饱和的固溶体基体中直接析出，其形状为短棒状；低于 900 ℃进行时效，γ″相先于 δ 相析出，δ 相则由 γ″相转变生成，优先在晶界和孪晶界上析出，随后在晶内析出，其析出形貌为针状。γ″相在析出过程中会产生畸变，进一步生成层错。J. X. Dong 提出了 γ″→δ 转变模型如图 1-1 所示，δ 相在 γ″相层错上与 γ″相相交生长，有助于 γ″相向 δ 相的转变。

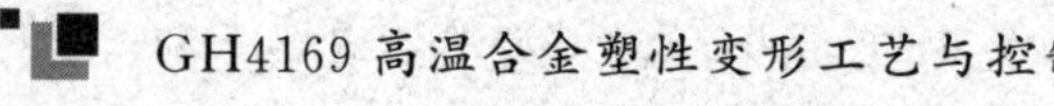

图 1-1 γ″相→δ 相转变示意图

1.3 高温合金强化原理

GH4169 高温合金由多种合金元素组成，将多种合金元素掺入基体元素（Fe、Ni 或 Co）中，促使基体相产生强化效应，这就称作合金强化。目前通常用到的强化效应包括以下几种：晶界强化、固溶强化、第二项强化（弥散相强化和沉淀析出强化）以及工艺强化等。

1.3.1 固溶强化原理

通过在基体中掺杂合金元素来提高原子间结合力，将使晶格内产生畸变，堆垛层错能降低，同时使原子产生偏聚，从而提高合金的再结晶温度，并降低合金元素在基体中的扩散能力。

在高温合金中由于元素种类不同，溶剂原子与溶质原子的尺寸不尽相同，同时这两种原子所含的电子数量也不同，最终造成其化学影响因素差别巨大，上述因素也正好决定了溶质原子在溶剂中的溶解度。

尺寸效应大、溶解度适当和熔点高的元素能够产生较强固溶强化作用，W、Mo、Cr 是固溶强化元素，如 GH4037 加入 W、Mo 等元素强化固溶体，其他元素强化作用较弱，若干不同溶质在单一溶剂中所产生的多元固溶强化作用大于单独加入一个溶质的作用，即所谓复合强化作用。

1.3.2 第二相强化原理

GH4169 是由面心立方的奥氏体基体和多种第二相组成的 Ni 基高温合金。Ni 基高温合金可以通过 γ′相、γ″相或共格的 Ni_3(AlTi)相而得到强化，成为当代必不可缺的高温合金，已经取得高速发展。在多元 Ni 基固溶体合金中，随温度的改变 γ′相的溶解度较大，其在高温时溶解，低温则会时效析出，同时可以参与变形，并且不会由于 γ′相大量析出而引起合金发生脆性改变，所以 γ′相起到强化作用。γ′相强化的特征之一便是共格强化，相对而言其错配度小，此时合金更加稳定。γ′相阻碍位错运动有两种方式，当晶粒尺寸小于临界尺寸时，切割机制起主要作用，orowan 绕过机制在晶粒尺寸大于临界尺寸时起主要作用。

1.3.3 晶界强化原理

晶界强化的原理主要是通过控制晶界形态、析出相的形态及净化晶界内部杂质而使合金得到强化。在合金发生高温形变时其晶界处是薄弱环节，在应力与高温的共同作用下会呈现沿晶破裂的特征，在晶界处产生裂纹，晶界区的原子原有的排列顺序被破坏，产生各种晶体缺陷，所以晶界强化具有重要意义。当合金发生低温形变时，合金内部会产生大量位错，成为晶界扩展的阻碍，产生强化作用。

高温合金中往往存在微量的金属元素或一些杂质元素，将会导致典型的晶界偏析现象。尽管这些元素的平均含量极小，但偏析作用促使其在晶界区浓度比较高，将会对晶界产生强化或者弱化的作用。同时，高温合金内部一般都含有低熔点有害杂质元素，会与合金中的基体元素形成低熔点化合物或共晶体，在高温形变时容易产生缺陷，造成制品损坏。因此，提高合金的纯净度已经成为当前改善高温合金性能的重要措施。

GH4169 合金是由多晶体晶粒组成的高温合金，在塑性变形时其位错滑移过程需要克服晶格间的阻力，滑移面上所含的微量元素或杂质原子对位错的阻力，还需要克服晶界间的阻力。高温合金的晶粒越细小，晶界相对越多，从而对位错的阻力越大，从而提高高温合金的屈服强度。根据位错理论可以得到屈服强度与晶粒尺寸的关系，称为 Hall-Petch 公式：

$$\sigma_s = \sigma_i + K_1 D^{-1/2} \tag{1-1}$$

式中：

σ_s ——单晶体时的屈服强度；

σ_i ——单晶体时的屈服强度常数；

K_1 ——晶界对强度的影响程度常数；

D ——晶粒的平均晶粒尺寸。

1.3.4　工艺强化原理

1.3.4.1　形变热处理强化

通过形变与热处理相结合的方式，达到优化合金的组织结构、细化晶粒、提高合金的强度及其他机械性能的目的，称为形变热处理强化。高温合金在低于其再结晶温度下进行加工变形，之后再进行时效处理、回复去应力处理，这称为中温形变热处理工艺。此工艺通过促进合金内部的细小晶粒、碳化物等第二相物质在位错等缺陷处的析出，同时减小横向晶界的作用，即将原有的晶粒拉长，从而提高合金强度。

1.3.4.2　复相组织强化

复相组织强化工艺是指尺寸大概相同的两个相形成复相组织，也可以称作多相组织、混相组织等，通过不同相间的非共格关系达到强化目的。一般来讲，复相组织中一个是基体相（软的固溶体相），另一个则是起增强作用的硬相，称为强化相；对一些脆性材料可以是脆的基体相（如金属间化合物）与一个塑性好的强化相进行复合,从而达到增加合金韧性的目的。

1.3.4.3 单晶体位向强化

在某些金属材料中单晶体的位向对其强度也会有重大影响。进一步研究证明,γ'相的颗粒大小、取向及蠕变温度之间有重要的相互作用,γ''相的强度与取向的影响也极为明显。对 GH4169 高温合金在 980～1 050 ℃进行蠕变性能研究时发现此时的 γ'相大小及取向的影响减弱,但仍会表现出[001]方向较强的特性。对于某些多晶体板材,其内部晶粒会沿着某些特定方向排列,在这些方向上取向概率大大增加,这种现象叫作择优取向,结果便是出现织构组织。在冷变形过程中,如冲压、冷轧,合金中容易出现织构,也会影响合金的综合力学性能。

1.3.4.4 快速凝固工艺

快速凝固技术是将合金熔体快速冷却,冷却速率$\geqslant 10^4 \sim 10^6$ Ks^{-1},在这一过程中非均匀性形核被遏制,液相到固相的相变速率非常快,获得的制品具有优越的相结构和非平衡态组织。

通过快速凝固工艺得到的高温合金,会表现出比较高的塑性与强度,这是由于在快速凝固条件下高温合金会产生组织细化,减少固溶体基体中的缺陷,同时偏析降低,从而大幅度改善合金的组织结构、提高合金的力学性能和加工性能。

1.4 高温合金细晶处理工艺研究概况

1.4.1 细化工艺概述

对于 GH4169 高温合金来说,由于经常用来制造飞行器热端部件和固体火箭零部件,需要通过多种手段对其进行细晶处理,使其具有均匀细小的晶粒组织,同时避免晶界处的薄膜沉淀,以提高其综合性能。常见的细化晶粒尺寸的方法主要有以下两种:

1. 传统细晶法

依据不同合金的相溶解和析出规律,采取相应的锻造温度与形变量,能够获得较为均匀、细小的合金锻件。晶粒的细化程度主要由锻造温度来决定,在采取较低的终端温度的同时,利用析出相或者第二相阻止晶粒的长大,锻造过程中形变量则需要大于 5%～10%才能够获得均匀、细小的合金组织。在锻造过程中采取多次重新加热或者形变量不够的情况下,会造成晶粒尺寸极其不均匀同时造成合金力学性能的破坏。

2. 细化晶粒法

将热压加工方法同热处理工艺相结合的处理方法称为细化晶粒法。通常都需要先进行热处理,选取合适的温度进行加热,析出阻止晶粒长大的第二相组织;然后再进行最终热变形,需要注意的是热变形温度需满足相溶解温度＞终变形温度

>再结晶温度这一条件。研究发现，当最终热变形量大于 30%～40%时，此时的合金全部为未再结晶组织，第二相均匀分布在合金组织中。最后需要对合金进行再结晶热处理，需要注意的是再结晶温度需要小于上述提到的第二相的溶解温度，依据上述工艺得到的晶粒尺寸大约为析出相的间距距离，同时要控制好再结晶保温时间以免晶粒完全再结晶后继续长大。

晶粒细化的方法已有八九十年的历史，对于很多合金已有成熟技术。20 世纪 50 年代前期，晶粒细化方法被成功地应用在有色合金铸件上。随着晶粒细化方法的快速发展，这一方法广泛应用到铸铁、不锈钢和高温合金等材料上。几种晶粒细化方法的特点如表 1-2 所示。

表 1-2　晶粒细化方法

序号	晶粒细化方法	优点	缺点
1	形核添加剂	最大程度的晶粒细化，有效、简单、实用	较大的枝晶间距，较粗的组织，液体减少，塑性降低
2	阻止晶粒长大	晶粒细化理论基础	晶粒细化效果不明显，增加了偏析，易形成低熔点共晶
3	熔体搅动	细化良好，降低显微疏松，去核氧化物，组织和性能均匀，充模较好	设备复杂，使组织粗化，需要金属模
4	快速冷却	降低枝晶间距，细化组织，使偏析降低至最小，增加固体溶度	大尺寸截面铸件难以实现，易产生内应力，并难以控制
5	去核作用	和快速冷却一样	难以控制，工业生产难以实现

铸件的晶粒细化方法主要有三种，分别是热控法、化学法和振动法。其中，形核添加剂、阻止晶粒长大去核作用属于化学法，是工业上常用的铸件晶粒细化方法之一。尤其需要注意的是，高温合金对夹杂非常敏感，所以化学法应用于铸件晶粒细化的关键是保证使用添加剂后不带入杂质，不影响组织的性能，但是这种理想状态很难做到。

N. EI-Bagoury 等人采用热控法研究了高温合金的晶粒细化工艺，系统研究了过热温度、凝固速率等浇铸参数对 IN738LC 合金晶粒细化的影响。研究结果表明，金属过热温度越高，晶粒尺寸越大；凝固速率越大，晶粒尺寸越细小。

在 20 世纪 80 年代，铸造公司 Aireseareh 提出一种晶粒细化的铸造工艺，简称 FGP 方法。采用较低的模子预热温度（约 1 093 ℃）加上低的过热温度（T_m + 260 ℃）和浇注温度（T_m + 4.4 ℃），并在此工艺中使其局部激冷或加发热帽口和热包敷，最终可得到级别为 ASTM 1～2 的晶粒组织。

20 世纪末期，美国先后研制出第二代 Mieroeast-X 细晶铸造法和 Sprayeast 细晶铸造法，使用新的铸造法可以让晶粒非常细小，达到 ASTM 6～8 级，并且组织均匀。自 90 年代以来，欧洲的一些国家也开始关注并研究高温合金的组织细化，如比利时和法国与工业界合作成立的项目 Cost504，所选材料为 IN718 和 IN713 等，研制了高温合金的细晶方法，结果表明晶粒尺寸可达到 ASTM 3 级。表 1-3 为美国与欧洲所研制的高温合金晶粒细化方法的对比。

表 1-3 美国和欧洲高温合金晶粒细化方法对比

推出年代	研制公司	方法注册名称	推测方法	采用合金	晶粒度级别
1983	Howmet	Grainex	振动法	IN706	ASMT M 9～13
1984	Airesearch	FGP	热控法	IN713LC	ASMT 1～2
1984	Howmet	Microcast-X	热控法	IN713	ASMT 3～5
1990	Airesearch	无	不详	IN738	ASMT 3.5
1992	Howmet	Spraycast-X	喷雾成型	IN100	ASMT 6～8

铸造的方法制作，得到了较细的晶粒组织，但此方法所制零件有强度低、重量大和不易焊接组装等缺点，同时易产生缩孔和疏松等缺陷。

2003 年吕红军等人针对 GH4169 合金的特点，采用析出 δ 相来控制再结晶后晶粒尺寸，对 GH4169 高温合金板材进行了冷轧＋再结晶退火、热轧及热轧＋冷轧＋再结晶退火、冷轧＋δ 相析出处理＋冷轧＋再结晶退火等多种超细晶成形工艺技术的研究，得出了 GH4169 超细晶处理的最佳工艺：1 050 ℃×0.5 h 固溶处理＋50％冷轧(第一次冷轧)＋890 ℃×10 h 的 δ 相析出处理＋30％冷轧(第二次冷轧)＋950 ℃×3 h 的再结晶退火处理，得到了 ASTM 12～14 级的超细晶粒组织。

剧烈塑性变形方法(Sever Plastic Deformation，SPD)是现阶段应用较多的细晶处理方法，此方法直接对金属块体材料进行剧烈塑性变形加工，使得金属晶粒细化，可获得晶粒尺寸小于 1 μm 的超细晶组织，这是一般塑性变形加工对金属晶粒细化所达不到的。随着细晶材料及制备细晶材料技术的发展，大多高温合金在超细晶状态下具有优越的性能，如力学性能、疲劳性能、导电性能等，因此高温合金的应用更加广泛和普遍。

1.4.2 等温锻造细化工艺

等温锻造是指在锻造过程中让锻件始终在同一温度下完成形变的一种新兴锻造方法，具有改善锻件力学性能和优化组织结构的特点。等温锻造时，一般使用闭式模锻的方法，锻件在模具内部受到三向压应力的作用，这能够提高最终锻件的塑性性能；在等温变形的过程中，坯料具有良好的流动性能够充分填充满模具，同时坯料各部位温度与模具温度一致，大大降低了坯料本身的变形抗力。等温锻造这

一工艺方法可以精确控制锻造过程中的工艺参数，从而选择出最佳的工艺方法，其最终锻件一般具有精度高、微观组织均匀、坯料利用率高等优良特点。

西北工业大学姚泽坤等研究了等温锻工艺参数对 GH4169 高温合金组织和性能的影响规律。将 GH4169 圆柱形试件在 6 300 kN 液压机上进行等温锻造，通过分析得到了不同工艺参数对锻件晶粒度、微观组织及力学性能的影响规律。

在锻造时，若锻造温度越高，则起始阶段所需载荷越小，这表明 GH4169 高温合金的变形抗力随着温度升高而下降。在锻造过程中试样与模具不可避免地存在温差，所以随着热压时间的增长，坯料温度有所下降，从而导致合金变形抗力增大。

在保持终锻温度不变的前提下，采取较低的终锻温度(950 ℃)和较大的变形程度，形变量≥40%时，GH4169 高温合金晶粒已经大部分发生变形破碎并且基本达不到动态再结晶或聚集再结晶温度，得到的锻件平均晶粒尺寸较小，且随变形程度的提高而进一步减小，但锻件内部晶粒破碎严重，组织不均匀。当终锻温度在 1 000 ℃以上，锻件的平均晶粒尺寸与 950 ℃时比较有少许长大，就终锻温度在 1 000 ℃而言，变形程度为 30%～70%时，锻件的组织均匀且晶粒尺寸差别不大，这表明在此温度变形程度对晶粒平均直径影响不大，这是由于变形破碎的晶粒已经基本上完成了动态再结晶或聚集再结晶。试验结果表明，当变形程度达到 70%时，1 000 ℃ 以上的再结晶程度已接近 100%。可以发现在相同形变程度下，GH4169 高温合金的晶粒平均尺寸随着终锻温度的提高而长大，这是由于变形破碎的晶粒开始动态再结晶或聚集再结晶，并且继续长大。

锻件的显微组织对其机械性能有重要影响，当锻造工艺参数设定有误、控制出现误差造成锻压条件不当，最终都将导致制品组织的破坏，如晶粒大小不均、第二相或碳化物偏析严重、存在项圈组织或膜状晶界等。

胥国华等人系统地研究了热加工工艺对 Ni 基高温合金的组织与性能的影响。结果表明：将锻件在 1 177 ℃保温 2 h 后进行锻造，然后经过 1 080 ℃保温 4 h 的固溶处理后合金内部均存在不均匀的晶粒组织或并且在 ASTM 2～3 级晶粒组织周围存在着“项圈状”的微小晶粒。在采取 1 080 ℃的等温锻造工艺时，所得锻件具有均匀细小的等轴状 ASTM 4～5 级晶粒组织。

王春光等人通过研究 δ 相形貌、分布和大小等析出规律，利用 δ 相对晶界的钉扎机理，设定恰当的锻造工艺从而达到 GH4169 高温合金晶粒细化的目的，并阐述了利用锻造工艺和热处理工艺相结合的方法来提高 GH4169 合金的力学性能的研究方法。

综上所述，均匀细小的晶粒能够提高 GH4169 高温合金的综合力学性能，如硬度、强度和塑性等，保证合金具有良好的均匀性；而具有较大晶粒尺寸的高温合金具有良好的蠕变性能和持久性能，但容易引起缺口脆性。

1.4.3 轧制细化工艺

GH4169 高温合金具有良好的热加工性能，通过适当的热变形工艺，其变形量可以达到 70%～80%，并且无裂纹产生，在合适的热处理方案下具有均匀的组织形态与机械性能。同时热处理工艺不同对合金的晶粒度、第二相的析出形貌、数量、尺寸及晶界状态都会产生影响。

吕宏军曾对 GH4169 合金板材进行细晶处理研究，试验所用材料为 2.8 mm 厚的退火态 GH4169 合金板材。试验中，在选择变形量时作了多种比较：首先对 GH4169 合金板材进行 1 050 ℃×0.5 h 固溶处理，再进行冷轧变形处理，压下量为 50%，之后进行 890 ℃×5 h、890 ℃×10 h、890 ℃×20 h 的 δ 相析出处理，再对 δ 相析出处理之后的板材分别进行 0%、5%、10%、15%冷轧即二次冷轧变形处理，冷轧后的试样进行 950 ℃×2 h、950 ℃×3 h、950 ℃×4 h 的再结晶退火处理。

预先对试样进行 1 050 ℃×0.5 h 固溶处理，可以消除未完全再结晶组织和悬殊的晶粒度影响，这样可以使晶粒度在一定程度上均匀化，并为随后冷轧作准备。随后进行 50%冷轧变形，冷轧变形可加速 δ 相的析出。然后对试样在 890 ℃进行 δ 相析出处理，保温 5 h、10 h 和 20 h。再结晶温度 950 ℃时保温 3 h 晶粒组织细小均匀，是较佳的再结晶退火条件。所以 GH4169 高温合金最佳细晶工艺为 1 050 ℃×0.5 h+50%冷轧变形+890 ℃×10 h+10%～15%冷轧变形+950 ℃×3 h 的工艺，如图 1-2 所示，得到了 ASTM 12～14 级的均匀、细小的晶粒组织。

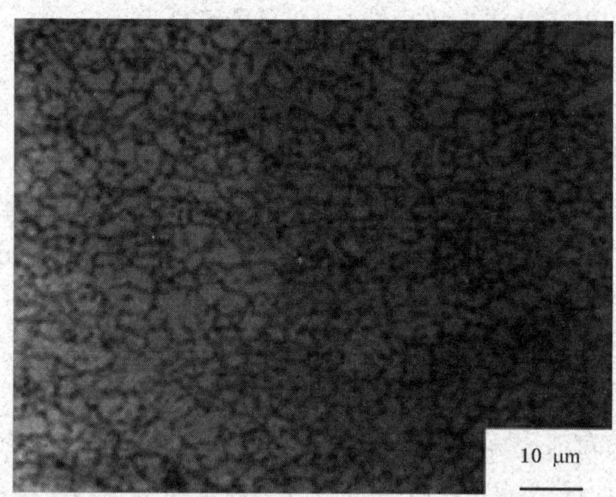

图 1-2 GH4169 合金 1 050 ℃×0.5 h+50%冷轧+890 ℃×10 h +15%冷轧+950 ℃×3 h 的晶粒组织

GH4169高温合金板材轧制工艺及组织性能

2.1 引言

由于航天发动机零部件的性能要求越来越苛刻，使用温度经常在600 ℃以上，普通GH4169合金难于变形不满足其需求，细晶GH4169合金具有高温拉伸超塑性以及室温高强度、高硬度的特点，特别适合于飞行器热端部件和固体火箭零部件的制造，在航空航天高温材料领域中应用广泛。

GH4169高温合金主要由γ(Ni)、γ′(Ni_3Al)、γ″(Ni_3Nb)和δ(Ni_3Nb)这四种相组成，其中γ为基体相，γ″相为主要强化相，γ′为辅助强化相，由于γ″相是亚稳过渡相，在高温下长期工作时，γ″相往往会聚集长大转变成δ相。通过控制δ相的含量、形貌和分布，可以有效地阻碍高温合金在热处理过程中晶粒长大问题，本章就是利用这一原理，通过热锻、冷轧、热处理等一系列手段，以达到GH4169合金板材超细化的目的，从而提高合金的机械性能。超细化晶粒材料还具有更低温条件的超塑性变形能力。

2.2 板材轧制工艺

2.2.1 试验材料与方案

本章选用厚度为3 mm的GH4169高温合金板材作为试验材料，试样的原始组织大小不一，晶粒尺寸在20～100 μm之间，如图2-1所示，其化学成分见表2-1，原始机械性能如表2-2所示。

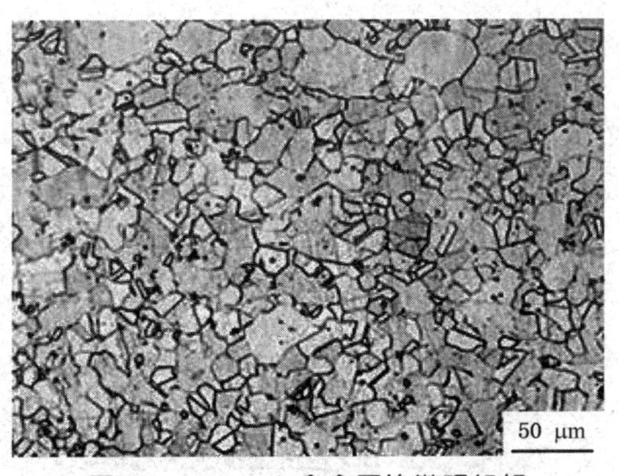

图2-1 GH4169合金原始微观组织

表 2-1 GH4169 合金化学成分

C	Si	Mn	Cr	Ni	Co	Ti	Al	Mo	Nb	S	P	Mg	Cu	B	Fe
0.067	0.08	0.03	19.26	53.67	0.05	1.13	0.55	3.26	5.38	0.005	0.008	＜0.01	0.072	＜0.006	余

表 2-2 试验用 GH4169 合金力学性能

材料	弹性模量 E/GPa	屈服强度/MPa	抗拉强度/MPa	延伸率/%	显微硬度/HV
GH4169 高温合金	194	673	1 008	43.6	267

利用热锻、冷轧、热处理等方法对 GH4169 高温合金板材细晶化处理，观察各阶段合金板材的微观形貌，分析 GH4169 合金细晶原理并对最终细晶板材试样进行机械性能检测试验，具体细晶工艺流程图如图 2-2 所示。

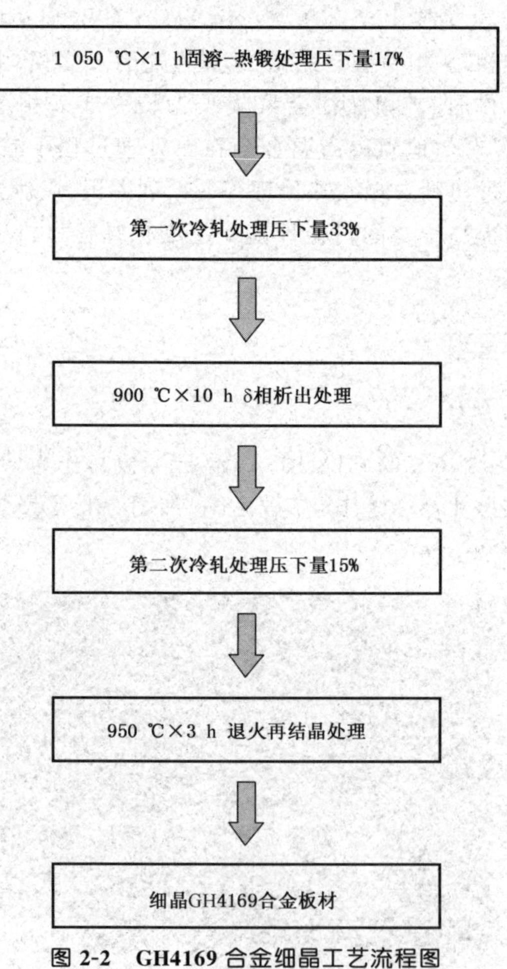

图 2-2 GH4169 合金细晶工艺流程图

2.2.2　合金板材超细晶工艺

2.2.2.1　锻造工艺

研究发现，GH4169 合金锻造温度越低，晶粒尺寸越小，反之晶粒尺寸越大。当热变形温度一定时，随着变形量的增加其晶粒尺寸减小，GH4169 高温合金与其他合金相比锻造工艺特点如下：

(1) 塑性低。高温合金由于合金化程度高，其组成成分复杂多样且由多相组成，强化现象严重，塑性较差。

(2) 热导率低。高温合金的热导率低，达到目标温度需要以缓慢的加热速率进行。

(3) 锻造温度范围窄。高温合金具有初熔温度低再结晶温度高的特点，在锻造时若终端温度过低，会造成冷热变形不均匀的结果导致合金的变形抗力增大且塑性降低，致使锻件组织粗化且不均匀。若终端温度过高，则易出现过烧、过热、晶粒迅速长大等问题。

(4) 对应变速率敏感。高温合金在热变形过程中需要选择工作速度平稳且低速的锻造工艺进行，其对应变速率敏感，极易造成锻造裂纹及晶粒不均匀的现象发生。

(5) 变形抗力大。GH4169 高温合金的变形抗力在难变形合金中几乎最高，虽然随温度的升高而降低，但在 1 050 ℃时，其变形抗力仍有 250 MPa。

(6) 再结晶速度慢、温度高。高温合金的再结晶速度缓慢，使用通常锻锤高速锻造时，其组织虽然变形但不能够及时再结晶，因此加工硬化晶粒与再结晶晶粒混合产生不均匀组织；由于高温合金的再结晶温度高，在低于再结晶温度时进行锻造，合金中会同时存在再结晶晶粒、未完全再结晶晶粒以及加工硬化晶粒，组织不均匀性严重，并且已经溶解的强化相又会在晶界析出，使合金塑性降低。

图 2-3　真空等温成型机

本章所用真空等温成型机型号为 HS-FVT120/150，额定温度≤2 500 ℃，额定压力≤200 MPa，真空度 10^{-3} bar，如图 2-3 所示，采用固溶-热锻一体化工艺方法，首先将 GH4169 合金板材在真空环境中进行固溶处理，固溶温度为 1 050 ℃保温 30 min，然后立即进行热锻处理，加载 50 MPa 压力，保温、保载 30 min，炉冷后取出试样。

板材试样取出后，测量厚度大约为 2.5 mm，热压压下量为原始板材厚度的 17%，图 2-4 是 GH4169 板材经固溶-热锻处理后的金相组织。由图 2-4 可以看出晶粒大小差异比较大且呈不规则形状，部分区域的晶粒破损严重，形成亚晶为后续晶粒细化提供能量基础。

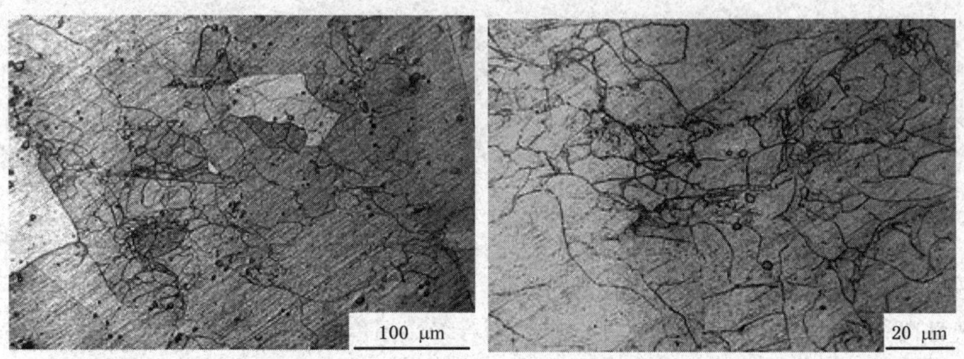

图 2-4　固溶-热锻后 GH4169 的微观组织

采用固溶-热锻一体化的工艺方法，在固溶处理过程中高温合金基体相发生软化，碳化物与各种合金元素充分均匀地溶解于基体相中，并且有降低内应力的作用。固溶后马上进行加压锻造可以避免一般固溶方式冷却过程中产生的杂质相的影响，采用等温锻造的方式，可以有效地抑制合金板材的晶粒长大行为，并使其晶粒组织得到初步细化。

2.2.2.2　冷轧-热处理工艺

将锻后合金板材在室温下进行多道次轧制，每道次压下量为 0.1 mm，总体压下量为原始板材厚度的 33%。图 2-5 是第一次冷轧后合金的微观组织，由图 2-5 可知，在冷轧变形后，原有大晶粒沿轧制方向被拉长，并产生部分亚晶，合金板材在室温下轧制不会发生再结晶，只能够产生加工硬化并储存大量的畸变能，为后续晶粒细化提供了能量基础。

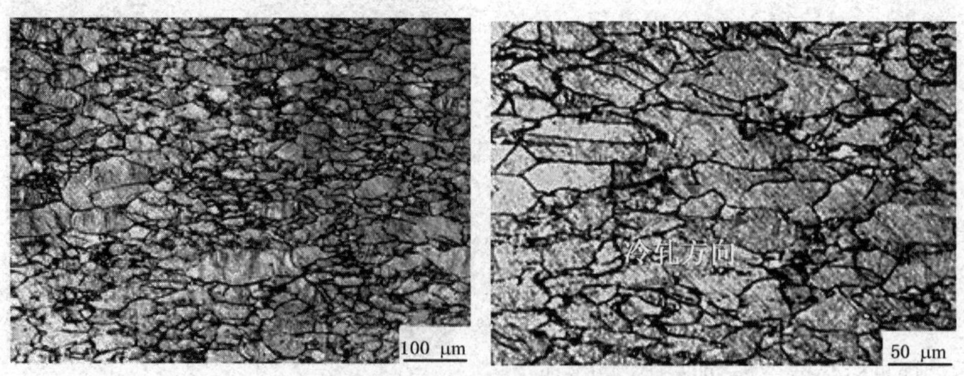

图 2-5　第一次冷轧后合金的微观组织

δ 相具有正交晶系结构，是一种稳定的共格相，由于加热温度、时间和冷却方式的改变，δ 相的大小、数量以及形态也会随之改变，其对温度变化最为敏感。δ 相析出温度在 780～980 ℃，900 ℃时其析出速度达到顶峰。因此本试验 δ 相析出加热温度为 900 ℃，将第一次冷轧后的合金板材进行 900 ℃×10 h 真空热处理后空冷，合金板材 δ 相析出后的微观组织如图 2-6 所示。

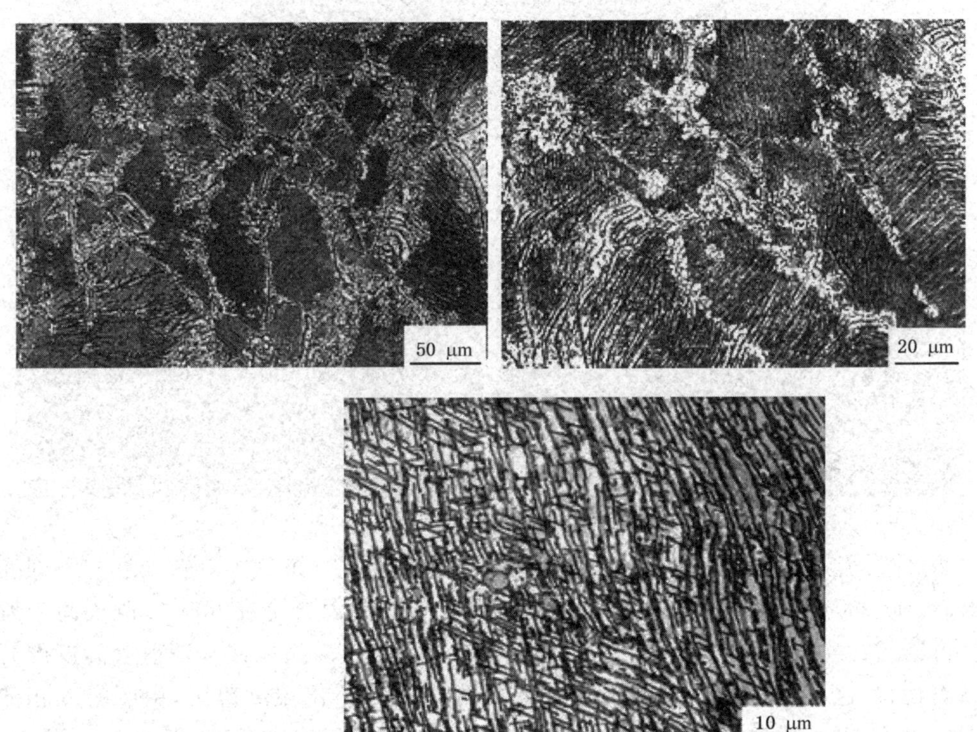

图 2-6　δ 相析出后板材的微观组织

由图 2-6 可以看出针状 δ 相均匀分布在晶粒内部，整体看来 δ 相沿同一方向生长，但具体到一个晶粒内部针状 δ 相交错生长成篮网状组织。其对 GH4169 高温合金的作用主要有两个方面：一是控制 GH4169 合金的晶粒度，δ 相的存在可控制晶界迁移，起到钉扎作用；另一个作用是适量的 δ 相可以提高合金塑性和消除缺口敏感性，但如果合金中存在过量的 δ 相，不仅会使合金强化效果大大下降，同时作为裂纹萌生和发展的通道，降低材料塑性。

将 δ 相析出后的合金板材进行第二次冷轧，每道次压下量为 0.05 mm，总压下量为原始板材厚度的 15%；最后将合金板材进行退火处理，退火温度为 950 ℃，保温 3 h。图 2-7 为 GH4169 合金板材第二次冷轧后的微观组织，在图中高温合金的晶粒破碎更为严重，依然可以辨别出轧制方向，在细小的破碎晶粒中 δ 相依然均匀分布；与图 2-6 相比较图 2-7 中的 δ 相明显发生断裂且变得更加细小。

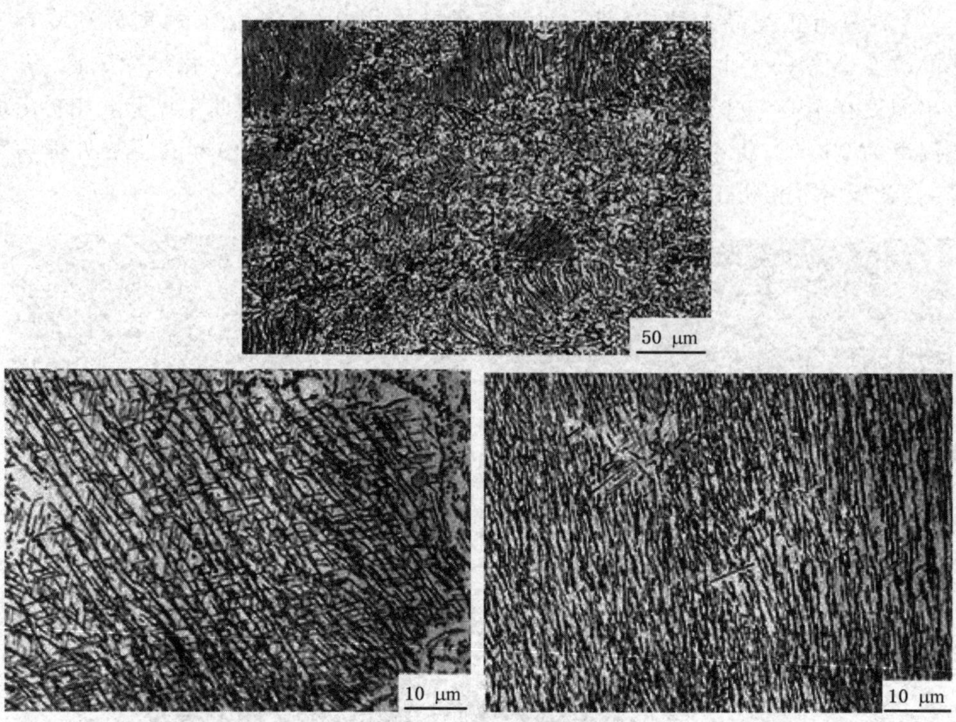

图 2-7　第二次冷轧后的微观组织

经过固溶-热锻→第一次冷轧处理→δ 相析出处理→第二次冷轧处理一系列变形后，将合金板材进行退火再结晶处理。GH4169 高温合金在 900 ℃退火尚未发生再结晶；920 ℃开始再结晶；在 920～960 ℃范围退火，晶粒并不随退火温度的升高而长大，这是由于在这个温度范围，尚处于 δ 相的析出温度范围，由于有 δ 相的存在，从而阻止了晶粒的长大。本章选择在 950 ℃进行退火处理，保温 3 h，图 2-8 为退火后的合金板材微观组织，退火后的晶粒大小在 4～5 μm 之间，达到 GH4169 合金板材晶粒细化的目的。

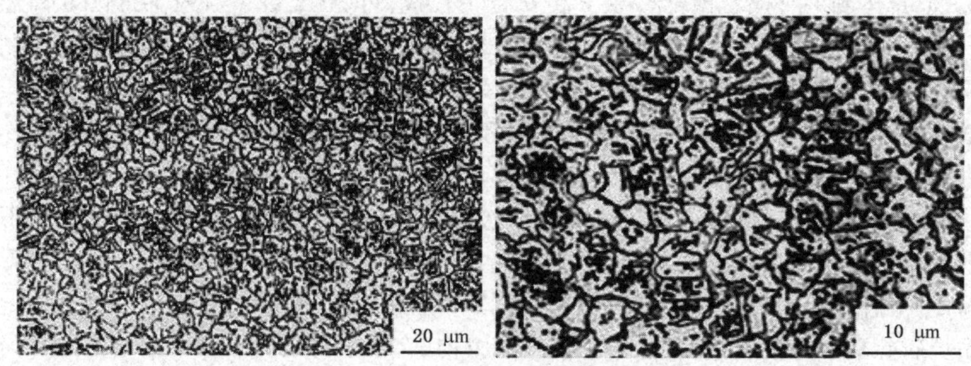

图 2-8　退火后的合金板材微观组织

2.2.3　高温金相研究

绝大多数情况下，对合金等金属材料进行加热、冷却、变形和再结晶处理时，观察其组织变化都需要加工过程终止，在室温下进行金相试验研究。这仅仅能够观察到试样某些特定阶段的金相组织，不能够分析其连续的变化过程。即使观察合金某些特定的片段也需要将这一微观结构“冻结”至室温才能够进行试验，但是有些合金中的相组织对温度敏感度特别高，采取“冻结”方法得到的组织往往不完全，甚至不可能实现。为了解决以上问题，高温金相研究方法应运而生，能够实现合金组织变化过程的连续观察研究。

热蚀法作为观察合金高温状态下微观组织常用的一种处理方法，其依据的是合金表面组织选择性蒸发的原理，适用于绝大多数金属材料。大多数合金中的各个相分别由不同元素构成，不同元素在高温下蒸发速率不同，导致各相在真空加热时蒸发条件不同，从而显现出其组织形貌。

图 2-9　Linkam 热台及观察系统

本节利用上述原理对 GH4169 合金再结晶过程进行高温金相原位观察试验，过程如下：将冷轧 2 次后 GH4169 合金板材制成直径 3 mm、厚度为 0.8 mm 的圆片，之后磨平、抛光，将上述试样放入 Linkam 冷热台中，在蔡司显微镜下进行观察，如图 2-9 所示。试验过程中需保证热台内部为真空环境并且冷却水一直处于循环状态，按 50 ℃/min 的升温速率进行升温，目标温度为 950 ℃，在升温过程中可在任意温度随时停止加热并进行保温，具体升温曲线如图 2-10 所示。

GH4169 高温金相试样已经经过固溶-热锻→第一次冷轧→δ 相析出→第二次冷轧处理，在高温热腐蚀过程中相当于细晶工艺过程中的 950 ℃退火再结晶处理。图 2-11 为 GH4169 合金板材高温金相晶粒组织演变照片，图 a 为 100 ℃到 400 ℃温度范围内的金相组织照片，试样几乎没有变化，依然比较光滑与洁净，没有组织变化现象产生。在升温至 600 ℃左右时试样开始发生变化，保温 10 min 后有密集的宏观位错组织与部分碎晶晶界显现如图 b 所示，600 ℃保温 20 min 后宏观位错组织更加密集，冷轧后晶粒长条状的晶界处畸变严重如图 c 所示。在 740 ℃保温 30 min 后，试样重新恢复淡浅色，分析原因为 GH4169 合金在 720～760 ℃会发生回复，大量异号位错合并且相互抵消，位错密度下降，在高温金相试验中宏观表现为细小密集的黑色短线消失,试样经长时间高温腐蚀晶界逐渐消失显示白色晶界痕迹如图 d 所示。这是由于晶格畸变一般发生在晶界处并且伴随着杂质富集,因此在高温金相试验中晶界处先于晶体内部被蒸发腐蚀,晶界优先显现。继续升温至 950 ℃保温 60 min,此过程为 GH4169 合金退火再结晶过程。如图 e、f 所示在保温 15 min 后试样开始有细小再结晶晶粒的晶界出现,950 ℃保温 30 min 后有完整的晶粒可以观察到,图 g 在保温 45 min 后试样大部分区域再结晶完成,图 h 为 950 ℃保温 60 min 后试样再结晶过程完成,晶粒为 4～5 μm 的等轴晶且晶界清楚明显。

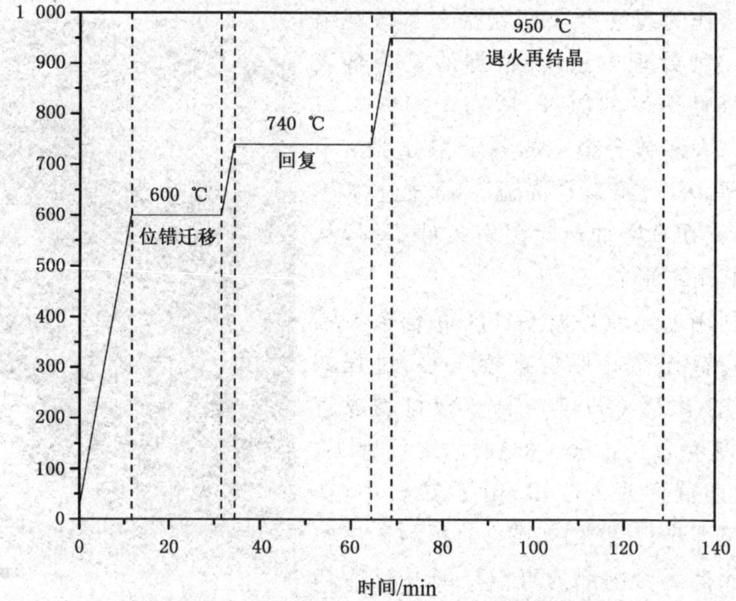

图 2-10　GH4169 合金高温金相试验升温曲线

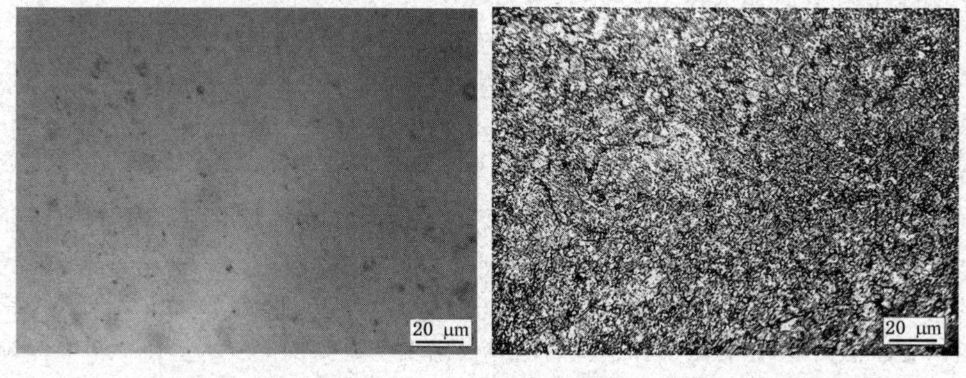

a) 100~400 ℃　　b) 600 ℃×10 min

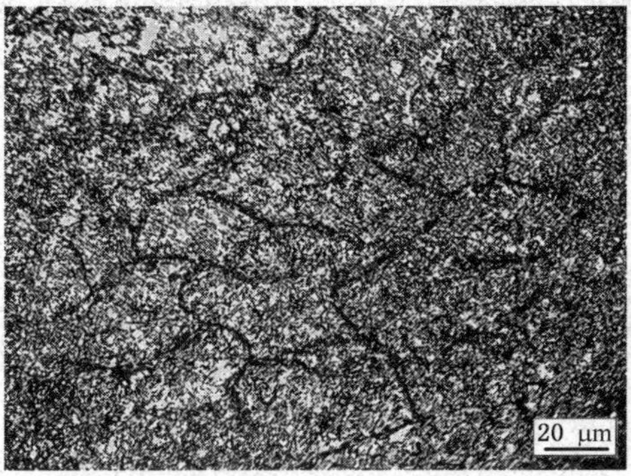

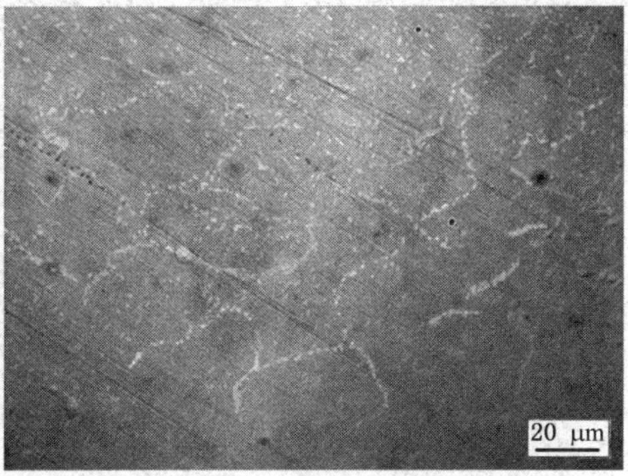

c) 600 ℃×20 min

d) 740 ℃×30 min

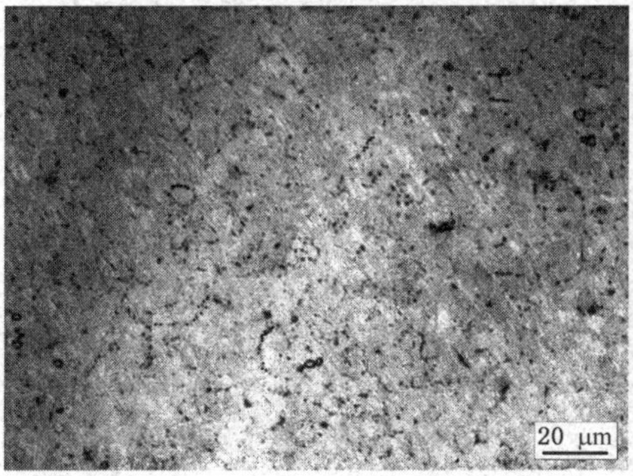

e) 950 ℃×15 min

f) 950 ℃×30 min

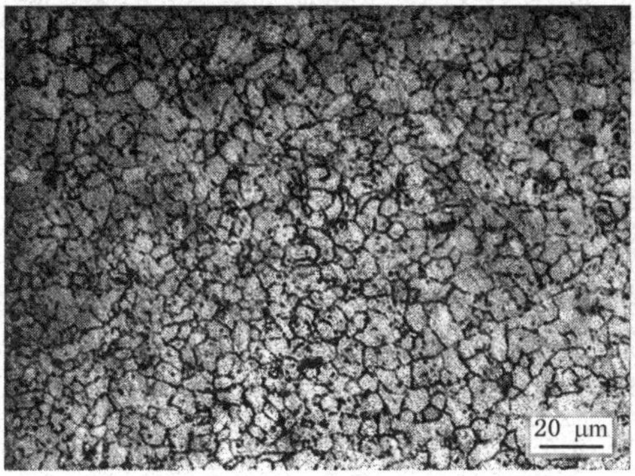

g) 950 ℃×45 min

h) 950 ℃×60 min

图 2-11　冷轧 2 次后的 GH4169 合金高温金相组织

2.2.4　性能检测及晶粒细化原理

2.2.4.1　性能检测

将原始 GH4169 合金与细晶 GH4169 合金分别进行室温拉伸试验与纳米压痕

测试，图 2-12 和图 2-13 分别为原始板材与细晶板材拉伸性能与硬度的对比图，具体数据如表 2-3 所示。

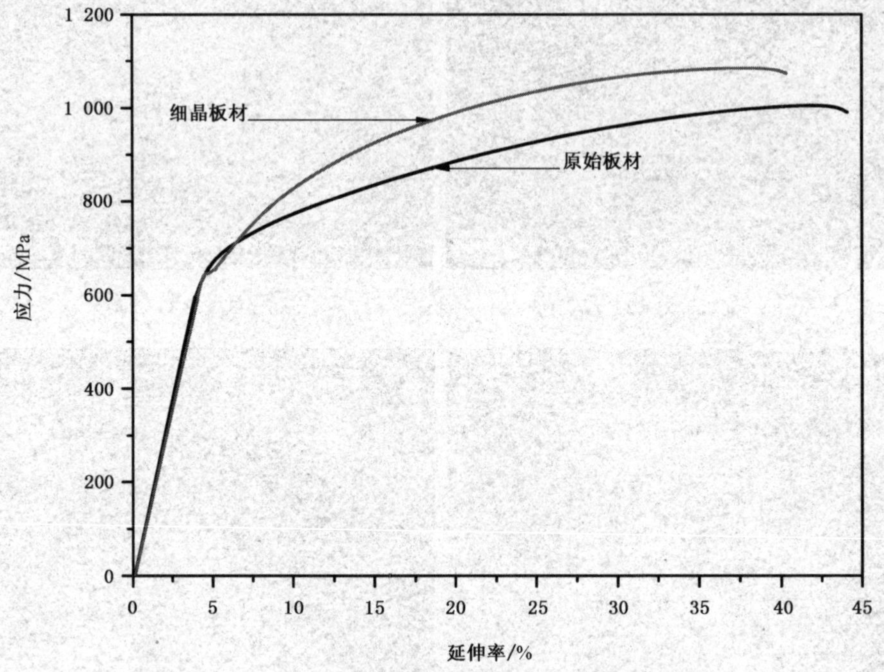

图 2-12　原始板材与细晶板材的室温拉伸性能对比

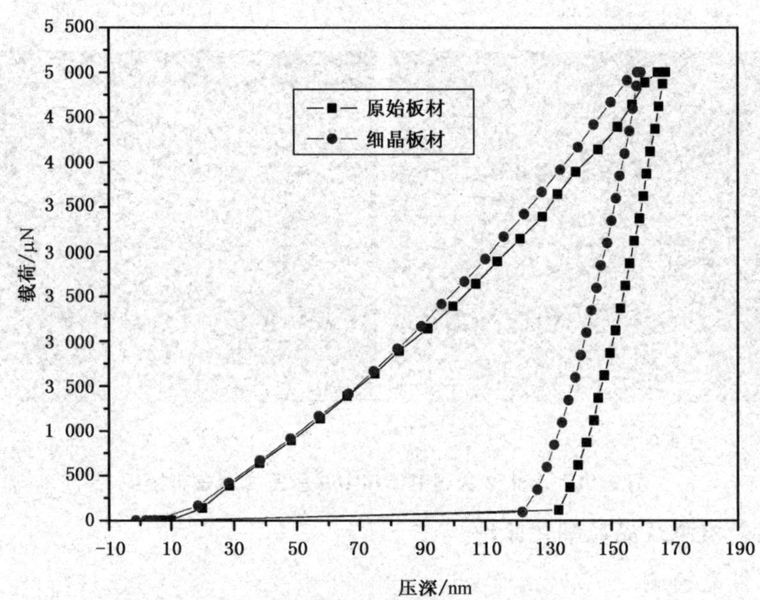

图 2-13　原始板材与细晶板材的纳米硬度对比

表 2-3 GH4169 合金细晶前后性能对比

材料	弹性模量 E/GPa	屈服强度/MPa	抗拉强度/MPa	延伸率/%	显微硬度/HV
原始板材	194	673	1 008	43.6	267
细晶板材	196	645	1 156	39.2	275

通过图 2-12、图 2-13 和表 2-3 可以看出，GH4169 合金板材经过晶粒细化处理后，在常温拉伸时，塑性降低，抗拉强度增加，但其屈服强度略有降低，其显微硬度与纳米硬度均有所增加，总体而言 GH4169 合金经过晶粒细化处理后室温机械性能得到增强。

2.2.4.2 晶粒细化原理

在固溶-热锻阶段，合金中各种元素充分均匀地溶解于基体相中，达到降低内应力的作用，低温锻造能够有效地抑制晶粒长大。第一次冷轧变形，形成部分亚晶且在原有大晶粒沿轧制方向被拉长，储存畸变能，为后续晶粒细化提供能量基础。δ 相析出热处理过程得到大量 δ 相，其在退火过程中阻碍再结晶晶粒长大，起钉扎作用。

两次冷轧后合金板材内部会积累大量的能量，即合金再结晶的形核能，高温金相试验过程即回复与退火再结晶过程，回复过程主要是减少材料内部缺陷的分布，异号位错合并且相互抵消，位错密度下降，同号位错相互叠加排列形成位错墙，从而形成小角度晶界。此外，大部分位错缠结形成胞状结构，随着退火时间的增长进一步形成亚晶，亚晶作为再结晶形核的核心将会发展为无畸变晶粒。随着保温时间增长，新生成的无畸变晶粒越来越密集，与原畸变晶粒之间存在的能量差再次为再结晶新生晶粒晶界移动提供动力，使新生晶粒晶界发生迁移，从而使无畸变晶粒代替畸变组织，达到晶粒细化的目的。

再结晶晶粒的晶界扩展时，其会遇到基体中的 δ 相，由于 δ 相与基体之间是非共格界面，晶界要越过 δ 相，并进一步扩张需要较高的激活能。并且当再结晶晶粒的晶界移动到 δ 相的另一侧时，会消耗能量，晶界移动的驱动力将大大减小，晶界停止移动，新生晶粒就保持了现有的大小，晶界的迁移受到 δ 相的阻碍而难以继续，最终得到细化的晶粒。

通过对 GH4169 合金进行晶粒细化处理及组织分析研究得出结论如下：

(1) 通过对 GH4169 合金板材进行固溶-热锻→第一次冷轧→δ 相析出→第二次冷轧→退火再结晶等工艺处理，可制备 GH4169 合金细晶板材，晶粒大小由 20～100 μm 细化至 4～5 μm。与原始板材相比，细晶板材的抗拉强度、显微硬度与纳米硬度均增强，室温延伸率略有降低。

(2) 通过 950 ℃高温金相原位观察试验研究 GH4169 合金晶粒细化机理。合金板材第二次冷轧后形成大量亚晶，针状 δ 相发生明显断裂且变得细小弥散在晶粒内部，积累大量的畸变能。再结晶过程中，δ 相的钉扎作用限制再结晶晶界的迁移，无畸变新生细小晶粒代替畸变组织，达到晶粒细化的目的。

2.3 合金 δ 相析出规律及含量测定

GH4169 合金出众的机械性能取决于其组织条件包括相组成、相含量以及各相的组织形貌，其中 δ 相的析出含量、形貌分布对合金的综合力学性能有重要影响，因此研究热处理过程中 δ 相的析出规律具有重要实际意义。

本章将对在 900 ℃时 δ 相析出时间对 δ 相形貌演变规律的影响进行分析，保温时间分别为 1 h、5 h、10 h、20 h 和 40 h，由于细晶板材晶粒细小，不能够清晰观察到 δ 相析出过程，单从金相组织方面无法准确地研究 δ 相析出规律，所以本章只通过研究原始板材的金相组织，分析不同热处理时间对合金 δ 相形貌演变规律，并通过 X 射线定量相分析法研究冷轧压下量与析出时间对 δ 相析出体积分数的影响规律。

2.3.1 δ 相形貌演变规律

利用 Linksys32 相分析软件，将不同保温时间的 GH4169 合金原始板材组织中的 δ 相标为绿色，并分析计算 δ 相的总面积与金相照片全部视场的面积比值，即得出不同保温时间的 GH4169 合金原始板材 δ 相的面积分数，以此分析在 900 ℃ δ 相析出时，加热时间对 δ 相含量的影响。

在图 2-14 中 GH4169 合金原始板材在 900 ℃加热 1 h 后首先在晶粒边界处析出细小短粗的组织，其含量极少，在晶面内部并无 δ 相析出。图 2-15 中 GH4169 合金原始板材在 900 ℃加热 5 h 后，δ 相依旧在晶界处析出，且原有部分 δ 相在晶面内部析出，由细小短粗的组织继续生长为细长的针状组织，贯穿晶粒内部，但针状 δ 相分布比较稀疏。

GH4169 合金原始板材 900 ℃热处理 10 h 后，由图 2-16 可以发现晶界处细小短粗状的 δ 相进一步转变为针状形态，晶粒内部的 δ 相分布相比 900 ℃×5 h 处理后组织更加密集。

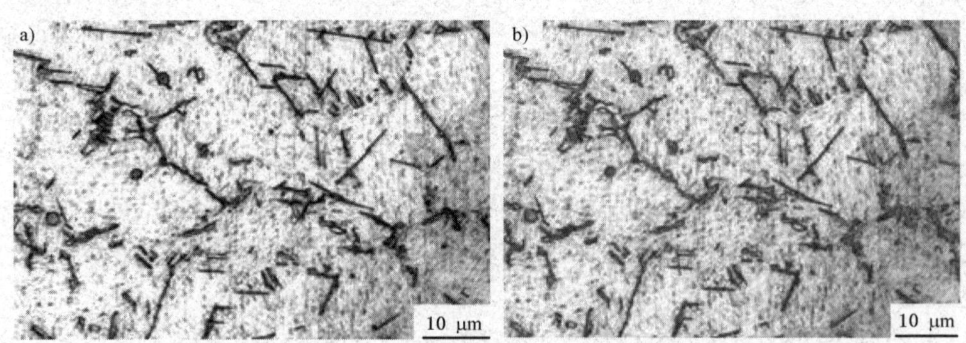

图 2-14 GH4169 合金原始板材 900 ℃热处理 1 h 微观组织

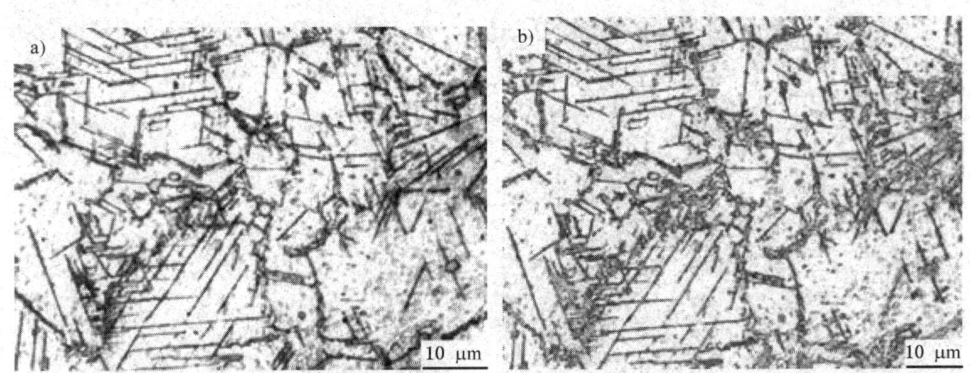

图 2-15　GH4169 合金原始板材 900 ℃热处理 5 h 微观组织

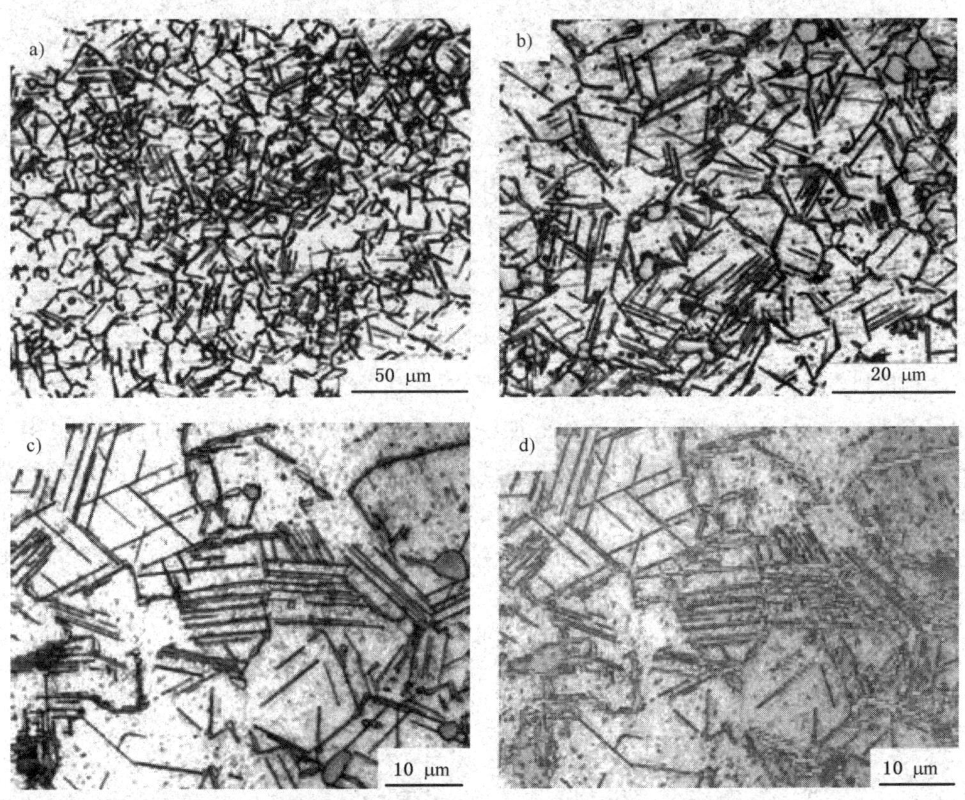

图 2-16　GH4169 合金原始板材 900 ℃热处理 10 h 微观组织

通过图 2-17 可以发现 GH4169 合金原始板材 900 ℃热处理 20 h 后，晶界处的短粗棒状 δ 相全部转变为针状组织，随着保温时间的延长，部分针状 δ 相变粗且呈现交错生长趋势。

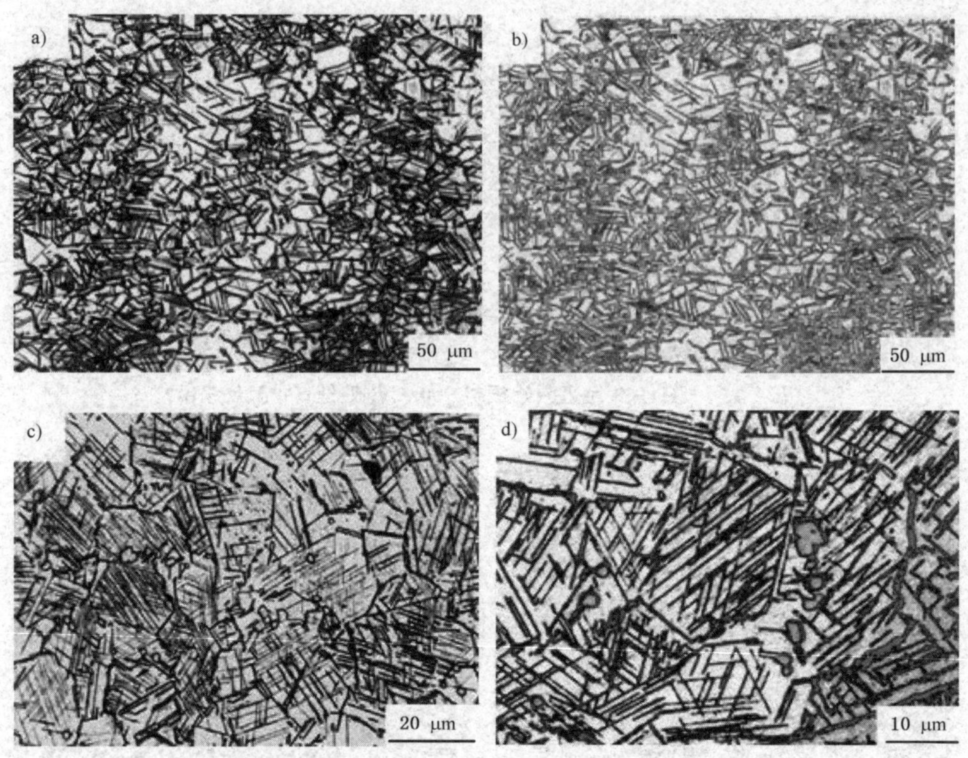

图 2-17　GH4169 合金原始板材 900 ℃热处理 20 h 微观组织

GH4169 合金原始板材 900 ℃热处理 40 h 后微观组织如图 2-18 所示，针状 δ 相完全粗化成为棒状组织而且分布更加密集，交错更加明显，均匀地分布在组织内部。GH4169 合金原始板材 900 ℃热处理 40 h 后的 δ 相分布与 900 ℃×20 h 热处理组织相比较其含量增加速率呈下降趋势，只是 δ 相自身形貌发生改变。由此可以分析得出 GH4169 原始板材在 900 ℃保温 40 h 后 δ 相含量接近顶峰，其最终形貌为密排交叉排列的棒状组织，均匀分布在合金组织内部。

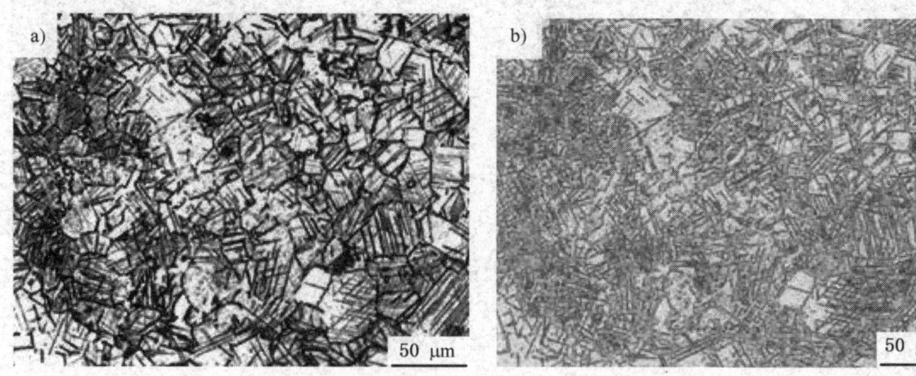

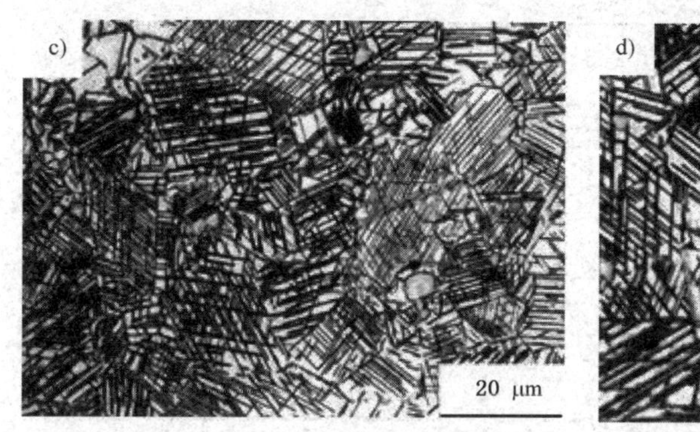

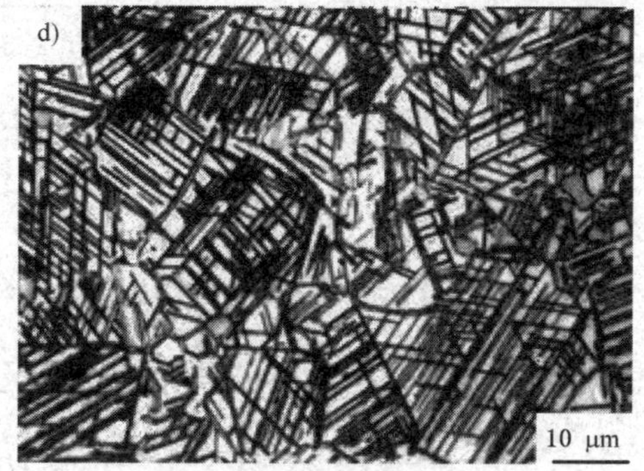

图 2-18　GH4169 合金原始板材 900 ℃ 热处理 40 h 微观组织

利用 Linksys32 相分析软件，分析计算 δ 相的总面积与金相照片全部视场的面积比值，如表 2-4 所示，原始板材 δ 相面积分数的测定只是定性、半定量的测量，含有一定的测量误差，晶粒作为一个三维立体的单元，不能够用单一的二维面积所表示，本章 2.3 节将进行准确的 GH4169 合金 δ 相体积分数计算。

表 2-4　原始板材试样 δ 相面积分数

热处理时间	900 ℃×1 h	900 ℃×5 h	900 ℃×10 h	900 ℃×20 h	900 ℃×40 h
面积分数/%	2.35	5.46	10.21	16.33	19.58

2.3.2　冷轧对合金 δ 相析出含量的影响

2.3.2.1　δ 相析出含量的测定

在 GH4169 合金的使用过程中经常会采取冷变形工艺成型，同时冷变形将影响合金的相析出行为，本章研究了冷轧压下量与热处理时间对 δ 相析出行为的影响规律，将不同冷轧压下量的试样 XRD 图谱进行分析，定性分析合金各物相，定量选择各相对应积分强度，分析得出所需要的各种数据，确定不同冷轧压下量与热处理工艺对 δ 相体积分数的影响。

由于 γ″的最强衍射峰(112)与 γ 相的衍射峰(111)重叠，γ′相是 γ 相的有序相，并且 γ″及 γ′相的含量较少，且 γ 相、γ′相、γ″相有相近的晶格常数，因此不能观察到 γ 相、γ′相及 γ″相独立的衍射峰，故测定的衍射峰是由三相叠加而成，如图 2-19、图 2-20 GH4169 合金板材不同温度 XRD 图谱所示。

通过对图 2-19 观察可以发现对于 1 050 ℃、620 ℃和 740 ℃处理后原始板材的 XRD 图谱中衍射峰的位置并没有发生改变，甚至峰的强度也几乎无变化。图 2-20 中细晶板材经过 1 050 ℃×0.5 h 固溶处理后 δ 相溶解在基体中，所以 XRD 图谱中没有 δ 相的衍射峰，就 γ 相、γ′相、γ″相的衍射峰而言，其位置与强度依然没有变化。所以在本章中统一为 γ 相不作单独区分。

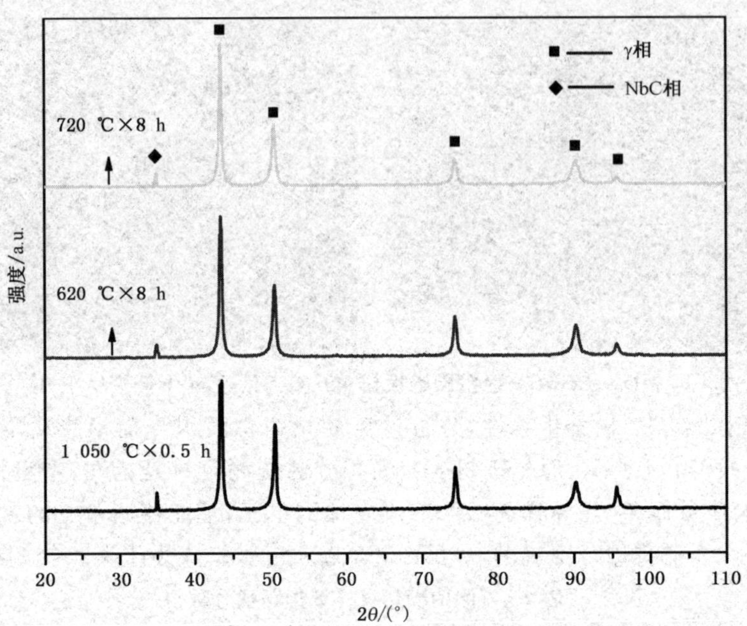

图 2-19　GH4169 合金原始板材不同温度 XRD 图谱

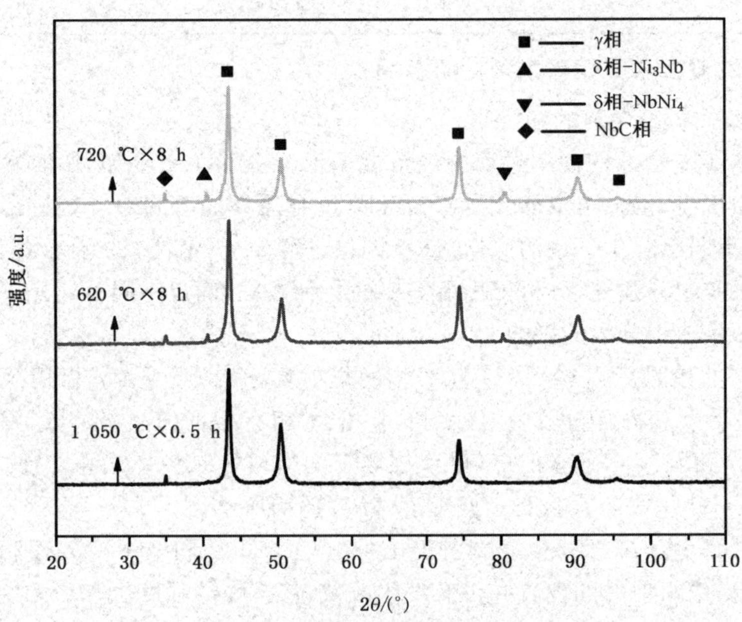

图 2-20　GH4169 合金细晶板材不同温度 XRD 图谱

因此在由 GH4169 合金的 XRD 图谱计算 δ 相含量过程中只需测量 γ 相、δ-Ni_3Nb 相、δ-$NbNi_4$ 相及 NbC 相的衍射峰积分强度即可。γ 相、δ-Ni_3Nb 相、δ-$NbNi_4$ 相及 NbC 相体积分数计算公式如式(2-1)所示：

$$
\begin{cases}
V_{\delta\text{-}Ni_3Nb}+V_{\delta\text{-}NbNi_4}+V_{NbC}+V_{\gamma}=1 \\
\dfrac{V_{\delta\text{-}Ni_3Nb}}{V_{\gamma}}=\dfrac{\dfrac{1}{m_1}\sum_{i}^{m_1}(I_i^{\delta\text{-}Ni_3Nb}/R_i^{\delta\text{-}Ni_3Nb})}{\dfrac{1}{n}\sum_{i}^{n}(I_i^{\gamma}/R_i^{\gamma})} \\
\dfrac{V_{\delta\text{-}NbNi_4}}{V_{\gamma}}=\dfrac{\dfrac{1}{m^2}\sum_{i}^{m_2}(I_{\mathrm{i}}^{\delta\text{-}NbNi_4}/R_i^{\delta\text{-}NbNi_4})}{\dfrac{1}{n}\sum_{i}^{n}(I_i^{\gamma}/R_i^{\gamma})} \\
\dfrac{V_{NbC}}{V_{\gamma}}=\dfrac{I_{111}^{NbC}/R_{111}^{NbC}}{\dfrac{1}{n}\sum_{i}^{n}(I_i^{\gamma}/R_i^{\gamma})} \\
R=\dfrac{1}{v^2}PF^2\varphi(\theta)\mathrm{e}^{-2M}
\end{cases}
\tag{2-1}
$$

式中：

V_{NbC}、V_{γ}、$V_{\delta\text{-}Ni_3Nb}$、$V_{\delta\text{-}NbNi_4}$——NbC 相、γ 相、δ-Ni_3Nb 相、δ-$NbNi_4$ 相的体积分数；

I_i^{δ}、I_{111}^{NbC}、I_i^{γ}——δ 相、NbC、γ 相衍射峰的积分强度；

n、m——γ 相、δ 相选用的衍射峰个数；

v——单位晶胞体积(cm^3)；

F——根据合金成分、δ 相成分和 NbC 计算的结构因数；

P——多重性因数；

$\varphi(\theta)$——角因数；

e^{-2M}——温度因数，$M=B\ \sin^2\theta/\lambda^2$，δ 相、NbC、γ 相均使用 $B=0.40$。

2.3.2.2　冷轧压下量对 δ 相析出含量的影响

将 3 mm 厚的原始板材进行 1 050 ℃保温 0.5 h 的固溶处理试验，然后分 3 组进行冷轧试验，冷轧完成后板材厚度分别为 2.4 mm、1.8 mm、1.2 mm，压下量如表 2-5 所示，与固溶后的原始板材共同在 900 ℃保温 10 h，进行对比试验，观察 4 组试验中 δ 相析出形貌并进行 XRD 试验，根据数据结果计算 δ 相的体积分数，分析冷轧压下量对 δ 相析出含量的影响。

表 2-5 GH4169 合金冷轧压下量

冷轧压下量/%	0	20	40	60
加热温度/℃	900	900	900	900
保温时间/h	10	10	10	10

图 2-21 是 GH4169 合金原始板材经过不同压下量冷轧后在 900 ℃保温 10 h 后 δ 相析出的微观组织。由图 2-21a 可以发现原始板材晶界处普遍析出针状形态 δ 相，并且有 δ 相完整地贯穿晶粒内部，相对于基体而言 δ 相含量较少。冷轧压下量为 20%的合金板材，部分晶粒内部完全布满析出的 δ 相，棒状 δ 相紧密排列，相比 a 图，b 图中的 δ 相含量显著提高，但仍未均匀地布满基体中。c 图中压下量 40%的 GH4169 板材经过 δ 相析出热处理后，δ 相进一步析出，同时随着冷轧压下量的增加，出现明显的条状晶粒组织，d 图中 δ 相几乎完全分布在晶粒中，均匀排列在条状晶粒内部。

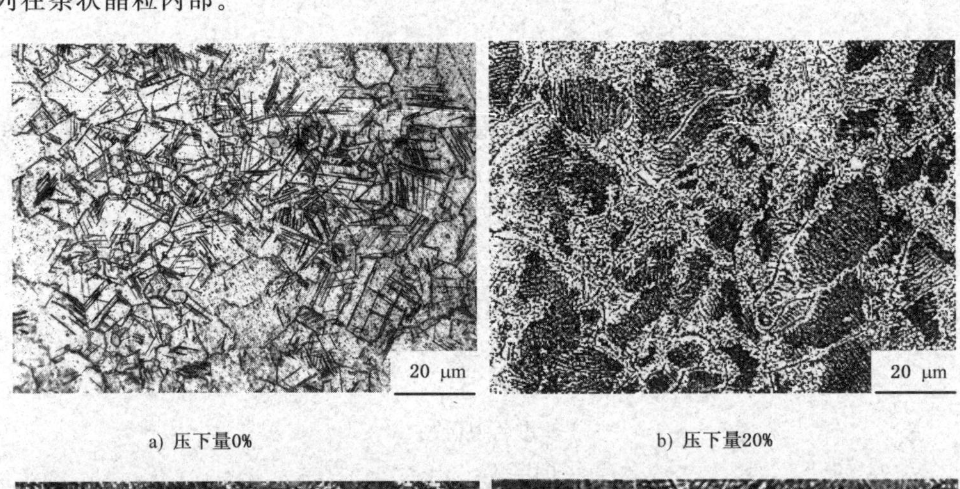

a) 压下量0%　　b) 压下量20%

c) 压下量40%　　d) 压下量60%

图 2-21 合金原始板材不同压下量 δ 相析出微观组织

通过四组金相试验对比分析，GH4169 合金板材随着压下量的增加，δ 相析出量增加，并且分布更加均匀，由最初的针状形貌转变为棒状 δ 相-Ni_3Nb，最后棒状 δ 相增粗变长。

图 2-22 是 GH4169 合金试样经过不同压下量冷轧，在 900 ℃保温 10 h δ 相析出后的 XRD 汇总，从图中可以看出未经冷轧的试样（压下量为 0%）δ 相的衍射峰只有(201)、(211)峰，这两个峰属于 δ 相-Ni_3Nb，而冷轧后试样的 XRD 均具有 δ-$NbNi_4$ 相的(020)、(012)、(013)峰，并且随着冷轧压下量的增加上述 δ-$NbNi_4$ 相的衍射峰强度有所增强，甚至在压下量为 60% 时 δ 相-Ni_3Nb 的(211)峰消失，GH4169 试样冷轧后与未冷轧试样比较多析出了 δ 相-$NbNi_4$，这说明冷轧对 δ 相的析出具有促进作用。

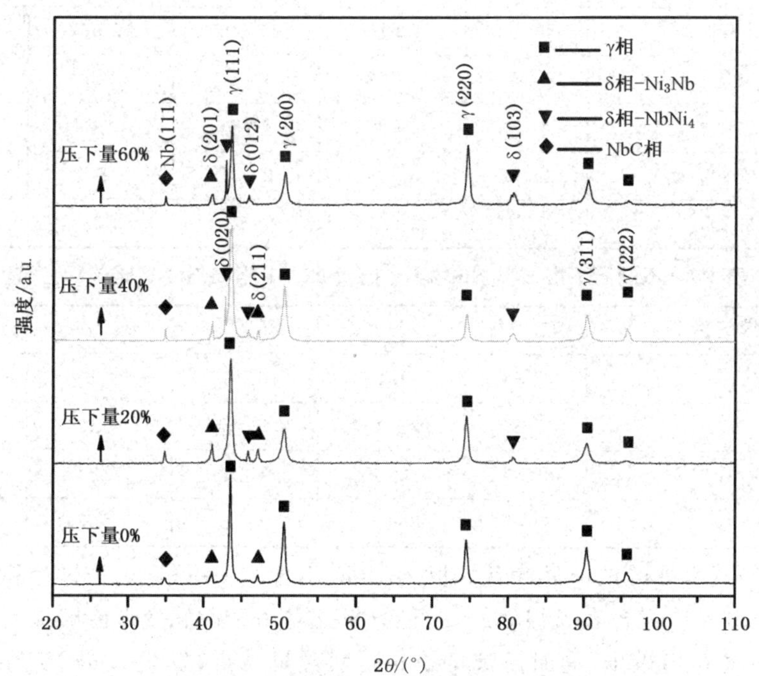

图 2-22　GH4169 合金板材冷轧-δ 相析出后的 XRD 图谱

通过 X 射线定量相分析法确定不同冷轧压下量的 GH4169 合金 δ 相析出体积分数，将表 2-6 中的数据代入式(2-1)中，通过计算得出各试样的 NbC 相、γ 相、δ 相-Ni_3Nb、δ 相-$NbNi_4$ 体积分数，如表 2-7 所示。

由表 2-7 和图 2-23 可以看出对于 GH4169 合金随着冷轧压下量的增加 δ 相的体积分数也随之增加但增加趋势越来越小，压下量 60%与压下量 40%相比 δ 相的体积分数增加量很小。冷轧促进 δ 相-$NbNi_4$ 析出的同时抑制了 δ 相-Ni_3Nb 的生成，在图 2-23 中可以看到随着冷轧压下量的增加 δ 相-$NbNi_4$ 的体积分数显著变大，而 δ 相-Ni_3Nb 的体积分数随之变小。

表 2-6 原始板材不同压下量 NbC 相、γ 相、δ-Ni_3Nb 相、δ-$NbNi_4$ 相的积分强度和 R 值

衍射峰	R_i	I_i			
		0%	20%	40%	60%
$(111)_{NbC}$	68.73	283	293	310	342
$(201)_{δ\text{-}Ni_3Nb}$	15.24	61	174	97	112
$(020)_{δ\text{-}NbNi_4}$	25.93	—	—	669	450
$(012)_{δ\text{-}NbNi_4}$	32.00	—	635	86	453
$(211)_{δ\text{-}Ni_3Nb}$	61.38	130	112	153	—
$(103)_{δ\text{-}NbNi_4}$	160.9	—	676	1 342	1 473
$(111)_γ$	85.82	6 875	11 390	10 687	10 423
$(200)_γ$	38.64	4 753	4 657	5 255	4 552
$(220)_γ$	20.53	4 087	3 953	4 127	4 057
$(311)_γ$	24.36	3 124	3 076	2 863	2 943
$(222)_γ$	7.26	2 047	957	814	934

表 2-7 不同压下量试样 NbC 相、γ 相、δ-Ni_3Nb 相、δ-$NbNi_4$ 相体积分数

冷轧压下量/%	V_{NbC}/%	$V_γ$/%	$V_δ$/%	$V_{δ\text{-}Ni_3Nb}$/%	$V_{δ\text{-}NbNi_4}$/%
0	2.58	91.28	6.14	6.14	0
20	2.67	88.18	9.15	4.13	5.02
40	2.83	86.67	10.2	2.84	7.66
60	3.12	86.08	10.8	2.3	8.5

没有经过冷轧的试样只含有 δ 相-Ni_3Nb，不含 δ 相-$NbNi_4$，经过冷轧的试样既含有 δ 相-$NbNi_4$，又含有 δ 相-Ni_3Nb，经分析这是由于冷轧变形能够提高合金内部畸变能，促进 δ 相析出，同时游离的 Nb 元素含量减少，发生 δ 相-Ni_3Nb 向 δ 相-$NbNi_4$转变，即冷轧变形主要促进 δ 相-$NbNi_4$的析出。

2.3.2.3 保温时间对 δ 相析出含量的影响

为了研究在 900 ℃时析出时间对 δ 相析出体积分数的影响，将原始板材与细晶板材分为 5 组试样，放入真空加热炉型号为 ARCHIMEDES VF1600 额定温度≤1 600 ℃中，本节设定析出温度为 900 ℃，设定保温时间分别为 1 h、5 h、10 h、20 h 和 40 h，保温结束后水冷，将 GH4169 合金原始试样与细晶板材试样进行对比试验，并将 5 组试验中的试样进行 XRD 试验，根据数据结果计算 δ 相的体积分数，分析保温时间对 δ 相析出种类及体积分数的影响。

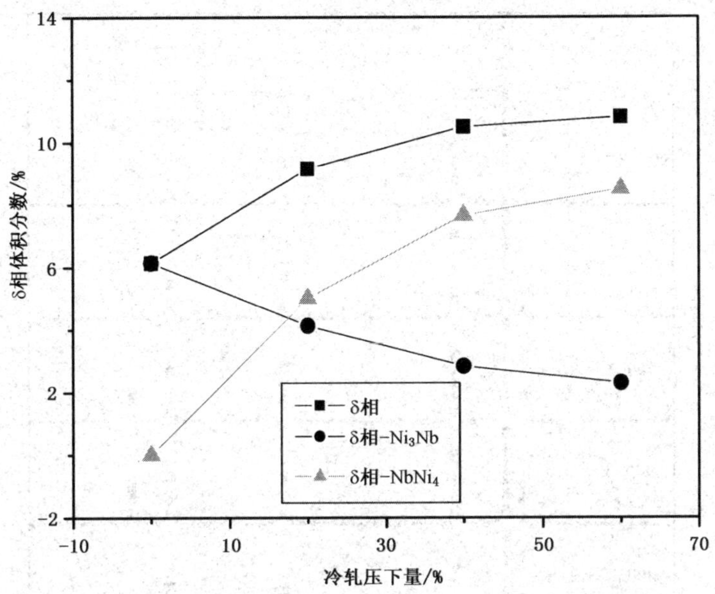

图 2-23　GH4169 合金不同冷轧压下量 δ 相析出体积百分数

图 2-24 和图 2-25 分别是 GH4169 合金原始板材试样与细晶板材试样在 900 ℃不同保温时间的 XRD 的汇总图谱。经对比发现图 2-24 中原始板材试样均不含有 δ 相-$NbNi_4$，只含有 δ 相-Ni_3Nb；而图 2-25 中经过两次冷轧的细晶板材试样均含有 δ 相-$NbNi_4$。结合本章 2.3.2 中冷轧压下量对 δ 相析出含量的影响可以进一步确定，冷轧对 δ 相-$NbNi_4$的析出有显著的促进作用。

分析图 2-24 和图 2-25 均可发现在 900 ℃时随着保温时间的增长 δ 相的衍射峰强度也在不断变强，从而可以定性地确定 δ 相的含量在不断增加，通过 X 射线定量相分析法准确确定上述试样析出 δ 相的体积分数，将表 2-8 与表 2-9 中原始合金与细晶合金的 NbC 相、γ 相、δ-Ni_3Nb 相、δ-$NbNi_4$相的积分强度和 R 值分别带入式(2-1)中，通过计算得出原始板材与细晶板材各试样中 NbC 相、γ 相、δ 相-Ni_3Nb、δ 相-$NbNi_4$的体积分数。

图 2-26 为 GH4169 合金不同保温时间试样 δ 相析出的体积分数，各个试样 NbC 相、γ 相、δ 相、δ 相-Ni_3Nb、δ 相-$NbNi_4$体积分数数据如表 2-10、表 2-11 和表 2-12 所示。

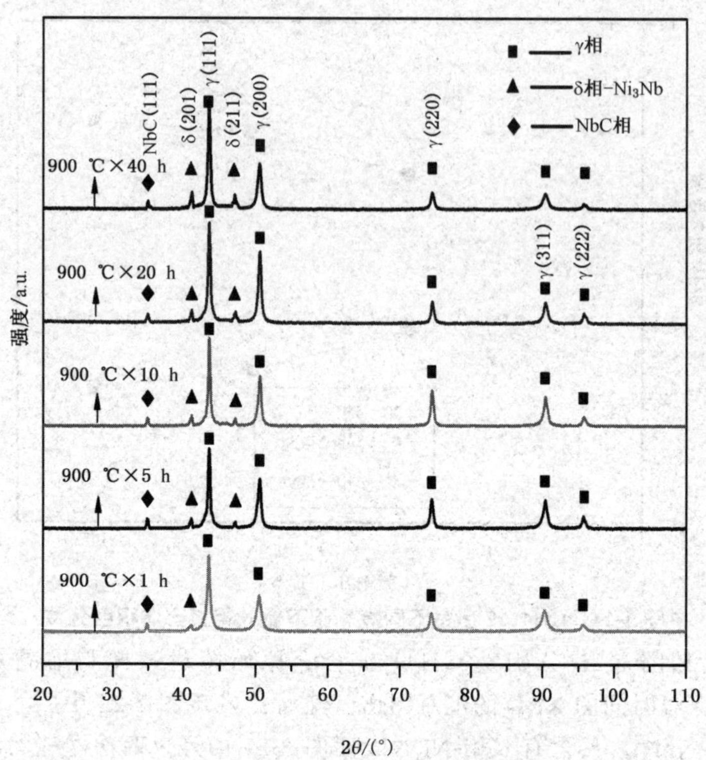

图 2-24　GH4169 合金原始板材 900 ℃不同保温时间 XRD 图谱

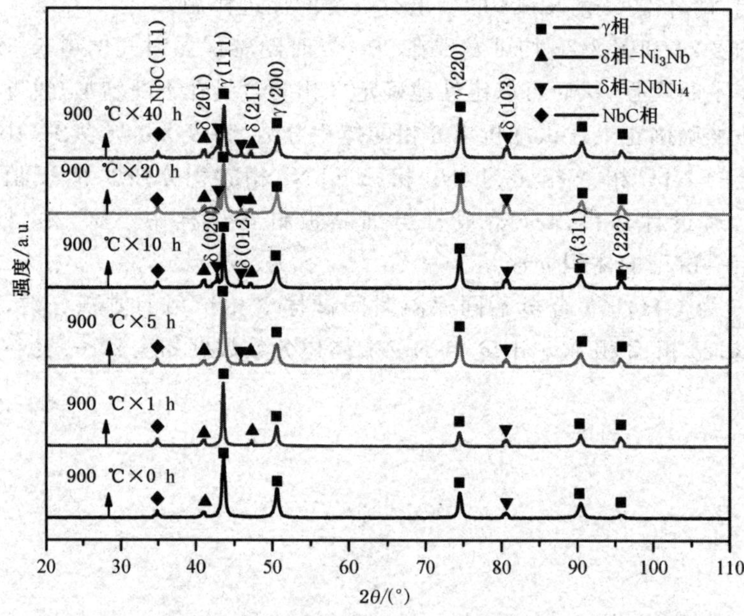

图 2-25　GH4169 合金细晶板材 900 ℃不同保温时间 XRD 图谱

表 2-8　原始合金 NbC 相、γ 相、δ-Ni_3Nb 相、δ-$NbNi_4$ 相的积分强度和 R 值

衍射峰	R_i	I_i				
		900 ℃×1 h	900 ℃×5 h	900 ℃×10 h	900 ℃×20 h	900 ℃×40 h
$(111)_{NbC}$	68.73	297	284	319	293	308
$(201)_{δ\text{-}Ni_3Nb}$	15.24	108	152	217	245	317
$(020)_{δ\text{-}NbNi_4}$	25.93	—	—	—	—	—
$(012)_{δ\text{-}NbNi_4}$	32.00	—	—	—	—	—
$(211)_{δ\text{-}Ni_3Nb}$	61.38	—	189	353	749	620
$(103)_{δ\text{-}NbNi_4}$	160.9	—	—	—	—	—
$(111)_γ$	85.82	17 775	21 137	14 861	14 290	18 264
$(200)_γ$	38.64	5 739	3 842	4 128	6 742	3 214
$(220)_γ$	20.53	4 127	2 843	5 127	3 271	4 267
$(311)_γ$	24.36	3 124	1 735	1 557	1 688	1 247
$(222)_γ$	7.26	1 026	1 215	1 075	1 127	1 144

表 2-9　细晶合金 NbC 相、γ 相、δ-Ni_3Nb 相、δ-$NbNi_4$ 相的积分强度和 R 值

衍射峰	R_i	I_i					
		900 ℃×0 h	900 ℃×1 h	900 ℃×5 h	900 ℃×10 h	900 ℃×20 h	900 ℃×40 h
$(111)_{NbC}$	68.73	320	337	315	295	333	318
$(201)_{δ\text{-}Ni_3Nb}$	15.24	59	51	61	75	97	63
$(020)_{δ\text{-}NbNi_4}$	25.93	—	—	—	257	284	254
$(012)_{δ\text{-}NbNi_4}$	32.00	—	—	349	481	542	672
$(211)_{δ\text{-}Ni_3Nb}$	61.38	—	124	120	186	87	169
$(103)_{δ\text{-}NbNi_4}$	160.9	752	3 214	2 807	2 993	3 338	3 026
$(111)_γ$	85.82	28 320	26 917	17 824	15 621	10 782	7 649
$(200)_γ$	38.64	4 671	4 573	4 128	4 951	4 720	4 527
$(220)_γ$	20.53	3 674	3 127	3 759	3 527	3 654	3 952
$(311)_γ$	24.36	2 534	2 410	2 153	2 344	2 751	2 955
$(222)_γ$	7.26	956	1 854	1 256	1 137	1 364	1 175

表 2-10 δ 相在 GH4169 合金中的体积分数/%

热处理时间	900 ℃×0 h	900 ℃×1 h	900 ℃×5 h	900 ℃×10 h	900 ℃×20 h	900 ℃×40 h
原始板材 δ 相体积分数	—	2.18	4.0	6.14	8.66	9.5
细晶板材 δ 相增加分数	—	2.71	5.64	9.02	9.94	10.64
细晶板材 δ 相体积分数	1.92	4.63	7.56	10.94	11.86	12.56

表 2-11 原始板材 900 ℃热处理后 NbC 相、γ 相、δ 相-Ni_3Nb、δ 相-$NbNi_4$ 体积分数

热处理时间/h	V_{NbC}/%	V_{γ}/%	$V_{\delta\text{-}Ni_3Nb}$/%	$V_{\delta\text{-}NbNi_4}$/%
1	2.65	95.17	2.18	0
5	2.53	93.47	4	0
10	2.85	91.01	6.14	0
20	2.61	88.83	8.66	0
40	2.75	87.45	9.5	0

表 2-12 细晶板材 900 ℃热处理后 NbC 相、γ 相、δ 相-Ni_3Nb、δ 相-$NbNi_4$ 体积分数

热处理时间/h	V_{NbC}/%	V_{γ}/%	$V_{\delta\text{-}Ni_3Nb}$/%	$V_{\delta\text{-}NbNi_4}$/%
0	2.57	95.51	1.06	0.86
1	2.43	92.94	1.33	3.3
5	2.71	89.76	1.76	5.77
10	2.54	86.52	2.35	8.59
20	2.86	85.28	2.29	9.57
40	2.91	84.53	2.16	10.4

由图 2-26 GH4169 合金板材不同保温时间的 δ 相含量体积分数可以分析得出无论是原始试样还是细晶板材试样随着保温时间的增长在 10 h 内时 δ 相含量体积分数呈线性增长，随后随着保温时间增长，δ 相含量增加速率降低，且最终呈平滑趋势，含量达到稳定。分析 GH4169 细晶工艺：细晶合金板材经过 900 ℃-δ 相析出处理与 950 ℃退火处理，δ 相在 950 ℃只是开始溶解，经计算细晶 GH4169 合金试样在 900 ℃热处理前含有一定量的未溶解的破碎 δ 相，其体积分数为 1.92%，并且合金晶粒越细，晶界面越多，针状 δ 相在晶界处优先析出，所以在相同保温时间内，细晶板材中 δ 相的析出含量要高于原始板材。

对细晶板材试样而言，随着保温时间的增加 δ 相-$NbNi_4$ 的体积分数增加较快，而 δ 相-Ni_3Nb 以 10 h 为临界点呈现先增加后减小的趋势，这说明在前 10 h 内基体中的 Nb 元素含量丰富，能够同时析出 δ 相-$NbNi_4$ 与 δ 相-Ni_3Nb，在 10 h 后由于

δ 相体积分数的显著增加，游离的 Nb 元素含量减少，发生 δ 相-Ni_3Nb 向 δ 相-$NbNi_4$ 转变，最终导致 δ 相-Ni_3Nb 体积分数减少。

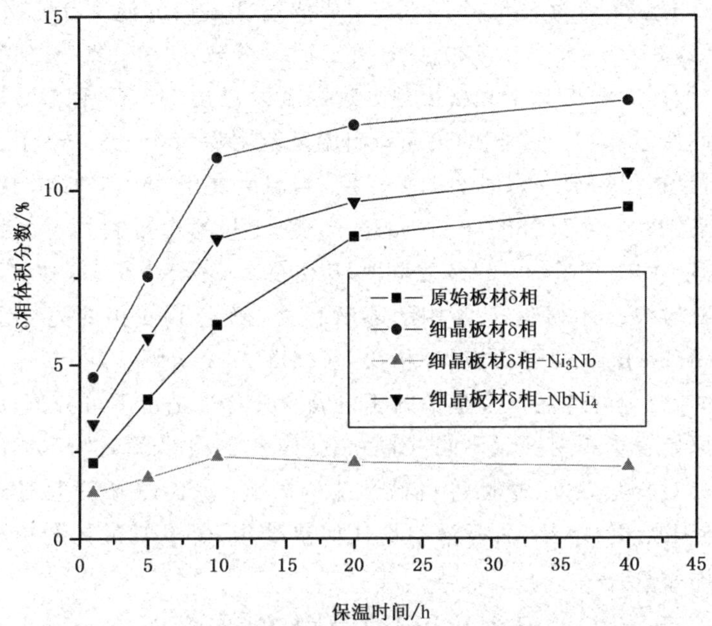

图 2-26 GH4169 合金板材不同保温时间 δ 相含量体积分数

通过研究 δ 相析出时间对 δ 相形貌演变规律及体积分数的影响，得出以下结论：

(1) 细小短粗的 δ 相首先从晶界析出，随着保温时间的增长，细小的 δ 相由晶界向晶内生长逐渐贯穿晶粒内部，并愈来愈密集，在保温 40 h 时，δ 相呈均匀的棒状组织。

(2) 冷轧处理有助于 GH4169 合金 δ 相的析出，主要促进 δ 相-$NbNi_4$ 析出，未经冷轧的原始试样仅析出 δ 相-Ni_3Nb；原始板材的 δ 相-Ni_3Nb 最高体积分数为 9.5%，细晶板材 δ 相最高体积分数达到 12.56%，并发生 δ 相-Ni_3Nb 向 δ 相-$NbNi_4$ 转变。

2.4 合金相组成对力学性能的影响

2.4.1 热处理方案

GH4169 高温合金的组成相十分复杂，有基体 γ 相，强化相 γ′相、γ″相及 δ 相，还包括少量的 NbC 相。γ′相类似于面心立方晶系的稳定相，析出温度在 593～816 ℃之间，在 843～871 ℃ 范围内溶解，其形状为球形。该相的数量因 Al、Ti 含量较低所以较少，产生强化原因是在 620 ℃时沿基体 γ 相的(100)面大量析出细小的颗粒，并且保温 8 h 左右时 γ′相含量趋于稳定。

γ″相是体心四方晶系的亚稳相，呈圆盘状，是 GH4169 高温合金的主要强化相。γ″相的析出温度约为 595～870 ℃，相形成速度最快的温度在 732～760 ℃之间，溶解温度为 870～930 ℃。720 ℃时析出的尺寸较小，在 870 ℃保温期间析出的尺寸较大，所以综合考虑 γ″相析出热处理温度设定在 740 ℃，保温 8 h。γ″相向 δ 相转变温度起始于 650 ℃，δ 相的快速析出温度范围为 780～980 ℃，在 900 ℃时析出速度最快，且析出需要一定时间的孕育期，当温度高于 950 ℃时，δ 相开始溶解，δ 相大量溶解温度需高于 980 ℃。Azadian 认为 Nb 的含量制约着 δ 相的溶解温度，当 Nb 含量在 5.06%～5.41%之间时，δ 相在 1 005～1 015 ℃内会完全溶解；Cai 等利用 X 射线技术研究了 δ 相的溶解行为，确定了 δ 相的完全溶解温度为 1 020 ℃；Muralid haran 研究发现 δ 相在 1 038 ℃完全溶解。

众所周知，合金的性能与合金中的相组成及其含量是密不可分的，因此本章将细晶板材与原始合金板材通过不同试验方案（如表 2-13 所示）进行热处理，并分析合金的相组成对合金硬度、塑性等机械性能的影响，表 2-13 中 2 号处理方案是对 GH4169 合金原始板材与细晶板材不作任何热处理，测量其最初的板材塑性与硬度等力学性能参数。

表 2-13　GH4169 合金热处理方案

热处理编号	1	2	3	4	5	6	7	8	9
加热温度/℃	1 050	—	620	740	900	900	900	900	900
保温时间/h	0.5	—	8	8	1	5	10	20	40

2.4.2　第二相对 GH4169 合金塑性的影响

2.4.2.1　γ′相、γ″相、δ 相对 GH4169 合金塑性的影响

620 ℃、740 ℃保温 8 h，γ′相与 γ″相均达到饱和状态；δ 相在 900 ℃保温 40 h 后也基本处于饱和状态。通过对 γ′相、γ″相、δ 相的研究，分析其对 GH4169 高温合金塑性的影响。γ′相、γ″相、δ 相对 GH4169 原始合金及细晶合金塑性性能的影响如图 2-27、图 2-28 所示，详细数据见表 2-14，可以看出细晶板材经不同温度处理后其强度均高于原始板材但塑性有所降低。

合金的主要相组成对原始合金板材和细晶合金板材的塑性与抗拉强度都有巨大影响，在图 2-27、图 2-28 中 2 号试样主要含有 γ″相与 γ 相，γ″相作为合金的主要强化相，对提高合金抗拉强度效果最为明显，但造成塑性的大幅度降低。1 号试样主要含有 γ′相与 γ 相，γ′相作为 GH4169 合金的次要强化相作用同 γ″相相似，3 号、4 号试样曲线则表示 δ 相对合金塑性与抗拉强度的影响，通过对比可以发现 4 号试样塑性急剧下降，但强度几乎没有变化，这说明 δ 相对 GH4169 合金的强度影

响不明显，但合金中存在过量的 δ 相的话，其作为裂纹萌生和发展的通道，会大大降低材料塑性。经过固溶处理的 5 号试样经查阅文献得知全部由 γ 相与 NbC 相组成，塑性最好，细晶板材的延伸率达到 40.4%，抗拉强度为 1 004 MPa。

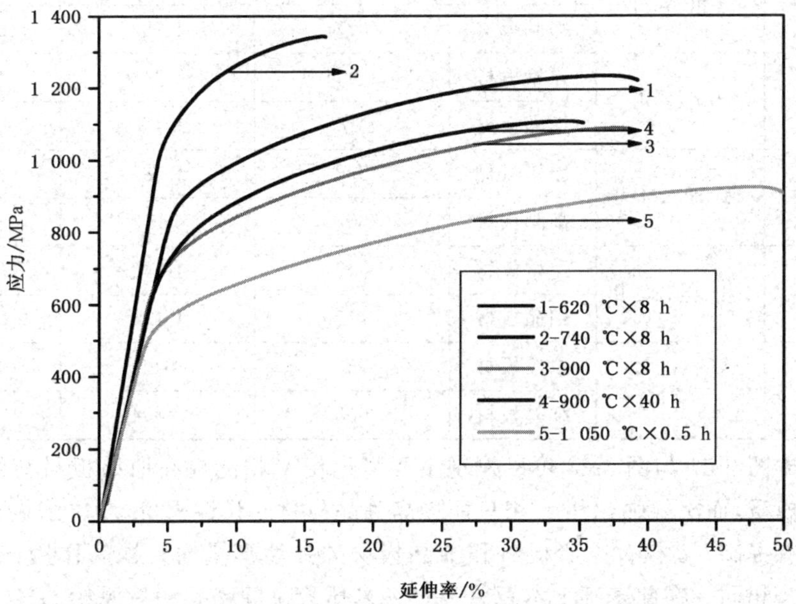

图 2-27　原始 GH4169 板材不同温度热处理试样拉伸曲线

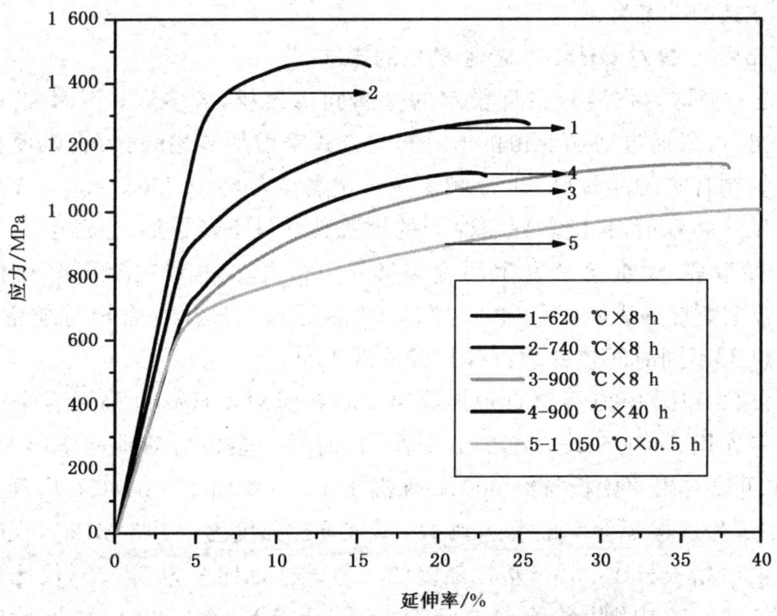

图 2-28　细晶 GH4169 板材不同温度热处理试样拉伸曲线

表 2-14 GH4169 合金不同温度热处理拉伸性能

试样编号	主要相组成	材料	屈服强度/MPa	抗拉强度/MPa	延伸率/%
1	γ 相、γ′相	原始板材	848	1 232	36.93
		细晶板材	877	1 282	24.85
2	γ 相、γ″相	原始板材	1 044	1 346	16.45
		细晶板材	1 285	1 470	14.5
3	γ 相、部分 δ 相	原始板材	593	1 087	37.98
		细晶板材	652	1 148	36.67
4	γ 相、饱和 δ 相	原始板材	617	1 146	33.71
		细晶板材	717	1 124	24.42
5	γ 相	原始板材	503	914	47.53
		细晶板材	603	1 004	40.4

对比图 2-27 与图 2-28 可以发现主要强化相 γ″相能提高原始板材与细晶板材的弹性模量，而次要强化相 γ′相只能提高细晶板材的弹性模量，对原始板材的弹性模量没有提高。δ 相对原始板材和细晶板材的弹性模量均无提高作用，与固溶处理后合金相同。在此基础上本章将通过纳米压痕试验精确测量原始 GH4169 合金与细晶 GH4169 合金的弹性模量，从而验证两种合金经不同温度热处理方案处理后的拉伸试验的准确性。

2.4.2.2 δ 相含量对 GH4169 合金塑性的影响

δ 相是一种均匀弥散分布且稳定的金属间析出相，大多以针片状或者短棒状的形式析出，可以通过增加 δ 相析出时间的方式来增加 δ 相的含量，以便在后续加工过程中控制合金的晶粒尺寸。δ 相快速析出温度范围为 780～980 ℃，在 900 ℃时析出速度达到峰值，且随着保温时间的增长其含量不断增加，当温度高于 950 ℃时，δ 相开始溶解，大量溶解发生温度需高于 980 ℃。本节主要研究 δ 相含量对 GH4169 合金塑性的影响，图 2-29 与图 2-30 为原始 GH4169 合金与细晶 GH4169 合金在 900 ℃不同时间热处理试样拉伸曲线汇总。

由图 2-29 和图 2-30 可以直观地看出 δ 相含量对 GH4169 高温合金的抗拉强度几乎没有作用，都在 1 100 MPa 上下浮动，而对合金板材的延伸率影响较大，在图 2-29 中可以看出原始板材经 900 ℃保温 1 h、5 h、10 h、20 h、40 h 后延伸率依次降低，其中 1 号试样延伸率最大达到 40.7%(抗拉强度为 1 143 MPa)，仅略低于未经处理过的原始板材 43.6%，塑性最差的 5 号试样延伸率为 33.7%仅比 1 号试样小 7%。在图 2-30 中细晶合金经 900 ℃保温 1 h、5 h、10 h、20 h、40 h 后的试样塑性依次降低且各试样间的延伸率差别明显。细晶合金的 1 号试样延伸率最大为

36.7%，抗拉强度达到 1 156 MPa，塑性最差的 5 号试样延伸率仅为 24.4%。900 ℃保温时间及相应 δ 相体积分数对 GH4169 合金塑性的影响具体数据如表 2-15 所示。

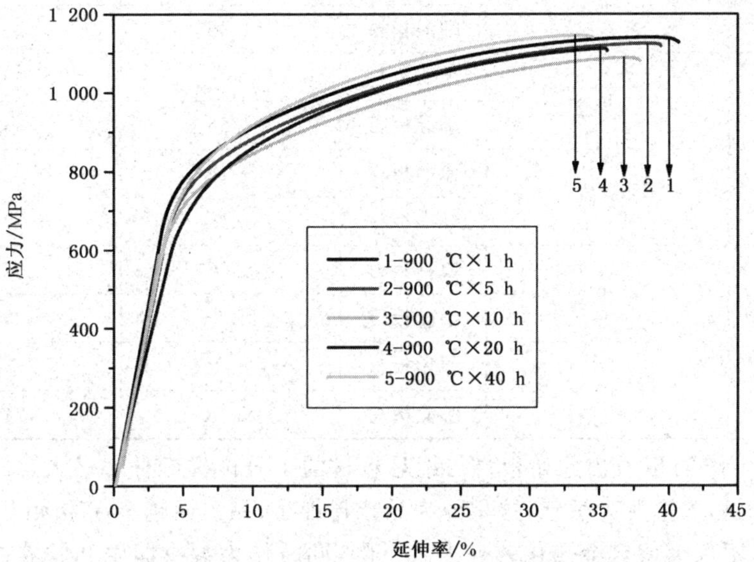

图 2-29　原始 GH4169 板材 900 ℃不同时间热处理试样拉伸曲线

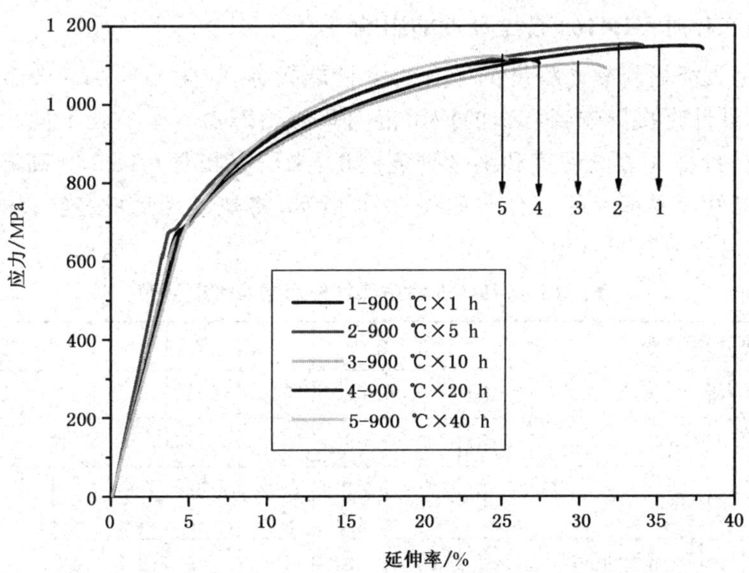

图 2-30　细晶 GH4169 板材 900 ℃不同时间热处理试样拉伸曲线

表 2-15　δ 相体积分数对 GH4169 合金塑性的影响

试样编号	900 ℃保温时间	材料	δ 相体积分数/%	延伸率/%
1	1	原始板材	2.18	40.7
		细晶板材	4.36	36.7
2	5	原始板材	4.0	39.4
		细晶板材	7.56	33.5
3	10	原始板材	6.14	37.4
		细晶板材	10.94	30.7
4	20	原始板材	8.66	34.8
		细晶板材	11.86	26.8
5	40	原始板材	9.5	33.7
		细晶板材	12.56	24.4

由表 2-15 可以看出原始板材与细晶板材的 1 号试样延伸率最大，细晶合金的塑性对于 δ 相含量尤为敏感，这是因为晶粒越细小，晶界面越多，δ 相相互交错的机会就越多，不仅会使合金强化效果大大下降，同时作为裂纹萌生和发展的通道，降低材料塑性。

2.4.3　第二相对 GH4169 合金硬度的影响

硬度是表征材料软硬程度的一种力学性能指标，作为 GH4169 合金基本性能参数，其优异性直接影响到合金的使用范围和使用寿命。本节就不同状态的两种合金板材进行维式显微硬度和纳米硬度测试，来研究相对 GH4169 高温合金硬度的影响。热处理方案及硬度分布如表 2-16 所示，将热处理后的各个试样磨平、抛光，并多次测量取其平均值。

表 2-16　GH4169 合金热处理方案及硬度分布

热处理编号		1	2	3	4	5	6	7	8	9
加热温度/℃		1 050	0	620	740	900	900	900	900	900
保温时间/h		0.5	0	8	8	1	5	10	20	40
主要相		γ 相	—	γ 相、γ′相	γ 相、γ″相	γ 相、δ 相	γ 相、δ 相	γ 相、δ 相	γ 相、δ 相	γ 相、δ 相
维氏硬度/HV	原始板材	252	267	364	406	269	275	281	284	283
	细晶板材	268	275	386	435	280	291	293	294	291
纳米硬度/GPa	原始板材	4.63	5.02	5.84	6.56	4.99	5.16	5.29	5.33	5.35
	细晶板材	5.08	5.21	5.98	6.83	5.25	5.34	5.39	5.41	5.40

续表

热处理编号		1	2	3	4	5	6	7	8	9
弹性模量/GPa	原始板材	196	194	205	238	198	204	197	195	203
	细晶板材	199	196	225	242	199	208	204	206	201

2.4.3.1　GH4169 合金显微硬度测试

维式显微硬度测量条件：载荷为 200 gf，保载 10 s，维氏硬度的计算公式为：

$$H=\frac{0.47F}{A^2} \tag{2-2}$$

式中：

H ——维氏硬度(HV)；

F ——载荷(N)；

A ——压痕对角线长度的一半(mm)。

图 2-31 是维氏硬度压痕图在固定力的加载下，自动测量压痕面积，从而得出 GH4169 合金板材的维氏硬度。通过图 2-32 可以直观地看出细晶板材的硬度要高于原始板材的硬度，经过固溶处理的合金板材只有 γ 相，硬度最低，经过强化处理合金产生 γ′相与 γ″相，尤其 γ″相作为主要强化相，该试样的硬度最高；γ′相作为合金次要强化相也有利于提高合金硬度，但效果次于 γ″相；从两图中可以看出无论是原始板材还是细晶板材随着保温时间的延长 δ 相含量也随之增长，合金板材的硬度从开始缓慢增加到保温 10 h 后不再变化说明 δ 相对提高合金硬度的贡献不大。在 900 ℃保温 40 h 后，细晶板材的维氏硬度有所下降而原始板材基本无变化，分析原因可能是 δ 相含量不再升高，保温时间过长细晶板材的晶粒长大所致。

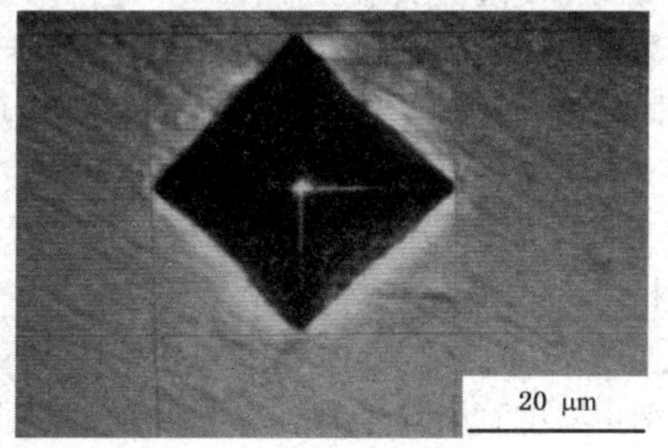

图 2-31　维氏硬度压痕图

2.4.3.2　GH4169 合金纳米硬度测试

纳米压痕法是在微纳米尺度研究材料微区机械性能的一种先进测试技术。通过连续记录压针加载、卸载过程中的载荷与对应深度，进而计算接触面积，建立恰当的压痕与试验力学模型，分析试验数据，即可求得被压材料的弹性模量和硬度。

纳米压痕测量条件：采用 Berkovich 压头，加载压力为 5 000 μN，保载 2 s。

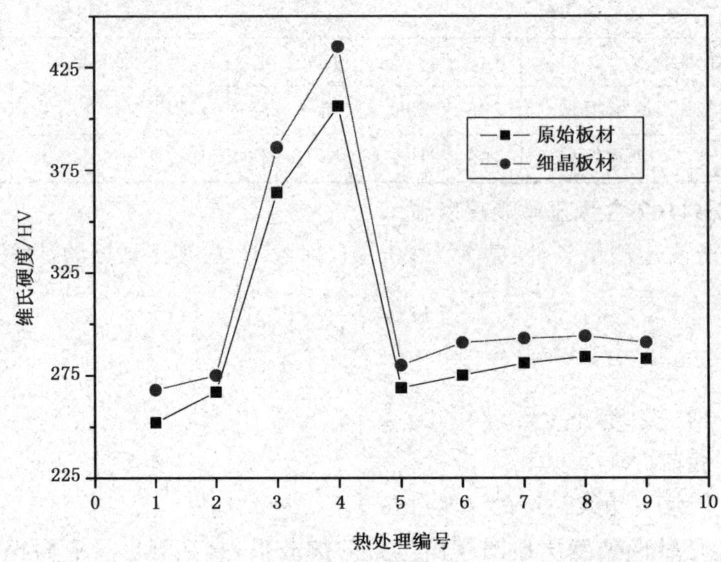

图 2-32　GH4169 合金不同温度热处理方案试样的维氏硬度

纳米硬度的压痕面积要远小于显微硬度的压痕面积，从图 2-33 可以看到纳米硬度压痕边界大小仅在 3 μm 左右。因为纳米压痕压头较小，有可能会加载到不同的相或者晶界处。以细晶板材热处理方案 4 为例，经过 740 ℃保温 8 h 后，细晶板材中主要还有基体 γ 相和强化相 γ″相，在试样上一次打 15 个点，其硬度分布如图 2-34 所示，可以看出 γ 相与 γ″相的纳米硬度有明显差别。根据之前已经测得的方案 1 中试样 γ 相的硬度 5.08 GPa，可以分析确定 γ″相的纳米硬度平均值为 6.83 GPa。

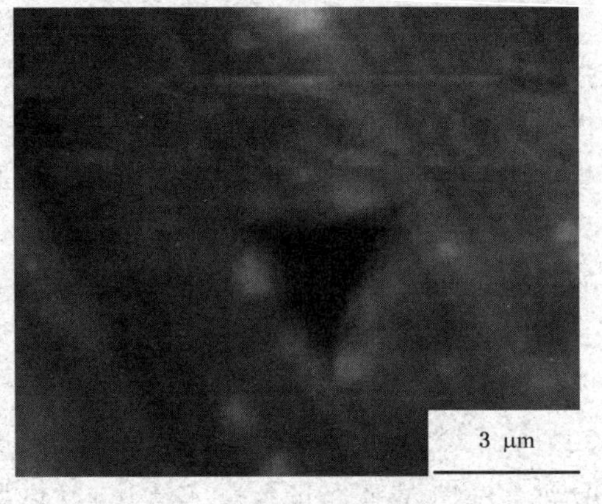

图 2-33　纳米硬度压痕图

图 2-35、图 2-36 分别是原始板材与细晶板材经过不同温度热处理后的纳米压痕曲线，加载压力同为 5 000 μN，加载时压下量不同，压下量越小所对应试样纳米硬度越大。740 ℃、620 ℃、900 ℃、1 050 ℃热处理方案分别对应合金的 γ″相、γ′相、δ 相和 γ 相，硬度依次降低。比较两图可知，同一热处理方案下细晶板材因为晶粒更加细小，晶界较多，其压下量均小于同样状态的原始板材，所以其纳米硬度高于原始板材。

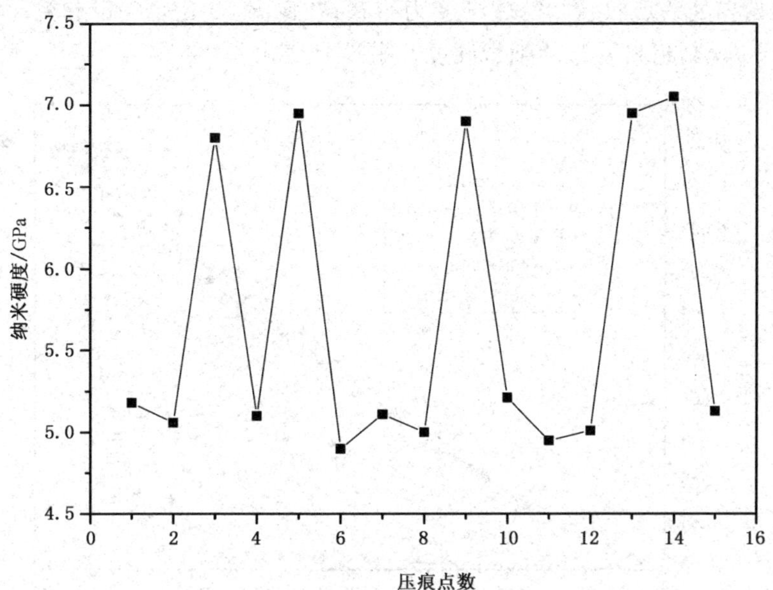

图 2-34 GH4169 合金细晶板材 740 ℃保温 8 h 试样纳米硬度分布

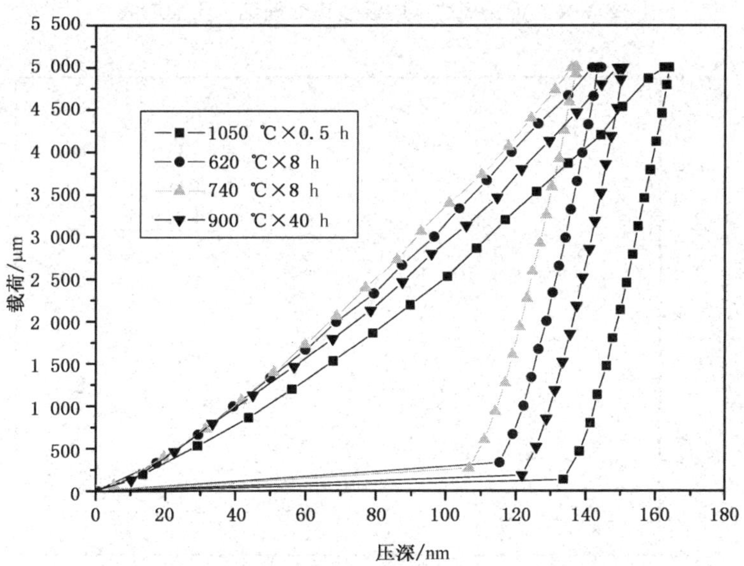

图 2-35 原始板材不同热处理试样纳米压痕曲线

依据图 2-34 所示方法依次测量各个试样的纳米硬度，得出图 2-37 GH4169 合金纳米硬度汇总图。GH4169 合金板材的纳米硬度趋势与维氏硬度相似，细晶板材硬度要高于原始板材的硬度，经过固溶处理的合金板材硬度最低，经过强化处理后合金产生 γ′相与 γ″相，硬度较高；图 2-37 中方案 5、6、7 中合金试样纳米硬度增加是因为随着 900 ℃保温时间的延长 δ 相含量也随之增长，而且 δ 相形貌发生变化，由最开始晶界处的点状、针状，逐渐变为棒状，在保温 10 h 后 δ 相形貌含量趋于稳定，GH4169 合金板材各自的纳米硬度几乎没有变化。

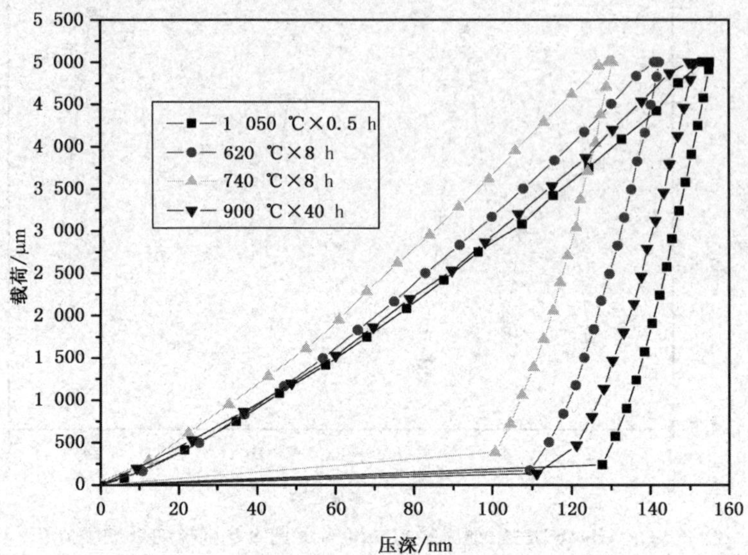

图 2-36　细晶板材不同温度热处理纳米压痕曲线

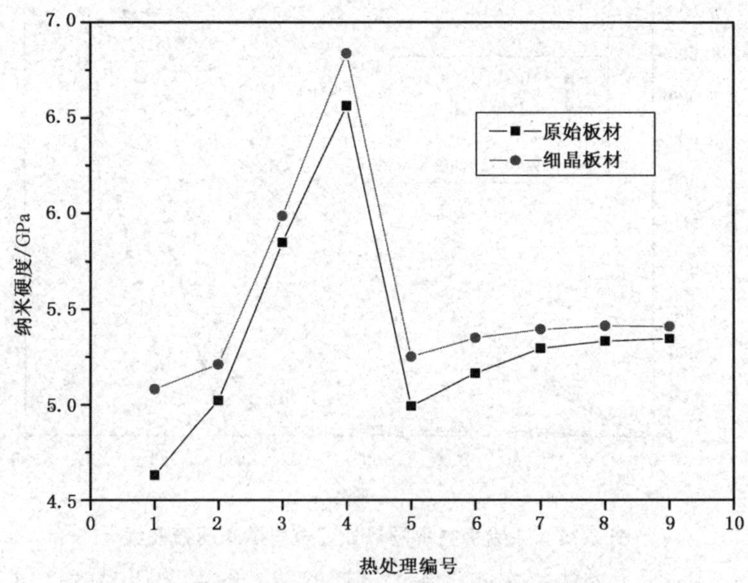

图 2-37　GH4169 合金不同温度热处理方案试样的纳米硬度

对 GH4169 合金进行不同工艺热处理，研究其相组成以及 δ 相含量对合金机械性能的影响，分析结论如下：

(1) 通过对 GH4169 合金板材进行固溶-热锻→第一次冷轧→δ 相析出处理→

第二次冷轧→退火再结晶等工艺处理，使合金板材原始晶粒大小由 20～100 μm 细化至 4～5 μm，达到细晶效果。合金板材第二次冷轧后形成大量亚晶，针状 δ 相发生明显断裂且变得细小弥散在亚晶内部和亚晶之间，积累大量的畸变能。950 ℃再结晶过程中，δ 相的钉扎作用限制再结晶晶界的迁移，使无畸变新生细小晶粒代替畸变组织，达到形核细晶的目的。

(2) δ 相首先从晶界析出，随着保温时间的增长，细小的 δ 相由晶界向晶内生长逐渐贯穿晶粒内部，GH4169 合金 10 h 内析出 δ 相体积分数呈线性增长随后增长速率变缓含量达到稳定。当 δ 相体积分数在 4%左右时 GH4169 合金延伸率最大，细晶板材试样延伸率为 36.7%，抗拉强度达到 1 156 MPa，而 δ 相体积分数为 12.56%时其塑性最差延伸率仅为 24.4%，过量的 δ 相作为裂纹萌生和发展的通道，降低材料塑性。

(3) GH4169 合金相组成不同其延伸率差别明显，主要含有 γ″相的合金塑性最差，冷轧处理促进 GH4169 合金析出 δ 相-$NbNi_4$，而未经冷轧的原始试样仅析出 δ 相-Ni_3Nb，冷轧压下量 60%的原始板材经 900 ℃保温 10 h 时析出的 δ 相体积分数为 10.8%，而未经冷轧的原始试样析出 δ 相体积分数仅为 6.14%。

GH4169高温合金锻造工艺及组织预报

3.1 引言

GH4169高温合金在热成形过程中的微观组织变化非常复杂,是各种微观机制共同作用的,GH4169高温合金对热变形温度和应变速率等热力参数非常敏感,所以GH4169高温合金的热成形比较难以控制,难以获得精确的锻造工艺和理想的组织。如果锻造工艺设计不当,达不到应用的良好性能,不仅是对资源的浪费,对实际应用更是一种潜在危险。近年来,随着计算机技术的发展,GH4169高温合金的研究也取得了较大进步,可以通过模型导入计算机模拟锻件的热变形过程并预测锻件的晶粒度大小和组织分布情况,通过改进优化锻造工艺来控制晶粒大小和组织分布。通过计算机的仿真模拟不仅可以为实际生产工艺参数的制定提供参考依据,还可以提高产品质量和降低生产成本,因此,其发展前景非常广阔。

本章以GH4169高温合金为研究对象,通过热压缩试验,研究其在热变形过程中的宏观流动应力行为规律以及动态再结晶、亚动态再结晶、静态再结晶和静态晶粒长大等微观组织的演化规律,通过这些规律,建立流动应力模型和微观组织预测模型,利用仿真手段对GH4169高温合金的整个锻造过程进行预测模拟,从而控制锻件的晶粒大小和组织分布。

3.2 GH4169高温合金的高温变形行为研究现状

GH4169高温合金锻件的主要成形方式是热锻,GH4169高温合金锻件的性能和组织对锻造过程的工艺参数非常敏感。热锻过程中的工艺参数主要有变形温度、应变速率和应变量等,要使GH4169高温合金锻件具有良好的机械性能和显微组织,首先需要掌握GH4169高温合金的高温变形行为和规律。高温变形行为包括变形温度、变形速率、变形量等与晶粒分布的关系以及它们在变形过程中的相互耦合规律。通过这些关系和规律建立相应的数学本构模型,通过本构模型进行仿真计算。

目前GH4169高温合金高温变形行为仿真计算的数学本构模型主要有反映机械性能的流变应力模型和反映微观组织演化的数学模型。流变应力模型可以了解和量化相关热变形参数的变化情况;微观组织演化模型可以预测锻件在热加工过程中的再结晶晶粒度大小、平均晶粒度大小和再结晶体积分数等。

3.2.1　GH4169 高温合金的流变应力模型研究现状

目前国内外学者对 GH4169 高温合金高温变形行为研究所采用的流变应力模型主要是 Sellars 和 Tegart 提出的包含变形激活能 Q 和变形温度 T 的 Arrhenius 双曲函数模型。后来的研究者为了增加该模型的普遍适用性，又考虑了流变应力的速度敏感性，如式(3-1)所示：

$$\sigma = c_1 \exp(c_2 \log\dot{\varepsilon}) \quad \exp(c_2 \log\dot{\varepsilon}) = \dot{\varepsilon}\, \frac{c_2}{\ln 10} \quad \sigma = K\dot{\varepsilon}^m \tag{3-1}$$

Zhou 等人在 IN718 合金恒应变速率试验中就热变形温度和应变速率对合金的热变形行为的影响进行了研究，得出了峰值应力与变形温度和应变速率的关系以及流变应力与变形温度和应变速率的关系，如式(3-2)和式(3-3)所：

$$\sigma_p = AZ^n \text{ 和 } \sigma_p = A\dot{\varepsilon} \exp\left(\frac{nQ}{RT}\right) \tag{3-2}$$

$$\delta = C\dot{\varepsilon}^n \text{ 和 } A(\sigma) = \dot{\varepsilon} \exp\left(\frac{Q}{RT}\right) \tag{3-3}$$

Srinivasan、Garcia 等人在一定温度和应变速率条件下研究 IN718 合金的高温变形行为，得出了流变应力和应变速率间的多次函数关系方程，如式(3-4)所示：

$$\log_{10}\sigma = A + B\log_{10}\dot{\varepsilon} + C(\log_{10}\dot{\varepsilon})^2 + D(\log_{10}\dot{\varepsilon})^3 \tag{3-4}$$

李淼泉等人在试验温度为 930 ℃、950 ℃、980 ℃、1 000 ℃、1 020 ℃、1 030 ℃、1 050 ℃，应变速率为 50 s^{-1}、10 s^{-1}、1 s^{-1}、0.1 s^{-1}，最大工程应变为 60%的条件下，利用 Thermecmastor-Z 型热加工模拟试验机对 GH4169 高温合金进行热压缩试验，也得到了类似的流变应力方程，如式(3-5)所示：

$$\ln\sigma = A_1 + A_2\ln\dot{\varepsilon} + A_3(\ln\dot{\varepsilon})^2 + A_4(\ln\dot{\varepsilon})^3 \tag{3-5}$$

刘东、罗子健在试验温度为 960 ℃、980 ℃、1 000 ℃、1 020 ℃，应变速率 50 s^{-1}、10 s^{-1}、1 s^{-1}、0.1 s^{-1}、0.01 s^{-1}，真应变为 0.357、0.693、0.916 的条件下，利用 Thermecmastor-Z 型热加工模拟试验机对 GH4169 合金的热态变形过程中及其随后的高温滞留阶段内的显微组织演化过程进行了研究，建立了相应的流变应力模型，如式(3-6)和(3-7)所示：

$$\sinh(0.004\,2\sigma_p) = 6.555\,7 \times 10^{-4} Z^{0.215} \tag{3-6}$$

$$\ln\varepsilon_p = A_1(\ln Z)^3 + A_2(\ln Z)^2 + A_3\ln Z + A_4 \tag{3-7}$$

胡建平、庄景云等人在试验温度为 960 ℃、980 ℃、1 000 ℃、1 020 ℃、1 040 ℃，应变速率为 10 s^{-1}，工程应变为 0.1、0.4、0.7 的条件下，利用高速变形试验机对 IN718 合金进行多道次高速锤击锻造试验，得出其在锻造过程中的流变应力方程，如式(3-8)所示：

$$\sigma = A\varepsilon^n \exp(F(\varepsilon))(B_0 + B_1\exp(-(Z - B_2)/B_3)) \tag{3-8}$$

李淼泉、姚晓燕等人在试验温度为 930 ℃、950 ℃、980 ℃、1 000 ℃、1 010 ℃、

1 030 ℃,应变速率为 50 s^{-1}、10 s^{-1}、1 s^{-1}、0.1 s^{-1},最大真应变为 0.916 的条件下,利用 Thermecmastor-Z 型热加工模拟试验机对 GH4169 高温合金进行高温热压缩试验,建立了模糊神经网络流动应力模型,如式(3-9)所示。此模型的计算精度明显高于基于 Arrhenius 方程和 Z-H 参数的流变应力模型。

$$\sigma=\sum_{i=1}^{27}w^{i}y^{i}/\sum_{i=1}^{27}w^{i}\quad w^{i}\text{ 和 }y^{i}\text{ 为权值} \tag{3-9}$$

以上学者所建立的合金流变应力模型虽然表达形式不一,但都能很好地描述合金在热变形过程中的变形行为。

3.2.2 GH4169 高温合金的微观组织演化模型研究

目前国内外学者对 GH4169 高温合金高温变形行为研究所用的微观组织演化数学模型基本上都是采用 Avrami 方程。Avrami 方程主要描述动态再结晶体积分数和应变量之间的关系。目前的微观组织演化数学模型一般都是单一的动态再结晶模型或者动态再结晶和亚动态再结晶以及晶粒长大这三种机制相结合的模型,而对静态再结晶机制研究很少。GH4169 高温合金热变形过程中的微观组织演化过程很复杂,单一的动态再结晶模型或者动态再结晶和亚动态再结晶相结合的模型来描述微观组织演化过程不够准确。要想准确地描述 GH4169 高温合金热变形过程中的微观组织演化过程必须将此过程中所要发生的动态再结晶、亚动态再结晶、静态再结晶和晶粒长大四种机制相结合。但到目前为止将四种微观机制相结合起来描述和模拟高温合金热变形过程的文献很少。而本书所要研究的正是将此四种微观机制结合起来描述整个热变形过程。

Zhang 在热变形温度 960～1 040 ℃,应变速率 0.001～1.0 s^{-1} 的试验条件下得到了动态再结晶体积分数模型,如式(3-10)所示:

$$D_{dyn}=K(\varepsilon,\dot{\varepsilon},T)/(\sigma-\sigma(\varepsilon,\dot{\varepsilon},T)^{2} \tag{3-10}$$

A. J. Brand 在热变形温度 950～1 150 ℃,应变速率 0.005～10 s^{-1} 的试验条件下得到了动态再结晶体积分数模型,如式(3-11)所示:

$$d_{dyn}=2.299\times10^{-8}\exp(0.018\ 4T) \tag{3-11}$$

林琳对分别在 950 ℃和 1 100 ℃保温 30 min 固溶处理后的 GH4169 高温合金试样进行高温压缩试验,采用 Y-SNa 的动态再结晶晶粒尺寸和再结晶体积分数的微观组织模型,他们认为 GH4169 高温合金通过固溶会有 δ 相析出,δ 相的存在会对动态再结晶体积分数有影响,而 δ 相的形貌和数量会随合金热变形温度的变化而变化。据有关报道,相的完全溶解温度是 1 038 ℃,所以作者将经过固溶处理后的合金的再结晶体积分数以 1 038 ℃为分界点分别描述,这样得出的微观组织模型更准确。其再结晶晶粒度和再结晶体积分数公式如式(3-12)～(3-14)所示。

动态再结晶晶粒度:

$$d_{dyn}=1.301\times 10^{3}Z^{-0.124} \tag{3-12}$$

动态再结晶体积分数：

当 $T\leqslant 1\ 038$ ℃时，

$$X_{dyn}=1-\exp\left[-\ln 2\cdot\left(\frac{\varepsilon}{\varepsilon_{0.5}}\right)^{1.68}\right]\qquad \varepsilon_{0.5}=0.037d_{0}^{\ 0.2}Z^{0.058} \tag{3-13}$$

当 $T>1\ 038$ ℃时，

$$X_{dyn}=1-\exp\left[-\ln 2\cdot\left(\frac{\varepsilon}{\varepsilon_{0.5}}\right)^{1.90}\right]\qquad \varepsilon_{0.5}=0.029d_{0}^{\ 0.2}Z^{0.058} \tag{3-14}$$

杨小红等人在晶粒度为 32.56～120.13 μm、变形温度为 900～1 060 ℃、应变速率为 0.001～10 s^{-1} 和工程应变量为 0.3～0.7 的条件下研究了 GH4169 的高温变形行为，建立了相应的动态再结晶临界应变模型和显微组织模型，此模型中作者考虑了初始晶粒度大小对再结晶体积分数的影响，如式(3-15)～(3-20)所示。

动态再结晶临界应变模型：

$$\varepsilon_{p}=2.04\times 10^{-3}d_{0}^{\ 0.18}Z^{0.112} \tag{3-15}$$

$$\varepsilon_{c}=1.7\times 10^{-3}d_{0}^{\ 0.18}Z^{0.112} \tag{3-16}$$

显微组织模型：

$$X=1-\exp\left[-0.693\left(\frac{\varepsilon-\varepsilon_{c}}{\varepsilon_{0.5}}\right)^{0.62}\right] \tag{3-17}$$

$$\varepsilon_{0.5}=0.018d_{0}^{\ 0.026}Z^{0.06} \tag{3-18}$$

$$\ln(d)=-0.486\log(Z)-11\ 150/T+18.68 \tag{3-19}$$

$$\ln(d)=-0.395\ln(Z)+0.4\log(\varepsilon)+17.45 \tag{3-20}$$

刘东、罗子健在试验温度为 960 ℃、980 ℃、1 000 ℃、1 020 ℃，应变速率为 50 s^{-1}、10 s^{-1}、1 s^{-1}、0.1 s^{-1}、0.01 s^{-1}，真应变为 0.357、0.693 和 0.916 的条件下利用 Thermecmastor-Z 型热加工模拟试验机对 GH4169 合金的热态变形过程中及其随后的高温滞留阶段内的显微组织演化过程进行了试验研究，建立了基于动态和亚动态再结晶过程的显微组织演化的数学模型，如式(3-21)～(3-24)所示。

动态再结晶的演化模型：

$$\varphi_{d}=1-\exp\left[-0.693\cdot\left(\frac{\bar{\varepsilon}-\varepsilon_{c}}{\varepsilon_{0.5}}\right)^{1.15}\right]\qquad \varepsilon_{0.5}=0.001\ 9\cdot Z^{0.126} \tag{3-21}$$

动态再结晶晶粒尺寸 D_d 的变化规律模型：

$$\ln D_{d}=F_{1}+F_{2}\cdot\frac{T-T_{P}}{1\ 000} \tag{3-22}$$

亚动态再结晶体积分数 φ_{md} 的模型：

$$\varphi_{md}=1-\exp\left[-0.693\cdot\left(\frac{t}{t_{0.5}}\right)\right]\qquad t_{0.5}=1.346\times 10^{-3}\cdot\bar{\varepsilon}^{1.36}\exp\left[\frac{8875}{T}\right] \tag{3-23}$$

亚动态再结晶的晶粒尺寸模型为：

$$D_{md}=5.38\times10^{-3}\cdot\bar{\varepsilon}^{(9.56-8.03\times10^{-3}T)}\cdot\dot{\bar{\varepsilon}}^{(2.9\times10^{-2}T-1.17\times10^{-5}T^{2}-18.13)}\cdot\exp(5.49\times10^{-3}T) \tag{3-24}$$

齐广霞、万晶晶、陈晓峰等在 GH4169 合金叶片制坯过程中微观组织的数值模拟中得到了包含动态再结晶、亚动态再结晶、静态再结晶和晶粒长大四种微观机制的微观组织演化模型。如式(3-25)～(3-35)所示。

微观组织模型：

$$\varepsilon_p=4.659\times10^{-3}Z\quad \varepsilon_c=0.83\varepsilon_p\quad Z=\varepsilon^{0.1238}\exp\left(\frac{Q}{RT}\right) \tag{3-25}$$

动态再结晶模型：

$$X_{drex}=1-\exp\left[-\ln2\left(\frac{\varepsilon-\varepsilon_c}{\varepsilon_{0.5}}\right)^{1.9}\right] \tag{3-26}$$

$$\varepsilon_{0.5}=0.037d_0^{\ 0.2}\varepsilon^{0.058}\exp\left(\frac{Q}{RT}\right) \tag{3-27}$$

$$d_{drex}=1\ 301\varepsilon^{-0.124}\exp\left(\frac{-41\ 300}{RT}\right) \tag{3-28}$$

亚动态再结晶模型：

$$X_{mrex}=1-\exp\left(-\ln2\left(\frac{t}{t_{0.5}}\right)\right) \tag{3-29}$$

$$d_{mrex}=4.85\times10^{10}\varepsilon^{-0.41}\dot{\varepsilon}^{-0.028}\exp\left(\frac{-24\ 000}{RT}\right) \tag{3-30}$$

$$t_{0.5}=5.043\times10^{-9}\varepsilon^{-1.42}\dot{\varepsilon}^{-0.408}\exp\left(\frac{196\ 000}{RT}\right) \tag{3-31}$$

静态再结晶模型：

$$X_{srec}=1-\exp\left(-\ln2\left(\frac{t}{t_{0.5}}\right)^{0.3}\right) \tag{3-32}$$

$$d_{srex}=678\exp\left(\frac{-31\ 694}{RT}\right) \tag{3-33}$$

$$t_{0.5}=3.16\varepsilon^{-0.75}\exp\left(\frac{74\ 790}{RT}\right) \tag{3-34}$$

晶粒长大模型：

$$d_g=\left[d_0^{\ 2}+1.58\times10^{16}t\ \exp\left(-\frac{390\ 753}{RT}\right)\right]^{\frac{1}{2}} \tag{3-35}$$

以上学者所建立的合金的微观组织模型虽然表达形式和作用机制不尽相同，但都能很好地描述合金试样在热锻过程中的微观组织变化情况，都对后续合金的微观组织模拟提供了基础，为后续研究合金微观组织的学者提供了参考。

3.3　GH4169 高温合金热变形过程中的成形模拟

GH4169 高温合金是一种比较贵重的材料,在实际生产中成本造价比较高,特别是在航空航天、石油以及核电方面的零部件,其工作环境特殊、重要且恶劣,更重要的是此类零部件的尺寸比较大,因此对合金的各项性能要求非常高和严格。合金的外在性能是由合金的内部晶相组织决定的,而在实际生产中,我们不可能知道所生产的零部件的内部组织情况,只能通过对小试样进行试验,通过小试样的试验数据来得出热力学参数与表征合金组织的参数之间的函数关系方程,并通过这些函数关系方程对生产实际的零部件进行宏观和微观模拟预测来了解和掌握其实际内部组织情况。

随着计算机技术的发展,计算机在各个行业和领域的应用越来越多,越来越广泛,这种技术也越来越成熟。目前用于模拟和预测的软件有很多,其中 Abaqus、Ansys 和 Deform 应用最为广泛,它们可以分析材料的传热、变形、相变、热处理等,对 GH4169 合金的模拟研究通常是通过进行试验得出本构方程的,从而根据本构方程进行建模来对实际生产中的零部件进行宏观和微观预测模拟。

3.3.1　GH4169 高温合金热变形过程中的宏观模拟

高温合金热变形过程中的宏观模拟即是对热变形过程中的锻件进行等效应力、等效应变、应变速率、温度变化以及载荷-行程等的模拟预测。通过对锻件的宏观模拟可以知道在热成形过程中锻件的成形情况、温度变化情况、应力应变分布情况以及金属流动特点和变化趋势等。根据锻件的温度变化情况和应力应变分布情况可以进一步分析锻件的成形情况以及造成不能成形、变形不均匀或者变形体内部组织晶格畸变等的原因,进而调整成形工艺。特别是航空航天上所用的精度要求很高的零部件如叶片、涡轮盘等,这些零部件很重要、质量要求高且截面形状复杂,截面间有转角,从而机械加工难度大,只能进行精密模锻。因此通过对此零部件进行宏观模拟可以精确地确定各种工艺参数对材料流动情况的影响,可以显示锻件在模具型腔内的流动情况和成形规律,预测成形缺陷产生的部位,再结合相关理论进行分析,检验优化工艺,从而获得确保锻件成形的最佳工艺参数。

齐广霞、曹娜等人通过 Deform 软件对 GH4169 高温合金叶片在整个终锻成形过程中进行了宏观模拟,分析了不同始锻温度对等效应变及等效应力场分布规律的影响,上模速度对等效应力场、等效应变场、温度场、变形体内部组织晶格形变以及模腔充满情况等的影响,从而获得了理想的热锻艺参数。宁永权、姚泽坤等人通过 Superform 软件对 IN718 合金涡轮盘的锻造过程进行了宏观模拟,预测了涡轮盘锻造过程中的载荷情况、变形量、成形情况和材料损伤情况,模拟结果和试验结果相吻合。R. Srinivasan 等人也对 IN718 合金双锥试样进行了非等温锻造试验,研究了流变应力、模具和工件之间的摩擦和传热等方面对合金非等温锻造过程的影响。其他学者对 GH4169 高温合金的宏观模拟研究基本都是通过等温恒应变速率压缩试验对合金的温度场、应力应变场等的研究,从而对合金锻件的成形工艺进行指导优化。

以上文献中各学者对合金的宏观模拟所用的机理、方法、侧重点都不尽相同,但是都能很好地描述合金在热锻过程中的变形特点和规律,都能对合金锻件的成形工艺起参考指导作用。

3.3.2 GH4169 高温合金热变形过程中的微观模拟

GH4169 高温合金热变形过程中的宏观模拟只能对合金的热成形工艺提供很好的参考,但是不能提供其具体的内部组织情况,因此要想获得理想合金的组织和性能还需对合金进行微观模拟,微观模拟主要是对合金在热成形过程中其内部晶粒度和再结晶体积分数的变化情况进行定量分析。

GH4169 高温合金在整个热成形过程中,经历了一系列复杂的变化,不仅仅有动态静态回复还有动态、亚动态和静态再结晶以及晶粒的静态长大,所有的这些过程都会影响其成形工艺参数(应变速率、应变量、温度和成形力等)。所以,GH4169 高温合金热加工过程中的组织演化模拟非常重要。因此也早已成为国内外学者研究的热点。

微观组织演化的数值模拟始于 20 世纪 70 年代,经过几十年的发展,国内外学者对 GH4169 高温合金的热加工过程中的组织演化模拟的研究取得了很多成果。Dandre 等人基于有限元法对 IN718 合金的开坯锻造过程的组织变化情况进行了模拟分析,但此次模拟只考虑了静态再结晶的作用,不够精确和实际;S. Tin 等人和 A. Kermanpur 等人分别对镍基高温合金涡轮盘的整个生产工艺中的组织演变过程进行了模拟预测分析,但也只考虑了静态再结晶的作用,仍然不够精确和实际;J. T. Yeom 等人运用 Deform 软件预测了 IN718 合金在墩粗过程中的组织演变,对开坯锻造过程中的组织演化过程的模拟也略有介绍;赵长虹人等对 GH4169 高温合金大铸锭的开坯锻造工艺和组织演化进行了试验研究;杨亮等人基于动态和亚动态模型,考虑了锻件的不同部位的组织演化模型不同和由于零部件尺寸导致的冷速和温度变化的影响等,建立了综合考虑变形参数、冷速和温升等的交互作用的 GH4169 高温合金热变形后的组织演化模型流程图,并对试样和涡轮盘热变形后的组织进行了模拟预测;张海燕、张士宏等人通过 GH4169 高温合金的组织演变模型开发了微观组织预测系统,并将其导入 MSC. Super-form 的用户子程序中,对 GH4169 高温合金的开坯锻造过程中的组织演变规律进行了数值模拟分析;张海燕、张伟红等人通过将 GH4169 高温合金的动态再结晶模型和静态晶粒长大模型导入 MSC. Super-form 的用户子程序中进行二次开发,对 GH4169 高温合金涡轮盘的锻造过程中的组织演化情况进行了模拟预测；张海燕、张士宏等人将 GH4169 高温合金的热加工图、动态再结晶模型以及静态晶粒长大模型和有限元软件相结合，模拟预测了 GH4169 高温合金涡轮盘的热模锻造过程中的组织分布、功率耗散因子以及塑性失稳区域的位置等。

以上文献中各学者对合金的微观组织模拟虽然所用的模型表达形式不一，所采用的微观组织机制也不尽相同，但都能很好地描述合金在热锻过程中微观组织的变化规律和特点，都对本书所要对合金的整个热锻过程模拟起了参考作用。

3.4　GH4169 高温合金的热压缩变形试验

本节通过对 GH4169 高温合金进行单道次和双道次的高温压缩试验，以及静态晶粒长大试验，对其进行动态再结晶、亚动态再结晶、静态再结晶和静态晶粒长大过程进行了研究，得出了相关规律。

3.4.1　动态再结晶

材料在高温条件下发生塑性变形时，当应变达到临界应变时材料的晶粒就会被拉长、破碎重形核、结晶，最终形成整齐的等轴晶粒。此过程被称为再结晶过程，而动态再结晶是指在热变形过程中发生的再结晶过程。

3.4.1.1　试验材料

试验用材料是国产锻造态 GH4169 合金，其原始锻态金相组织如图 3-1 所示。由图可知，合金的原始锻态组织是近乎均匀的等轴组织，平均晶粒度约为 32 μm，所以在进行动态再结晶压缩试验时无须对材料进行处理。试验用试样为先加工成的 ϕ8 mm×12 mm 的圆柱体。

图 3-1　GH4169 原始锻态组织

3.4.1.2　试验方案

将 GH4169 合金压缩试样以 20 ℃/s 的速度升温到 1 100 ℃，保温 5 min，然后以 10 ℃/s 的速度降到变形温度，保温 2 min 后进行压缩试验，试验的工程应变为 60％，每个变形温度对应四个应变速率（0.001 s^{-1}、0.01 s^{-1}、0.1 s^{-1} 和 1 s^{-1}），变形结束后迅速水冷，然后对试样进行剖开镶嵌机械研磨抛光，用 HCl∶HNO_3∶H_2O=3∶1∶2 的腐蚀剂腐蚀，用金相显微镜观察并拍下整个试样 1/4 变形区域的组织，金相观察所取图像为压缩变形试样中心变形最大处的组织图像。压缩试验的具体变形参数如表 3-1 所示。

表 3-1　GH4169 合金压缩试验变形参数

变形温度/℃	900	950	1 000	1 050	1 100	1 120
应变速率/s^{-1}	0.001	0.001	0.001	0.001	0.001	0.001
工程应变量	0.6					
冷却方式	水冷					

3.4.1.3　试验设备

本热模拟压缩试验是在 Gleeble-1500 热模拟试验机上进行的，该试验机采用计算机编程控制，因此可以精确地控制应变量、加热速度和加热温度等。试验数据通过预定程序自动控制的试验机卡头运动来采集。

3.4.1.4　试验结果

1. GH4169 合金各应变速率下的应力应变曲线

GH4169 合金在各应变速率条件下高温热压缩真应力应变曲线图如图 3-2 所示。

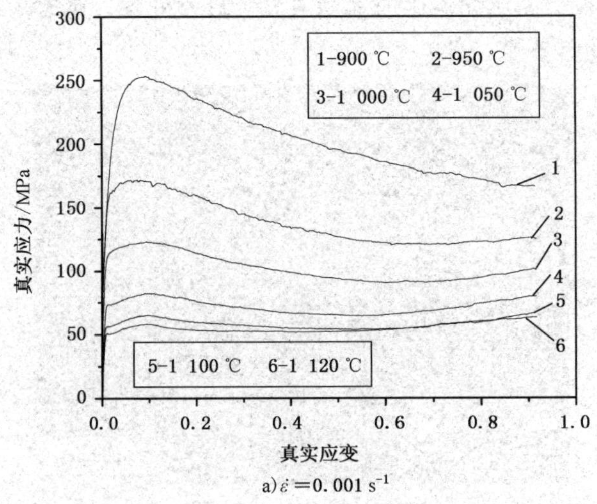

a）$\dot{\varepsilon}$=0.001 s^{-1}

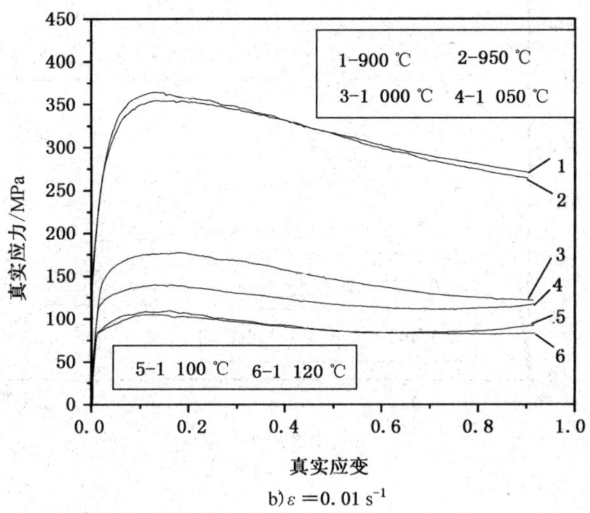

b)$\dot{\varepsilon}$ =0. 01 s^{-1}

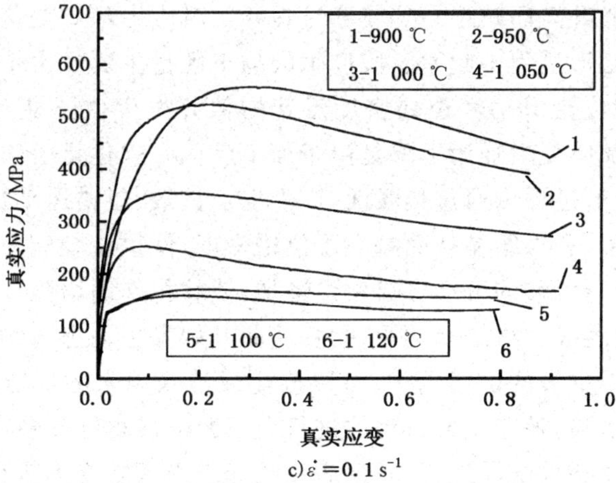

c)$\dot{\varepsilon}$ =0. 1 s^{-1}

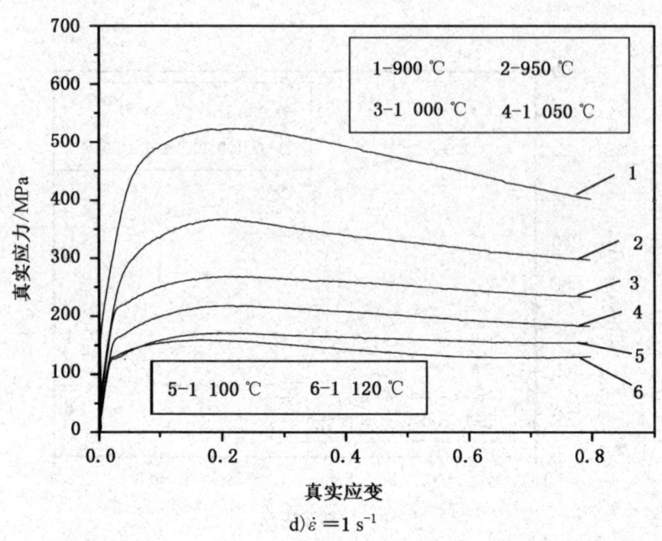

d) $\dot{\varepsilon}=1\ s^{-1}$

图 3-2　GH4169 合金在各应变速率条件下高温热压缩真应力应变曲线

由图 3-2 可以看出，在同一应变速率和应变量条件下，应力随变形温度的升高而逐渐降低，峰值应力也随变形温度的升高而逐渐减小，出现峰值应力时的峰值应变也随变形温度的升高而减小。热变形过程开始时应力随应变急剧增大至峰值是由于加工硬化。变形过程中起始阶段产生的加工硬化主要是由于随着变形量的不断增加，晶粒内的位错滑动和位错密度迅速增值并发生位错交互作用而引起的。随后的阶段应力随应变增加而下降是由于加工软化。软化是由于发生了动态回复[金属在热塑性变形过程中通过热激活，产生空位扩散、位错运动(滑移、攀移)相消和位错重排的过程]和再结晶从而减小了位错密度，使得流变应力降低。随着变形量的增加，晶内参与滑移的可动位错数量增加，使软化作用增强。当超过某一形变量后，变形存储能就成为再结晶的驱动力，从而开始发生动态再结晶。动态再结晶的发生和发展使得更多的位错消失，可以改变或消除原来的形变织构从而使材料的变形抗力快速下降，随着变形过程的进行会不断形成再结晶核心，直到完成再结晶。当发生完全动态再结晶后，晶粒组织和流变应力不随变形量变化，进入稳态变形阶段。

2. GH4169 合金各变形温度下的应力应变曲线

GH4169 合金在各变形温度条件下高温热压缩真应力应变曲线图如图 3-3 所示。

600
500
400
300
200
100
0
0.0
0.2
0.4
0.6
0.8
1.0
真实应力/MPa
真实应变
1-0.001 s^{-1}
2-0.01 s^{-1}
3-0.1 s^{-1}
4-1 s^{-1}
1
2
3
4
a) 900 ℃

600
500
400
300
200
100
0
0.0
0.2
0.4
0.6
0.8
1.0
真实应力/MPa
真实应变
3-0.1 s^{-1}
4-1 s^{-1}
1-0.001 s^{-1}
2-0.01 s^{-1}
1
2
3
4
b) 950 ℃

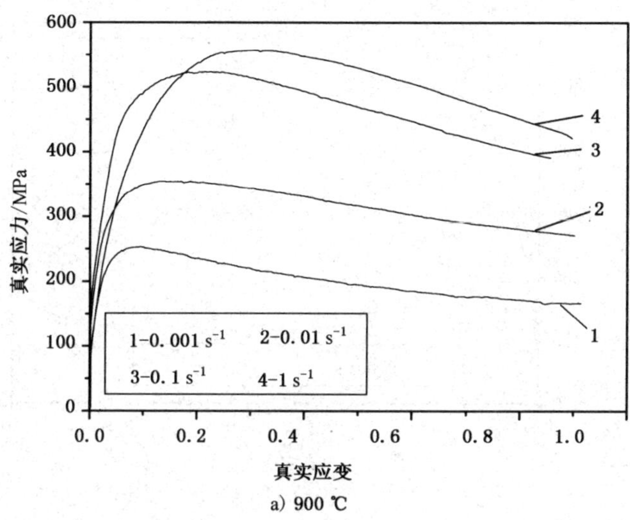

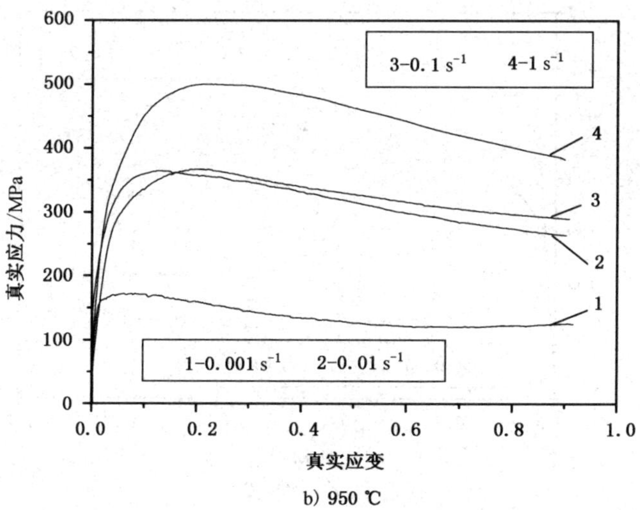

真实应力/MPa
真实应变
3-0.1 s^-1　4-1 s^-1
1-0.001 s^-1　2-0.01 s^-1

c) 1 000 ℃

真实应力/MPa
真实应变
3-0.1 s^-1　4-1 s^-1
1-0.001 s^-1　2-0.01 s^-1

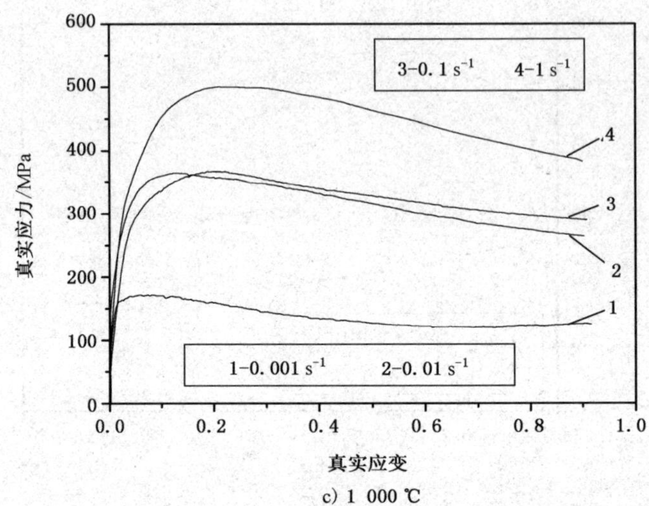

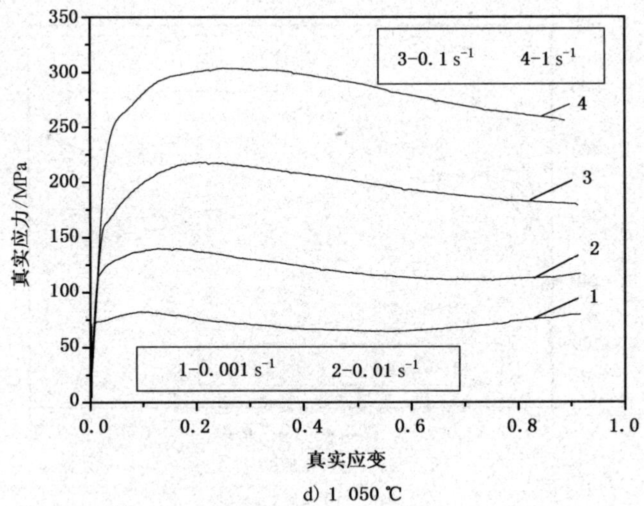

d) 1 050 ℃

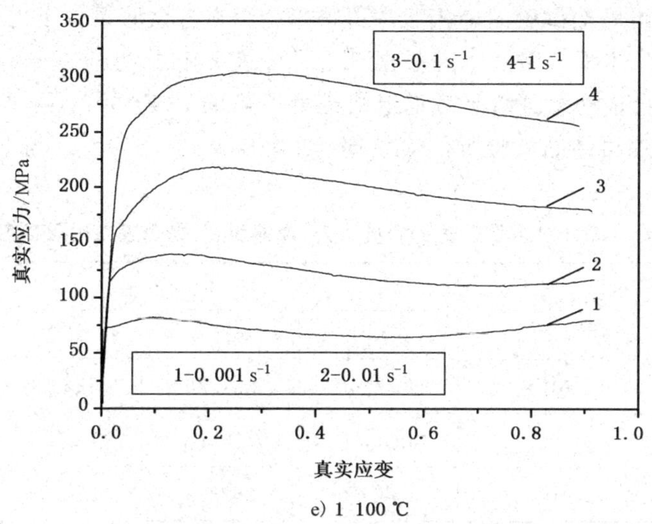

e) 1 100 ℃

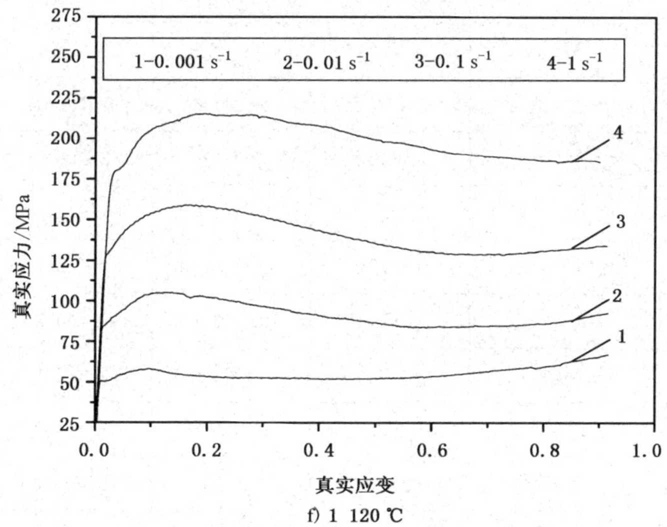

f) 1 120 ℃

图 3-3　GH4169 合金在各变形温度条件下高温热压缩真应力应变曲线

由图 3-3 可知，在同一变形温度和应变量条件下，应力随应变速率的增大而增大；峰值应力随应变速率的增大而增大；峰值应力对应的峰值应变随应变速率的增大而增大。在各个温度条件下各应变速率下的应力随应变的增加都是先快速增加到峰值应力然后缓慢减小趋于平稳，说明合金在热变形过程中的软化机制为动态再结晶。

3. GH4169 合金热压缩试验典型参数值统计

由 GH4169 高温合金动态再结晶试验真应力应变曲线可得出峰值应力、峰值应变、稳态应力和稳态应变四个典型参数，其统计值如表 3-2 所示。根据 GH4169

高温合金动态再结晶试验的金相照片可得出合金在各试验条件下的再结晶晶粒度 $D_{2\text{-}drex}$ 和再结晶体积分数 X_{drex}，根据 X_{drex}、应变 ε 和临界应变 ε_c 可以求出建立 GH4169 高温合金动态再结晶微观组织模型所需的 $\beta(Z)$ 的值，各参数值如表 3-3 所示。根据动态再结晶试验所得的数据，可得出 X_{drex} 和 $D_{2\text{-}drex}$ 与 $\ln Z$ 的关系图，如图 3-4 所示。

表 3-2　GH4169 高温合金的峰值应力、峰值应变、稳态应力和稳态应变值

温度/℃	项目	应变速率/s^{-1}			
		0.001	0.01	0.1	1
900	σ_p/MPa	253.10	354.25	523.21	556.76
900	ε_p	0.093 8	0.135 4	0.212 2	0.312 9
900	σ_s/MPa	165.42	262.83	376.68	400.38
900	ε_s	0.846 7	0.906 7	0.910 5	0.909 8
950	σ_p/MPa	171.81	364.61	367.16	500.30
950	ε_p	0.082 1	0.131 8	0.198 4	0.210 6
950	σ_s/MPa	120.65	258.66	283.77	375.08
950	ε_s	0.617 3	0.914 6	0.915 0	0.909 1
1 000	σ_p/MPa	123.10	177.21	267.92	364.34
1 000	ε_p	0.095 0	0.186 1	0.194 2	0.228 6
1 000	σ_s/MPa	90.542	117.52	226.20	292.92
1 000	ε_s	0.602 3	0.916 8	0.914 9	0.906 7
1 050	σ_p/MPa	82.303	139.68	217.93	303.52
1 050	ε_p	0.097 3	0.131 4	0.217 9	0.249 5
1 050	σ_s/MPa	64.550	111.95	178.62	252.05
1 050	ε_s	0.518 5	0.625 2	0.912 3	0.898 2
1 100	σ_p/MPa	65.088	109.60	170.99	248.92
1 100	ε_p	0.097 3	0.160 8	0.195 8	0.197 8
1 100	σ_s/MPa	54.780	82.483	154.69	213.62
1 100	ε_s	0.383 7	0.755 6	0.637 4	0.900 5

续表

温度/℃	项目	应变速率/s^{-1}			
		0.001	0.01	0.1	1
1 120	σ_p/MPa	58.092	105.18	158.97	215.31
1 120	ε_p	0.094 9	0.128 3	0.169 5	0.192 9
1 120	σ_s/MPa	51.687	83.965	128.81	185.35
1 120	ε_s	0.410 1	0.562 4	0.645 3	0.825 6

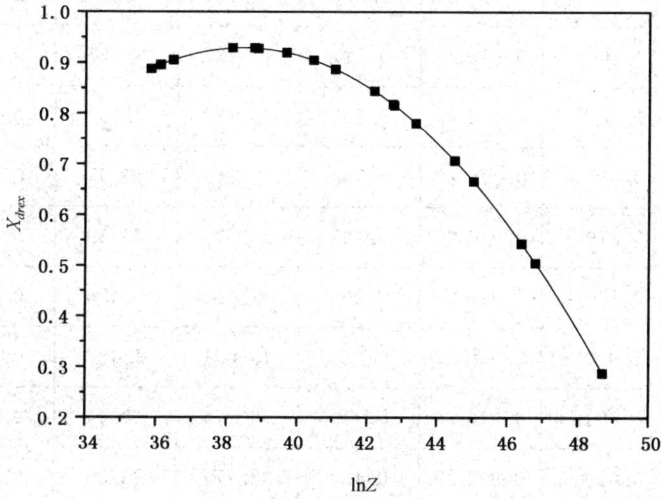

a) X_{drex}与$\ln Z$的关系图

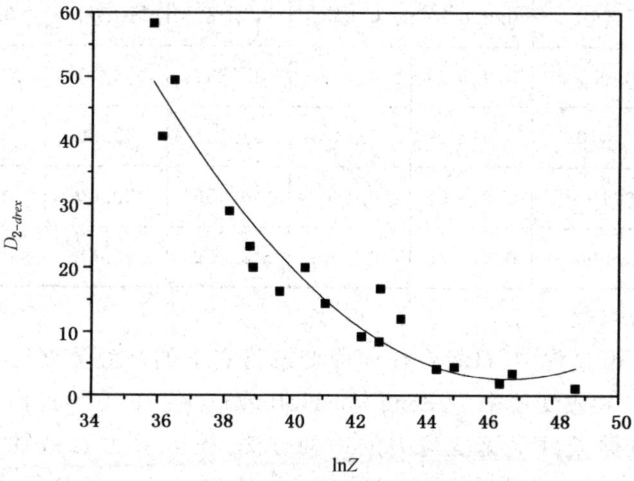

b) $D_{2\text{-}drex}$与$\ln Z$的关系图

图 3-4　X_{drex} 和 $X_{2\text{-}drex}$ 与 $\ln Z$ 的关系图

表 3-3 GH4169 高温合金动态再结晶晶粒度 $D_{2\text{-}drex}$、再结晶体积分数 X_{drex} 和 $\beta(Z)$值

变形温度/℃	应变速率/s^{-1}	应变量	临界应变	$\ln Z$	$D_{2\text{-}drex}$/μm	X_{drex}	$\beta(Z)$
950	0.100	0.916 29	0.232	46.399	1.818	0.543	1.146
950	1.000	0.916 29	0.237	48.702	1.111	0.287	0.499
1 000	0.001	0.916 29	0.156	38.881	20.00	0.927	3.458
1 000	0.010	0.916 29	0.200	42.184	9.259	0.843	2.596
1 000	0.100	0.916 29	0.221	44.487	4.167	0.706	1.765
1 000	1.000	0.916 29	0.233	46.789	3.442	0.504	1.029
1 050	0.001	0.916 29	0.105	36.113	40.55	0.895	2.788
1 050	0.010	0.916 29	0.168	39.678	16.29	0.919	3.374
1 050	0.100	0.916 29	0.206	42.719	8.425	0.817	2.398
1 050	1.000	0.916 29	0.225	45.021	4.487	0.665	1.584
1 100	0.001	0.916 29	0.113	36.474	49.44	0.905	2.932
1 100	0.010	0.916 29	0.154	38.777	23.33	0.928	3.460
1 100	0.100	0.916 29	0.188	41.079	14.44	0.886	2.991
1 100	1.000	0.916 29	0.212	43.382	12.00	0.780	2.155
1 120	0.001	0.916 29	0.100	35.851	58.33	0.887	2.680
1 120	0.010	0.916 29	0.144	38.154	28.89	0.928	3.415
1 120	0.100	0.916 29	0.180	40.456	20.00	0.904	3.187
1 120	1.000	0.916 29	0.206	42.759	16.66	0.815	2.383

4. 流变应力方程

在高温热变形过程中，材料在任何应变或稳态下的高温流变应力 σ 强烈地取决于变形温度 T 和应变速率 $\dot{\varepsilon}$，Zener 和 Hollomno 在 1944 年提出并试验证实了钢在高速拉伸试验条件下流变应力的一种方法，提出了 Z 参数的概念[如式(3-36)]，其物理意义是温度补偿的变形速率因子，依赖于 T 而与 Q 无关，Q 是热变形激活能，它反映材料高温变形的难易程度，也是材料在高温变形过程中重要的力学性能参数。

GH4169 合金的峰值应力与锻造热力学参数之间的关系通常可采用 Sellars 等提出的方程加以描述，如式(3-37)所示：

$$Z=\dot{\varepsilon}\exp\left(\frac{Q}{RT}\right) \tag{3-36}$$

$$\dot{\varepsilon}=AF(\sigma)\exp[-Q/(RT)] \tag{3-37}$$

其中，$F(\sigma)$为应力的函数，在不同的条件下分别可以用式(3-38)～(3-40)三种形式表示：

$$F(\sigma)=\sigma^{n}(\alpha\sigma<0.8) \tag{3-38}$$

$$F(\sigma)=\exp(\beta\sigma)(\alpha\sigma>1.2) \tag{3-39}$$

$$F(\sigma)=[\sinh(\alpha\sigma)]^{n}(\text{所有应力}) \tag{3-40}$$

其中，$\alpha=\beta/n$。

对所有应力状态式(3-37)可以表示为式(3-41)：

$$\dot{\varepsilon}A[\sinh(\alpha\sigma)]^{n}\exp[-Q/(RT)] \tag{3-41}$$

其中：α、n、A、β 为常数，α 为应力水平参数($mm^2\cdot N^{-1}$)；n 为应力指数；A 为结构因子(s^{-1})；Q 为热激活能，是材料在热变形过程中重要的力学性能参数，反映材料热变形的难易程度；T 为绝对温度；R 为气体常数；$\dot{\varepsilon}$ 为应变速率。求出 α、n、A、Q，即可描述材料的高温流变特性。大量的研究结果表明，式(3-41)能较好地描述压缩、扭转、挤压等常规的热加工变形。因此式(3-36)可用式(3-42)表示：

$$Z=\dot{\varepsilon}\exp[-Q/(RT)]=A[\sinh(\alpha\sigma)]^{n} \tag{3-42}$$

研究表明，在低应力水平下，流变应力 σ 和 Z 可用指数关系描述，而在高应力水平下可用幂指数关系描述，在整个应力水平下可用双曲函数关系描述。实际上，式(3-42)在形式上与式(3-41)是一致的。

对式(3-38)和式(3-40)两边取对数得

$$\ln\dot{\varepsilon}=\ln A-Q/(RT)+n\ln\sigma \tag{3-43}$$

$$\ln\dot{\varepsilon}=\ln A-Q/(Q/RT)+\beta\sigma \tag{3-44}$$

由式(3-41)得

$$Q/(RT)=\ln A-\ln\varepsilon+n\ln[\sinh(\alpha\sigma)] \tag{3-45}$$

由真应力应变曲线可知峰值应力均出现在应变较小的时候，温升修正前后峰值变化并不明显，所以为了方便计算，取相应的 $\dot{\varepsilon}$、T 条件下的真实峰值应力，分别以 $\ln\sigma_p$ 和 $\ln\dot{\varepsilon}$、σ_p 和 $\ln\dot{\varepsilon}$ 为坐标作图，如图 3-5 所示。由式(3-43)可知直线 $\ln\dot{\varepsilon}$-$\ln\sigma_p$ 的斜率，设为 n；由式(3-44)可知直线 $\ln\dot{\varepsilon}$-σ_p 的斜率，设为 β。根据图的拟合方程求其平均斜率可得：$n=6.059\ 352$；$\beta=0.029\ 006\ 67$。由式(3-41)计算可得$\alpha=0.004\ 789$。

在一定的应变和应变速率下，由式(3-45)对 $1/T$ 求偏导，得

$$Q = R\left[\frac{\partial \ln \dot{\varepsilon}}{\partial \ln[\sinh(\alpha\sigma_p)]}\right]_T \left[\frac{\partial \ln[\sinh(\alpha\sigma_p)]}{\partial(1/T)}\right]_{\dot{\varepsilon}} \tag{3-46}$$

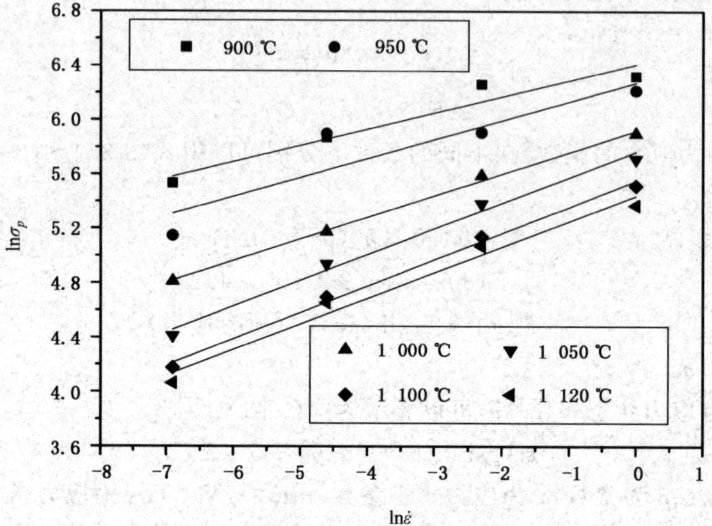

a) 各温度条件下$\ln\sigma_p$与$\ln\dot{\varepsilon}$曲线图

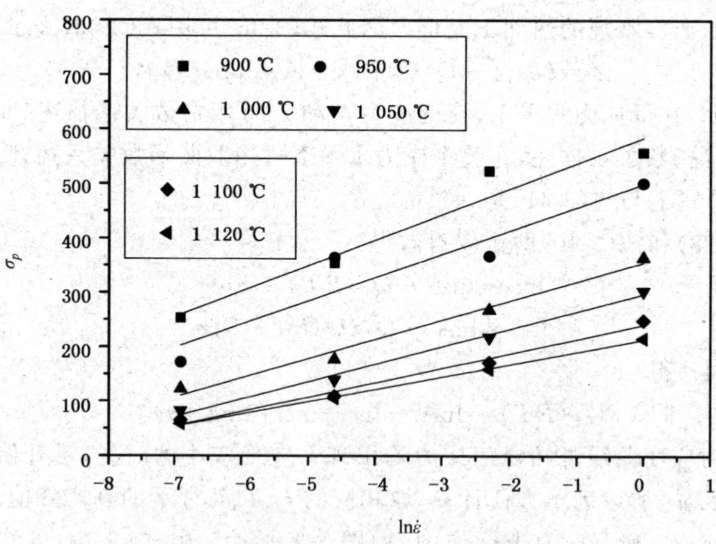

b) 各温度条件下σ_p与$\ln\dot{\varepsilon}$曲线图

图 3-5 不同变形温度下 $\ln\sigma_P$ 和 σ_P 与 $\ln\dot{\varepsilon}$ 之间的关系

由式(3-46)可知,当 Q 与温度无关时,$\ln[\sinh(\alpha\sigma_p)]$与 $1/T$ 的关系为线性关系,设 $k=\frac{\mathrm{d}\{\ln[\sinh(\alpha\sigma_p)]\}}{\mathrm{d}(1/T)}$,$k$ 为直线 $\ln[\sinh(\alpha\sigma_p)]$与 $1/T$ 的斜率,设 $m=\frac{\mathrm{d}\{\ln[\sinh(\alpha\sigma_p)]\}}{\mathrm{d}(\ln\dot{\varepsilon})}$,$m$ 为直线 $\ln[\sinh(\alpha\sigma_p)]$与 $\ln\dot{\varepsilon}$ 的斜率。取相应的峰值应力和对应的温度值,绘制相应的 $\ln[\sinh(\alpha\sigma_p)]$与 $\ln\dot{\varepsilon}$ 的图和 $\ln[\sinh(\alpha\sigma_p)]$与 $1/T$ 的图,如图 3-6 和图 3-7 所示。

由图 3-6 和图 3-7 中的斜率求平均值得 $m=0.226\ 283\ 33$,$k=1.347\ 975$。把 m 和 k 代入式(3-46)可得:$Q=Rk/m=495.35$ kJ/mol。

对式(3-42)取对数可得

$$\ln Z=\ln\dot{\varepsilon}+Q/(RT) \tag{3-47}$$

$$\ln Z=\ln A+n\ln[\sinh(\alpha\sigma_p)] \tag{3-48}$$

由式(3-48)可知 $\ln A$ 为直线 $\ln[\sinh(\alpha\sigma_p)]$-$\ln Z$ 的截距,取一定的 $\dot{\varepsilon}$、Q 与 T,可求得对应的 $\ln Z$ 值。取 $\ln Z$ 和对应的 $\ln[\sinh(\alpha\sigma_p)]$,采用最小二乘法线性回归绘制相应的 $\ln[\sinh(\alpha\sigma_p)]$-$\ln Z$ 曲线,如图 3-8 所示,可得 $\ln A=41.669$,$A=1.249\ 16\times10^{18}$,所以 $Z=1.249\ 16\times10^{18}\times[0.004\ 789\sigma_p]^{6.059\ 352}$。将所得的参数代入式(3-41)可得合金的应力应变关系方程如式(3-49)所示:

$$\dot{\varepsilon}=1.249\ 16\times10^{18}[\sinh(0.004\ 789\sigma_p)]^{6.059\ 352}\times\exp\left(-\frac{495\ 350.355\ 7}{8.315\ 4T}\right) \tag{3-49}$$

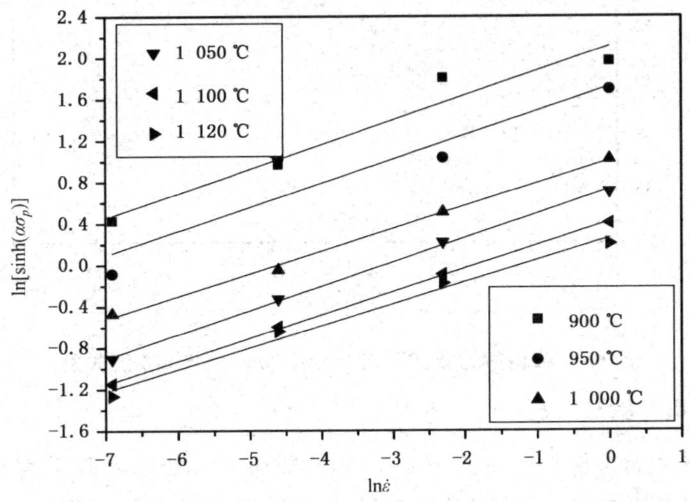

图 3-6　不同变形温度条件下 $\ln[\sinh(\alpha\sigma_p)]$与 $\ln\dot{\varepsilon}$ 的关系图

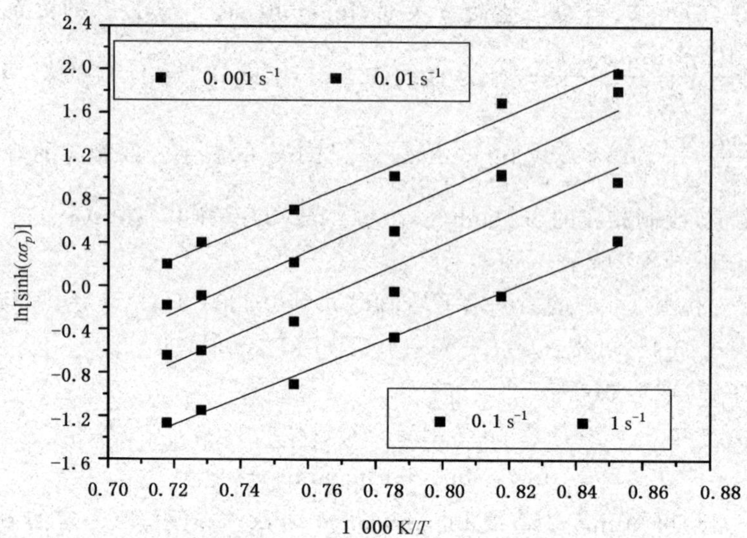

图 3-7　不同应变速率条件下 $\ln[\sinh(\alpha\sigma_p)]$ 与 $1/T$ 的关系

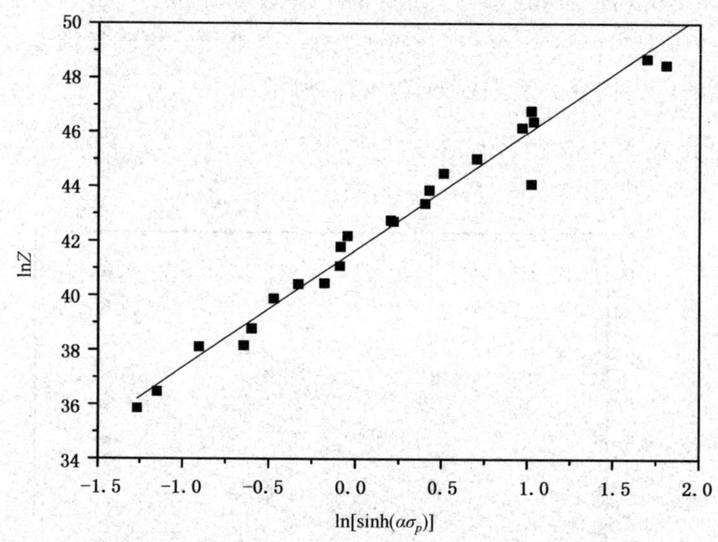

图 3-8　峰值应力双曲对数 $\ln[\sinh(\alpha\sigma_p)]$ 与 $\ln Z$ 的关系

3.4.2　亚动态再结晶

亚动态再结晶是指当应变速率 $\dot{\varepsilon}<10^{-6}$，即认为应变速率几乎为零时，热变形材料并没有完全再结晶，且此时的应变已达到临界应变值后，所发生的不经过形核而直接发生晶粒长大的过程。亚动态再结晶一般发生在热变形的道次间隔时间内。亚动态再结晶过程进行得非常迅速，一般随着温度和应变速率的增大而加快。亚动态再结晶过程的完成时间一般为 0.1 s 到几秒。

3.4.2.1 试验方案

GH4169 高温合金的亚动态再结晶主要与应变速率和变形温度有关，其具体试验方案如表 3-4 所示。

表 3-4 GH4169 高温合金亚动态再结晶双道次试验方案

变形温度/℃	应变速率/s^{-1}	变形量	道次间隔时间/s	冷却方式
1 050	0.01	30%+30%	5、30、60	立即水冷
1 050	0.10	30%+30%	5、30、60	立即水冷
1 050	1.00	30%+30%	1、5、30	立即水冷
1 000	0.01	30%+30%	5、30、60	立即水冷
1 000	0.10	30%+30%	5、30、60	立即水冷
1 000	1.00	30%+30%	1、5、30	立即水冷
950	0.01	30%+30%	5、30、60	立即水冷
950	0.10	30%+30%	5、30、60	立即水冷
950	1.00	30%+30%	1、5、30	立即水冷

表 3-4 中的试样均以 10 ℃/s 的速度加热到 1 100 ℃，保温 5 min，然后以 10 ℃/s 的速度冷却到变形温度（950 ℃、1 000 ℃、1 050 ℃），保温 2 min 后，进行第一次压缩，变形量为 30% ，应变速率分别为 0.01 s^{-1}、0.1 s^{-1} 和 1 s^{-1}，间隔一定时间（1～60 s）后进行第二次压缩，第二次压缩的变形条件与第一次相同，变形结束后立即水冷。

为了验证 GH4169 高温合金亚动态再结晶模型（亚动态再结晶体积分数 X_{mrex} 和 $t_{0.5}$）的正确性和得出 GH4169 高温合金亚动态再结晶的再结晶晶粒度模型 d_{mrex}，须做 GH4169 高温合金亚动态再结晶单道次试验。其具体的试验方案如表 3-5 所示。

表 3-5 GH4169 高温合金亚动态再结晶单道次试验方案

变形温度/℃	应变速率/s^{-1}	变形量	道次间隔时间/s	冷却方式
1 050	0.01	30%	1、5、30、60	立即水冷
1 050	0.10	30%	1、5、30、60	立即水冷
1 050	1.00	30%	1、5、30	立即水冷
1 000	1.00	30%	5、30、60	立即水冷

表 3-5 中试样均以 10 ℃/s 的速度加热到 1 100 ℃，保温 5 min，然后以 10 ℃/s 的速度冷却到变形温度（1 000 ℃、1 050 ℃ ），保温 2 min 后进行压缩，变形量为 30%，应变速率分别为 0.01 s^{-1}、0.1 s^{-1} 和 1 s^{-1}，间隔一定时间（1～60 s）后立即水冷。

3.4.2.2 真应力应变曲线

图 3-9a～c 为 $\dot{\varepsilon}=0.1\ s^{-1}$，温度为 950～1 050 ℃的不同间隔时间应力应变曲线图，图 d～f 为间隔时间为 5 s 温度为 950～1 050 ℃的不同应变速率的应力应变曲线。

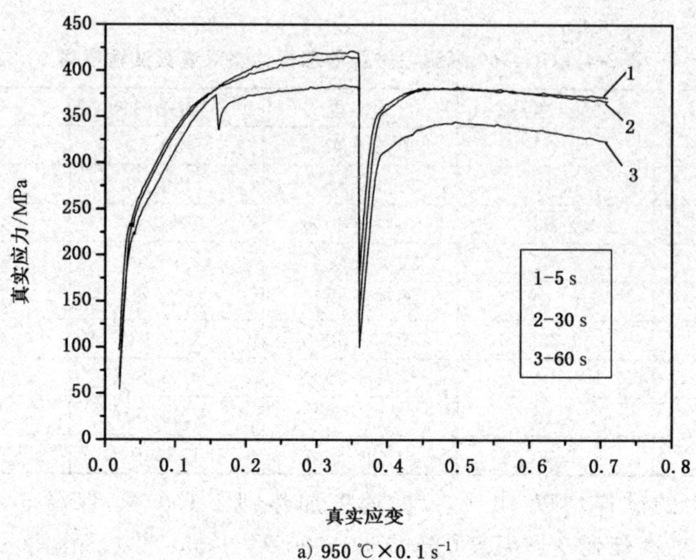

a) 950 ℃×0.1 s^{-1}

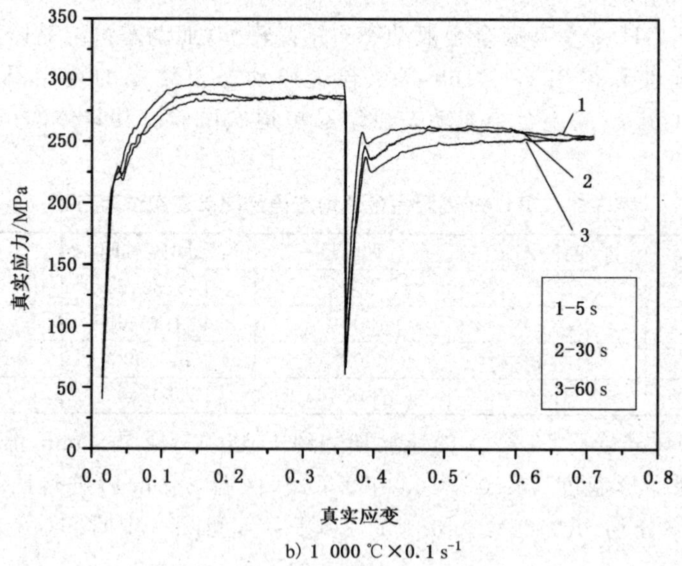

b) 1 000 ℃×0.1 s^{-1}

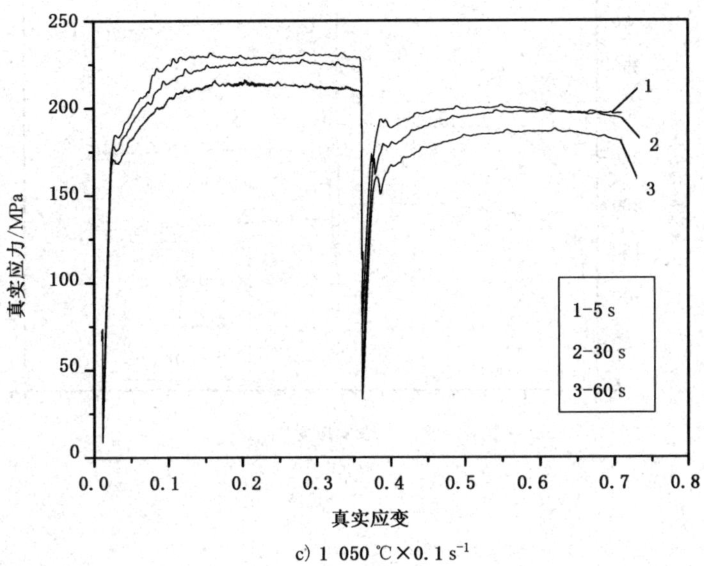

c) 1 050 ℃×0.1 s^{-1}

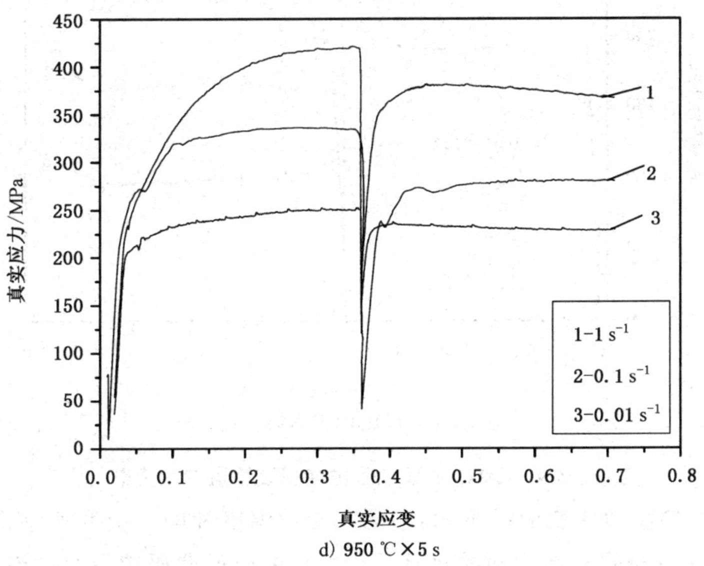

d) 950 ℃×5 s

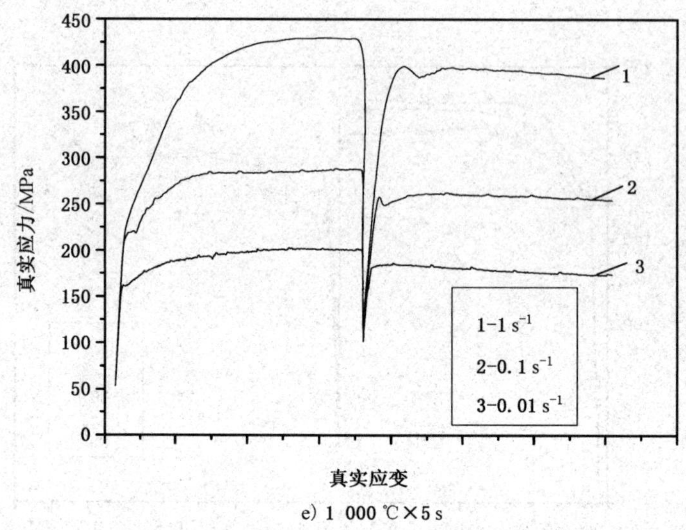

e) 1 000 ℃×5 s

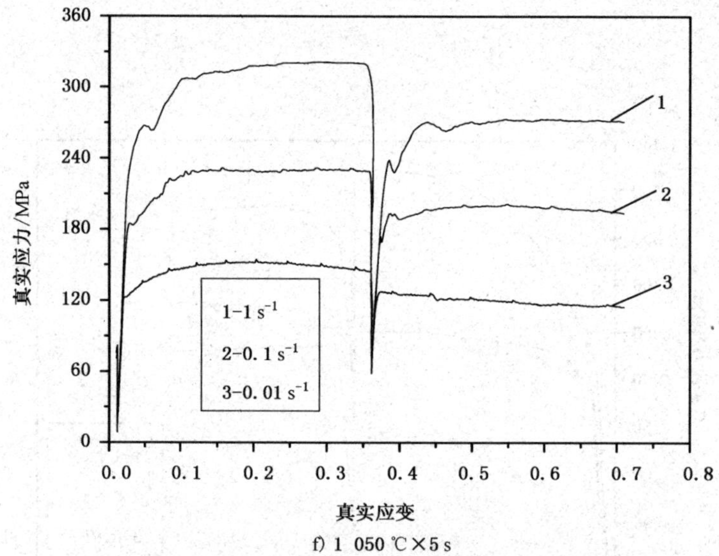

f) 1 050 ℃×5 s

图 3-9　GH4169 亚动态再结晶试验应力应变图

由图 3-9 的应力应变曲线可知：在同一变形温度和同一应变速率条件下，流变应力随道次间隔时间的增加而减小且第二次压缩时的曲服应力会随着道次间隔时间的延长而减小，也即软化效果越明显；但是在不同保温时间条件下，第二次压缩时的屈服应力会随着温度的升高而趋近于一致；在相同的保温时间、相同的变形温度和不同的应变速率下，流变应力随应变速率的增大而增大且第二次压缩时的屈服应力会随着应变速率的增大而增大，合金的亚动态再结晶的软化效果会随着应变速率的增加而增加。

3.4.2.3　再结晶体积分数的测定

亚动态再结晶体积分数一般采用补偿法(0.2%)，即通过双道次热模拟试验流变应力曲线来测量道次间的软化率，如图 3-10 所示，计算公式如式(3-50)所示：

$$X_{mrex}=(\sigma_m-\sigma_2)/(\sigma_m-\sigma_1) \tag{3-50}$$

式中：

X_{mrex} ——亚动态再结晶体积分数(%)；

σ_m ——道次中断时的流变应力(MPa)；

σ_2 ——第二次压缩时的区服应力(MPa)；

σ_1 ——第一次压缩时的区服应力(MPa)。

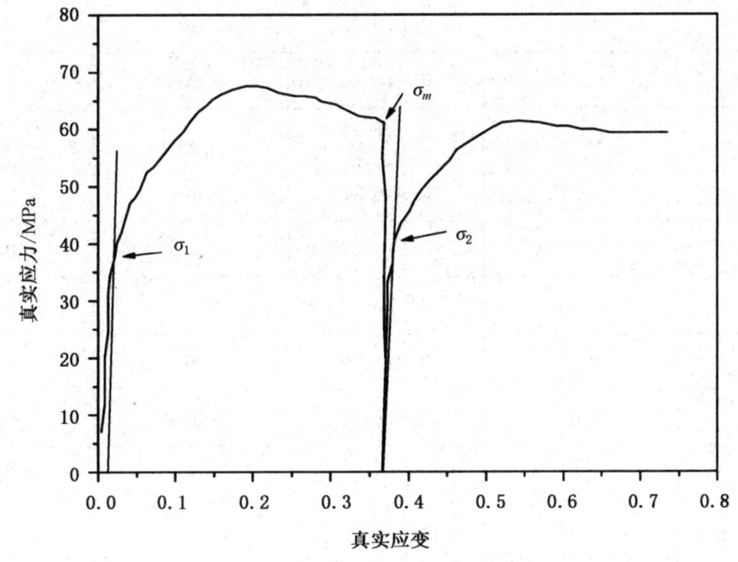

图 3-10　补偿法示意图

3.4.2.4　试验结果

根据亚动态再结晶的双道次和单道次压缩试验以及亚动态再结晶体积分数的测定方法可分别得出压缩试验的试验结果，如表 3-6、表 3-7、表 3-8 和图 3-11 所示。

表 3-6　GH4169 高温合金亚动态再结晶双道次试验结果

变形温度/℃	应变速率/s^{-1}	应变量	间隔时间/s	X
950	0.01	0.916 29	5	0.350
950	0.01	0.916 29	30	0.480
950	0.01	0.916 29	60	0.670

续表

变形温度/℃	应变速率/s^{-1}	应变量	间隔时间/s	X
950	0.10	0.916 29	5	0.390
950	0.10	0.916 29	30	0.520
950	0.10	0.916 29	60	0.700
950	1.00	0.916 29	5	0.307
950	1.00	0.916 29	30	0.521
950	1.00	0.916 29	60	0.684
1 000	0.01	0.916 29	5	0.420
1 000	0.01	0.916 29	30	0.560
1 000	0.01	0.916 29	60	0.745
1 000	0.10	0.916 29	5	0.470
1 000	0.10	0.916 29	30	0.680
1 000	0.10	0.916 29	60	0.850
1 000	1.00	0.916 29	1	0.373
1 000	1.00	0.916 29	5	0.564
1 000	1.00	0.916 29	30	0.824
1 050	0.01	0.916 29	5	0.490
1 050	0.01	0.916 29	30	0.760
1 050	0.01	0.916 29	60	1.000
1 050	0.10	0.916 29	5	0.760
1 050	0.10	0.916 29	30	0.860
1 050	0.10	0.916 29	60	1.000
1 050	1.00	0.916 29	1	0.697
1 050	1.00	0.916 29	5	0.950
1 050	1.00	0.916 29	30	1.000

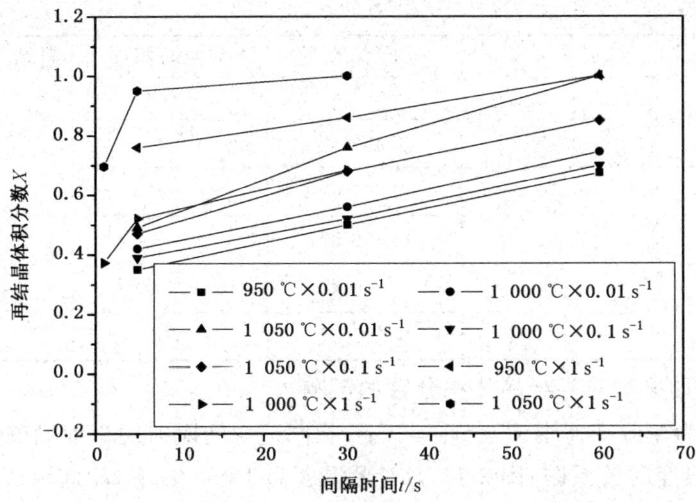

图 3-11　GH4169 高温合金亚动态再结晶体积分数 X 与间隔时间 t 的关系图

表 3-7　GH4169 高温合金亚动态再结晶双道次试验 $t_{0.5}$

变形温度/℃	应变速率/s^{-1}	应变量	$t_{0.5}$/s
950	0.01	0.916 29	32.3
950	0.10	0.916 29	20.0
950	1.00	0.916 29	3.70
1 000	0.01	0.916 29	20.6
1 000	0.10	0.916 29	6.40
1 000	1.00	0.916 29	2.70
1 050	0.01	0.916 29	5.00
1 050	0.10	0.916 29	3.00
1 050	1.00	0.916 29	0.60

表 3-8　GH4169 高温合金亚动态再结晶单道次试验结果

变形温度/℃	应变速率/s^{-1}	应变量	间隔时间/s	再结晶晶粒度/μm
1 000	1.00	0.356 67	5	15.76
1 000	1.00	0.356 67	30	32.40
1 000	1.00	0.356 67	60	40.50
1 050	0.01	0.356 67	1	7.800
1 050	0.01	0.356 67	5	29.50
1 050	0.01	0.356 67	30	55.00
1 050	0.01	0.356 67	60	61.80
1 050	0.10	0.356 67	1	6.880

续表

变形温度/℃	应变速率/s^{-1}	应变量	间隔时间/s	再结晶晶粒度/μm
1 050	0.10	0.356 67	5	25.50
1 050	0.10	0.356 67	30	45.00
1 050	0.10	0.356 67	60	52.88
1 050	1.00	0.356 67	1	5.500
1 050	1.00	0.356 67	5	18.00
1 050	1.00	0.356 67	30	40.00

3.4.2.5 变形参数对再结晶体积分数的影响

图 3-12 为在应变速率为 0.01 s^{-1} 下，相同道次间隔时间里亚动态再结晶体积分数和变形温度的关系图；图 3-13 为变形温度为 1 050 ℃下，相同道次间隔时间里亚动态再结晶体积分数和应变速率对数的关系图。由图 3-12 和图 3-13 可知：在相同的道次间隔时间里，亚动态再结晶体积分数随变形温度的升高而增加，在高温阶段更为明显，且道次间隔时间越长亚动态再结晶体积分数越大，因为再结晶形核过程是一个热激活过程，核心形成的概率随温度的升高而增加，再结晶晶界的迁移率随变形温度的升高而提高，从而有利于再结晶晶粒的长大；在相同的道次间隔时间里，亚动态再结晶体积分数随应变速率的升高而增加，因为在同一变形温度下，加工硬化会随着应变速率的增大而增大，动态再结晶和动态回复的作用减小，从而导致热变形的位错密度增加，进而使得亚动态再结晶的驱动力增加，亚动态再结晶更容易发生。

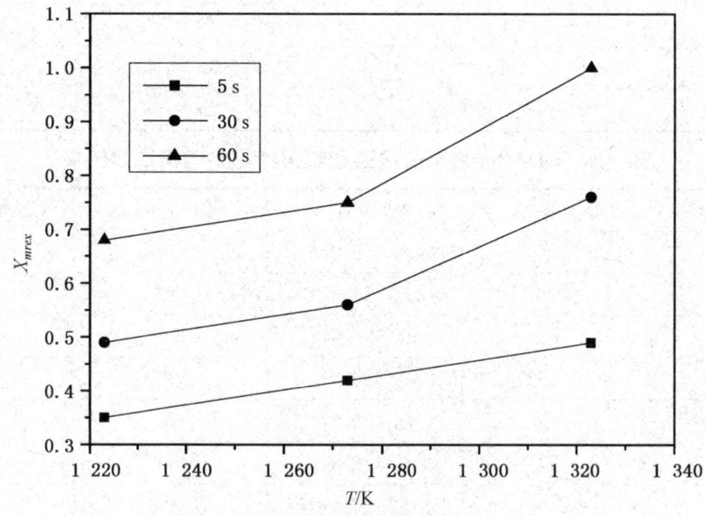

图 3-12 变形温度对亚动态再结晶体积分数的影响

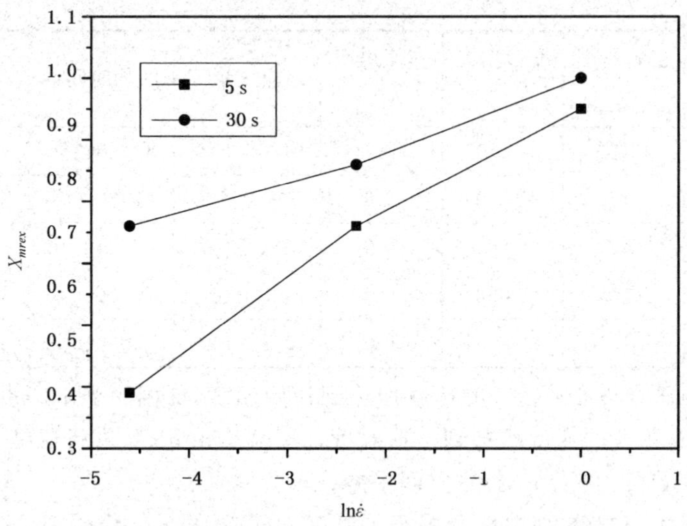

图 3-13　应变速率对亚动态再结晶体积分数的影响

3.4.3　静态再结晶

静态再结晶是指当应变速率 $\dot{\varepsilon}\leqslant 10^{-6}$，即认为应变速率几乎为零时，热变形材料并没有完全再结晶且此时的应变未达到临界应变值，热变形材料所发生的微观组织演化过程。

3.4.3.1　试验方案

GH4169 高温合金的静态再结晶试验同亚动态再结晶试验一样，分两道次试验和单道次试验，其中两道次试验分别考虑的是应变速率、变形量、初始晶粒度和变形温度对静态再结晶的影响。其具体方案如表 3-9 所示。

表 3-9　GH4169 高温合金静态再结晶双道次试验方案

影响因素	初始温度/℃	变形温度/℃	应变速率/s^{-1}	应变量	间隔时间/s	冷却方式
变形温度	1 150	1 000	1.0	10%+10%	1、5、30	立即水冷
变形温度	1 150	1 050	1.0	10%+10%	1、5、30	立即水冷
变形温度	1 150	1 100	1.0	10%+10%	1、5、30	立即水冷
应变速率	1 150	1 050	0.1	10%+10%	5、30、60	立即水冷
应变速率	1 150	1 050	1.0	10%+10%	5、30、60	立即水冷
应变速率	1 150	1 050	10.0	10%+10%	5、30、60	立即水冷
应变量	1 150	1 050	1.0	15%+10%	1、5、30、60	立即水冷

续表

影响因素	初始温度/℃	变形温度/℃	应变速率/s^{-1}	应变量	间隔时间/s	冷却方式
应变量	1 150	1 050	1.0	10%+10%	1、5、30、60	立即水冷
应变量	1 150	1 050	1.0	5%+10%	5、30、60	立即水冷
初始晶粒度	1 050	1 050	1.0	10%+10%	1、5、30、60	立即水冷
初始晶粒度	1 100	1 050	1.0	10%+10%	5、30、60	立即水冷
初始晶粒度	1 150	1 050	1.0	10%+10%	5、30、60	立即水冷

表 3-9 中试样以 10 ℃/s 的速度加热到初始温度，保温 2 min 以获得初始晶粒度，然后以 10 ℃/s 的速度冷却到变形温度，保温 2 min 后，进行压缩，变形结束后间隔一定时间(5 s、30 s、60 s)后立即水冷。

为了验证 GH4169 高温合金静态再结晶双道次压缩试验所得出的模型(静态再结晶体积分数 X_{srex} 和 $t_{0.5}$)的正确性和得出 GH4169 高温合金静态再结晶的再结晶晶粒度模型 d_{srex}，须做 GH4169 高温合金静态再结晶单道次试验。其具体的试验方案如表 3-10 所示。

表 3-10　GH4169 高温合金静态再结晶单道次试验方案

影响因素	初始温度/℃	变形温度/℃	应变速率/s^{-1}	应变量	停留时间/s	冷却方式
初始晶粒度	1 050	1 050	1.0	10%	290	立即水冷
初始晶粒度	1 100	1 050	1.0	10%	320	立即水冷
初始晶粒度	1 150	1 050	1.0	10%	350	立即水冷
应变量	1 150	1 050	1.0	15%	120	立即水冷
应变量	1 150	1 050	1.0	10%	170	立即水冷
应变量	1 150	1 050	1.0	5%	290	立即水冷

表 3-10 中试样以 10 ℃/s 的速度加热到初始温度保温 5 min 以获得初始晶粒度，然后以 10 ℃/s 的速度冷却到变形温度保温 2 min，变形结束后停留一定时间后立即水冷。

3.4.3.2　真应力应变曲线

图 3-14 中 a～c 所示为应变速率为 0.1 s^{-1}，温度为 1 000 ℃、1 050 ℃、1 100 ℃，不同道次间隔时间条件下双道次压缩试验的应力应变曲线图，图 3-14 中 d～f 所示为应变速率不同条件下，道次间隔时间分别为 5 s、30 s 和 60 s，温度为 1 050 ℃，不同应变速率条件下双道次压缩试验的应力应变曲线图。

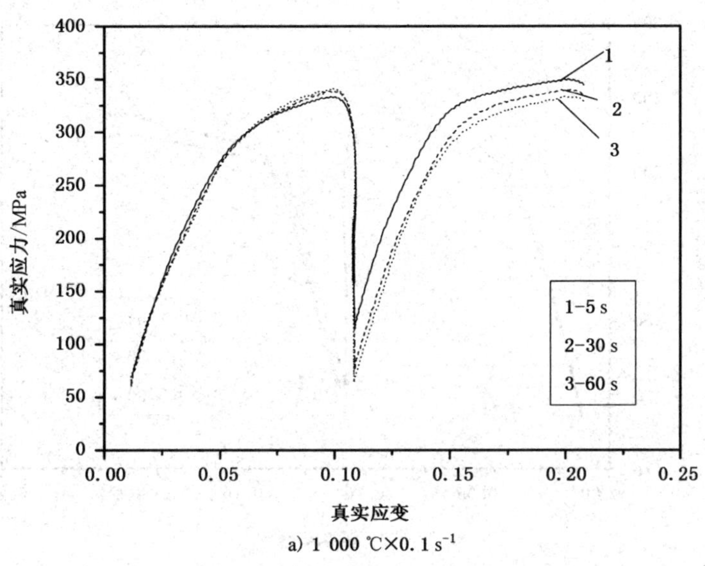

a) 1 000 ℃×0.1 s^{-1}

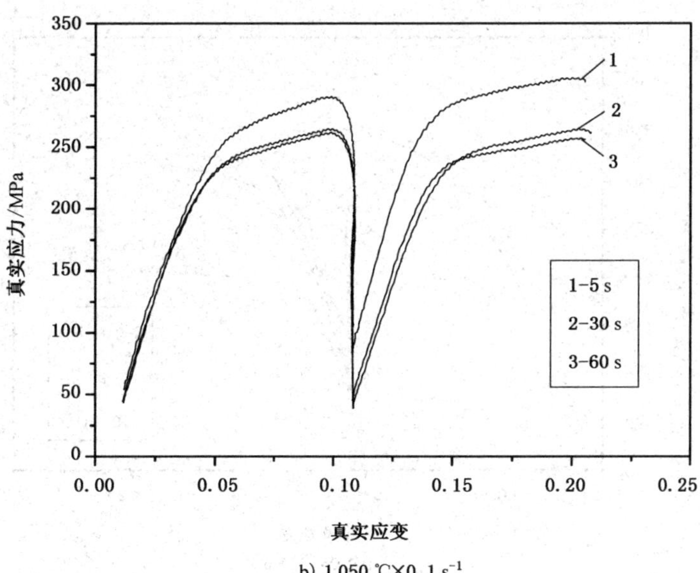

b) 1 050 ℃×0.1 s^{-1}

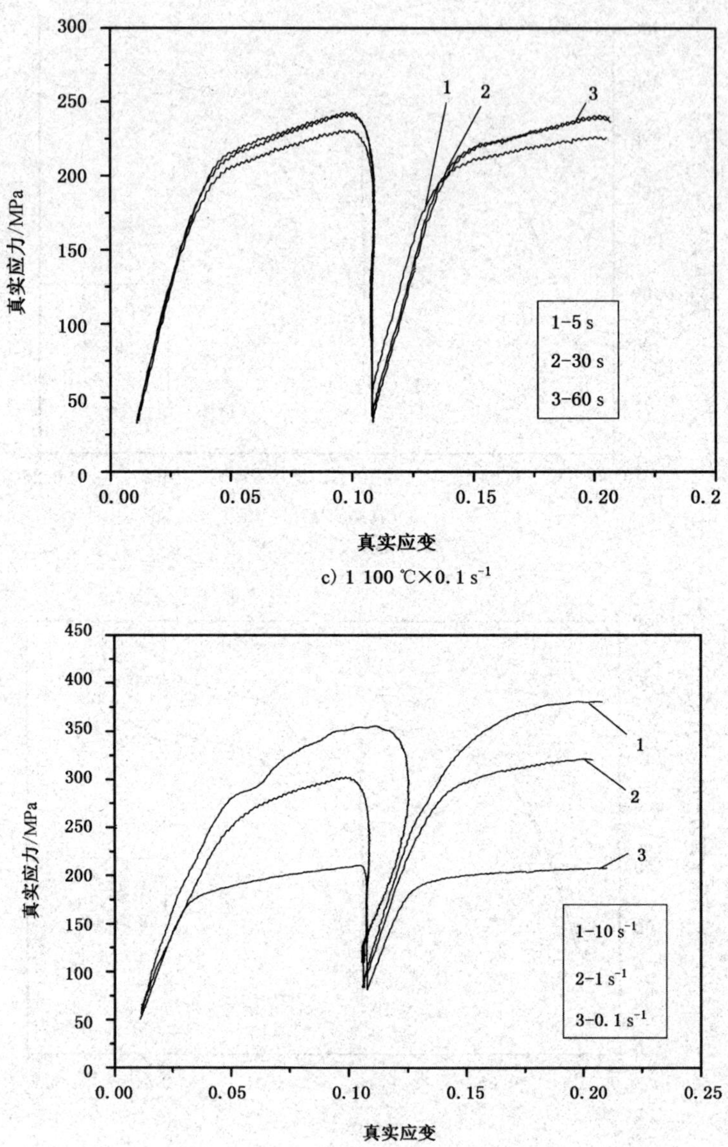

c) 1 100 ℃×0.1 s^{-1}

d) 1 050 ℃×5 s

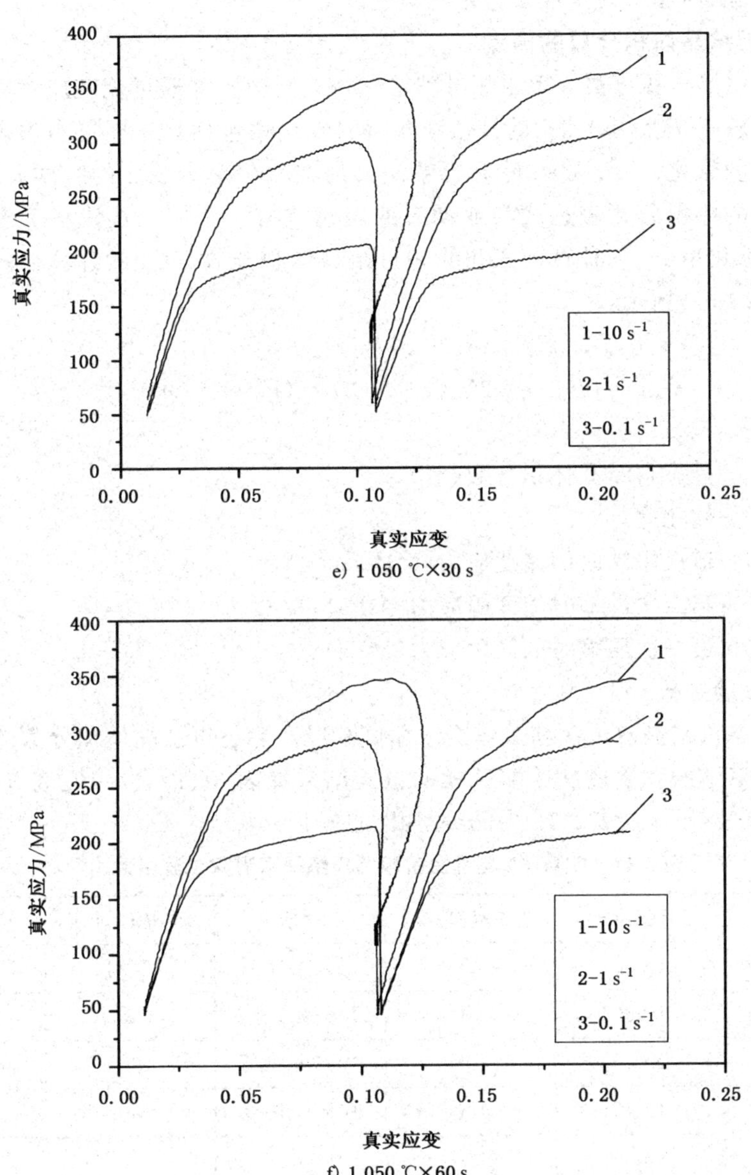

e) 1 050 ℃×30 s

f) 1 050 ℃×60 s

图 3-14 GH4169 高温合金静态再结晶两道次试验应力应变曲线

由图 3-14 中应力应变曲线可知：在相同变形温度和应变速率下流变应力随道次间隔时间的增加而减小且第二次压缩时的屈服应力随道次间隔时间的延长而减

小，即静态再结晶的软化效果越明显；在相同温度相同道次间隔时间不同应变速率下，流变应力随应变速率的增加而增加且第二次压缩时的屈服应力会随应变速率的增加而增加，即加工硬化现象越来越明显。

3.4.3.3　再结晶体积分数的测定

静态再结晶体积分数一般采用补偿法（0.2%）计算，即通过流变应力曲线来测量道次间的软化率。用0.2%的补偿法测得的软化率包括静态回复和静态再结晶两部分造成的软化，一般认为，静态再结晶大约在软化率为0.2的时候开始，因此静态再结晶的体积分数表达式与亚动态的表达式有所不同。补偿法示意图如图3-10所示，软化率 F_s 的计算公式和静态再结晶体积分数 X_{srex} 的计算公式分别如式(3-51)和(3-52)所示：

$$F_s=(\sigma_m-\sigma_2)/(\sigma_m-\sigma_1) \tag{3-51}$$

$$X_{srex}=(F_s-0.2)/(1-0.2)=(F_s-0.2)/0.8 \tag{3-52}$$

式中：

X_{srex} ——静态再结晶体积分数（%）；

F_s ——软化率；

σ_m ——道次中断时的流变应力（MPa）；

σ_2 ——第二次压缩时的区服应力（MPa）；

σ_1 ——第一次压缩时的区服应力（MPa）。

3.4.3.4　试验结果

根据静态再结晶双道次和单道次压缩试验以及静态再结晶体积分数的测定方法可以得出双道次和单道次压缩试验的试验结果如表3-11、表3-12、表3-13和图3-15（图中编号1～9与表3-12中的编号相对应）所示。

表3-11　GH4169高温合金静态再结晶双道次试验结果

初始温度/℃	变形温度/℃	应变速率/s^{-1}	工程应变	间隔时间/s	X
1 050	1 050	1.0	10%+10%	1	0.315
1 050	1 050	1.0	10%+10%	5	0.520
1 050	1 050	1.0	10%+10%	30	0.800
1 050	1 050	1.0	10%+10%	60	1.000
1 100	1 050	1.0	10%+10%	5	0.500
1 100	1 050	1.0	10%+10%	30	0.625
1 100	1 050	1.0	10%+10%	60	0.833
1 150	1 050	1.0	10%+10%	5	0.416
1 150	1 050	1.0	10%+10%	30	0.565

续表

初始温度/℃	变形温度/℃	应变速率/s^{-1}	工程应变	间隔时间/s	X
1 150	1 050	1.0	10%+10%	60	0.700
1 150	1 100	1.0	10%+10%	1	0.250
1 150	1 100	1.0	10%+10%	5	0.420
1 150	1 100	1.0	10%+10%	30	0.580
1 150	1 100	1.0	10%+10%	1	0.460
1 150	1 100	1.0	10%+10%	5	0.625
1 150	1 100	1.0	10%+10%	30	0.850
1 150	1 050	0.1	10%+10%	5	0.470
1 150	1 050	0.1	10%+10%	30	0.625
1 150	1 050	0.1	10%+10%	60	0.714
1 150	1 050	10.0	10%+10%	1	0.500
1 150	1 050	10.0	10%+10%	5	0.583
1 150	1 050	10.0	10%+10%	30	0.920
1 150	1 050	10.0	10%+10%	60	1.000
1 150	1 050	1.0	15%+10%	1	0.500
1 150	1 050	1.0	15%+10%	5	0.581
1 150	1 050	1.0	15%+10%	30	0.883
1 050	1 050	1.0	15%+10%	60	1.000
1 150	1 050	1.0	5%+10%	5	0.420
1 150	1 050	1.0	5%+10%	30	0.556
1 150	1 050	1.0	5%+10%	60	0.781

表 3-12　GH4169 高温合金静态再结晶双道次试验 $t_{0.5}$

编号	初始温度/℃	变形温度/℃	应变速率/s^{-1}	工程应变	$t_{0.5}$/s
1	1 050	1 050	1.0	10%+10%	4.8
2	1 100	1 050	1.0	10%+10%	5.0
3	1 150	1 050	1.0	10%+10%	6.0
4	1 150	1 100	1.0	10%+10%	13
5	1 150	1 100	1.0	10%+10%	1.5

续表

编号	初始温度/℃	变形温度/℃	应变速率/s^{-1}	工程应变	$t_{0.5}$/s
6	1 150	1 050	0.1	10%+10%	9.0
7	1 150	1 050	10	10%+10%	1.4
8	1 150	1 050	1.0	15%+10%	1.0
9	1 150	1 050	1.0	5%+10%	11

表 3-13　GH4169 高温合金静态再结晶单道次试验结果

影响因素	初始温度/℃	变形温度/℃	应变速率/s^{-1}	应变量	停留时间/s	d_{srex}/μm
初始晶粒度	1 050	1 050	1.0	10%	290	77.380
初始晶粒度	1 100	1 050	1.0	10%	320	105.14
初始晶粒度	1 150	1 050	1.0	10%	350	125.17
应变量	1 150	1 050	1.0	15%	120	114.28
应变量	1 150	1 050	1.0	10%	170	86.860
应变量	1 150	1 050	1.0	5%	290	73.300

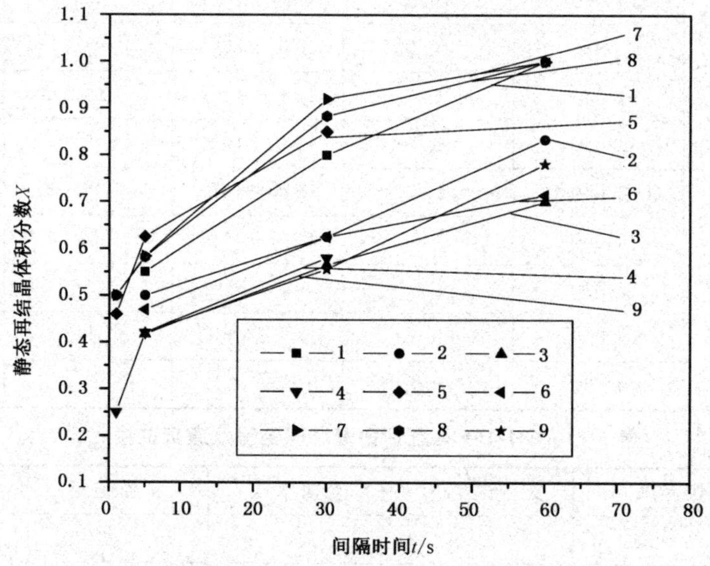

图 3-15　GH4169 合金静态再结晶双道次试验各条件下 X 与 t 的关系图

3.4.3.5　变形参数对再结晶体积分数的影响

静态再结晶过程包括形核和长大，形核数目随道次间隔时间增加而增加，再结晶晶粒也随之长大，因此静态再结晶体积分数也增大。但是，在不同的变形条件下，静态再结晶的速度不尽相同。因此需对各工艺参数对静态再结晶的影响进行分析。图 3-16 所示为各工艺参数对 GH4169 高温合金静态再结晶体积分数的影响图。图 3-16 中 a 是在变形温度为 1 050 ℃,应变速率为 1 s^{-1},不同晶粒度条件下的静态再结晶体积分数随道次间隔时间的变化;图 3-16 中 b 是在变形温度为 1 050 ℃,应变速率为 1 s^{-1},不同第一次压缩形变量条件下静态再结晶体积分数随道次间隔时间的变化;图 3-16 中 c 是在变形温度为 1 050 ℃,应变量为 10%+10%,不同应变速率条件下的静态再结晶体积分数随道次间隔时间的变化;图 3-16 中 d 是在应变速率为 1 s^{-1},应变量为 10%+10%,不同变形温度条件下静态再结晶体积分数随道次间隔时间的变化。

由图 3-16 可知:GH4169 高温合金的静态再结晶分数随初始晶粒度的减小而增加,但增加的程度不大,因为初始晶粒度大小不是影响静态再结晶体积分数的主要因素;静态再结晶分数随变形量的增加而增加,且增加的程度较大,这是因为在未到达动态再结晶之前,在变形过程中起主要作用的是加工硬化,随着应变量的增加,材料的位错密度增加,从而使得静态再结晶的驱动力增加;静态再结晶分数随应变速率的增大而增加,这是因为应变速率越大位错密度增加的速率也越大,同时动态回复程度越低,位错消失的速率也越低,从而使得材料的位错密度增大,静态再结晶的驱动力增大,静态再结晶速率增大;静态再结晶分数随变形温度的增加而增加,这是因为变形温度越高,储存能越大,静态再结晶的速率就越快。

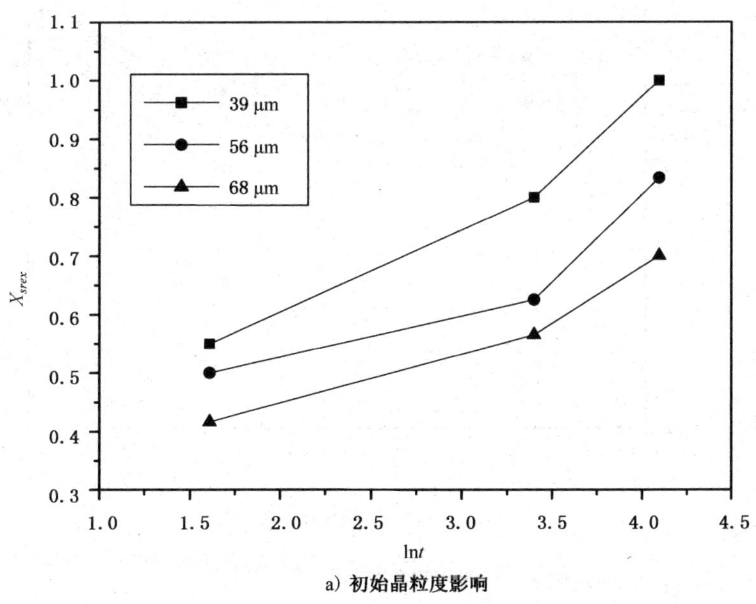

a) 初始晶粒度影响

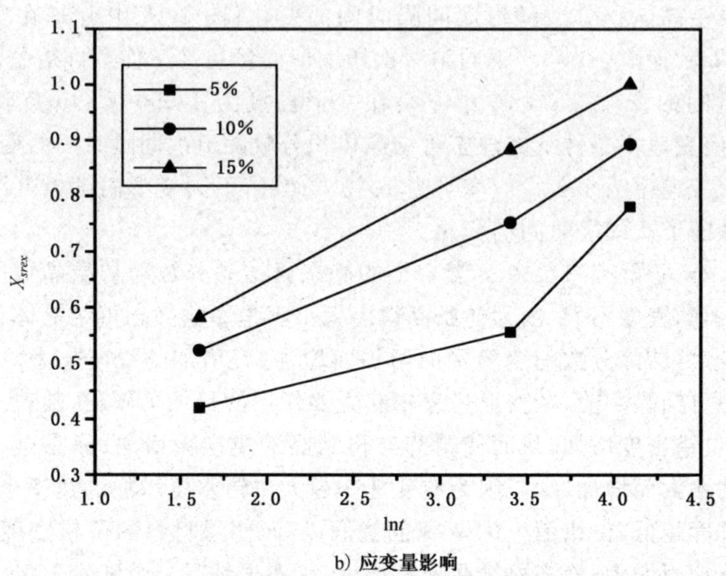

b) 应变量影响

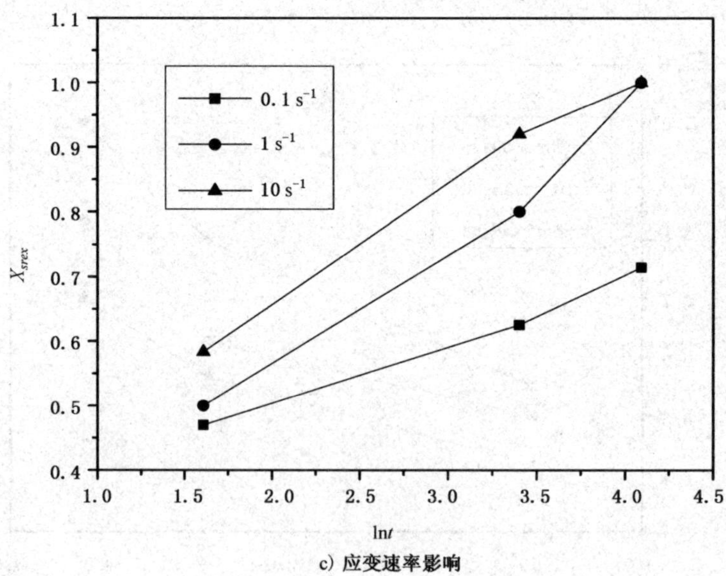

c) 应变速率影响

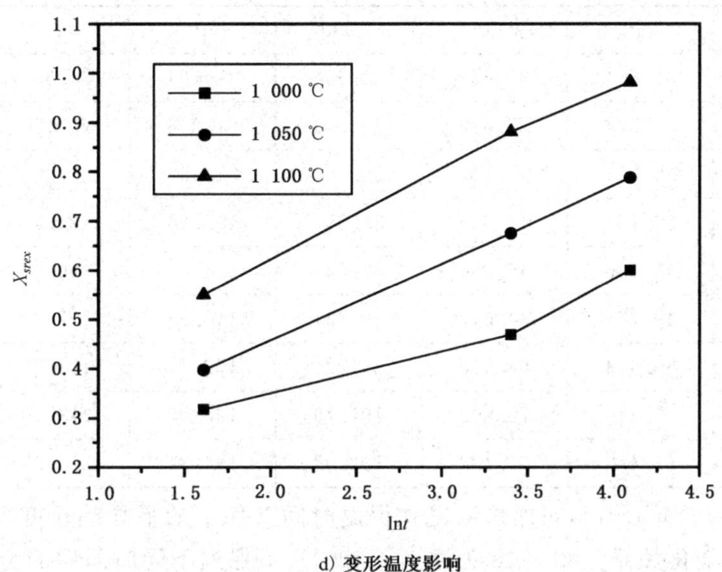

d) 变形温度影响

图 3-16　各工艺参数对 GH4169 高温合金静态再结晶体积分数的影响

3.4.4　晶粒长大

静态晶粒长大是指当应变速率 $\dot{\varepsilon}\leqslant 10^{-6}$，即认为应变速率几乎为零且热变形材料已经完全再结晶后，热变形材料所发生的微观组织演化过程。晶粒的静态长大，会使得锻件的组织不均匀和综合性能下降，在加热阶段晶粒的静态长大对锻件造成的影响尤为不利。因此研究 GH4169 高温合金在不同温度和保温时间下的晶粒的长大行为，建立相应的规律方程非常有必要。

3.4.4.1　试验方案

试验材料为锻态 GH4169 合金，原始锻态组织为均匀的等轴晶粒，其晶粒约为 31 μm。试验用试样为 $\phi 8$ mm×12 mm，将箱式电阻炉加热到试验温度后保温 10 min 以均匀炉温，然后将试样放入炉中保温不同时间后取出立即水冷以保留高温组织。试验的具体加热温度和保温时间为：加热温度为 950 ℃、1 000 ℃、1 050 ℃、1 100 ℃、1 120 ℃和 1 150 ℃；保温时间为 5 min、15 min、30 min、45 min、60 min、100 min、150 min、210 min。该试验认为保温 210 min 后晶粒的大小趋于稳定不再长大，即认为此时的晶粒度大小为极限值。

3.4.4.2　试验结果及其分析

根据长大试验方案可得出合金试样在不同加热温度和不同保温时间下的平均晶粒度大小，如表 3-14 所示。

表 3-14　合金在不同加热温度和保温时间下的平均晶粒度/μm

温度/℃		950	1 000	1 050	1 100	1 120	1 150
保温时间/min	0	31.664	31.664	31.664	31.664	31.664	31.664
	5	35.344	35.612	50.943	61.306	70.170	107.76
	15	36.221	37.538	55.593	91.362	104.09	146.55
	30	39.181	42.629	59.857	108.54	125.44	172.41
	45	46.336	49.896	67.327	124.83	139.99	193.97
	60	49.741	54.617	73.234	140.52	157.32	211.21
	100	60.603	68.965	89.224	172.42	193.97	241.38
	150	63.275	70.905	107.76	193.97	213.79	254.31
	210	63.448	71.120	112.07	194.83	215.52	255.18

如图 3-17 所示为不同加热温度和保温时间条件下的平均晶粒度尺寸 d 随保温时间 t 的变化关系。图 3-18 为温度 1 120 ℃下保温不同时间后的金相组织图。图 3-19 为在不同加热温度条件下保温 45 min 后的金相组织图。

由图 3-17 可以看出，在低温阶段，合金的晶粒长大近似呈线性关系，斜率随温度的升高逐渐增大，长大比较明显，在高温阶段，合金的晶粒长大近似呈抛物线关系，但随时间的延长，晶粒涨幅逐渐减小，最后各温度条件下的晶粒度都趋于稳定。由图 3-18 可以看出，在相同加热温度条件下，合金的晶粒度随保温时间的延长明显增大，但当晶粒度长大到一定程度后趋于稳定，即合金的晶粒长大不是无止境的，而是最后到达到一个稳态值。

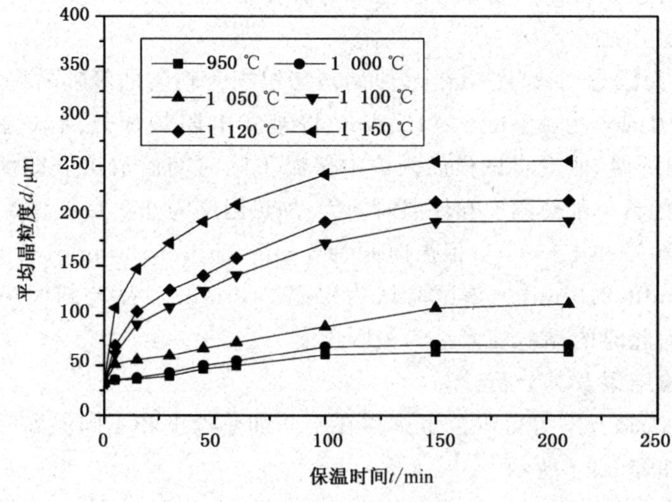

图 3-17　GH4169 合金在各温度条件下平均晶粒度 d 与保温时间 t 的关系

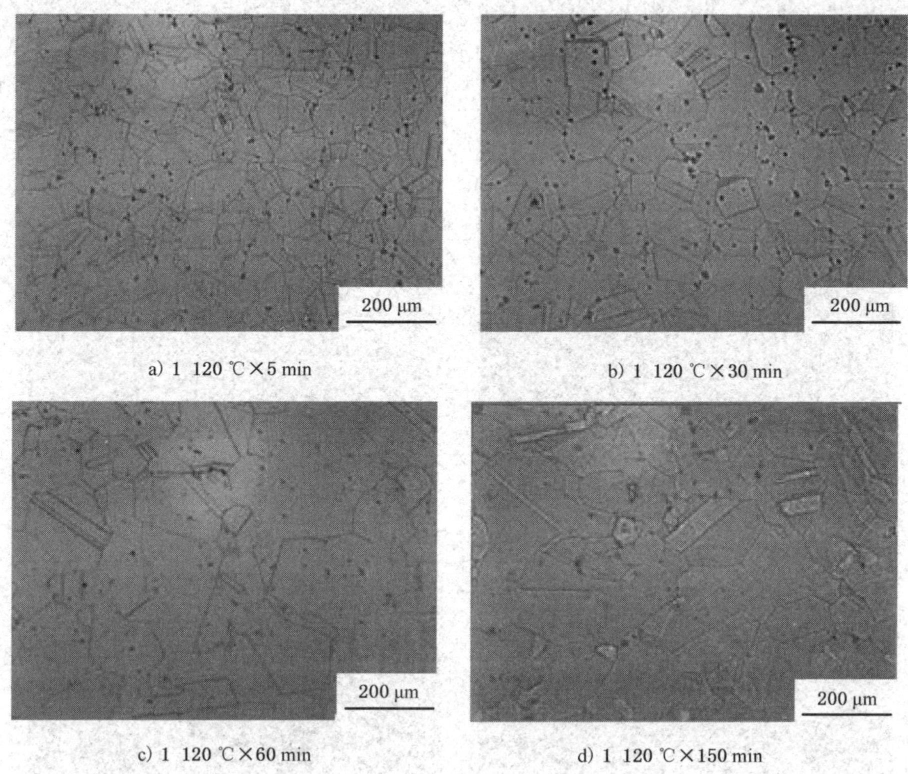

a) 1 120 ℃×5 min　b) 1 120 ℃×30 min

c) 1 120 ℃×60 min　d) 1 120 ℃×150 min

图 3-18　GH4169 合金在 1 120 ℃条件下保温不同时间后所得的金相组织图

由图 3-19 可以看出，在同一保温时间条件下，合金的晶粒度随温度的升高而增大，但是在低温区增大不是很明显(900～1 050 ℃)，但是超过了 1 050℃晶粒迅速长大，其原因与合金中的 δ 相相关，δ 相的完全溶解温度约为 1 038 ℃，δ 相对合金晶粒的长大有阻碍作用，所以当合金的加热温度超过 1 050 ℃时，合金晶粒迅速长大。

3.4.5　GH4169 高温合金的热加工图

3.4.5.1　热加工图简介

热加工图就是功率耗散图和流变失稳图。通过热加工图可以分析不同变形条件下材料的微观组织特征，可以知道材料发生流变失稳的区域和条件，进而可以确定材料的热加工最佳工艺参数。特别是对于 GH4169 这种主要通过锻造工艺成形的材料，热加工工艺对其性能的影响特别大，因此对 GH4169 通过热加工图来分析其热加工性和确定热加工工艺参数非常重要和必要。

常用的热加工图主要有两类，即基于原子模型的 Raj 图和基于动态材料模型的 DMM 图。Raj 图只适用于简单的合金及纯金属，而不适用于复杂的合金且对实际应用有局限性。而 DMM 图是 Gegel 和 Prasad 等根据物理系统模拟理论、不可逆热力学理论和大塑性变形连续介质力学理论建立的。其能很好地反映材料在各种变形条件下变形时的内部组织变形机制，对分析材料的可加工性及确定材料的热加工工艺参数很有用。

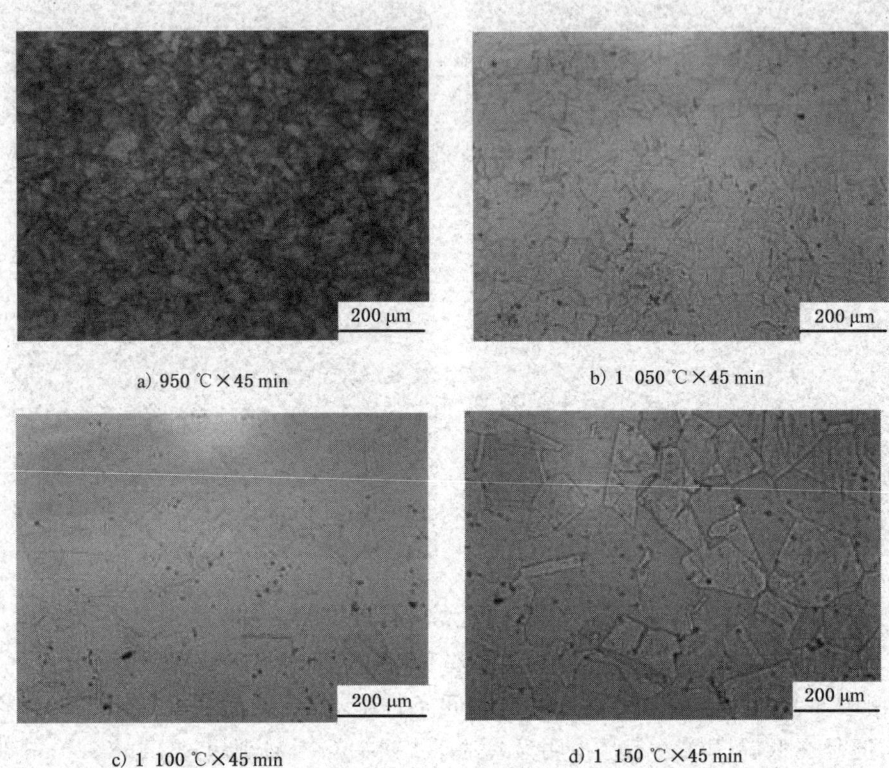

a) 950 ℃×45 min　b) 1 050 ℃×45 min

c) 1 100 ℃×45 min　d) 1 150 ℃×45 min

图 3-19　GH4169 合金在不同温度条件下保温 45 min 后所得的金相组织图

3.4.5.2　DMM 热加工图原理

1. 能量耗散功率原理

根据 DMM 动态材料模型，认为热变形工件是一个非线性的能量耗散体。其能量的耗散 P 由耗散量 G 和耗散协量 J 组成。其中 G 是发生塑性变形消耗的能量，大部分转化为热能；J 是微观组织演变消耗的能量，P 的数学表达式如式(3-53)所示：

$$P=\sigma\dot{\varepsilon}=G+J=\int_0^{\dot{\varepsilon}}\sigma\,\mathrm{d}\dot{\varepsilon}+\int_0^{\sigma}\dot{\varepsilon}\,\mathrm{d}\sigma \tag{3-53}$$

式中：

σ——流变应力；

$\dot{\varepsilon}$——应变速率。

G 和 J 两种能量在材料中所占的比例由材料在一定的应力条件下的应变速率指数 m 来决定，即如式(3-54)所示：

$$m=\frac{\partial J}{\partial G}=\frac{\dot{\varepsilon}\partial\sigma}{\sigma\partial\dot{\varepsilon}}=\frac{\partial(\ln\sigma)}{\partial(\ln\dot{\varepsilon})} \tag{3-54}$$

在一般情况下，m 只随应变速率和温度的变化而变化，在一定的应变和温度条件下，热变形中的流变应力 σ 与应变速率的关系可用式(3-55)所示的关系表示，则在一定的应变和温度条件下，J 可用 m 表示，如式(3-56)所示：

$$\sigma=C\dot{\varepsilon}^{m} \tag{3-55}$$

$$J=\int_0^{\sigma}\varepsilon\,\mathrm{d}\sigma=\int_0^{\varepsilon}C\varepsilon^{m}m\,\mathrm{d}\varepsilon=\varepsilon\sigma m/(m+1) \tag{3-56}$$

对粘塑性固体的稳态流变，m 的值在 0～1 之间，若 m 越大，材料相对应的微观组织的耗散越大。当 $m=1$ 时，则材料处于理想的线性能量耗散状态，此时，J 达到最大值 $J_{\max}$，此时可表示为如式(3-57)所示：

$$J_{\max}=\sigma\dot{\varepsilon}/2 \tag{3-57}$$

由式(3-56)和式(3-57)可得到一个无量纲参数 η，η 用来表示热加工过程中材料的微观组织的演变引起的能量耗散效率，称为能量耗散效率因子。η 的表达式如式(3-58)所示：

$$\eta=\frac{J}{J_{\max}}=\frac{2m}{m+1} \tag{3-58}$$

η 的物理意义为材料成形过程中的微观组织演变耗散的能量同线性耗散的能量比值。在一定的应变条件下，η 随 T 和 $\dot{\varepsilon}$ 的变化构成了二维平面上的功率耗散图。

2. 流变失稳原理

通过 η 可以得出功率耗散图，但并非 η 的值越大，材料的热加工性就越好，在加工失稳区域，材料也可能有高的 η。所以，必须要对材料可能发生破坏失稳的加工区做出判断。

Murthy 在 Ziegler 的连续介质原理基础之上，考虑了 m(应变速率敏感因子)不是常数的情况，提出了任意类型的 $\sigma-\dot{\varepsilon}$ 曲线的流变失稳准则，如式(3-59)所示：

$$2m<\eta\leqslant 0 \tag{3-59}$$

$$\eta=\frac{J}{J_{\max}}=\frac{P-G}{J_{\max}}=2-\frac{G}{J_{\max}} \tag{3-60}$$

Prasad 根据材料动态模型原理，提出材料流变失稳判据如式(3-61)所示：

$$\xi(\dot{\varepsilon})=\frac{\partial\ln\left(\frac{m}{m+1}\right)}{\partial\ln\dot{\varepsilon}}+m<0 \tag{3-61}$$

以流变失稳判据为函数，在应变速率和变形温度平面上绘制的二维平面图称为失稳图。$\xi(\dot{\varepsilon})$为负值的区域即为流变失稳区域。流变失稳判据的微观意义是：若系统不能以高于加在系统的应变速率产生熵，则系统就会产生局部流变或形成流变失稳。通常流变失稳的微观现象有断裂、局部流变、动态应变时效、流变转动和形成绝热剪切带等。把功率耗散图和流变失稳图叠加即可得热加工图。通过热加工图可以准确直观地看出材料在不同的变形条件下的组织演变的机理和规律，从而可为控制加工过程中材料的组织和优化材料热加工工艺提供可靠依据。

3.4.5.3 DMM 热加工图的建立

根据上述原理，通过等温热压缩模拟试验得出的真实应力应变数据建立热加工图。本 DMM 图的工程应变是 0.6，所采用的 σ 是各条件下的 σ_p。用三次函数关系拟合 $\ln\sigma_p$ 与 $\ln\dot{\varepsilon}$ 的关系式，如式(3-62)所示：

$$\ln\sigma_p = a + b\ln\dot{\varepsilon} + c(\ln\dot{\varepsilon})^2 + d(\ln\dot{\varepsilon})^3 \tag{3-62}$$

通过回归求得上式中 a、b、c、d 的值。从而可以计算出应变速率敏感因子 m 的值，如式(3-63)所示：

$$m = \frac{\mathrm{d}(\ln\sigma_p)}{\mathrm{d}(\ln\dot{\varepsilon})} = b + 2c(\ln\dot{\varepsilon}) + 3d(\ln\dot{\varepsilon})^2 \tag{3-63}$$

将式(3-63)所求得的 m 值代入式(3-58)中即可求得各变形条件下的功率耗散因子，从而在应变速率 $\dot{\varepsilon}$ 和变形温度 T 所在平面绘制 η 等值线图即功率耗散图，如图 3-20 所示。

将式(3-63)计算所得的 m 值代入式(3-61)，再通过数据拟合和计算，即可计算出各条件下的 $\xi(\dot{\varepsilon})$值，从而在应变速率 $\dot{\varepsilon}$ 和变形温度 T 所在平面绘制出 $\xi(\dot{\varepsilon})$的等值线图即流变失稳图，$\xi(\dot{\varepsilon})$值为负的区域即为合金发生流变失稳的区域，如图 3-21 所示。

由图 3-20 和图 3-21 组成了 GH4169 合金在温度为 900～1 120 ℃、应变速率为 0.001～1 s^{-1}、工程应变为 60%条件下的热加工图。

通过热加工图可以很明显地看出各热变形温度 T 和应变速率 $\dot{\varepsilon}$ 条件下的功率耗散大小和失稳情况。

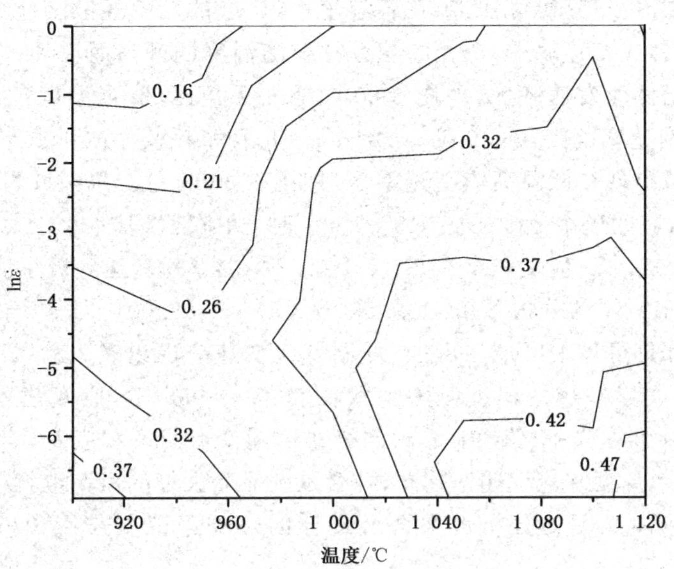

图 3-20 功率耗散图

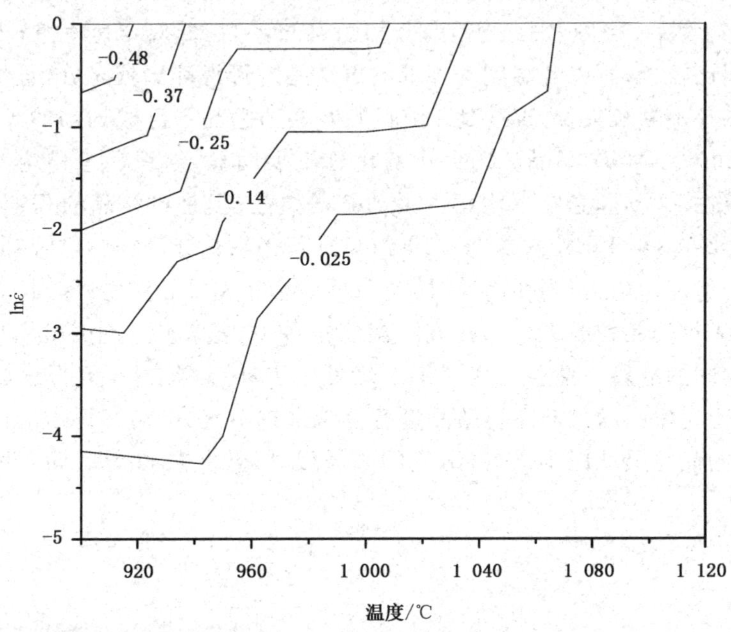

图 3-21 流变失稳图

3.4.5.4 GH4169 高温合金热加工图分析

通过对图 3-20 分析可知：①在各温度下，合金的功率耗散随应变速率的减小而增加；②在各应变速率下，合金的功率耗散随温度的升高而增加；③最大功率耗散出现在高温低应变速率区，即图 3-20 中的右下角区域，当温度范围在 1 035～1 120 ℃、应变速率范围在 0.001～0.01 s^{-1} 时，功率耗散可达到 40%～50%；④小功率耗散区域出现在低温高应变速率区，即图 3-20 的左上角区域，当温度范围在 900～980 ℃，应变速率范围在 0.015～1 s^{-1} 时，功率耗散基本小于 30%；⑤当温度范围在 900～920 ℃、应变速率在 0.3～1 s^{-1} 时，功率耗散达到极小值，小于 16%。

通过对图 3-21 的分析可知：①在 900～1 120 ℃、0.001～1 s^{-1} 的试验范围内大部分区域都是可加工区域，只是在低温低应变速率区出现失稳，即图 3-21 中的左上角区域，失稳区域的温度范围大致在 900～1 055 ℃，应变速率范围大致在 0.007～1 s^{-1}；②在失稳区域内，$\xi(\varepsilon)$的绝对值随变形温度和应变速率的升高而增大，这说明变形温度和应变速率越高，合金发生流变失稳的概率也就越大。

由以上热加工图的分析可知合金最佳的热加工范围是：1 035～1 120 ℃，0.001～0.01 s^{-1}。

3.4.5.5 GH4169 高温合金动态再结晶金相组织图

GH4169 合金在变形量为 60%、不同变形温度和应变速率条件下的金相组织图如图 3-22 所示。由图 3-22 所示的金相图可知：①在低应变速率下，由于热变形经历的时间比较长，所以各温度条件下的再结晶进行得都比较充分，且随温度的升高再结晶晶粒不断长大，当温度到 1 100 ℃时再结晶晶粒已成均匀的等轴晶粒，当温度到 1 120 ℃时再结晶晶粒的大小变化已不太明显，组织趋于稳定。②在同一应变速率条件下，不同温度下均发生了动态再结晶，但是再结晶的程度不同，温度越高动态再结晶体积分数越高，动态再结晶进行得越充分，同时再结晶的晶粒尺寸也随温度的增加而增大，当在高温时，动态再结晶完成后晶粒就开始长大且长大明显，最终形成等轴晶粒组织。③在同一温度条件下，随着应变速率的不同，其显微组织呈现不同的形貌。在各应变速率下均发生了动态再结晶，但再结晶的程度不同，随着应变速率的增加动态再结晶进行得越来越不充分，动态再结晶体积分数降低，再结晶的晶粒尺寸减小，未再结晶的晶粒尺寸增大、数量增大且变形程度越大越明显。

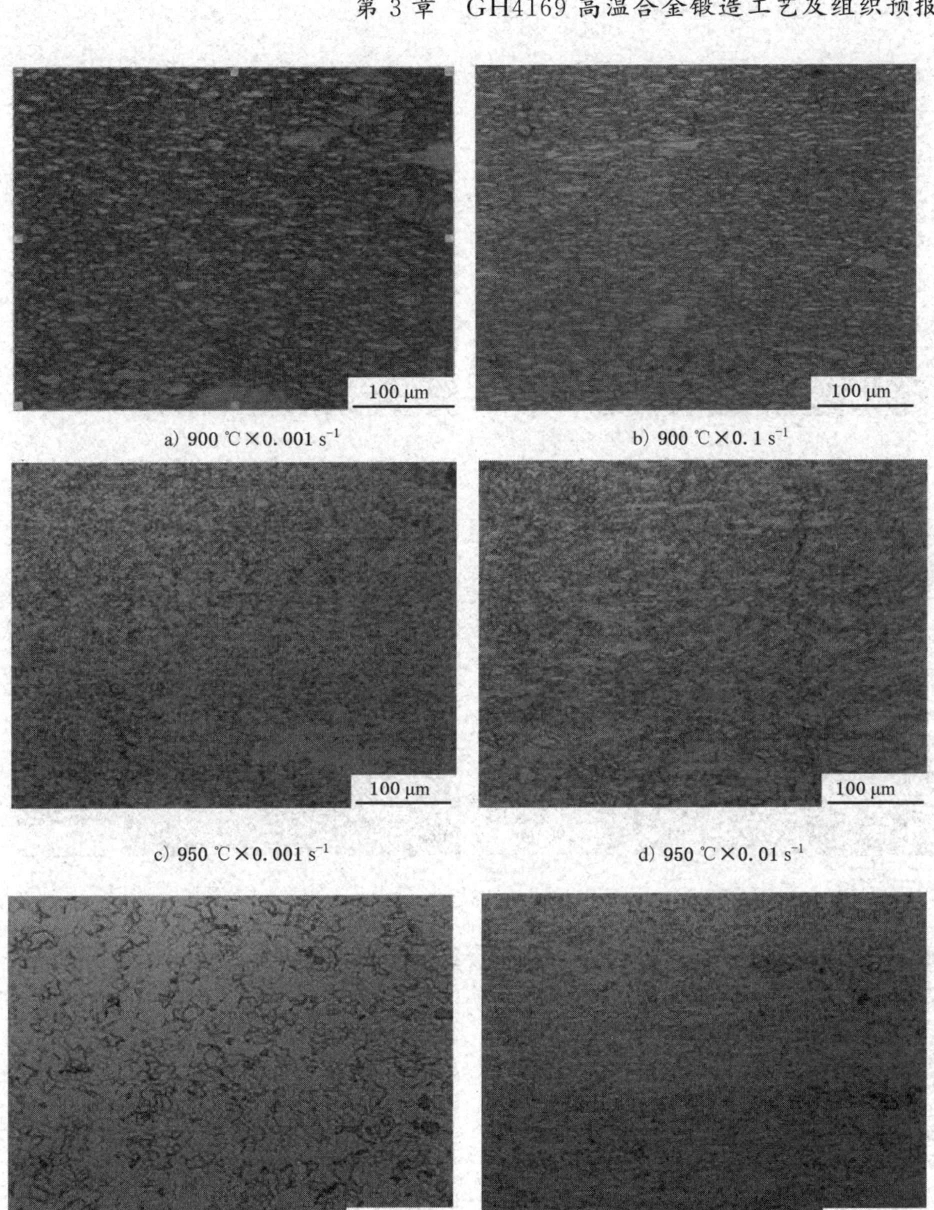

a) 900 ℃×0.001 s^{-1}　　b) 900 ℃×0.1 s^{-1}

c) 950 ℃×0.001 s^{-1}　　d) 950 ℃×0.01 s^{-1}

e) 1 000 ℃×0.001 s^{-1}　　f) 1 000 ℃×0.1 s^{-1}

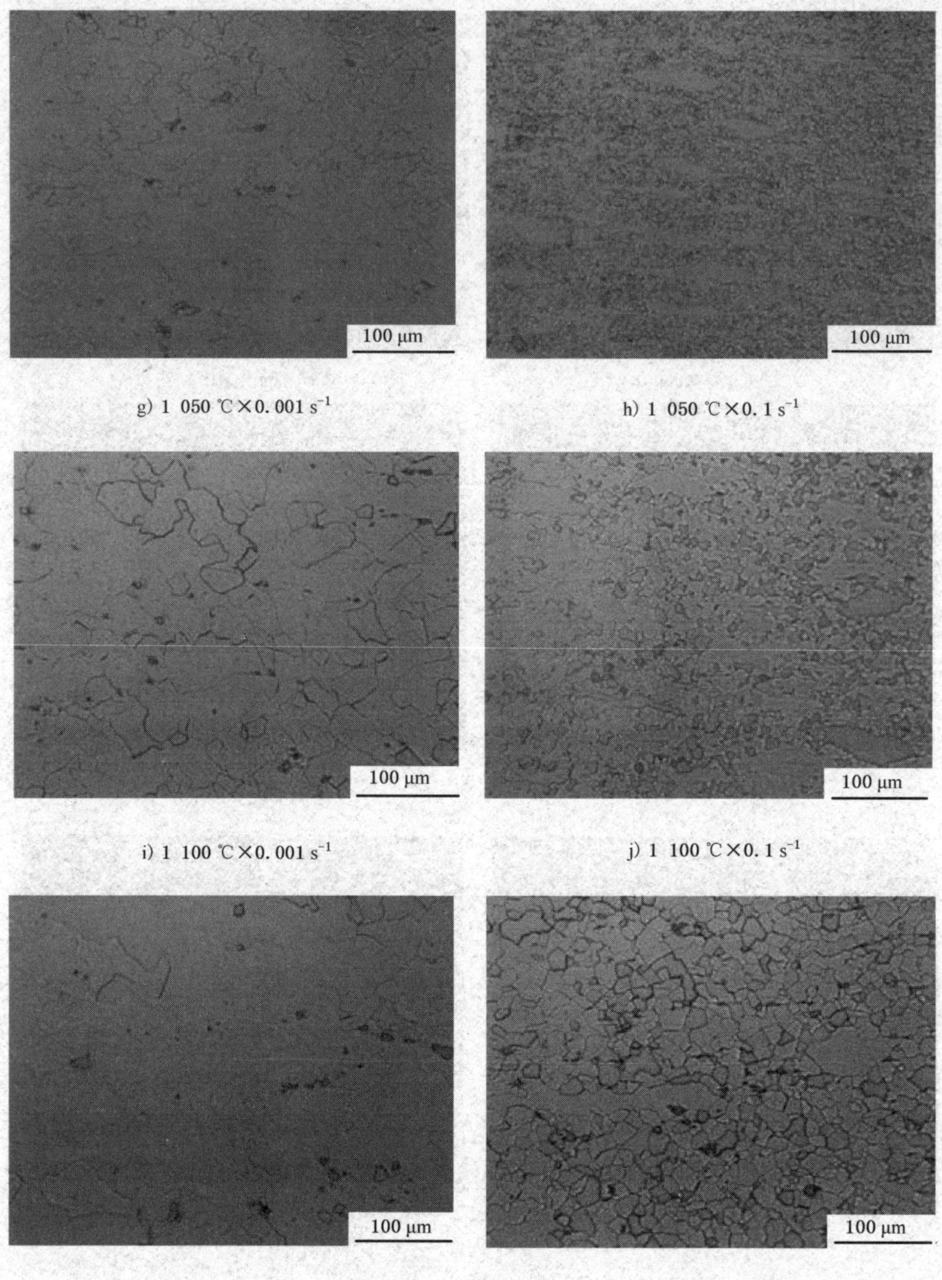

g) 1 050 ℃×0.001 s^{-1}　　h) 1 050 ℃×0.1 s^{-1}

i) 1 100 ℃×0.001 s^{-1}　　j) 1 100 ℃×0.1 s^{-1}

k) 1 120 ℃×0.001 s^{-1}　　l) 1 120 ℃×0.1 s^{-1}

图 3-22　GH4169 合金各条件下的高温热压缩金相组织图

由以上对动态再结晶压缩试验的金相组织图分析可知：当变形温度在 1 000 ℃和 1 050 ℃、应变速率在 0.001 s^{-1} 时的晶粒度很均匀细小，组织很好，其次是变形温度在 1 100 ℃、应变速率在 0.001～0.1 s^{-1} 条件下。因此在实际生产中要想获得理想的组织和晶粒度应尽量选择此范围内的变形温度和应变速率进行加工。

通过对各条件下 GH4169 合金的金相组织图的分析可知，对合金的热加工图的分析与实际比较吻合。

3.5　GH4169 高温合金的微观组织演化模型

3.5.1　GH4169 高温合金动态再结晶模型的建立

3.5.1.1　GH4169 高温合金动态再结晶模型参数的确定

本试验中的动态再结晶过程用 Avrami 方程和自身试验研究的方程相结合进行描述，如式(3-64)所示：

$$\begin{cases} Z = \dot{\varepsilon} e^{\frac{Q}{RT}} \\ \varepsilon_p = A_1 (\ln Z)^{A_2} \\ D_{2\text{-}drex} = A_3 Z^{A_4} \\ \varepsilon_c = 0.80\varepsilon_p \\ X_{drex} = 1 - e^{-\beta(Z)\cdot(\varepsilon-\varepsilon_c)} \end{cases} \tag{3-64}$$

式中：

A_1、A_2、A_3、A_4——材料相关的常数；

$D_{2\text{-}drex}$——动态再结晶晶粒度；

X_{drex}——动态再结晶体积分数；

ε_c——临界应变；

ε_p——峰值应变；

Q——动态再结晶的激活能(kJ/mol)；

R——理想气体常数，取 8.314($kJ \cdot mol^{-1} \cdot K^{-1}$)；

T——绝对温度(K)。

根据动态再结晶数据，对式(3-64)两边同时取对数，通过不同条件下所得的试验数据，作出 ε_p 与 $\ln Z$，$D_{2\text{-}drex}$ 与 Z，β 与 $\ln Z$ 的关系图，然后通过回归拟合得出响应的拟合参数，如图 3-23 所示。

将图 3-23 中曲线拟合所得的参数代入模型公式(3-64)中，所得 GH4169 高温合金动态再结晶模型方程如式(3-65)所示：

$$\begin{cases} Z=\dot{\varepsilon}\exp[495\ 350.355\ 7/(RT)] \\ \varepsilon_p=5\times10^{-6}(\ln Z)^{2.769\ 4} \\ D_{2-drex}=3\times10^{6}Z^{-0.301\ 6} \\ \varepsilon_c=0.80\varepsilon_p \\ X_{drex}=1-\mathrm{e}^{-\beta(Z)\cdot(\varepsilon-\varepsilon_c)} \end{cases} \tag{3-65}$$

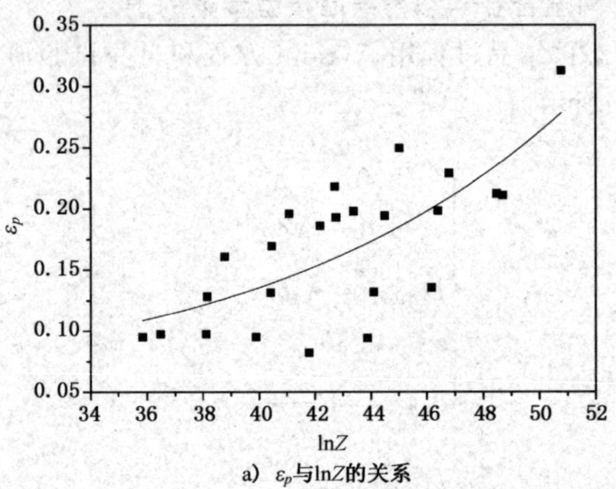

a) ε_p与lnZ的关系

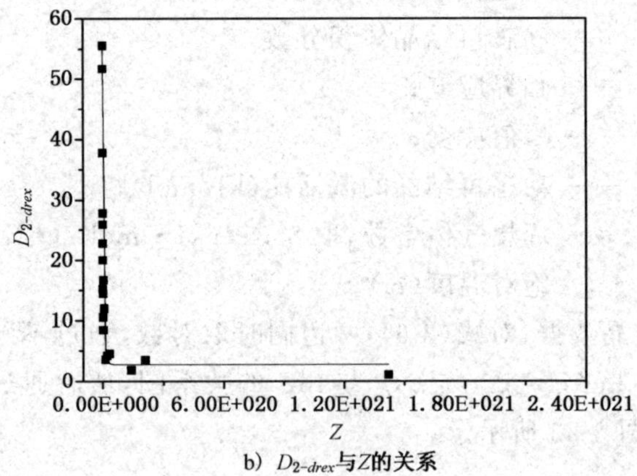

b) D_{2-drex}与Z的关系

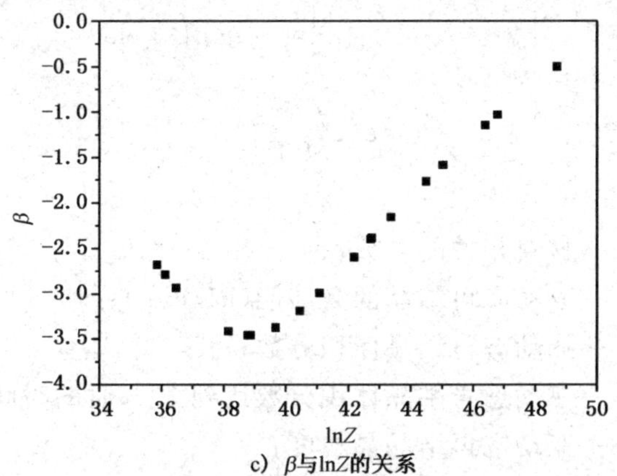

c) β与lnZ的关系

图 3-23　GH4169 高温合金动态再结晶模型参数拟合曲线图

3.5.1.2　GH4169 高温合金动态再结晶体积分数模型的验证

图 3-24 所示为 GH4169 高温合金在不同变形温度条件下的动态再结晶体积分数的模型预测值和试验值的比较，由图可知 GH4169 高温合金动态再结晶的模型预测结果和实际的试验结果吻合得比较好。

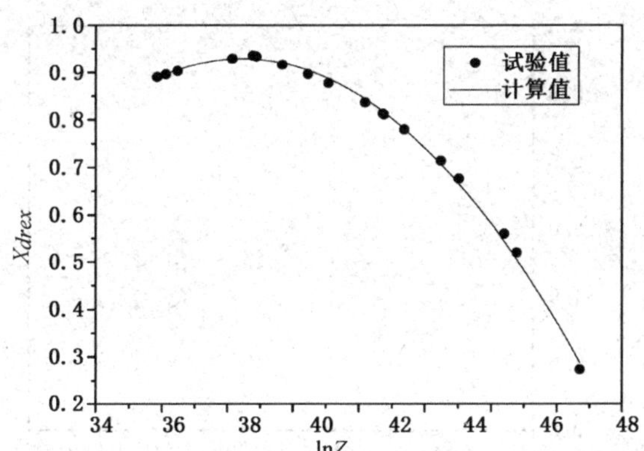

图 3-24　GH4169 高温合金动态再结晶体积分数的试验值和计算值的比较

3.5.2　GH4169 高温合金亚动态再结晶模型的建立

3.5.2.1　GH4169 高温合金亚动态再结晶模型参数的确定

亚动态再结晶过程一般用 Avrami 方程进行描述，如式(3-66)所示：

$$\begin{cases} t_{0.5}=\alpha\dot{\varepsilon}^{m}\exp[Q/(RT)] \\ X_{mrex}=1-\exp\left[-0.693\left(\frac{t}{t_{0.5}}\right)^{n}\right] \\ d_{mrex}=b\left[\dot{\varepsilon}\exp\left(\frac{Q}{RT}\right)\right]^{k} \end{cases} \tag{3-66}$$

式中：

a、b、m、n、k——材料相关的常数；

Q——亚动态再结晶的激活能(kJ/mol)；

X_{mrex}——亚动态再结晶体积分数；

$t_{0.5}$——亚动态再结晶体积分数达到50%时的时间(s)；

d_{mrex}——亚动态再结晶晶粒度；

R——理想气体常数，取8.314($kJ\cdot mol^{-1}\cdot K^{-1}$)；

T——绝对温度(K)。

对式(3-66)两边同时取对数，作出 $\ln t_{0.5}$ 与 $\ln\dot{\varepsilon}$，$\ln t_{0.5}$ 与 $1/T$，$\ln\ln[1/(1-X_{mrex})]$与 $\ln t$，$\ln d_{mrex}$ 与 $\ln\dot{\varepsilon}$ 的关系图，然后通过回归拟合得出相应的拟合参数，如图3-25所示。

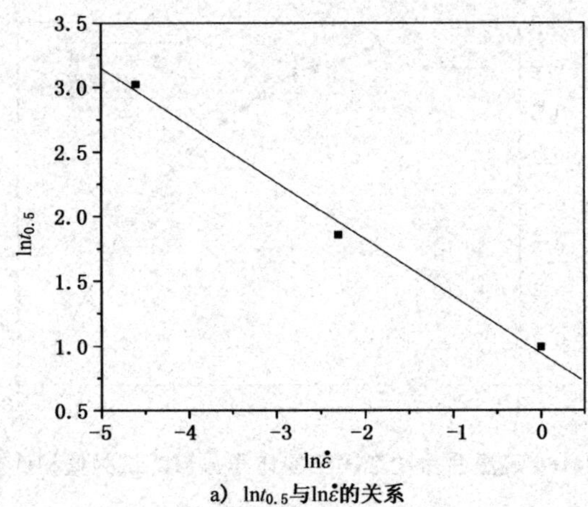

a) $\ln t_{0.5}$与$\ln\dot{\varepsilon}$的关系

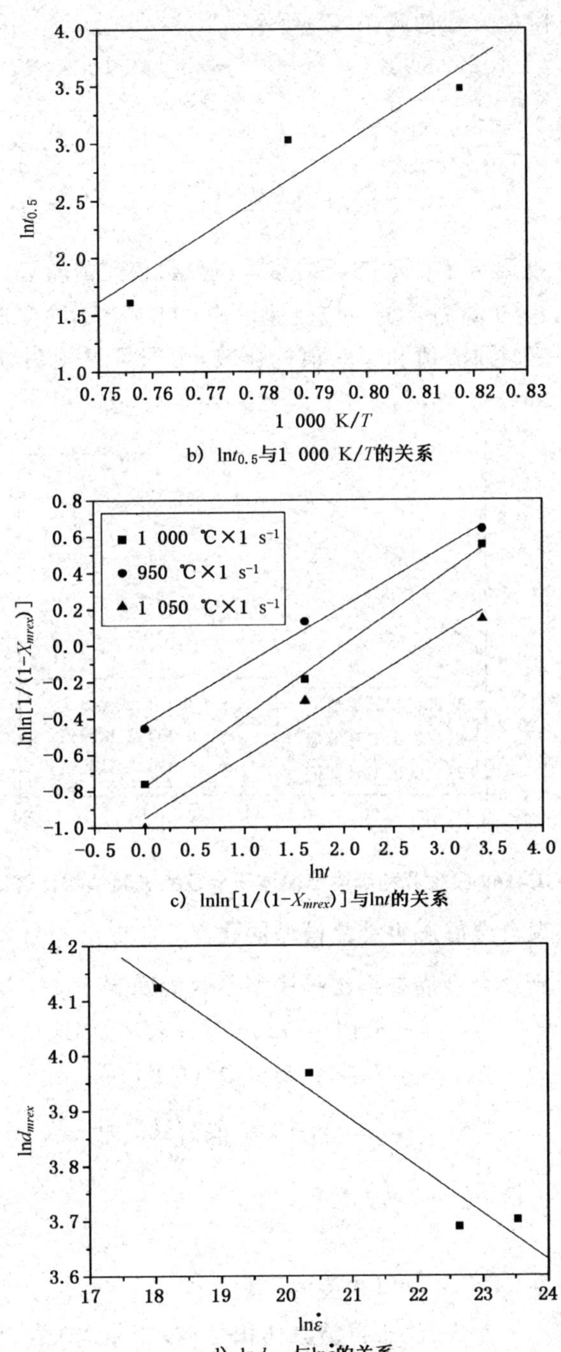

图 3-25　GH4169 合金亚动态再结晶模型参数拟合曲线图

将图 3-25 中曲线拟合所得的参数代入模型公式(3-66)中,所得 GH4169 高温合金亚动态再结晶模型方程如式(3-67)所示。

$$\begin{cases} t_{0.5}=1.307\ 09\times10^{-10}\dot{\varepsilon}^{-0.455\ 9}\exp[249\ 100/(RT)] \\ X_{mrex}=1-\exp\left[-0.693\left(\dfrac{t}{t_{0.5}}\right)^{0.367\ 72}\right] \\ d_{mrex}=285.17\left[\dot{\varepsilon}\exp\left(\dfrac{249\ 100}{RT}\right)\right]^{-0.084\ 5} \end{cases} \tag{3-67}$$

3.5.2.2 GH4169 高温合金亚动态再结晶体积分数模型的验证

图 3-26 为 GH4169 高温合金在应变速率为 0.1 s^{-1} 不同变形温度下的亚动态再结晶体积分数的模型预测值和试验值的比较，由图可见预测结果和试验结果吻合较好。

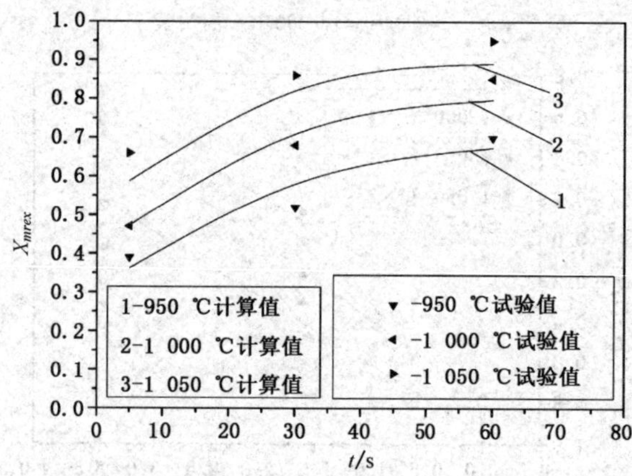

图 3-26 GH4169 合金亚动态再结晶体积分数的试验值和计算值的比较

3.5.3 GH4169 高温合金静态再结晶模型的建立

3.5.3.1 GH4169 高温合金静态再结晶模型参数的确定

静态再结晶的动力学方程一般用 Avrami 方程表示，如式(3-68)所示：

$$\begin{cases} t_{0.5}=ad_0^{\,m}\varepsilon^{n}\dot{\varepsilon}^{h}\exp[Q/(RT)] \\ X_{srex}=1-\exp\left[-0.693\left(\dfrac{t}{t_{0.5}}\right)^{s}\right] \\ d_{srex}=bd_0^{\,k}\varepsilon^{p} \end{cases} \tag{3-68}$$

式中：

a、b、m、n、h、s、k、p——材料相关的常数；

X_{srex}——静态再结晶体积分数；

d_{srex}——静态再结晶晶粒度；

$t_{0.5}$——静态再结晶体积分数达到 50%时的时间(s)；

Q——静态再结晶的激活能(kJ/mol)；

d_0 ——初始晶粒度大小；

T ——绝对温度(K)；

R ——理想气体常数，取 8.314($kJ \cdot mol^{-1} \cdot K^{-1}$)。

根据静态再结晶试验数据，对式(3-68)两边同时取对数，通过不同条件下所得的试验数据，作出 $\ln t_{0.5}$ 与 $\ln d_0$，$\ln t_{0.5}$ 与 $\ln \varepsilon$，$\ln t_{0.5}$ 与 $\ln \dot{\varepsilon}$，$\ln t_{0.5}$ 与 $1/T$，$\ln\ln[1/(1-X_{srex})]$与 $\ln t$，$\ln d_{srex}$ 与 $\ln \varepsilon$，$\ln d_{srex}$ 与 $\ln d_0$ 的关系图，然后通过回归拟合得出相应的拟合参数，各变量之间的关系图如图 3-27 所示。

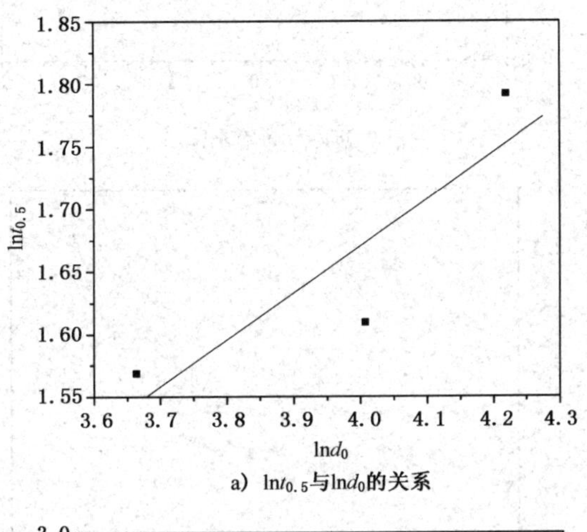

a) $\ln t_{0.5}$与$\ln d_0$的关系

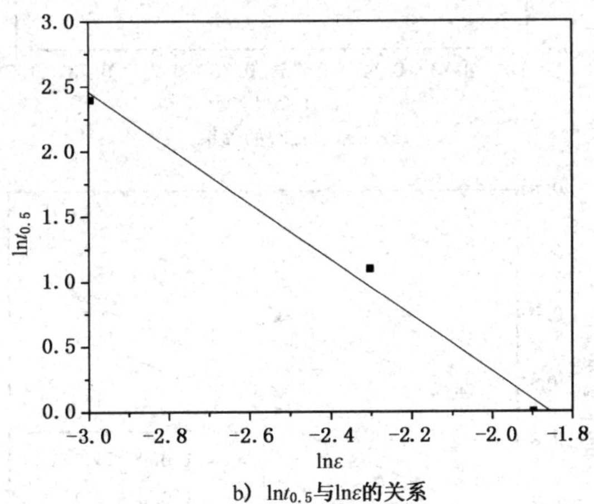

b) $\ln t_{0.5}$与$\ln \varepsilon$的关系

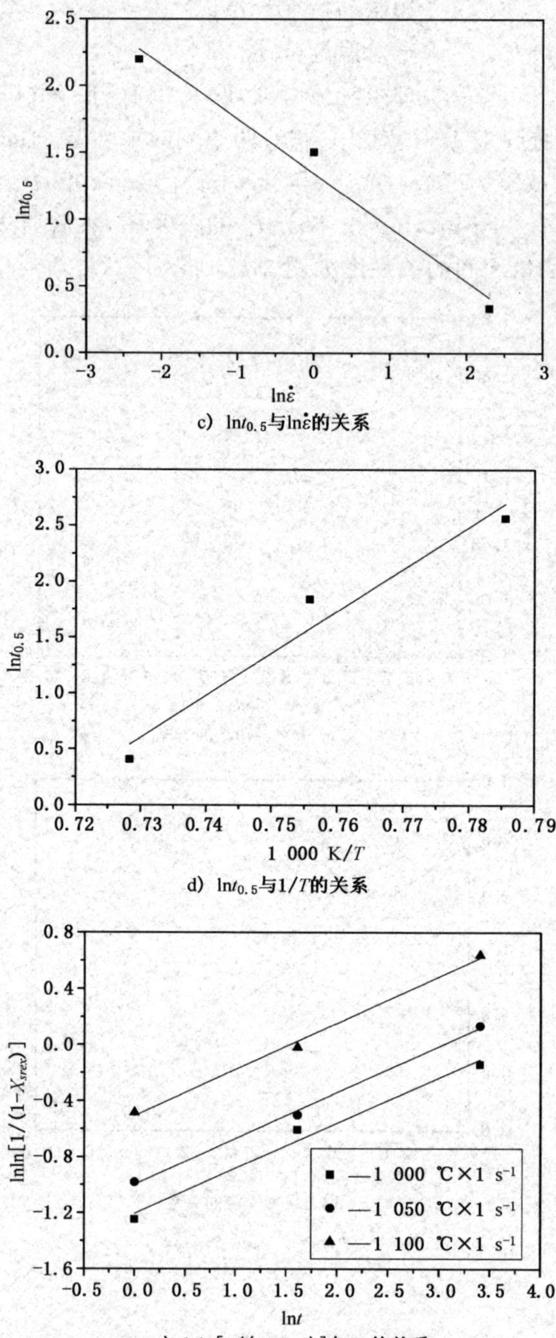

c) $\ln t_{0.5}$与$\ln\dot{\varepsilon}$的关系

d) $\ln t_{0.5}$与$1/T$的关系

e) $\ln\ln[1/(1-X_{srex})]$与$\ln t$的关系

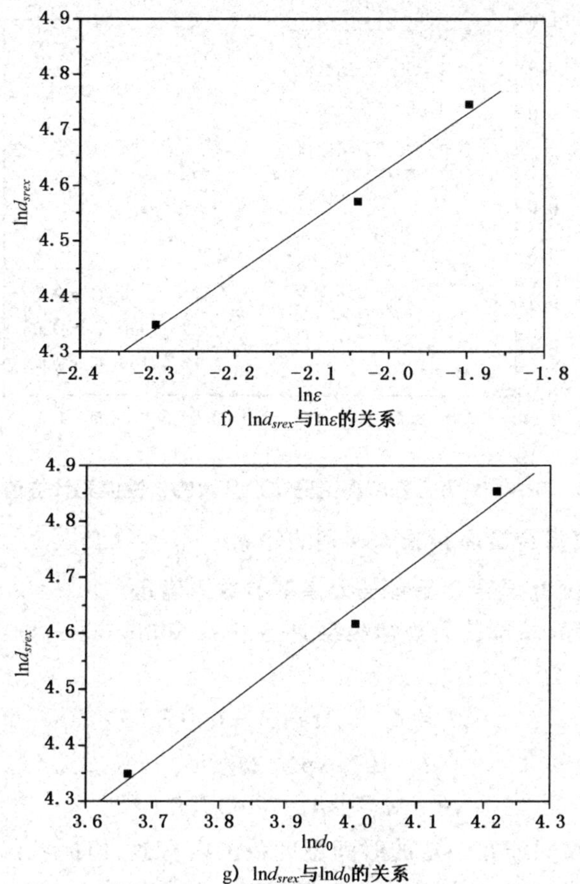

f) $\ln d_{srex}$与$\ln\varepsilon$的关系

g) $\ln d_{srex}$与$\ln d_0$的关系

图 3-27　GH4169 高温合金静态再结晶模型参数拟合曲线图

将图 3-27 中曲线拟合所得的参数代入模型公式(3-68)中，所得 GH4169 高温合金静态再结晶模型方程如式(3-69)所示：

$$\begin{cases} t_{0.5}=2.855\ 8\times 10^{-15}d_0^{\ 0.364\ 7}\varepsilon^{-2.149\ 5}\dot{\varepsilon}^{-0.404\ 1}\exp\left(\dfrac{312\ 357}{RT}\right) \\ X_{srex}=1-\exp\left[-0.693\left(\dfrac{t}{t_{0.5}}\right)^{0.327\ 9}\right] \\ d_{srex}=26.343\ 612\ 21d_0^{\ 0.895\ 3}\varepsilon^{0.961\ 4} \end{cases} \tag{3-69}$$

3.5.3.2　GH4169 高温合金静态再结晶体积分数模型的验证

如图 3-28 所示为 GH4169 高温合金在应变为 0.1 s^{-1} 不同变形温度条件下的静态再结晶体积分数的模型预测值和试验值的比较，由图可知 GH4169 高温合金静态再结晶的模型预测结果和实际的试验结果吻合得比较好。

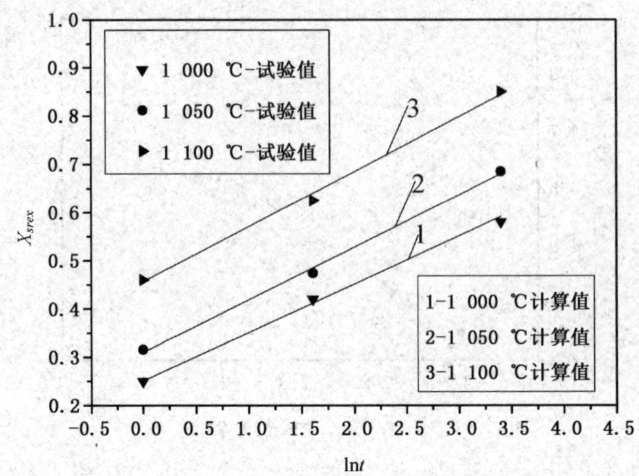

图 3-28 GH4169 合金静态再结晶体积分数的试验值和计算值的比较

3.5.4 GH416 高温合金晶粒长大模型的建立

3.5.4.1 GH4169 高温合金晶粒长大模型参数的确定

目前，最常用的晶粒长大规律模型是 Sellars-Whiteman、Anelli 和他们的综合模型，分别如式(3-70)～(3-72)所示：

$$d^n = d_0{}^n + At\exp(-Q/(RT)) \tag{3-70}$$

$$d = Bt^m\exp(-Q/(RT)) \tag{3-71}$$

$$d^n = d_0{}^n + At^m(-Q/(RT)) \tag{3-72}$$

以上三种模型只能在一定的时间温度范围内有效，但晶粒的长大并不是无限长大，所以如果要描述整个温度时间范围，那么考虑晶粒度的趋于稳定长大更合乎实际情况，因此本试验选用如式(3-73)所示的晶粒长大模型：

$$\begin{cases} D = D_0 + (D_s - D_0)\{1 - \exp[-R_A(t - t_0)]\} \\ D_s = R_1\exp(R_2 T) \end{cases} \tag{3-73}$$

式中：

R_1、R_2、R_A ——与材料相关的常数；

t、t_0 ——保温时间(取 $t_0 = 0$)；

D_0 ——初始晶粒度(取 31.6 μm)；

D ——材料在加热保温过程中的平均晶粒度；

D_s ——材料在某温度下的极限晶粒度，本试验将保温 210 min 的晶粒度视为材料在该温度下的极限尺寸。

根据所得出的晶粒长大试验数据，由 $\ln D_s = \ln R_1 + R_2 T$，作 $\ln D_s$-T 图，如图 3-29 所示。由此可求得 $R_2 = 0.007\ 7$，将得到的 R_2 值代入式(3-10)中求得不同 D_s 条件下的 R_1，然后将所有的 R_1 取平均值可得到 $R_1 = 0.004\ 581$。由式 $D=$

$D_0+(D_s-D_0)\{1-\exp[-R_A(t-t_0)]\}$ 可得 $\ln[(D_s-D_0)/(D_s-D)]=R_At$，作 $\ln[(D_s-D_0)/(D_s-D)]$-t 图，如图 3-30 所示，回归可得 $R_A=0.029\,7$，从而可得 GH4169 高温合金晶粒长大模型如式(3-74)所示：

$$\begin{cases}D=31.6+(D_s-31.6)[1-\exp(-0.029\,7t)]\\D_s=0.004\,581\exp(0.007\,7T)\end{cases}\tag{3-74}$$

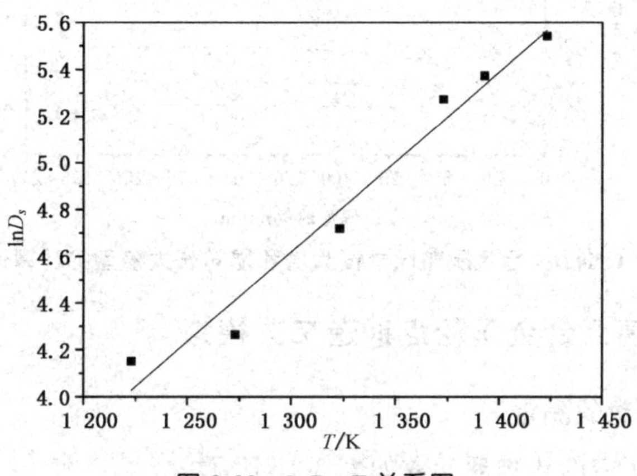

图 3-29　$\ln D_s$-T 关系图

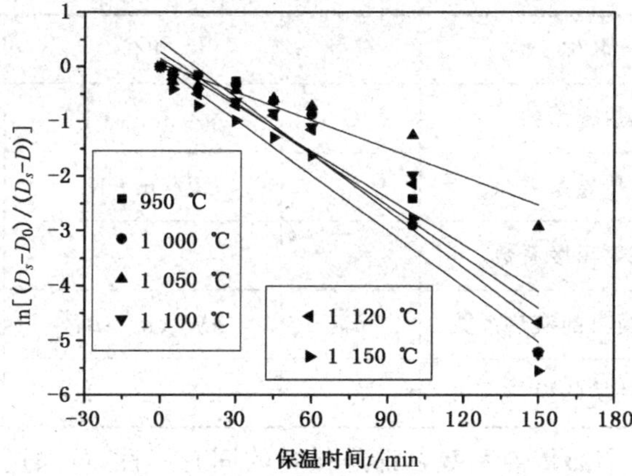

图 3-30　$\ln[(D_s-D_0)/(D_s-D)]$-t 关系图

3.5.4.2　GH4169 高温合金晶粒长大模型的验证

图 3-31 为 GH4169 高温合金在不同温度和不同保温时间条件下的晶粒尺寸的试验值和晶粒长大模型的计算值的比较图，图中实线表示模型计算值，相对应的点表示实际试验值。由图可知，该模型在高温阶段和所有温度的较长保温时间时，符合程度比较好，但是在低温阶段的较短保温时间有一定的误差，但总体情况良好。

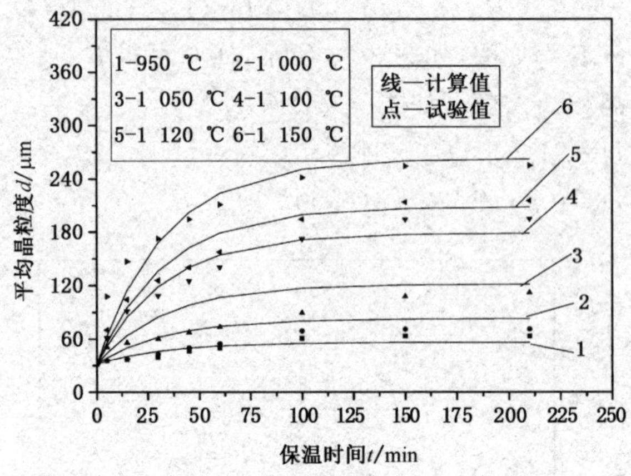

图 3-31 GH4169 合金晶粒尺寸试验值和晶粒长大模型的计算值的比较

3.6 GH4169 高温合金涡轮盘锻造工艺模拟

3.6.1 等效热参数的测定

模拟过程中所需的热物理参数如表 3-15 所示。

表 3-15 模拟过程中所需的热物理参数

序号	名称	符号	单位	参考值(钢)
1	比热容系数	C	$N/(mm^2 \cdot K)$	3.0～5.0
2	热传导系数	λ	$W/(m \cdot K)$	20～40
3	热辐射黑度系数	ε	—	0.1～0.8
4	锻件与模具的换热系数	h_d	$kW/(m^2 \cdot K)$	1.0～5.0
5	锻件与环境的换热系数	h_a	$kW/(m^2 \cdot K)$	0.01～0.03

比热容系数 C 和热传导系数 λ 都是材料的固有属性，可通过试验的方法获得，也可在材料手册中查到，热辐射黑度系数 ε、模具的热交换系数 h_d 和锻件与环境的热交换系数 h_a 对锻件的温度场计算影响比较大，需要通过试验才能获得较精确的值。

本模拟试验所用坯料 GH1469 高温合金和模具 5CrMnMo 的比热容系数 C 和热传导系数 λ 采用 3D-Deform 软件中相应材料的参考值，如图 3-32 和图 3-33 所示。

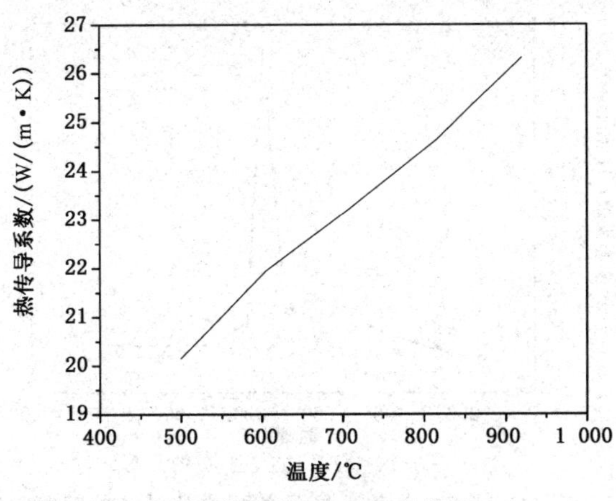

a）热传导系数λ与温度T的关系

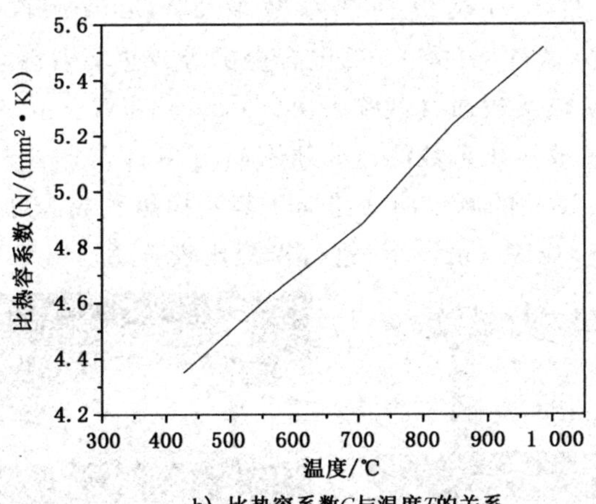

b）比热容系数C与温度T的关系

图 3-32　GH4169 合金的热传导系数和热容系数参考值曲线

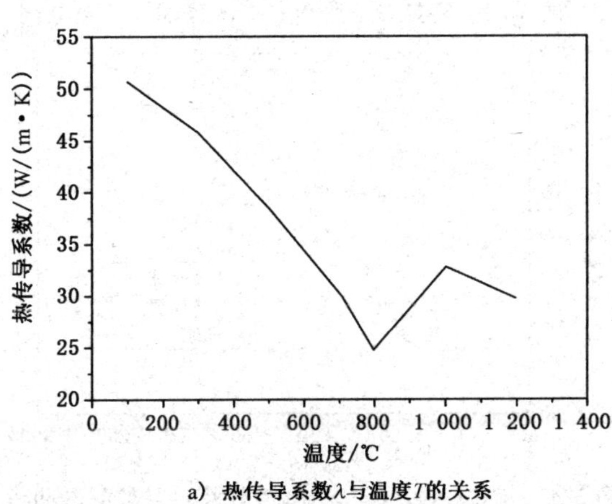

a）热传导系数λ与温度T的关系

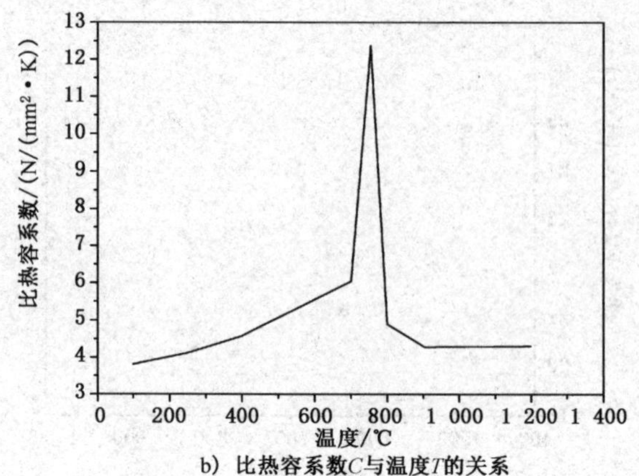

b）比热容系数C与温度T的关系

图 3-33 5CrMnMo 的热传导系数和热容系数参考值曲线

本模拟试验锻件与环境的换热系数取 3D-Deform 软件的缺省值 $h_a=0.018\ \mathrm{kW/(m^2\cdot K)}$，锻件 GH4169 高温合金的等效热辐射黑度系数取 $\varepsilon=0.6$，锻件和模具间的等效换热系数通过试验得出，即 $h_d=4\ \mathrm{kW/(m^2\cdot K)}$，其测试示意图和试验现场图以及等效换热系数测试曲线图如图 3-34 和图 3-35 所示。

由图 3-35 可知：试验的测量曲线趋向于等效换热系数为 5 $\mathrm{kW/(m^2\cdot K)}$的计算曲线，所以取 $h_d=4\ \mathrm{kW/(m^2\cdot K)}$进行模拟比较合适。

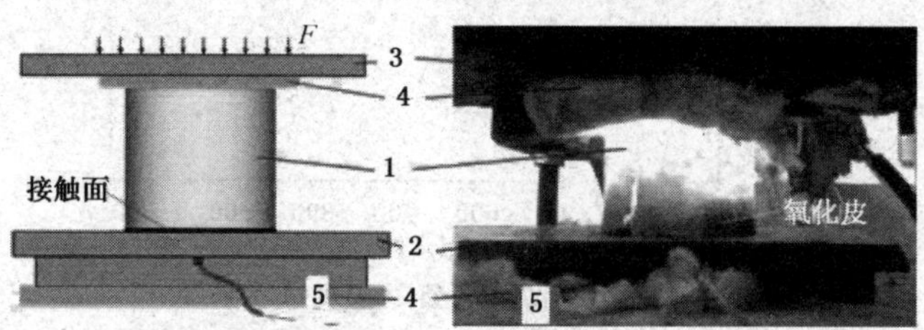

图 3-34 锻件-模具间等效换热系数测试示意图及试验现场图

1—试样；2—模具；3—压板；4—陶瓷棉；5—热电偶

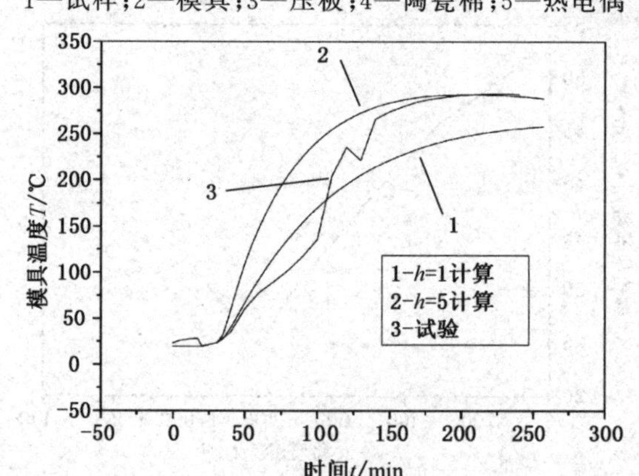

图 3-35 GH4169/5CrMnMo 等效换热系数测试曲线

3.6.2 高温合金涡轮盘锤锻模拟

3.6.2.1 模拟试验几何模型

根据厂家提供的数据，模拟用 GH4169 高温合金锻件毛坯尺寸为 ϕ200 mm×190 mm，模具材料为 5CrNiMo，(上、下模具)尺寸为 710 mm×710 mm×450 mm。锻件和模具的三维示意图如图 3-36 所示。

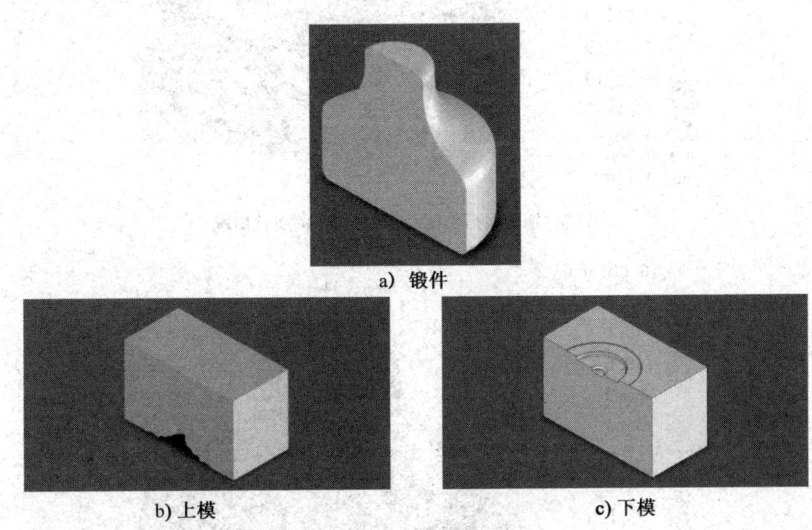

a) 锻件

b) 上模　　c) 下模

图 3-36 锻件和模具

3.6.2.2 模拟过程设计

厂家提供的工艺参数：锻件始锻温度 1 030 ℃，模具始温 200 ℃，锻件从加热炉到模具的过程中与空气传热 30 s。每锤间隔时间 5 s，3 s 与空气传热，2 s 与下模具传热，锤锻完成后锻件与空气传热 20 min。

3.6.2.3 模拟过程成形方案及工艺设计

本试验锻造设备公称质量 M 为 10 t，打击能量 E 为 250 kJ，摩擦系数 f 为 0.3，锤锻效率 η 为 0.6，在实际锤锻过程中上模具的重量为 1.75 t。

锻件是完全对称的，为了使模拟过程快速有效只模拟一半。经初步模拟本锤锻过程只需要 5～6 锤就能使锻件充满型腔。第 1 锤和第 2 锤：$E_1=E_2=E/4$，$M=5.87$ t；第 3 锤到第 6 锤：$E_3 \sim E_6=E/2$，$M=5.87$ t。

3.6.3 模拟结果分析

模拟试验锻件的初始晶粒度为 45 μm，为和实际的试验进行对比，在锻件的不同部位进行了相应的标注。图 3-37 为锻件在整个热锻过程中从第一锤到空冷后的形变情况云图，图 3-38 为锻件在热变形完成后各个参量的云图分布图，图 3-39 为空冷前后锻件的温度对比云图和空冷后锻件的各输出参量的云图分布图。表 3-16 为锻件各部位在热变形后和空冷后各参量的值。

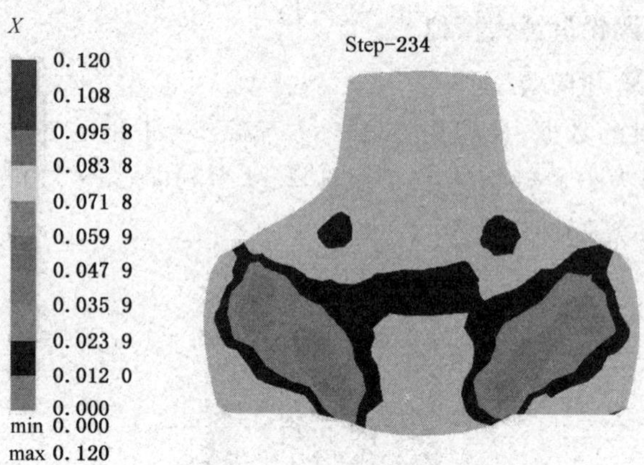

a）第1锤结束后再结晶体积分数X的变化情况

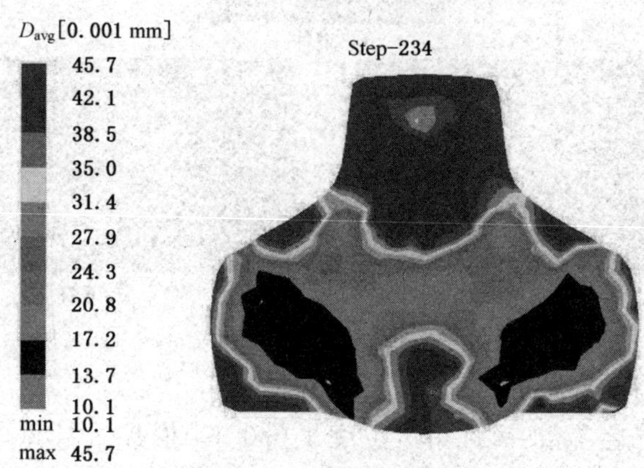

b）第1锤结束后平均晶粒度D_{avg}的变化情况

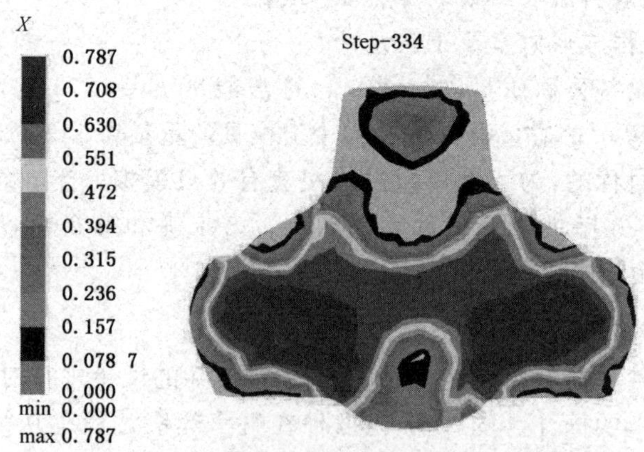

c）第2锤结束后再结晶体积分数X的变化情况

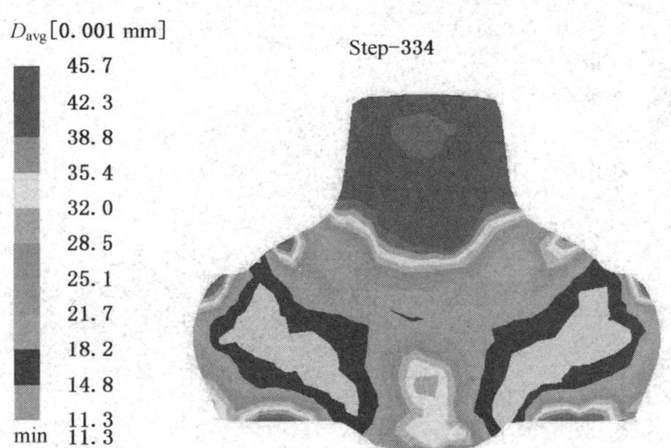

d）第2锤结束后平均晶粒度D_{avg}的变化情况

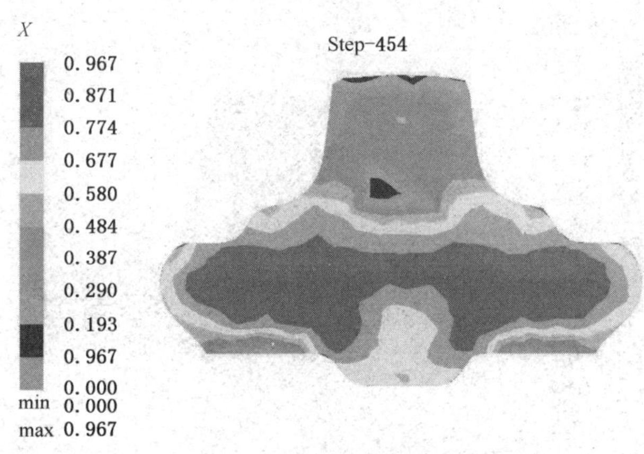

e）第3锤结束后再结晶体积分数X的变化情况

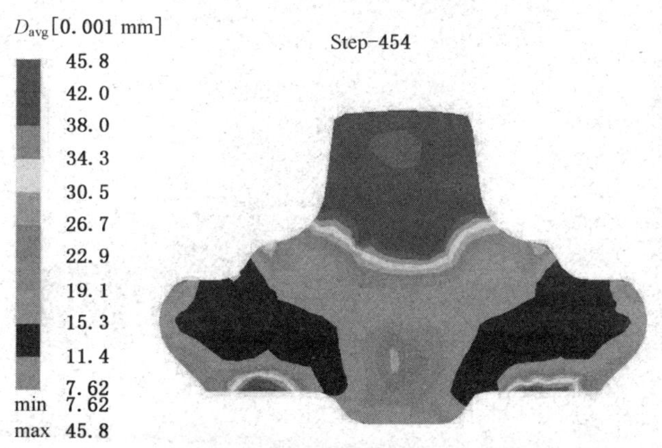

f）第3锤结束后平均晶粒度D_{avg}的变化情况

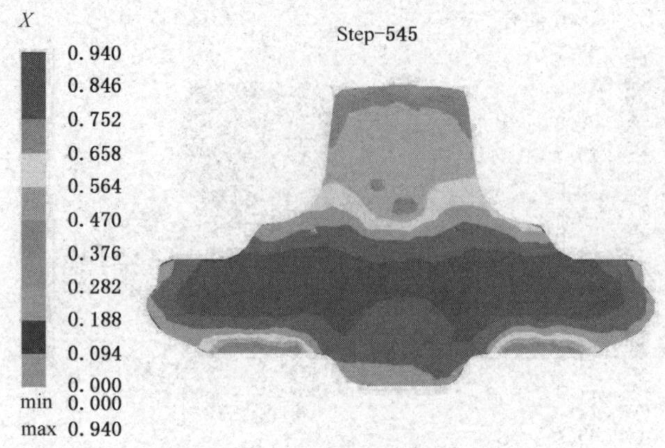

g）第4锤结束后再结晶体积分数X的变化情况

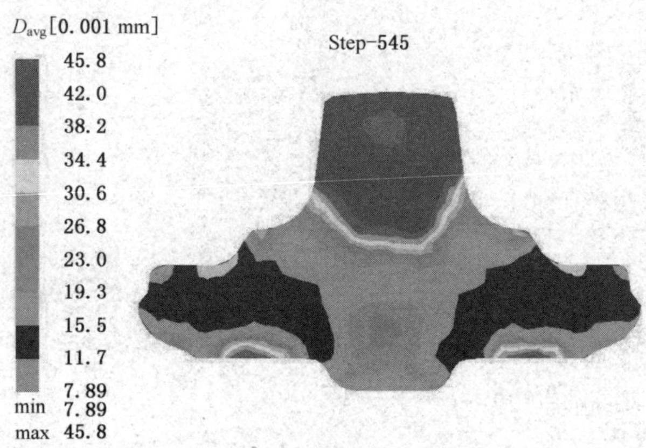

h）第4锤结束后平均晶粒度D_{avg}的变化情况

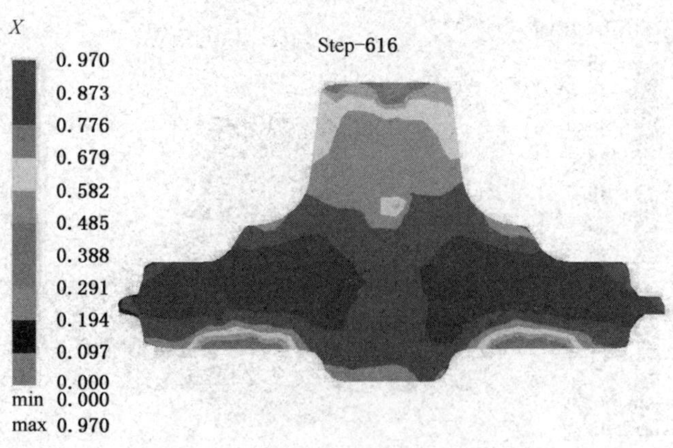

i）第5锤结束后再结晶体积分数X的变化情况

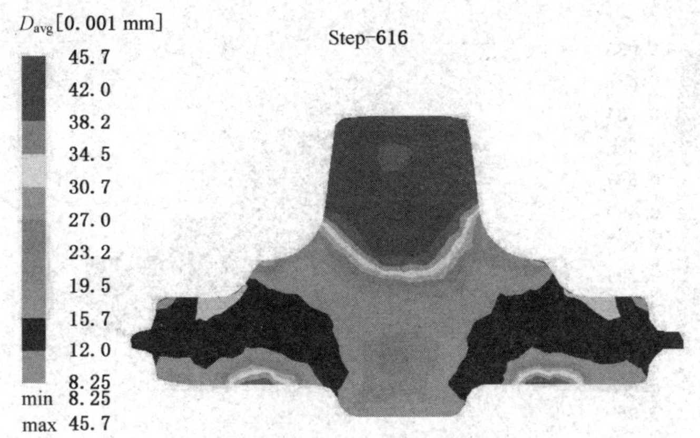

j）第5锤结束后平均晶粒度D_{avg}的变化情况

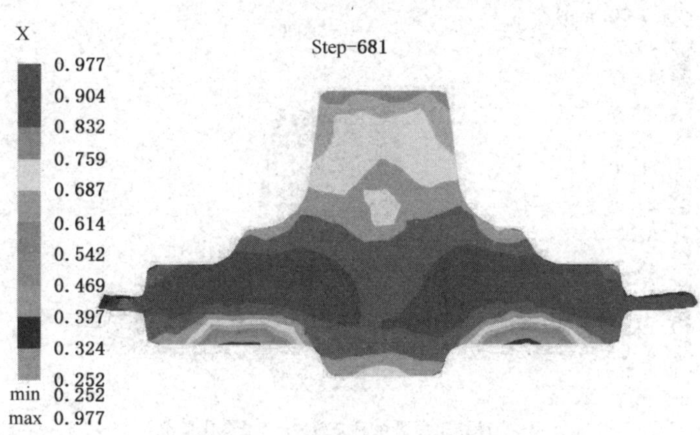

k）第6锤结束后再结晶体积分数X的变化情况

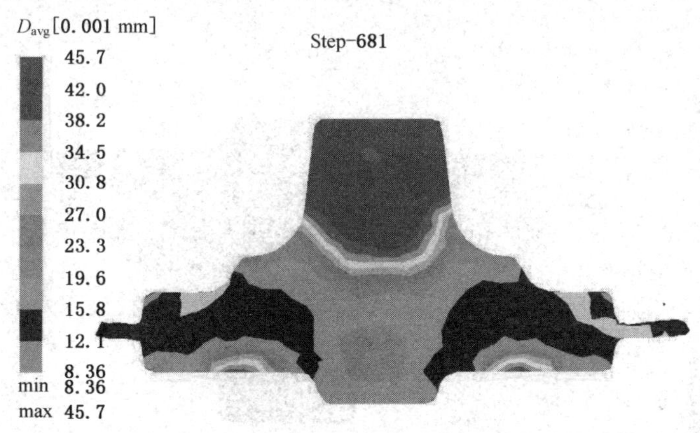

l）第6锤结束后平均晶粒度D_{avg}的变化情况

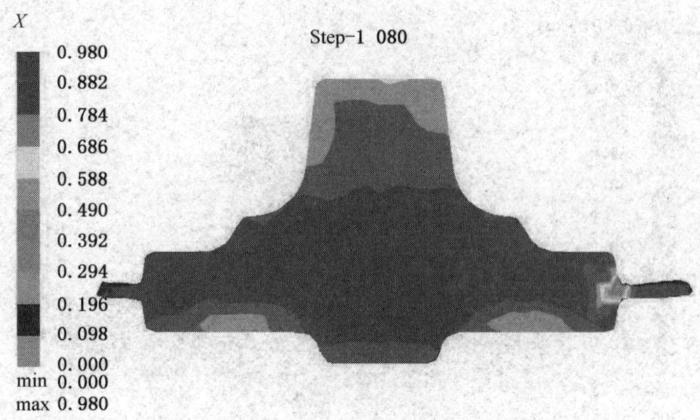

m）空冷结束后再结晶体积分数X的变化情况

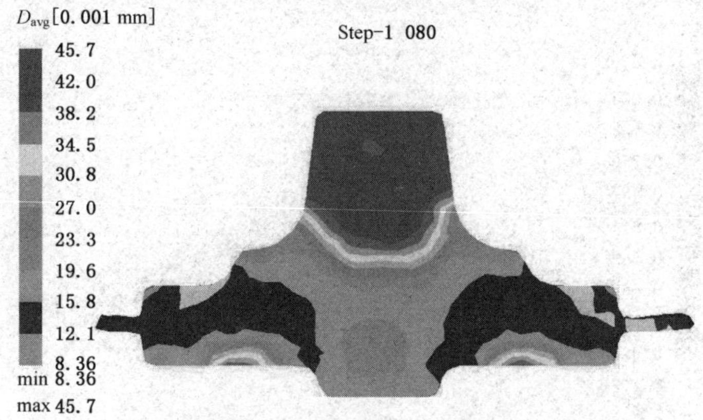

n）空冷结束后再结晶晶粒度D_{avg}的变化情况

图 3-37　锻件在整个热锻过程中的变形情况

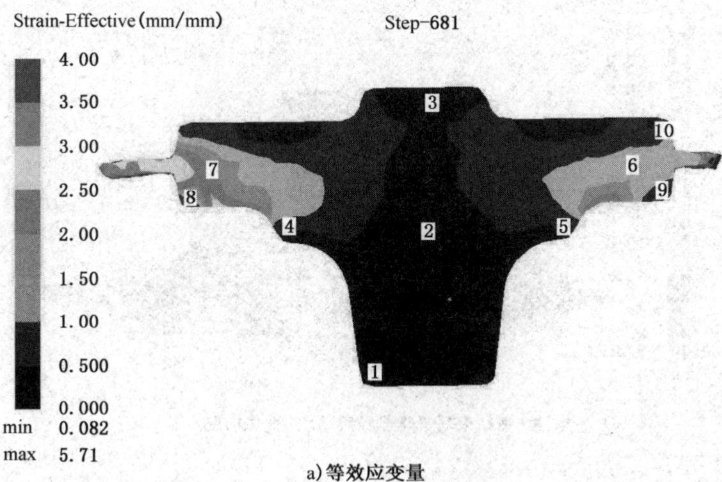

a）等效应变量

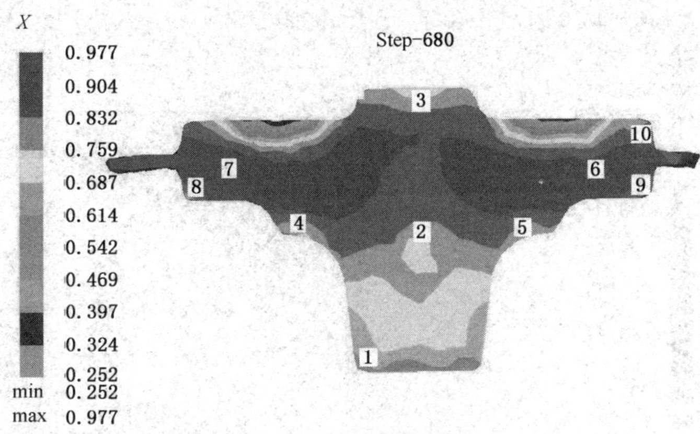

b) 再结晶体积分数

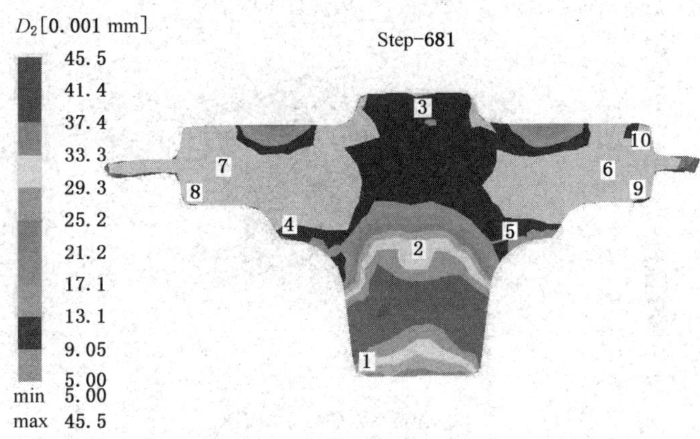

c) 热锻后再结晶晶粒度

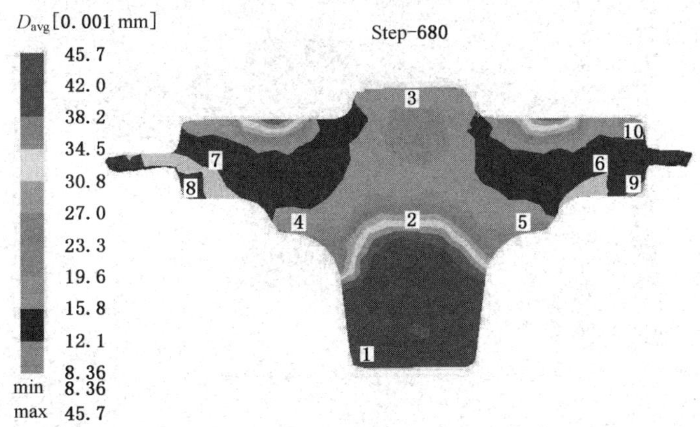

d) 热锻结束后平均晶粒度

图 3-38 锻件在热变形完成后各参量的分布云图

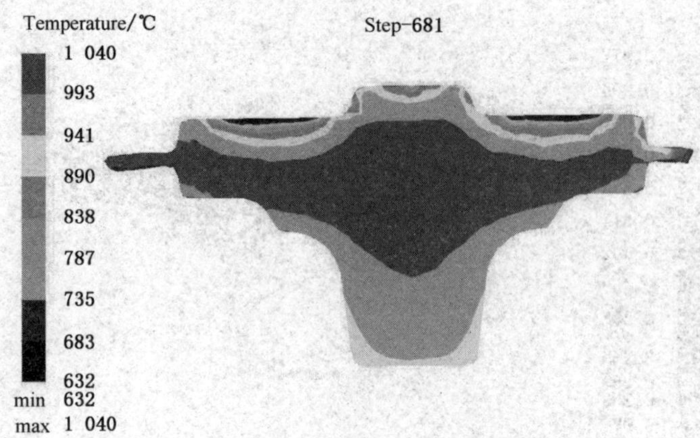

a) 热变形结束后锻件温度分布图

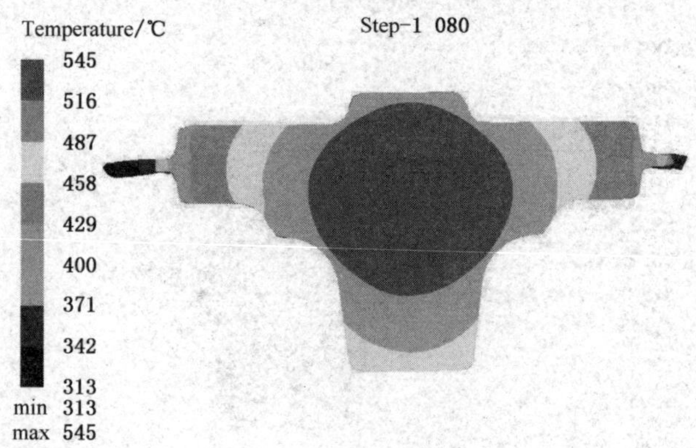

b) 空冷后锻件温度分布图

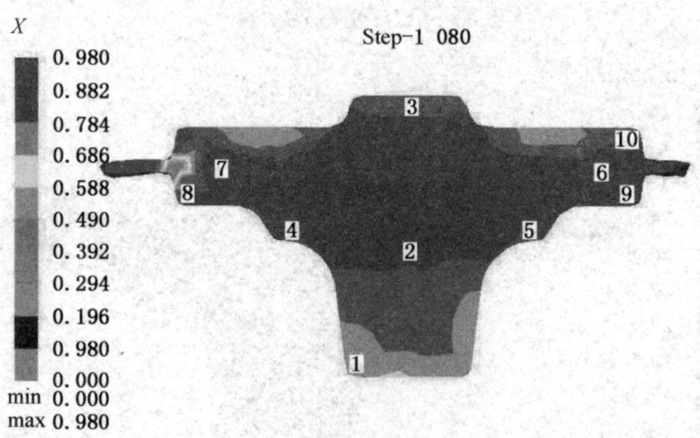

c) 空冷后再结晶体积分数

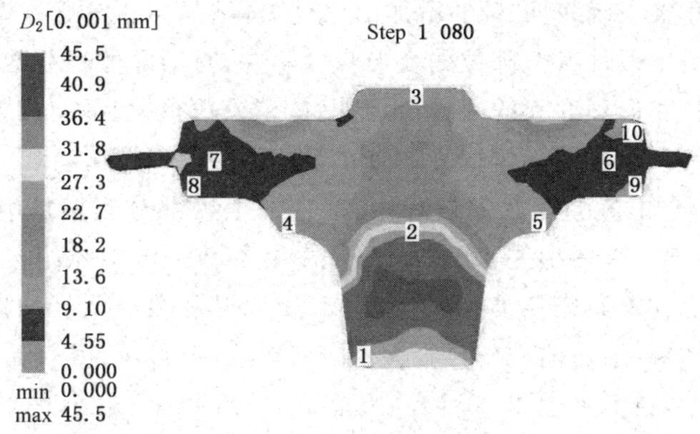

d）空冷后再结晶晶粒度

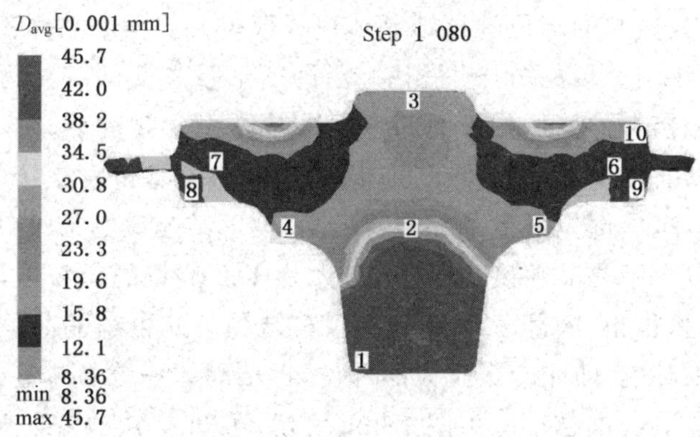

e）空冷后平均晶粒

图 3-39　空冷后各参量分布云图

表 3-16　锻件各部位在热变形后和空冷后各参量的值

序号	应变量	再结晶体积分数 X		再结晶晶粒度 D_2/μm		平均晶粒度 D_{avg}/μm	
		热变形后	空冷后	热变形后	空冷后	热变形后	空冷后
1	0.147	0.622	0.745	29～35.3	36～41	44.7	44.7
2	0.262	0.804	0.915	20.6～31.3	27～32	28.3～34.5	27～34
3	0.344	0.783	0.843	11.3	13～14	18.8	18.4
4	0.558	0.832	0.919	9	15	20.4	19.4
5	0.591	0.856	0.931	10.6	14	20.9	20.9
6	1.370	0.942	0.965	5	8	12.4	12.4
7	1.890	0.954	0.969	6	8	12.3	12.3
8	1.290	0.887	0.903	5.44	8.3	13.9～17.8	12.1～13.9
9	1.200	0.891	0.927	7.22	9.8	15～17	15～17
10	0.717	0.849	0.881	6.3	8.8～11.8	17.9～21.2	17.9

由图 3-37 可知，随着变形量的增加，合金的再结晶体积分数逐渐增大，平均晶粒度逐渐减小，由于锻件各个部位的变形程度不一，再结晶体积分数和平均晶粒度大小变化也不一，变形程度大的区域，再结晶体积分数越大，平均晶粒度越小，变形程度小的难变形区域，再结晶体积分数较小，平均晶粒度较大。

由图 3-38a 可知，在整个热锻过程中，锻件的上半部分变形量很大，特别是 6、7、8、9，其次是 4、5、10，最小是 1、2、3。1、2、3 主要和模具型腔相接触所以相变较小，其他部位是通过模具挤压变形填充型腔，所以其相变较大。由图 3-38b 可知，在 6、7、8、9 部位的再结晶体积分数很大，几乎都是 0.9 以上，其次是 4、5、10 部位，基本在 0.78 以上，再其次是 2、3 部位，基本在 0.68 以上，最小是 1，只在 0.54 以上，由此可知，与模具相接触的部位的再结晶体积分数较小，而其他需要通过模具挤压变形填充模具型腔的部位的再结晶体积分数较大。再结晶体积分数的分布与图 3-38a 中的等效应变量的分布图相对应，即变形量越大的部位再结晶体积分数较大，而与模具相接触的变形量小的部位再结晶体积分数较小。由图 3-38c 可知，6、7、8、9、10 部位的再结晶晶粒度最小，说明这些部位基本发生了完全再结晶，其次是 3、4、5 部位，这些部位发生了部分再结晶，但再结晶比例很大只有很小部分没发生再结晶，所以再结晶晶粒度也偏小，最大是 1、2 部位的晶粒度，这些部位发生再结晶的体积分数很小，大部分都没有发生再结晶。此再结晶晶粒度的分布和图 3-38a 和 3-38b 相对应，即应变量越大的部位，再结晶体积分数越高，相应的再结晶程度越高，再结晶晶粒度越小。由图 3-38d 所示，可知 6、7、8、9 部位的平均晶粒度最小，均在 12 μm 左右，其次是 3、4、5、10 部位的平均晶粒度，基本在 15～27 μm 之间，最大是 1、2 部位，基本在 34～45 μm 之间。

由图 3-39a 可知，热变形结束后锻件的温度还比较高特别是心部温度，由图 3-39b 可知，空冷结束后锻件的温度低了很多，所以在此空冷过程中锻件的组织会发生亚动态再结晶、静态再结晶和静态晶粒长大。由图 3-39c 可知，空冷后再结晶体积分数 X 大了很多，特别是大变形区基本都是 90%以上，和变形结束后的再结晶体积分数云图对比可知，空冷后体积分数增大主要是亚动态再结晶和静态再结晶导致。由图 3-39d 可知，空冷后锻件的再结晶晶粒度较变形结束后的再结晶晶粒度稍微有所长大。由图 3-39e 可知，空冷后锻件的平均晶粒度较变形结束后的平均晶粒度基本不变，只是有的部位稍微有所减小。

由此可知，再结晶体积分数越大，再结晶晶粒越多，平均晶粒度越小，因此平均晶粒度的分布云图和以上应变量、再结晶晶粒度、再结晶体积分数的云图分布相对应。当热变形刚刚完成以后，锻件的温度还比较高，特别是心部，因此在随后的 20 min 空冷过程中，在高温状态下，锻件会发生亚动态再结晶、静态再结晶和静态晶粒长大。

由表 3-16 的数据分析可知：热变形结束空冷的 20 min 内，锻件的内部组织发生了明显的变化，即发生了亚动态再结晶、静态再结晶和静态晶粒长大，各个部分的再结晶体积分数 X 明显增大了，再结晶晶粒度 D_2 略有增大，平均晶粒度 D_{avg} 基本不变或略有减小。

3.6.4　模拟验证试验

本验证试验由贵州安大航空锻造有限公司提供，其结果分布示意图如图 3-40 和表 3-17 所示，模拟试验结果和安大的验证试验结果对比如表 3-18 所示。

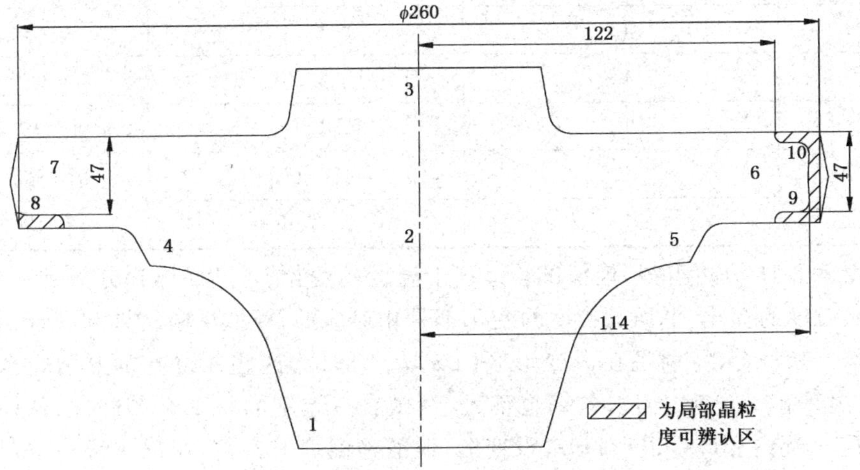

图 3-40　安大试验结果分布示意图

表 3-17　安大试验结果

位置	平均晶粒度级别	平均晶粒度/μm
1	6	40
2	6	40
3	6	40
4	7	25
5	7	25
6	10	12
7	10	12
8	10	12
9	10	12
10	10	12

表 3-18　模拟试验结果和安大的验证试验结果对比

序号	安大平均晶粒度/μm	模拟试验平均晶粒度/μm	误差
1	40	44.7	0.117
2	40	27.0～34.0	0.150～0.325
3	40	18.4	0.550
4	25	19.4	0.224
5	25	20.9	0.160
6	12	12.4	0.030
7	12	12.3	0.025
8	12	12.1～13.9	0.008～0.158
9	12	15～17.0	0.250～0.416
10	12	17.9	0.490

由表 3-16 分析可得：模拟试验过程中温度的变化、再结晶体积分数的变化、再结晶晶粒度的变化、平均晶粒度的变化都是相对应的；模拟试验结果和验证试验结果基本上相符合，特别是在大变形区的 6、7、8 部位，这些部位基本上是完全再结晶，其次是 3、4、9、10 部位，差别也不大，稍微有点差别的是 1、2、3 部位，从模拟试验来看，1 部位变形量很小，基本没变形，但锻件温度有升高，所以 1 部位的晶粒度较初始晶粒度稍有增大，此部位应该是发生了静态晶粒长大，2 和 3 部位虽然变形也不大，但是较 1 部位大多了，所以 2 和 3 部位也发生了再结晶过程，从而使得该部位的晶粒度有所减小。由安大的信息可知，在实际的试验中，安大认为 1、2、3 部位基本没发生变形，所以该部位的晶粒度基本没减小。

模拟验证试验是比较理想的试验，但实际验证试验可能会因为试验环境、试验设备、试验人员操作等客观因素而导致不可避免的误差，再者也会因为验证试验和模拟试验的初始晶粒度不同和所用材料不同而导致不可避免的误差。所有这些客观因素都会对对比试验结果造成影响，但总体来说，试验结果还是大体相符的。

GH4169高温合金多向锻造工艺及组织预报

4.1 引言

金属材料的塑性成形能够改变金属材料的形状与性能,实现塑性变形的手段是利用模具使金属在外力作用下发生变形从而获得相应的尺寸形状和力学性能。常用的体积成形工艺主要包括锻造、挤压和轧制等。这些技术被广泛应用于汽车、船舶、航空等工业中,因此对于成形制品的质量控制尤为重要,若想改善制品的质量,就应该明确影响制品质量的参数。

对金属材料进行塑性加工的目的是成形与改性,成形的目的是满足产品的设计外形与设计尺寸,改性的目的是改善材料的服役性能。相比之下,绝大多数的成形工艺的侧重点在改性方面。对材料性能产生直接影响的是材料微观组织和化学成分,而对材料的塑性加工过程仅能够改变材料的微观组织,因此采用不同的加工工艺可以有效地提升材料性能。材料微观组织的宏观表征是结晶后的晶粒尺寸,在通常情况下晶粒尺寸越小,材料的性能越优,主要是因为在晶粒细化的过程中能量被储存于晶界之间,细小的晶粒之间的晶界数量多,抵抗变形所产生的变形抗力大,因而力学性能好。实现晶粒细化有多种手段,其中促使材料在加工过程中发生再结晶现象可以有效地实现晶粒细化。金属材料在热加工过程中会因为不同的加工工艺而发生静态再结晶、动态再结晶和亚动态再结晶,而通常动态再结晶所产生的晶粒细化效果最明显。因此利用动态再结晶的发生原理,设定相应的变形条件和采用合适的变形工艺,能够得到性能优异的产品。

多向锻造工艺是一种能够有效实现材料微观组织细化的强变形工艺,在对材料进行锻造加工时,分别从两个或以上的方向上依次施加压力,在每个方向施加压力的目的在于累积材料的变形量,对材料不同方向进行反复锻造,并施加以相应的变形温度促使材料发生再结晶,最终实现晶粒细化。目前多向锻造工艺已经成功地应用于多种钢材和难变形合金等材料的微观组织性能改善。

当材料在高温条件下进行塑性变形时,动态再结晶的发生受到多种因素共同作用,传统的方式通常通过经验来预估再结晶程度。近年来,计算机技术和数值计算技术得到了迅速的发展,有限元法现已在金属成形领域得到了广泛的应用,借助有限元仿真的手段可以直观地看到金属材料在变形过程中的流动行为,不仅能实现温度、应力和应变等力学指标的宏观描述，还可以对再结晶、回复和晶粒长大等材料物理行为进行宏观描述。因此，使用有限元模拟手段来预测金属在成形过程中的宏观变形行为和微观组织的演变行为能够节约大量的资源。

利用材料的宏观本构模型和微观再结晶模型可以对热变形行为进行相应的数学描述，这两种模型反映了材料在变形过程中应力与温度、应变速率和显微组织之间的关系。多向锻造工艺属于剧烈塑性变形工艺的一种，与其他剧烈塑性变形工艺相比，使用多向锻造工艺制备出的块料或棒材变形均匀，各方向力学性能相近，因而可以认为属于各向同性材料。因此研究不同种材料在多向锻造工艺条件下的宏微观变形行为具有重要意义。

通常建立模型采用回归拟合法，但是该种方法无法在过于离散的数据之间进行精确的拟合，甚至会由于拟合过程中因为拟合的基础数据范围不足而出现趋势相反的现象，有时过于复杂的函数方程无法实现有限元软件的程序化。而人工神经网络可以实现无须求解实际的数学模型而表述相应的非线性映射关系，同时能够有效地处理离散的数据并具备一定的泛化能力。此外，人工神经网络可以利用不同的计算机语言来实现，更方便有限元软件的编程与二次开发。因此采用人工神经网络建立材料模型以及利用神经网络进行加工工艺的预测具有重要意义。

4.2 多向锻造工艺

多向锻造工艺首先被 Sallshchev 等人提出，其目的是用于实现对块体的细晶化处理，其工艺原理图如图 4-1 所示。由于材料晶粒尺寸细化带来的好处是改善了材料的综合力学性能，因此利用多向锻造工艺制备细晶材料在近几年已成为研究者的主要目的。现如今，学者已根据原始的多向锻造工艺衍生出多向锻造的改进工艺如多向自由锻、多向模锻等。

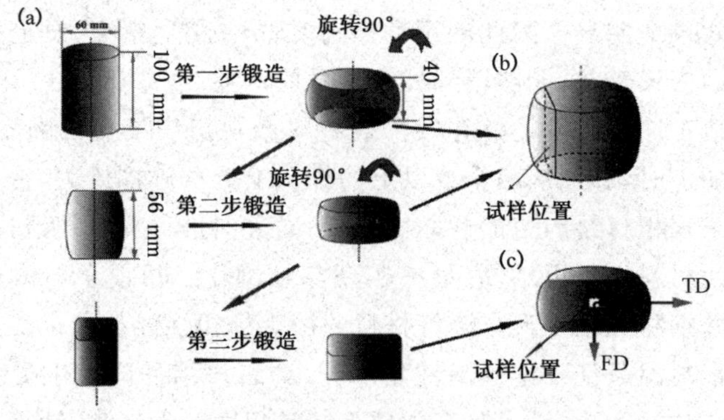

图 4-1　多向锻造原理示意图

4.2.1　二维多向锻造工艺

二维多向自由锻与镦粗拔长工艺相近，只是变形坯料长度方向尺寸远大于高度和宽度方向，因此在变形过程中中间变形区域可以简化成为平面应变状态，工艺原理图如图 4-2 所示。第一道次是在 Y 轴方向的作用力下发生变形；变形结束后，以截面法相为轴，原点为圆心顺时针或者逆时针旋转 90°；第二道次是对旋转后的材料同样在 Y 轴方向施加作用力使之变形。反复重复上述步骤，在变形过程中每道次的变形量不变，以保证在变形时材料的应变增量一致，经过多道次变形后材料各处均发生了充分的变形，更容易获得细小且均匀的微观组织，此种变形工艺操作简单，容易实现。

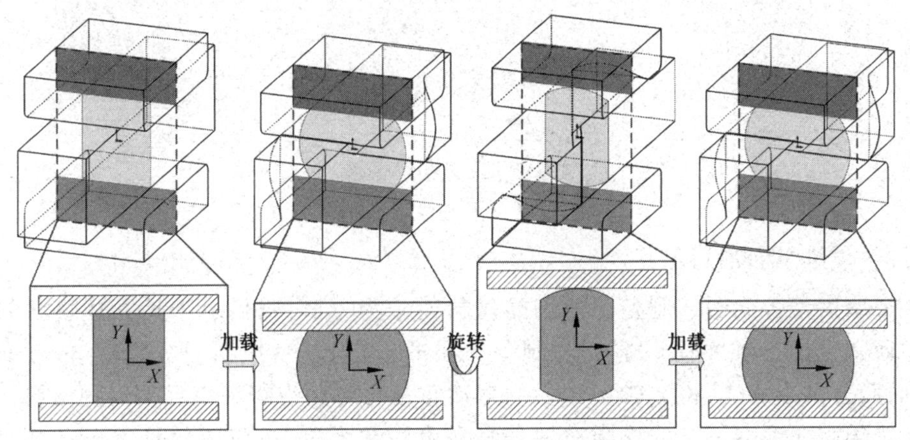

图 4-2　二维多向自由锻工艺原理

二维模具多向锻造是在二维多向自由锻工艺的基础上衍生出的利用模具实现多向锻造的剧烈塑性变形工艺，在变形过程中变形截面依然被简化为平面应变状态。在第一道次变形后将变形体以截面原点为轴旋转 90°，然后进行第二道次的加工。与多向自由锻造不同的是多向模锻包含两种模具形式闭式和开式，在每一道次锻造结束后进行变形体翻转的过程中存在顺逆交替和单向两种翻转方式，如图 4-3 所示为多向模锻的两种模具形式及坯料摆放方式。使用闭式模具变形的特点是材料在变形前后尺寸一致，由于模具的限制发生变形的表面不会随意改变，而开式模具的在变形过程中发生变形的表面并无模具限制，因此变形体所处的应力状态是不一致的。变形材料的翻转方式主要针对偏置摆放时才会出现，其中使用开式模具时中心摆放与自由锻属于同一应力状态，当坯料偏置放置时采用顺逆时针交替翻转加工只利用了两个坯料表面，而当使用单向翻转后坯料的每个面都会发生变形，相比之下采用第二种翻转方式更容易产生细小均匀的微观组织。

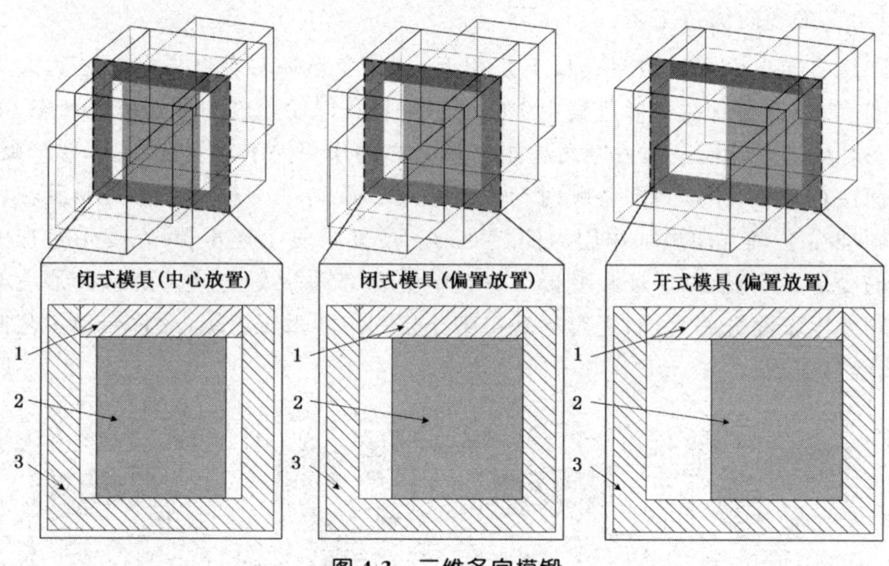

图 4-3　二维多向模锻

1—上模;2—坯料;3—下模

4.2.2　三维多向锻造工艺

采用二维多向锻造制备出的细晶材料通常为方形棒材,对于长方体块状材料我们通常采用三维多向锻造工艺制备。在锻造过程中,载荷首先沿 Z 轴方向施加,而后分别以 X 轴和 Y 轴旋转 90°,多次重复可得到组织细小且均匀的材料。

三维多向锻造工艺同样会被划分为自由锻和模锻,在使用模具进行三维多向锻造时会因坯料所处的位置不同,使坯料产生不同的变形,从而令坯料在整个变形过程中处于不同的应力状态。三维模具多向锻造共存在三种坯料的放置形式,分别是闭式、双开式和单开式,原理图如图 4-4 所示。在每道次加载结束后闭式与双开式坯料翻转方式分别沿 X、Y 两方向进行翻转,单开式的翻转方式是在一次循环结束后将坯料分别以 X、Y、Z 三个方向进行翻转,目的是使整个变形体在变形过后均匀,消除应变不均匀性。

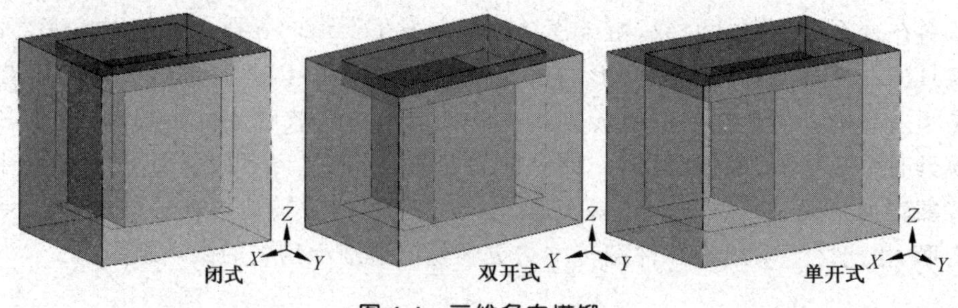

图 4-4　三维多向模锻

4.3 材料模型研究进展

随着计算机的发展，研究人员对材料在变形过程中的变形行为进行描述，大都通过计算机仿真软件来进行材料的宏观成形和微观组织的模拟，而实现上述模拟的根本是与材料相关的各类数学模型。通常情况下建立材料数学模型的方式有以下三种：宏观唯象方法、微细观力学方法和宏-微观结合方法。宏观唯象方法建立的材料数学模型是以连续介质力学和不可逆热力学理论为基础，该理论认为材料在发生塑性变形时应力与应变量、应变速率和温度有关。微细观力学方法建立的模型以材料的变形机理为基础，以位错密度和晶粒尺寸作为切入点来对材料进行描述。宏-微观结合方法是将两者相结合，对材料进行描述。

4.3.1 材料本构模型研究进展

从宏观尺度描述材料在变形过程中的变形行为称为本构模型，各国研究人员依照不同材料在变形过程中的表现形式建立出不同的本构模型。起初人们认为多晶金属材料在发生塑性变形时应力会随着变形程度的增加而发生增大的现象，认为此种现象属于加工硬化现象，并根据相应的应力应变曲线建立出硬化本构模型，如式(4-1)所示：

$$\sigma = k\varepsilon^{n} \tag{4-1}$$

式中：

σ ——应力(MPa)；

k ——强度因子；

ε ——应变；

n ——加工硬化指数。

该本构模型考虑了应变对应力的影响，在进一步研究结果表明不同应变速率条件下，材料发生硬化的速率也会改变，因此将式(4-1)改进成包含应变量和应变速率的本构模型，如式(4-2)所示：

$$\bar{\sigma} = k\bar{\varepsilon}^{n}\dot{\bar{\varepsilon}}^{m} + y \tag{4-2}$$

式中：

$\bar{\sigma}$ ——流变应力(MPa)；

$\bar{\varepsilon}^{n}$ ——等效塑性应变；

$\dot{\bar{\varepsilon}}$ ——等效应变速率；

k ——材料常数；

n ——应变指数；

m ——应变速率指数；

y ——初始屈服应力(MPa)。

而绝大多数金属材料在变形时其应力会随着应变量、应变速率和温度等发生明显的变化，因此研究人员在上述两种模型的基础上引入温度影响并提出多个理论模型如 Johnson-Cook 本构模型、Zerilli-Armstrong 本构模型和 Arrhenius 本构模型等。

Johnson 和 Cook 在 20 世纪后期提出一种用于对金属材料在高温高应变速率条件下发生较大塑性变形时的应力应变准确拟合的数学模型，如式(4-3)所示。该模型分别考虑了材料在变形过程中的加工硬化、应变速率敏感性和温度敏感性，被广泛应用于对金属材料进行切削仿真的材料属性定义领域。

$$\sigma=[A+B\bar{\varepsilon}^{n}]\left(1+C\ln\frac{\dot{\varepsilon}}{\dot{\varepsilon}_{0}}\right)\left[1-\left(\frac{T-T_{r}}{T_{m}-T_{r}}\right)^{m}\right] \tag{4-3}$$

式中：

σ ——流变应力(MPa)；

$\bar{\varepsilon}^{n}$ ——等效塑性应变；

$\dot{\varepsilon}$ ——等效塑性应变速率(s^{-1})；

$\dot{\varepsilon}_{0}$ ——参考应变速率(s^{-1})；

T ——试验温度(℃)；

T_{r} ——室温(℃)；

T_{m} ——材料熔点(℃)；

A ——屈服极限(MPa)；

B ——加工硬化模量(MPa)；

C ——应变速率常数；

n ——硬化系数；

m ——热软化常数。

20 世纪 80 年代，Zerilli 和 Amstrong 从材料在发生塑性变形时微观角度对变形行为进行一种数学描述，并提出相应的本构模型，该模型根据不同晶体结构并基于位错动力学将本构模型分为如式(4-4)和式(4-5)两种形式，该数学模型被广泛应用于描述工程实际应用。

对于面心立方晶格材料：

$$\sigma=\Delta\sigma'_{G}+c_{2}\varepsilon^{1/2}\exp(-c_{3}T+c_{4}T\ln\dot{\varepsilon})+kl^{1/2} \tag{4-4}$$

对于体心立方晶格材料：

$$\sigma=\Delta\sigma'_{G}+c_{1}\exp(-c_{3}T+c_{4}T\ln\dot{\varepsilon})+c_{5}\varepsilon^{n}+kl^{1/2} \tag{4-5}$$

式中：

σ ——流变应力(MPa)；

ε ——应变；

$\dot{\varepsilon}$ ——应变速率(s^{-1})；

T ——试验温度(℃)；

$\Delta\sigma'_G$ ——附加应力增量(MPa)；

k ——显微应力强度(MPa)；

l ——平均晶粒尺寸(μm)；

$c_1 \sim c_5$——材料常数。

20 世纪中期，Sellars 和 Tegart 依照 Arrhenius 方程建立出材料在高温条件下的本构模型，该种模型基于在恒温恒应变速率条件下的理想刚塑性简化模型而建立，如式(4-6)所示：

$$\dot{\varepsilon}=f(\sigma)\exp\left(-\frac{Q}{RT}\right) \tag{4-6}$$

式中：

σ ——应力(MPa)；

$\dot{\varepsilon}$ ——应变速率(s^{-1})；

Q——热变形激活能(kJ/mol)；

R——气体常数[8.315 4 kJ/(mol·K)]；

T——材料温度(K)。

该本构模型对于材料所处于的应力等级分为幂指数、指数和双曲正弦三种方式：

当材料满足 $\alpha\sigma<0.8$ 时，属于低应力等级，采用指数形式：

$$f(\sigma)=A_1\sigma^{n_1} \tag{4-7}$$

当材料满足 $\alpha\sigma>1.2$ 时，属于高应力等级，采用幂指数形式：

$$f(\sigma)=A_2\exp(\beta\sigma) \tag{4-8}$$

当属于通用应力等级时，采用双曲正弦形式：

$$f(\sigma)=A_3[\sinh(\alpha\sigma)]^n \tag{4-9}$$

式中：

σ ——应力(MPa)；

β ——材料参数；

α ——应力水平参数(mm/N)；

n_1 ——材料参数；

n ——应力指数；

$A_1 \sim A_3$——结构因子(s^{-1})。

Zener 和 Hollomon 在 1944 年提出一个参数用于表示温度对应变速率的补偿因子，如式(4-10)所示，并将其与 Arrhenius 方程相结合进而广泛应用于描述材料的流变应力与应变速率和温度间的关系。

$$Z=\dot{\varepsilon}\exp\left(\frac{Q}{RT}\right) \tag{4-10}$$

式中：

$\dot{\varepsilon}$ ——应变速率(s^{-1})；

Q ——热变形激活能(kJ/mol)；

R ——气体常数[8.315 4 kJ/(mol・K)]；

T ——材料温度(K)。

陈世佳基于 Laasraoui 模型建立出 30Cr2Ni4MoV 在热加工条件下的流变应力模型，该模型涵盖了材料在加工过程中呈现的加工硬化-动态回复状态和动态再结晶状态，并以临界应变作为区分点将两种状态分段拟合，模型如式 4-11 所示：

$$\begin{cases}\sigma_{WH}=\left[\sigma_S{}^2+(\sigma_0{}^2-\sigma_S{}^2)\mathrm{e}^{-\Omega\varepsilon}\right]^{0.5} & \varepsilon<\varepsilon_c \\ \sigma=\sigma_{WH}-(\sigma_S-\sigma_{SS})\left\{1-\exp\left[-k_d\left(\dfrac{\varepsilon-\varepsilon_c}{\varepsilon_p}\right)^{n_d}\right]\right\} & \varepsilon\geqslant\varepsilon_c\end{cases} \tag{4-11}$$

式中：

σ ——流变应力(MPa)；

σ_{WH} ——加工硬化-动态回复阶流变应力(MPa)；

ε ——应变；

ε_c ——临界应变；

σ_S ——饱和应力(MPa)；

σ_0 ——初始应力(MPa)；

Ω ——动态回复软化量；

σ_{SS} ——稳态应力(MPa)；

ε_p ——峰值应变；

k_d ——材料参数；

n_d ——材料参数。

肖宁斌基于广义胡克定律和 Misiolek 方程建立了 BTi-6431S 钛合金在高温变形条件下的本构方程，该本构方程涵盖了材料的弹性和塑性两阶段的真实应力应变，其表达式如下：

$$\begin{aligned}\sigma_e&=E\varepsilon\\ \sigma_p&=C\varepsilon^n\exp(n_1\varepsilon)\end{aligned} \tag{4-12}$$

式中：

σ_e ——弹性阶段流变应力(MPa)；

σ_p ——塑性阶段流变应力(MPa)；

ε ——应变；

E ——杨氏模量(GPa)；

C ——稳态流变应力(MPa)；

n ——应变硬化指数；

n_1 ——材料参数。

4.3.2 材料微观组织演变模型研究进展

从微观尺度描述材料在变形过程中的再结晶行为称为动态再结晶模型，各国研究人员依照不同材料在变形过程中的表现形式建立出不同的动态再结晶模型。

黄世鹏借助 6061 铝合金在塑性加工过程中的微观组织演变趋势，并根据 JAMK 理论建立出相应的再结晶数学模型，所用的模型如式(4-13)、(4-14)和(4-15)所示：

$$X_{drex}=1-\exp\left[-\beta_d\left(\frac{\varepsilon-a_1\varepsilon_p}{\varepsilon_{0.5}}\right)^{k_d}\right] \tag{4-13}$$

$$\varepsilon_{0.5}=a_2 d_0^{h_1}\varepsilon^{n_1}\dot{\varepsilon}^{m_1}\exp\left(\frac{Q_1}{RT}\right)+c_1 \tag{4-14}$$

$$d_{drex}=a_3 d_0^{h_2}\varepsilon^{n_2}\dot{\varepsilon}^{m_2}\exp\left(\frac{Q_2}{RT}\right)+c_2 \tag{4-15}$$

式中：

X_{drex} ——动态再结晶体积分数；

$\varepsilon_{0.5}$ ——动态再结晶体积分数为 50%时的应变；

d_{drex} ——动态再结晶晶粒大小(μm)；

Q_1 ——晶粒长大激活能(kJ/mol)；

Q_2 ——再结晶激活能(kJ/mol)；

R ——气体常数[8.315 4 kJ/(mol·K)]；

T ——热力学温度(K)；

其余为材料待拟合参数。

陈世佳基于 30Cr2Ni4MoV 微观组织演变，建立出对应的模型，并引入了 Z-H 参数，建立出的模型如式(4-16)和(4-17)所示：

$$X_D=1-\exp\left[-k\left(\frac{\varepsilon-\varepsilon_c}{\varepsilon_p}\right)^d\right] \tag{4-16}$$

$$D_{rex}=AZ^m \tag{4-17}$$

式中：

X_D ——动态再结晶体积分数；

D_{rex} ——再结晶晶粒尺寸(μm)；

Z ——Z-H 参数；

ε ——真应变；

ε_c ——临界应变；

ε_p ——峰值应变。

其余为材料待拟合参数。

宫润燕基于 Avrami 方程描述 GH4169 动态再结晶行为，并引入变形温度的影响对基础模型进行修正，同时建立了晶粒尺寸随温度和应变速率变化的数学模型，模型形式如下：

$$X=1-\exp\left[-k\left(\varepsilon-\varepsilon_c+C_T\frac{T-T_\delta}{1\,000}\right)^n\right] \tag{4-18}$$

$$\ln D_{rex}=A(T)+B(T)\ln\dot{\varepsilon} \tag{4-19}$$

式中：

X ——动态再结晶体积分数；

D_{rex} ——再结晶晶粒尺寸(μm)；

ε ——真应变；

ε_c ——临界应变；

ε_p ——峰值应变；

T ——材料热力学温度(K)；

T_δ ——δ 相溶解温度(K)；

C_T ——温度系数；

$A(T)$——温度函数；

$B(T)$——温度函数。

其余为材料待拟合参数。

R. Kopp 依照试验数据及金相试验结果建立出材料的动态再结晶体积分数模型，如式(4-20)所示，在模型中同样使用了 Z-H 参数进行拟合。

$$\begin{aligned}X_{rex}&=1-\exp\left[-k\left(\frac{\varepsilon-\varepsilon_c}{\varepsilon_s-\varepsilon_c}\right)\right]\\ \varepsilon_s&=k_m Z^n\end{aligned} \tag{4-20}$$

式中：

X_{rex} ——动态再结晶体积分数；

ε ——真应变；

ε_c ——临界应变；

ε_s ——稳态应变；

Z ——Z-H 参数。

其余为材料待拟合参数。

张海燕、张士宏等人借助 GH4169 在热加工过程中的微观组织变化趋势建立出微观组织再结晶模型，在模型中同样引入了 Z-H 参数进行计算，模型如式(4-

21)、(4-22)和(4-23)所示：

$$d_{rex}=AZ^{m} \tag{4-21}$$

$$X_{rex}=1-\left[-\ln 2\left(\frac{\varepsilon}{\varepsilon_{0.5}}\right)^{1.68}\right] \tag{4-22}$$

$$\varepsilon_{0.5}=Bd_{0}{}^{n}Z^{k} \tag{4-23}$$

式中：

X_{rex} ——动态再结晶体积分数；

ε ——真应变；

$\varepsilon_{0.5}$ ——动态再结晶体积分数为 50%时的应变；

d_0 ——初始晶粒尺寸(μm)；

Z ——Z-H 参数。

其余为材料待拟合参数。

4.4　神经网络及在锻造组织中的预测应用

4.4.1　神经网络

自从 20 世纪 80 年代人工智能兴起，人们为了使计算机能够仿照人脑处理信息的方式而建立出相对应的模型，该模型被称为人工神经网络。其本质是计算机用于处理数据信息的算法，随着研究人员的探索，人工神经网络现在已经能够实现函数拟合、模式识别、聚类等功能。人工神经网络依靠模拟神经元(也被称为节点)来进行数据的处理，模拟神经元间的数据传递依靠函数实现，此函数称为激励函数。每个神经元用来控制数据传递的变量称为权值和阈值，权值代表两个神经元之间彼此连接的强弱，而阈值决定两个神经元间链接状态。

对于实际工程应用中，往往会碰到使用传统数学建模难以直观地表达的情况。为此，1986 年科学家提出使用反向前馈神经网络实现复杂非线性函数拟合的概念，即 BP 神经网络，其网络拓扑结构如图 4-5 所示。其计算过程是从输入层经由隐含层处理后转出到输出层，对比实际输出与期望输出的误差，将误差反向传播给隐含层，调整隐含层各节点间的权值，直到误差达到可接受的范围。

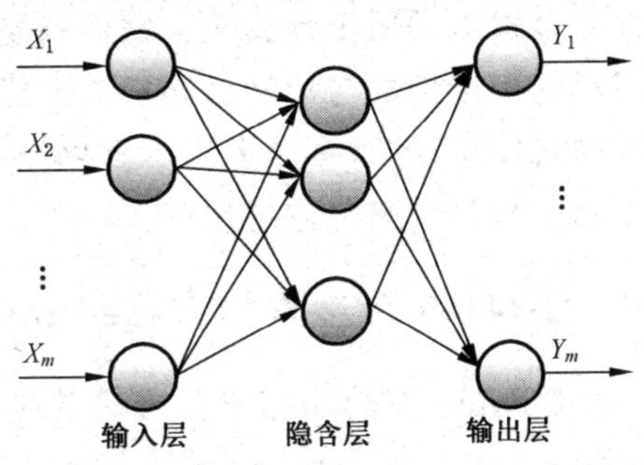

图 4-5　BP 神经网络拓扑结构

此外 1985 年有学者提出一种多维空间差值的神经网络，即径向基神经网络，也称为 RBF 神经网络，并在 1989 年验证了该类神经网络对非线性函数拟合的可行性。径向基神经网络是利用矩阵变换的方式将输入层由低维变到高维，从而解决了在低维线性不可分的问题。径向基神经网络所采用的激励函数为径向基函数，常被定义成单调函数，因此使用径向基神经元和线性神经元能够实现非线性函数的拟合，图 4-6 为径向基神经网络的拓扑结构。

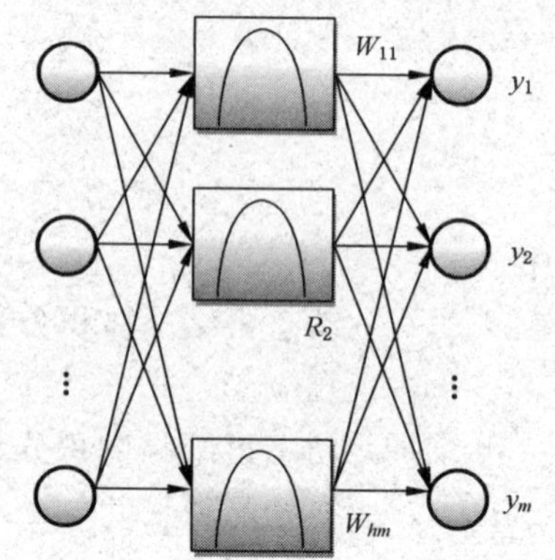

图 4-6 RBF 神经网络拓扑结构

4.4.2 神经网络在锻造组织预测中的研究进展

王佳骏等人基于 TC18 的热压缩试验结果建立了显微组织 α 相含量、α 相轴比与热变形参数间的神经网络，该网络模型经过训练后检测误差低于 10%。通过使用训练好的神经网络预测出 TC18 合金的适宜加工区域。

姚小飞等人利用 BP 神经网络建立出 304 不锈钢的锻造再结晶相关模型，该模型以变形温度和应变速率为输入层节点，再结晶晶粒尺寸作为输出层节点，利用经验公式计算出隐含层节点个数，最后使用试探法确定最终的网络模型。使用训练后的神经网络进行结果预测，并与回归预测法进行对比，得出神经网络方法所产生的相对误差均值约为 0.295%，而回归预测法产生的相对误差均值约为 0.94%，说明该神经网络模型可以用于实际预测。

郭鹏以高温合金为研究对象建立出在合金制备过程中的神经网络模型，经过训练后预测结果与实测结果间的误差低于 5%，而且使用此网络模型预测出研究力学性能的新方法，为新合金研究初期节省了大量的试验成本。

刘金提出了用于预测灰铸铁的铸造参数对产品性能的神经网络模型、铝基复合材料的焊接参数与焊接后连接头性能的神经网络模型和钢材挤压成型力预测的神经网络模型，经验证后上述三种网络模型的线性回归参数均在 0.99 左右，因此可以用于材料加工工艺的预测。

4.5 GH4169 合金本构方程和 Deform 软件二次开发

采用 Gleeble 热压缩机获得材料热变形时的应力应变曲线，并通过试验曲线，获得相关参数，从而建立材料热变形时的本构方程和动态再结晶模型，然后将模型移植到商业有限元模拟软件中，可以定量地通过仿真来描述材料的热加工过程。

4.5.1 试验材料和试验方法

4.5.1.1 试验材料

试验用材料为挤压态 GH4169 高温合金，压缩采用 ϕ6 mm×9 mm 的圆柱体试样，合金材料的化学成分如表 4-1 所示。原始材料的组织较为不均匀，金相组织如图 4-7 所示，平均晶粒尺寸约为 45 μm 左右。

表 4-1　GH4169 锻件化学组成成分

元素	C	Cr	Mo	Al	Ti	Nb	Si	Ni	Fe
质量分数/%	0.04	18.98	3.06	0.45	0.92	5.14	0.13	52.61	18.67

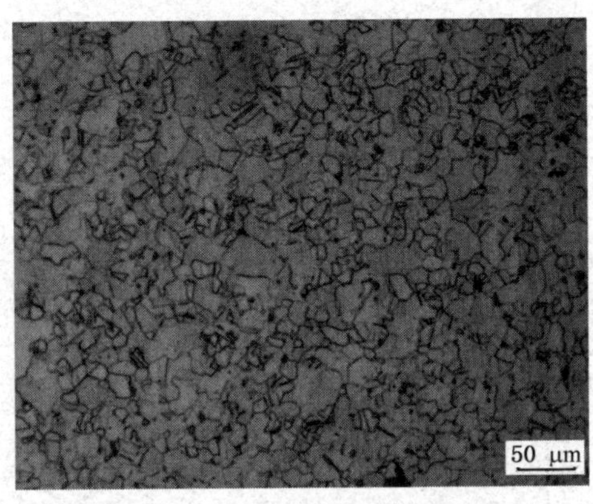

图 4-7　GH4169 锻件原始组织

4.5.1.2　试验设备与方案

试验在 Gleeble-3800 热模拟试验机上进行，该模拟试验机采用通电加热的方式进行加热，将热电偶通过焊接的方式连接到压缩试样上，通过加载不同大小的电压和电流来使试样升温，通过液压伺服控制系统进行力能参数的测量，电阻加热闭环控制系统测试热压缩过程中的温度参数值，Gleeble-3800 热模拟试验机如图 4-8 所示。

图 4-8　Gleeble-3800 热模拟试验机

试样尺寸为 ϕ6 mm×9 mm 的圆柱体，用砂纸将试样两端面磨平，并涂上石墨润滑剂，目的是减小摩擦。试验的具体流程如图 4-9 所示，试验工艺参数如表 4-2

所示。

表 4-2　GH4169 高温合金热压缩试验变形参数

变形温度/℃	900	950	1 000	1 050	1 120
应变速率/s^{-1}	0.001、0.01、0.1、1				
加热速度/(℃·s^{-1})	5				
变形量	0.6				
冷却方式	水冷				

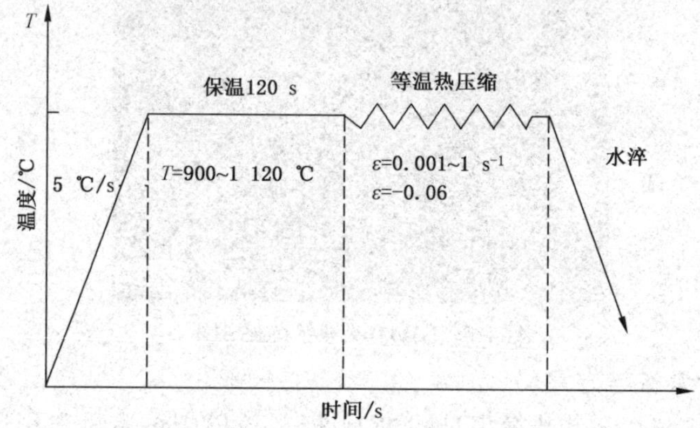

图 4-9　GH4169 高温合金热压缩工艺流程图

4.5.2　试验结果分析

4.5.2.1　不同应变速率下的真应力应变曲线

如图 4-10 所示为 GH4169 高温合金在不同应变速率下的热压缩试验所获得的真应力应变曲线图。

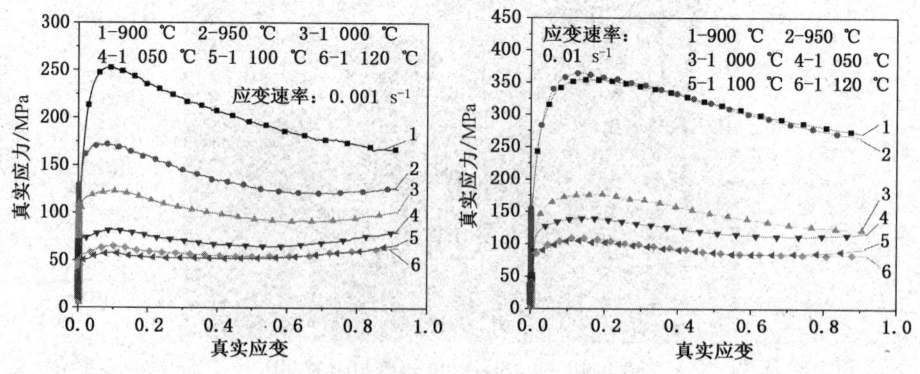

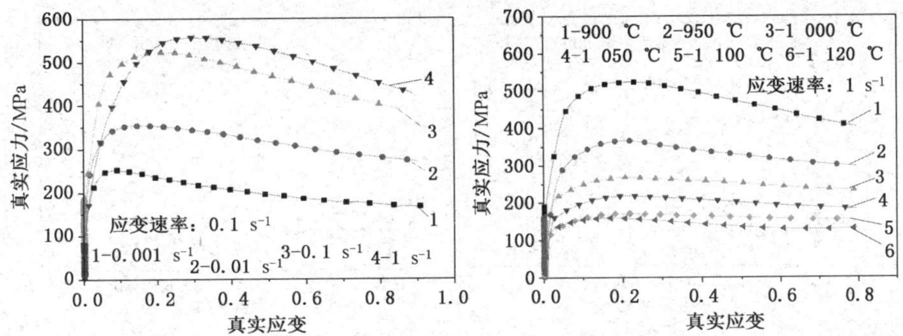

图 4-10　GH4169 合金在不同应变速率条件下热压缩真应力应变曲线

由图 4-10 可知：在相同的应变和应变速率情况下，变形温度越高，流动应力越小，且峰值应力也逐渐减小，峰值应力所对应的应变值也是逐渐减小。在初始变形阶段，应力值逐渐增大，当达到峰值应力时，应力开始逐渐减小，当达到稳态应力时，应力值开始保持稳定。在达到峰值应力之前，热压缩变形过程中发生了加工硬化现象，此时回复和再结晶并不起主导作用。当流动应力开始逐渐减小时，发生了软化现象，是由于发生了回复和再结晶导致的，此时回复和再结晶起主导作用。随着变形量的进一步增加，应力达到稳态阶段，此时变形过程中的加工硬化和软化达到一个平衡状态，材料进入均匀变形的稳态阶段。

4.5.2.2　GH4169 高温合金在不同温度下的真应力应变曲线

如图 4-11 所示为 GH4169 高温合金在不同温度下的热压缩试验所获得的真应力应变曲线图。

由图 4-11 可知：在一定的温度条件下，随着应变速率的增大，应力逐渐减小，峰值应力也是逐渐减小，并且随着变形的增大，峰值应力对应的应变点也随着温度的升高而增大；在不同的温度下变形有着相同的规律，即随着变形量的增大，由于加工硬化的作用，应力开始迅速增加，然后达到峰值，随后在加工软化作用的影响下应力逐渐减小，最终趋于稳定值。

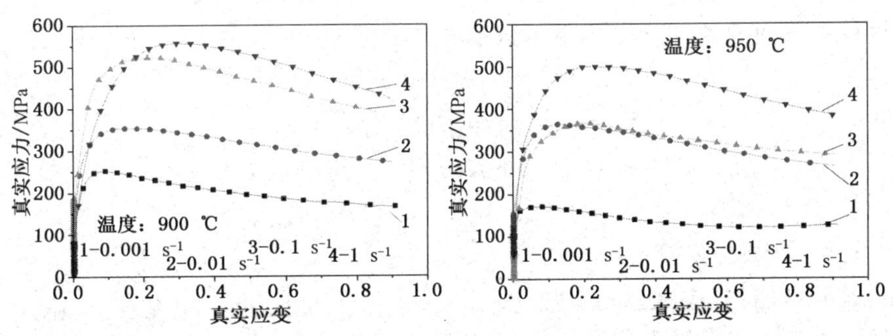

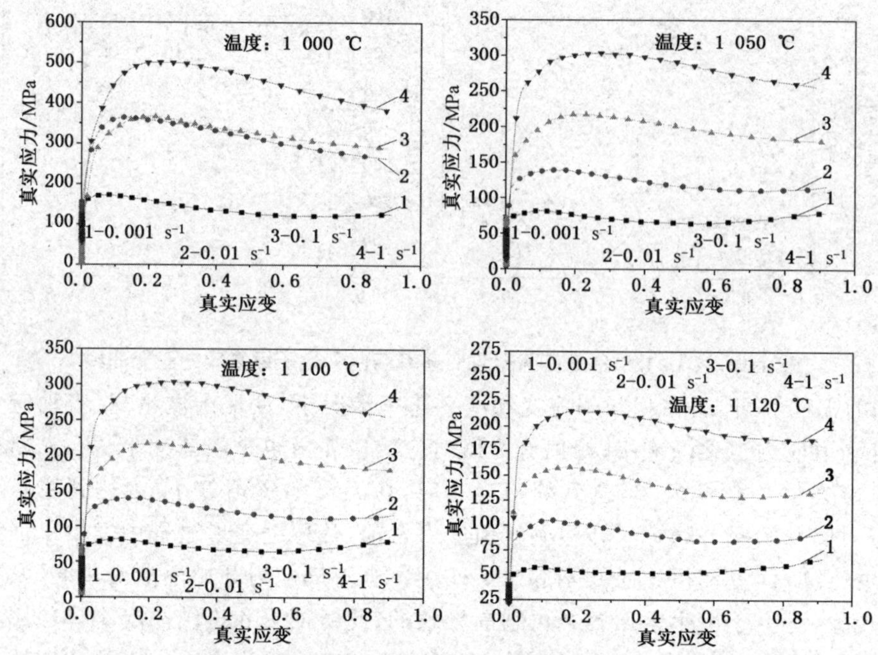

图 4-11　GH4169 合金在不同温度条件下热压缩真应力应变曲线

4.5.3　本构方程的构建

金属材料热加工变形过程中的流动应力与热力学参数 Z 以及应变速率 $\dot{\varepsilon}$ 的关系一般用式(4-24)来描述：

$$Z=\dot{\varepsilon}\exp\left(\frac{Q}{RT}\right) \tag{4-24}$$

式中：

Q ——热变形激活能；

R ——气体常数；

T ——绝对温度。

材料在不同的条件下的应力函数形式：

$$F(\sigma)=A_1\sigma^n \quad (\alpha\sigma<0.8) \tag{4-25}$$

$$F(\sigma)=A_2\exp(\beta\sigma) \quad (\beta\sigma>1.2) \tag{4-26}$$

$$F(\sigma)=A_3[\sinh(\alpha\sigma)]^n \quad (\text{所有应力}) \tag{4-27}$$

式中：

$A_i(i=1、2、3)$；

$\alpha、\beta、n$——材料参数。

材料在塑性变形过程中各个参数之间的关系通常用 Sellars 等提出的正弦方程来描述：

$$\dot{\varepsilon}=A[\sinh(\alpha\sigma)]^n\exp\left(-\frac{Q}{RT}\right) \tag{4-28}$$

式中：

α、n、A、β ——材料参数；

Q ——材料的热变形激活能；

R ——气体常数，是一个定值，取 $R=8.31$；

$\dot{\varepsilon}$ ——变形速率；

σ ——流动应力，

T ——开氏温度。

研究发现，该式可以比较准确地反映一些比较常规的热变形加工过程。

分别把式(4-25)、(4-26)代入式(4-28)并对式子两边求导可得：

$$\ln\dot{\varepsilon}=\ln A_1+n\ln\sigma-\frac{Q}{RT} \tag{4-29}$$

$$\ln\dot{\varepsilon}=\ln A_2+\beta\sigma-\frac{Q}{RT} \tag{4-30}$$

把式(4-30)转化成对数形式，然后分别做出 $\ln\dot{\varepsilon}$ 和 $\ln\sigma$、$\ln\dot{\varepsilon}$ 和 σ 对应的关系图，如图 4-12 所示，不同变形条件所对应的峰值应力如表 4-3 所示。根据式(4-29)可拟合出图 4-12 中的 a 图，从而可以计算出各直线 $\ln\dot{\varepsilon}$-$\ln\sigma_p$ 平均斜率 $n=5.954\,252$；同样根据式(4-30)和图 4-12 中的 b 图可以计算出各直线 $\ln\dot{\varepsilon}$-σ_p 平均斜率 $\beta=0.031\,217$。由于 $\alpha=\beta/n$，所以可求得 $\alpha=0.005\,242\,8$。

表 4-3　GH4169 高温合金各温度下应变速率 $\dot{\varepsilon}$、峰值应力 σ_p 和相应的对数值

温度/℃	应变率 $\dot{\varepsilon}$/s^{-1}	峰值应力 σ_p/Mpa	$\ln\dot{\varepsilon}$	$\ln\sigma_p$	$\ln[\sinh(\alpha\sigma_p)]$
900	0.001	253.1	−6.908	5.533 785	0.560 830 6
	0.01	364.3	−4.605	5.898 033	1.194 740 5
	0.1	523.4	−2.303	6.260 327	2.046 737 5
	1	556.9	0	6.322 296	2.223 389 7
950	0.001	212.5	−6.908	5.358 754	0.306 708 5
	0.01	354.3	−4.605	5.870 088	1.139 611 0
	0.1	450.1	−2.303	6.109 536	1.657 838 2
	1	528.5	0	6.269 986	2.073 586 3
1 000	0.001	171.8	−6.908	5.146 389	0.027 239 6
	0.01	347.9	−4.605	5.851 771	1.104 156 9
	0.1	367.2	−2.303	5.905 798	1.210 287 5
	1	500.3	0	6.215 208	1.924 542 9

续表 4-3

温度/℃	应变率 $\dot{\varepsilon}$/s^{-1}	峰值应力 σ_p/Mpa	$\ln\dot{\varepsilon}$	$\ln\sigma_p$	$\ln[\sinh(\alpha\sigma_p)]$
1 050	0.001	82.3	−6.908	4.410 371	−0.809 689
	0.01	139.7	−4.605	4.939 354	−0.223 710
	0.1	218.0	−2.303	5.384 587	0.342 675 7
	1	303.5	0	5.715 448	0.855 784 6
1 100	0.001	74.5	−6.908	4.310 128	−0.915 507
	0.01	129.4	−4.605	4.863 14	−0.312 160
	0.1	178.4	−2.303	5.183 972	0.074 829 7
	1	233.9	0	5.454 851	0.443 079
1 120	0.001	66.8	−6.908	4.202 406	−1.028 105
	0.01	105.2	−4.605	4.655 673	−0.545 050
	0.1	158.9	−2.303	5.068 716	−0.068 980
	1	215.3	0	5.372 079	0.325 200 4

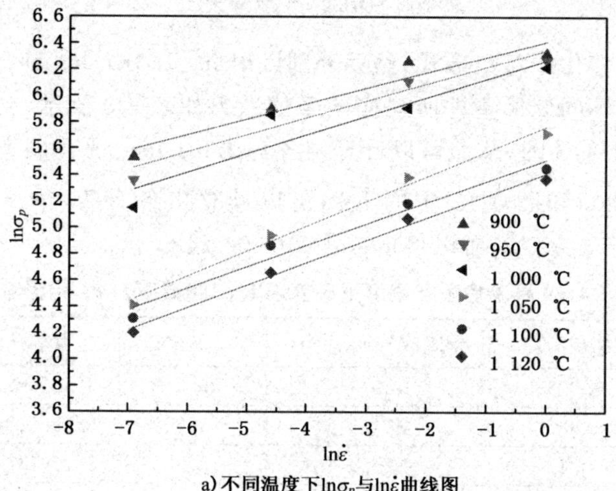

a) 不同温度下 $\ln\sigma_p$ 与 $\ln\dot{\varepsilon}$ 曲线图

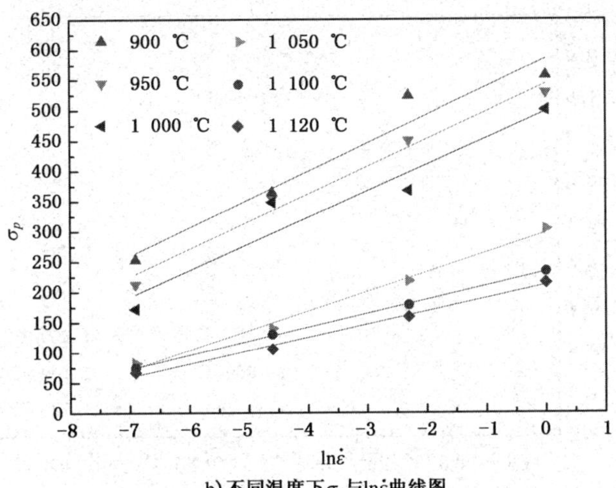

b) 不同温度下σ_p与$\ln\dot{\varepsilon}$曲线图

图 4-12　不同温度下 $\ln\sigma_p$、σ_p 与 $\ln\dot{\varepsilon}$ 曲线图关系

对式(4-29)两边求导可得

$$\ln\dot{\varepsilon}=\ln A+n\ln[\sinh(\alpha\sigma)]-\frac{Q}{RT} \tag{4-31}$$

通过对式(4-31)在一定应变速率下进行 $1/T$ 求偏导可得

$$Q=R\left[\frac{\partial\ln\dot{\varepsilon}}{\partial\ln[\sinh(\alpha\sigma)]}\right]_T\left[\frac{\partial\ln[\sinh(\alpha\sigma)]}{\partial(1/T)}\right] \tag{4-32}$$

当应变速率不变时，材料的激活能基本恒定不变。将上面所求得的 n 值代入式(4-32)并作出不同变形温度下 $\ln\dot{\varepsilon}$ 和 $\ln[\sinh(\alpha\sigma)]$、不同应变速率下 $\ln[\sinh(\alpha\sigma)]$和 $1000/T$(为了方便计算，所以取 $1/T$ 的 1 000 倍)的图，如图 4-13、4-14 所示。

根据图 4-14 拟合的直线可以计算出各直线的平均斜率 $k=0.231\,755$，同样根据图 4-12 拟合的直线可以计算出各直线平均斜率 $t=13.903\,54$，再根据式(4-32)可以计算出材料的热变形能：$Q=\frac{Rt}{k}=498.54\ \text{kJ/mol}=498\,540\ \text{J/mol}$ 。

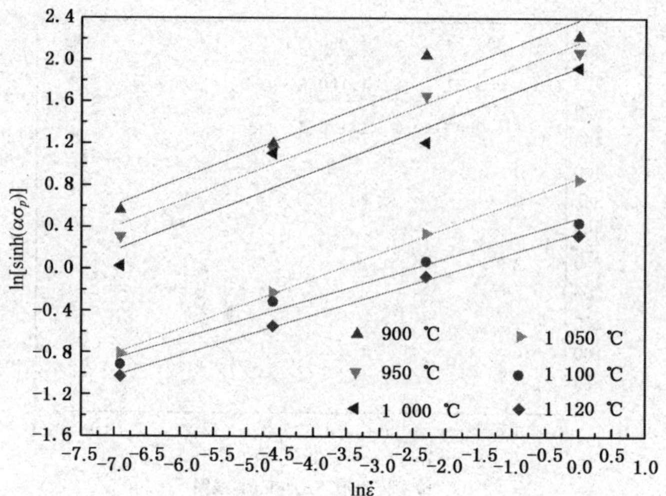

图 4-13　各变形温度下 $\ln[\sinh(\alpha\sigma_p)]$与 $\ln\dot{\varepsilon}$ 之间的关系图

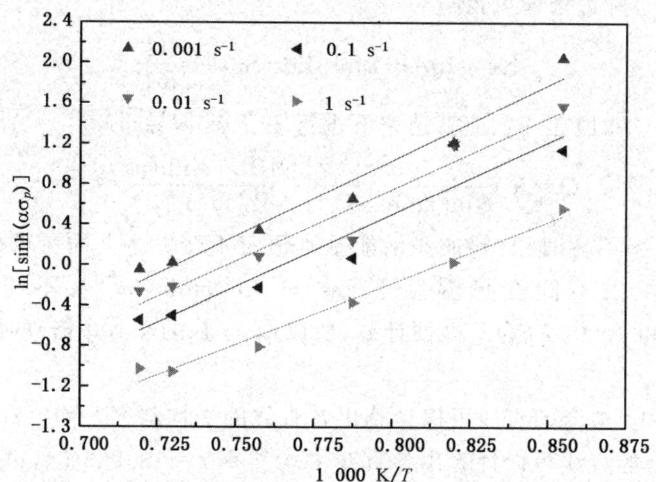

图 4-14　各应变速率下 $\ln[\sinh(\alpha\sigma_p)]$与 1 000 K/$T$ 之间的关系图

由式(4-24)和(4-29)可得

$$Z=\dot{\varepsilon}\exp\left(\frac{Q}{RT}\right)=A[\sinh(\alpha\sigma)]^n \tag{4-33}$$

对式(4-33)两边求导可得

$$\ln Z=\ln\dot{\varepsilon}+\frac{Q}{RT} \tag{4-34}$$

$$\ln Z=\ln A+n\ln[\sinh(\alpha\sigma)] \tag{4-35}$$

通过不同温度和不同应变速率条件下的峰值应力值可以计算出相对应的 $\ln Z$ 的值，再根据式(4-35)作出相对应的 $\ln Z$ 和 $\ln[\sinh(\alpha\sigma_p)]$图，并拟合出相应的直

线，如图 4-15 所示。

由图 4-15 可知，直线的斜率 $n=4.565\ 68$，截距 $\ln A=42.215\ 96$，$A=2.158\ 5\times 10^{18}$，因此可以得到：$Z=2.158\ 5\times 10^{18}[\sinh(0.005\ 242\ 8\sigma)]^{4.565\ 68}$。

将上面所求得的所有值代入式(4-28)可得到合金的本构方程如式(4-36)所示：

$$\dot{\varepsilon}=2.1585\times 10^{18}\times[\sinh(0.005\ 242\ 8\sigma)]^{4.565\ 69}\times\exp\left(-\frac{498\ 540}{RT}\right) \tag{4-36}$$

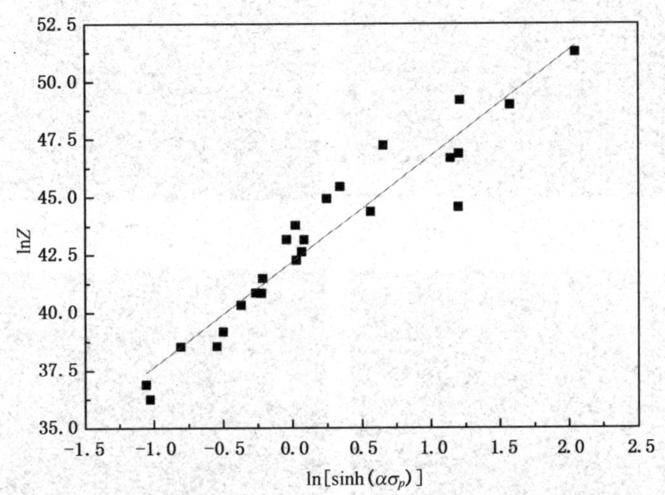

图 4-15　各应变速率和变形温度下 $\ln Z$ 与 $\ln[\sinh(\alpha\sigma_p)]$ 之间的关系图

4.5.4　动态再结晶模型

4.5.4.1　GH4169 高温合金动态再结晶金相组织图

不同变形工艺条件下的金相组织如图 4-16 所示，由图可知：①当变形的应变速率较低时，由于变形过程时间较长，再结晶发生得均比较充分，且变形温度越高，再结晶晶粒尺寸越大，当变形温度为 1 100 ℃时，已经形成均匀等轴的再结晶晶粒，当变形温度达到 1 120 ℃时，再结晶晶粒尺寸已基本趋于稳定。②当变形应变速率相同而温度不同时，再结晶的程度明显不同，变形温度越高，动态再结晶体积分数所占比例越高，动态再结晶效果越好，但再结晶的晶粒尺寸发生明显的长大现象。③当变形温度相同时，在不同应变速率条件下变形，其金相组织也明显不同，应变速率越大，动态再结晶效果越差，再结晶晶粒体积分数越低，但再结晶的晶粒尺寸较小。

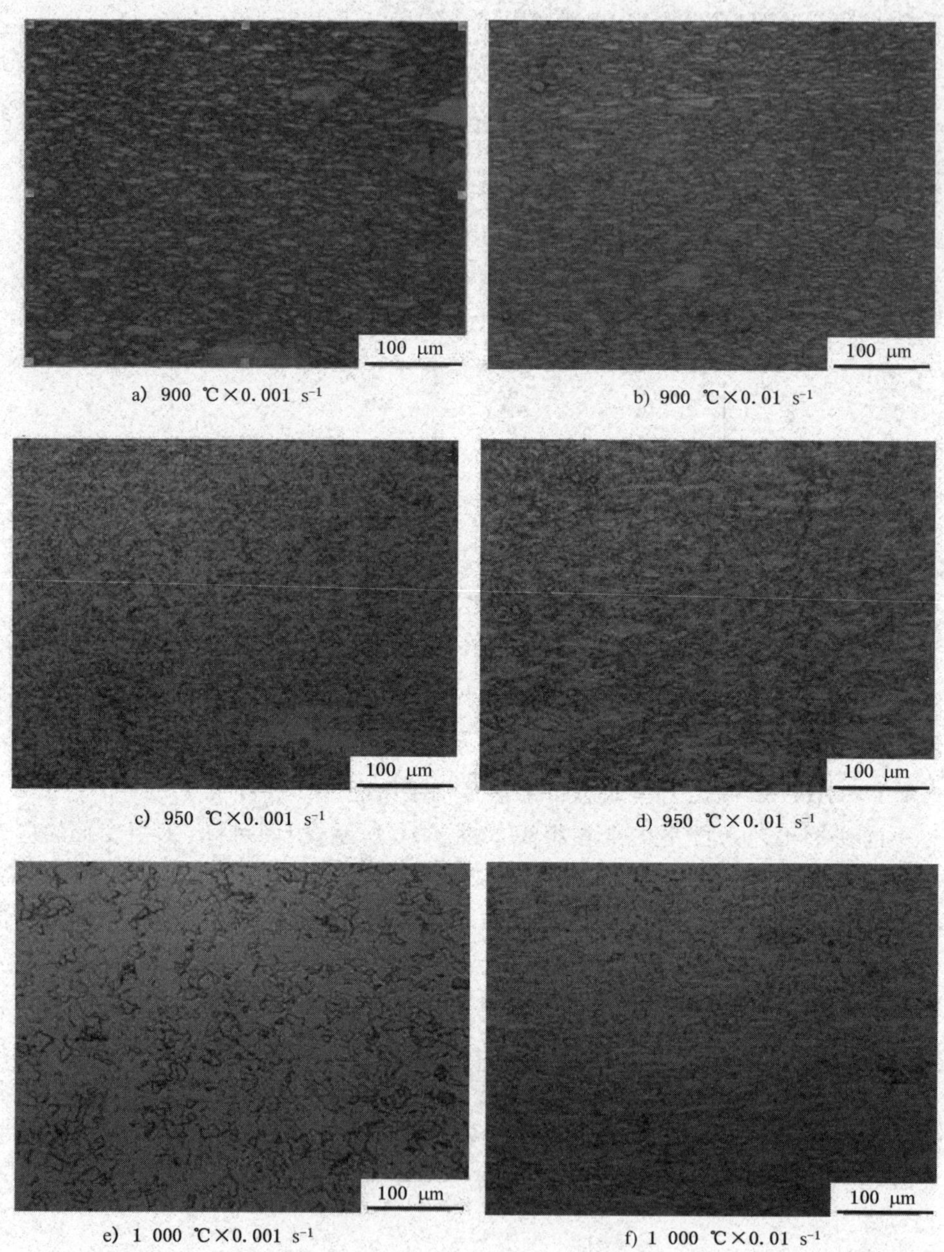

a) 900 ℃×0.001 s^{-1}　　b) 900 ℃×0.01 s^{-1}

c) 950 ℃×0.001 s^{-1}　　d) 950 ℃×0.01 s^{-1}

e) 1 000 ℃×0.001 s^{-1}　　f) 1 000 ℃×0.01 s^{-1}

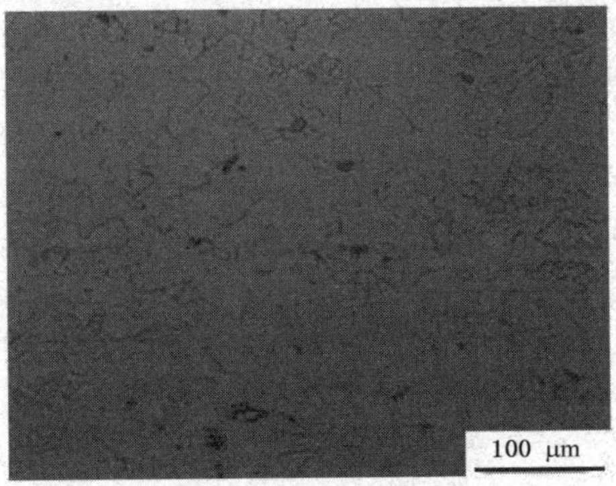

g) 1 050 ℃×0.001 s^{-1}

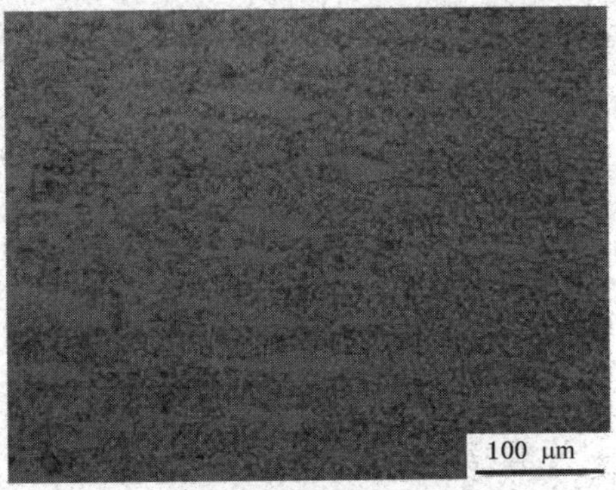

h) 1 050 ℃×0.01 s^{-1}

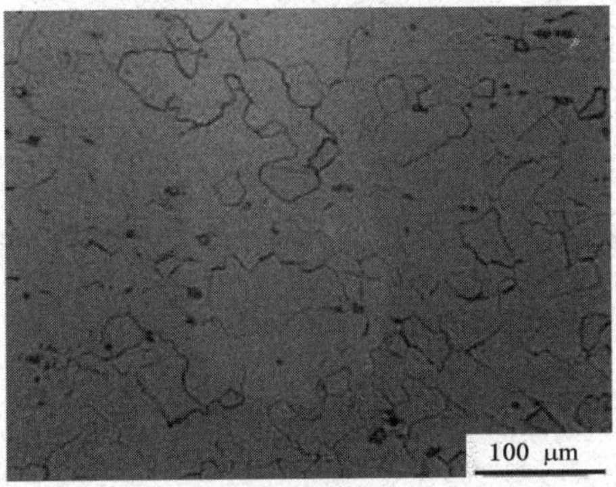

i) 1 100 ℃×0.001 s^{-1}

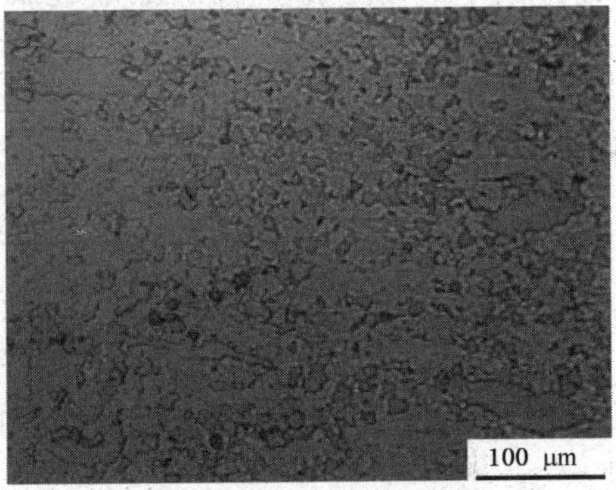

j) 1 100 ℃×0.01 s^{-1}

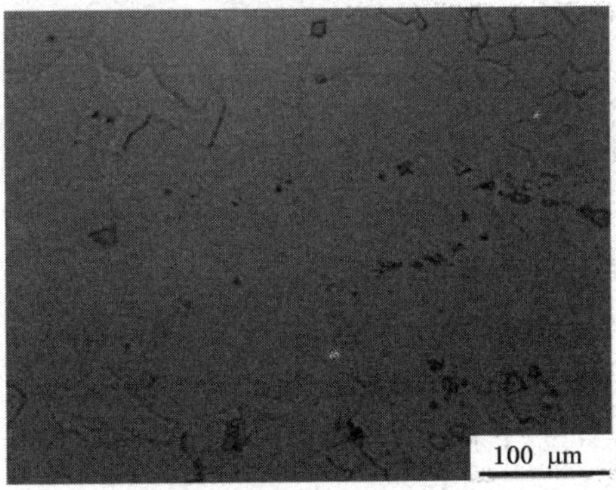

k) 1 120 ℃×0.001 s^{-1}

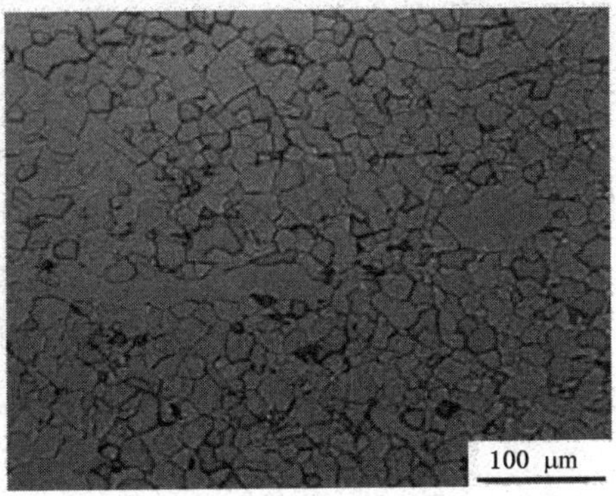

l) 1 120 ℃×0.01 s^{-1}

图 4-16　GH4169 合金各条件下的高温热压缩金相组织图

4.5.4.2　模型的提出

从现阶段的研究来看,各国研究人员对于再结晶模型的研究一般都采用 Avrami 方程来对再结晶程度进行定量描述。

$$X=1-\exp\left[-k\left(\frac{\varepsilon-\varepsilon_c}{\varepsilon_{0.5}}\right)^n\right] \tag{4-37}$$

式中：

X ——材料的动态再结晶体积分数；

k、n ——材料参数；

ε ——应变量；

ε_c ——临界应变量；

$\varepsilon_{0.5}$ ——材料再结晶量达到 50%时的应变量。

峰值应变模型：

$$\varepsilon_p=AZ^m \tag{4-38}$$

式中：

A、m ——材料参数；

Z ——温度补偿因子。

临界应变模型：

$$\varepsilon_c=k\varepsilon_p \tag{4-39}$$

式中：

k——取值范围为 0.6～0.85，由文献可知，本文中所采用的 k 值为 0.8。

对于再结晶质量的定量描述通常采用下式：

$$D_{2-drex}=A_1Z^{A_2} \tag{4-40}$$

式中：

A_1、A_2——材料相关的常数。

4.5.4.3 模型的建立

通过试验可以获得材料在热变形过程中的峰值应变值，并计算出相应的再结晶体积分数和 $\ln Z$ 的值，如表 4-4 所示。

表 4-4 GH4169 高温合金各温度下应变速率 $\dot{\varepsilon}$、峰值应变 ε_p、动态再结晶体积分数和 $\ln Z$

温度/℃	应变速率/s^{-1}	峰值应变 ε_p	$\ln Z$	X
950	0.001	0.221	42.266 02	0.724
	0.01	0.156	40.330 04	0.658
	0.1	0.105	38.540 73	0.543
	1	0.113	36.882 03	0.287

续表

温度/℃	应变速率/s^{-1}	峰值应变 ε_p	$\ln Z$	X
1 000	0.001	0.100	36.251 96	0.927
	0.01	0.228	44.568 60	0.843
	0.1	0.200	42.632 63	0.706
	1	0.168	40.843 31	0.504
1 050	0.001	0.154	39.184 61	0.895
	0.01	0.144	38.554 54	0.919
	0.1	0.232	46.871 19	0.817
	1	0.221	44.935 21	0.665
1 100	0.001	0.206	43.145 90	0.905
	0.01	0.188	41.487 20	0.928
	0.1	0.180	40.857 13	0.886
	1	0.237	49.173 77	0.780
1 120	0.001	0.233	47.237 80	0.887
	0.01	0.225	45.448 48	0.928
	0.1	0.212	43.789 78	0.904
	1	0.206	43.159 71	0.815

对式(4-38)两边分别求导可得

$$\ln\varepsilon_p = \ln A + m\ln Z \tag{4-41}$$

由式(4-41)可以作出相对应的 $\ln\varepsilon_p$ 和 $\ln Z$ 图，并拟合出相应的直线，如图 4-17 所示。从中可以得出直线的截距 $\ln A = -4.467\ 75$，即 $A = 1.15\times10^{-2}$；直线的斜率 $m = 0.067$。

将求得的 A 和 m 代入式(4-38)可得

$$\varepsilon_p = 1.15\times10^{-2}Z^{0.067} \tag{4-42}$$

再由式(4-39)可得

$$\varepsilon_c = 9.2\times10^{-3}Z^{0.067} \tag{4-43}$$

通过将实验所获得的参数值进行牛顿插值可以获得在材料再结晶达到 50% 时所对应的应变值如式(4-44)所示：

$$\varepsilon_{0.5} = 0.29Z^{0.016} \tag{4-44}$$

对式(4-37)两边分别两次求导可得

$$\ln\left[\ln\left(\frac{1}{1-X}\right)\right]=\ln k+n\ln\left(\frac{\varepsilon-\varepsilon_c}{\varepsilon_{0.5}}\right) \tag{4-45}$$

由式(4-45)可以作出相对应的 $\ln\{\ln[1/(1-X)]\}$ 和 $\ln[(\varepsilon-\varepsilon_c)/\varepsilon_{0.5}]$图,并拟合出相应的直线,如图 4-18 所示。由拟合出的直线的截距和斜率可以计算出:$k=0.812$,$n=0.92$。

将 k 和 n 的值代入式(4-37)可得

$$X=1-\exp\left[-0.812\left(\frac{\varepsilon-\varepsilon_c}{\varepsilon_{0.5}}\right)^{0.92}\right]$$

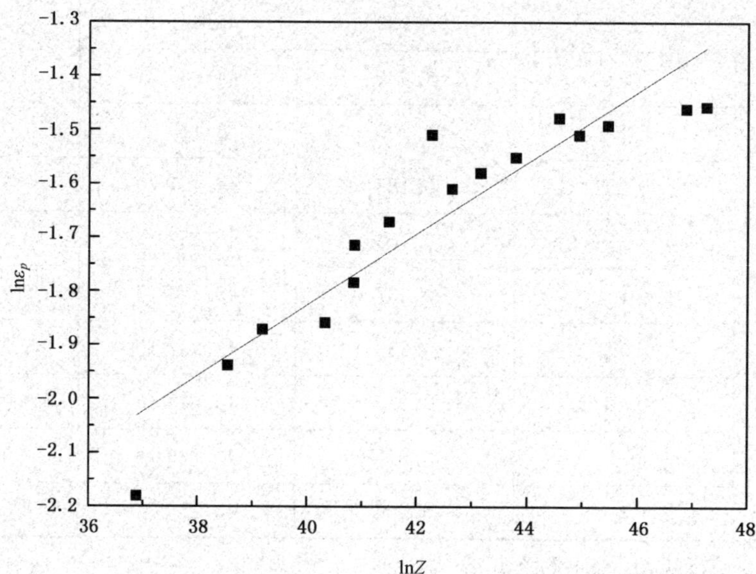

图 4-17　各变形温度下 $\ln Z$ 与 $\ln\varepsilon_p$ 之间的关系图

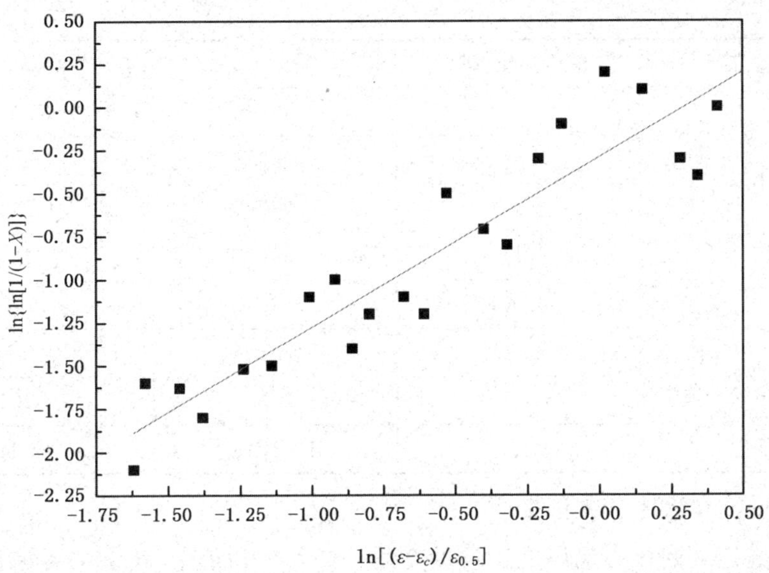

图 4-18　各变形温度下 $\ln\{\ln[1/(1-X)]\}$ 和 $\ln[(\varepsilon-\varepsilon_c)/\varepsilon_{0.5}]$ 之间的关系图

根据 GH4169 高温动态再结晶金相组织图统计出的微观组织的晶粒尺寸如表 4-5 所示。依照表中数据对 $D_{2\text{-}drex}$ 和 Z 进行对数拟合即可以求出相应的模型参数，拟合图像如图 4-49 所示。所得的动态再结晶结晶质量方程如式(4-46)所示：

$$D_{2\text{-}drex}=3\times10^{6}Z^{-0.3016} \tag{4-46}$$

表 4-5　GH4169 高温合金各温度下应变速率 $\dot{\varepsilon}$、动态再结晶晶粒尺寸和 Z

温度/℃	应变速率/s^{-1}	Z	$D_{2\text{-}drex}$/μm
950	0.001	1.42E18	10.556
	0.01	1.42E19	3.578
	0.1	1.42E20	1.818
	1	1.42E21	1.111
1 000	0.001	2.09E17	22.78
	0.01	2.09E18	10.603
	0.1	2.09E19	4.167
	1	2.09E20	3.442
1 050	0.001	3.57E16	37.78
	0.01	3.57E17	15.2
	0.1	3.57E18	8.425
	1	3.57E19	4.487

续表

温度/℃	应变速率/s^{-1}	Z	$D_{2\text{-}drex}$/μm
1 100	0.001	6.93E15	51.67
	0.01	6.93E16	25.92
	0.1	6.93E17	14.444
	1	6.93E18	12
1 120	0.001	3.72E15	55.56
	0.01	3.72E16	27.78
	0.1	3.72E17	20
	1	3.72E18	16.667

4.5.5 Deform 软件二次开发

用户自定义的核心代码在不同的 Fortran 文件中储存，其中主要储存在文件 DEF_USR. FOR 中。Deform 软件通过调用储存在文件中的子程序代码来计算用户所自定义的变量的值。

本书通过建立 CA. WIG、CB. WIG 和 CC. WIG 三个外部文件夹将材料动态再结晶的本构方程导入 Deform 模拟软件中，用户编写的各子程序关系如图 4-20 所示。

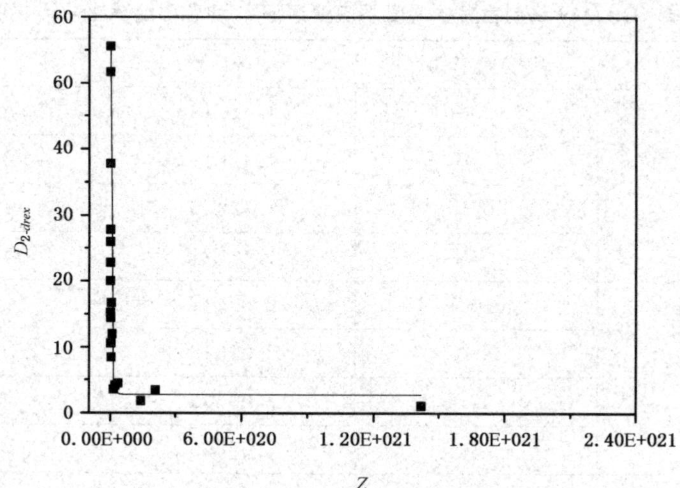

图 4-19 $D_{2\text{-}drex}$ 与 Z 拟合图像

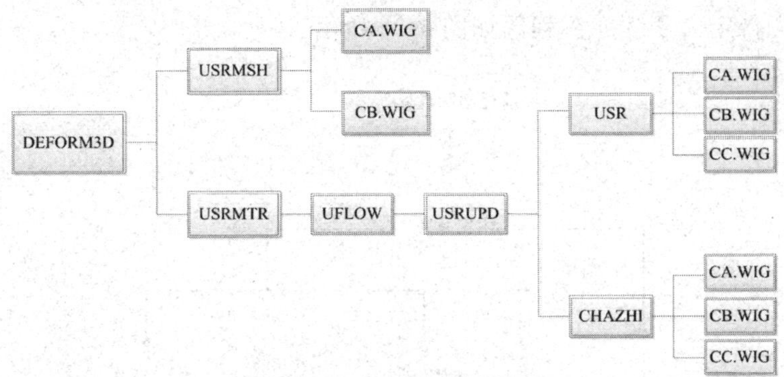

图 4-20　各子程序关系图

4.5.6　再结晶过程子程序的编制

Deform 有限元计算流程图如图 4-21 所示。本节用户自定义的动态再结晶子程序只是根据模拟的需要加入 Deform-3D 一部分程序。

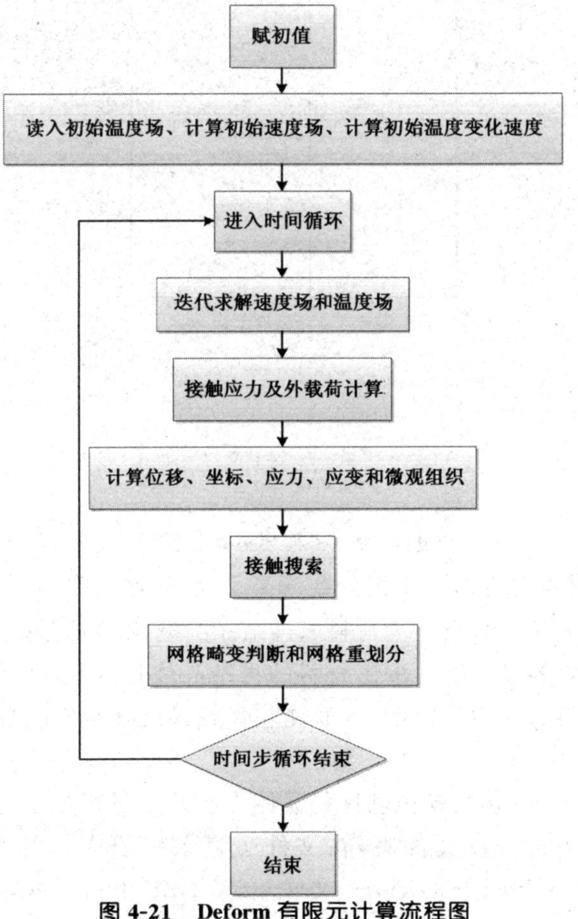

图 4-21　Deform 有限元计算流程图

该用户自定义子程序流程图如图 4-22 所示。

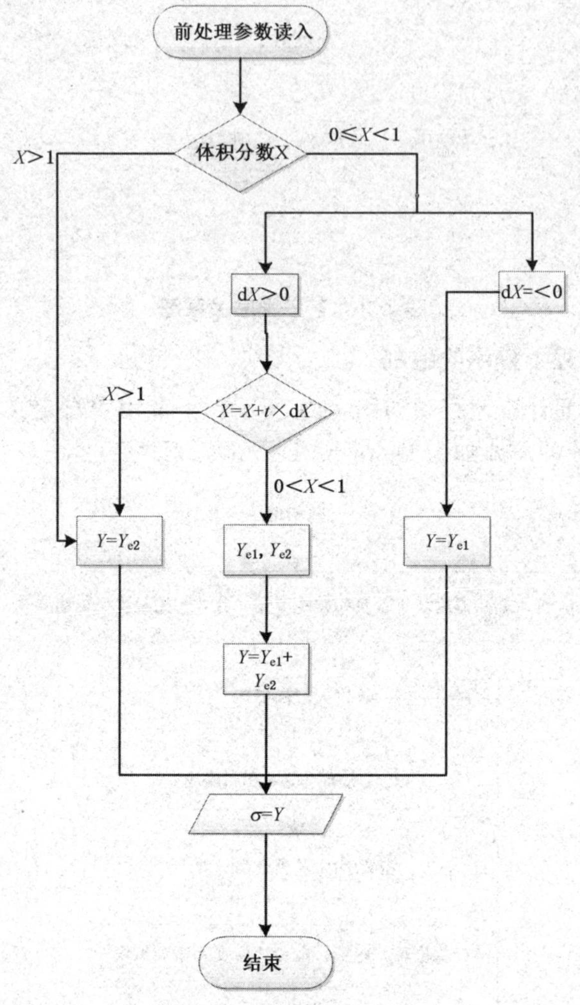

图 4-22　子程序运算流程图

图中：X 为材料的再结晶体积分数；dX 为 X 的增长率；Y 为流动应力；Y_{e1} 为材料再结晶区域流动应力；Y_{e2} 为材料未再结晶区域流动应力；t 为模拟时间步长。用户子程序在计算的过程中先求出材料的再结晶体积分数，然后根据材料的本构模型再计算出材料的平均晶粒度，从而使软件在最终实现对材料微观组织演变的模拟和预测。

本节针对 Deform 仿真模拟软件的具体二次开发过程如下：(1)在软件的安装目录中打开 DEFORM3D 文件夹，在文件子目录中依次打开文件 V6_1—文件 UserRoutine—文件 PostProcessor—文件 USR_DEF_PST3_Absoft70，Absoft Pro Fortran 70 语言编程器的界面如图 2-23 所示。(2)在 pstusr3. f 编制用户子程序并把文件保存。然后选择 tools 菜单里面的 build 命令，此命令可以生成 DEF_SIM.exe 文件，若子程序编译成功的话，则会在原来的界面下弹出一个界面显示 build completed，最后把生成的 DEF_SIM.exe 文件覆盖到安装目录下的原文件，二次开发步骤至此结束。

本节通过 Gleeble-3800 热压缩机对 GH4169 高温合金进行热压缩实验，得到材料在变形过程中的应力应变曲线，对不同温度和不同应变速率下的应力应变曲线进行分析，并分析了温度和应变速率对材料性能和微观组织的影响；通过应力应变曲线建立了材料的本构方程和动态再结晶模型，从而为软件的二次开发奠定相应的基础。基于 Windows 平台的 Deform 二次开发编程接口以及在二次开发过程中所用到的一些用户自定义子程序，通过建立外部文件将材料动态再结晶的本构方程嵌入到 Deform 模拟软件中，对 Deform 模拟软件进行二次开发，给出了材料在进行二次开发过程中的子程序流程图以及再结晶模型编程的一部分代码，为组织演变模拟打下基础。

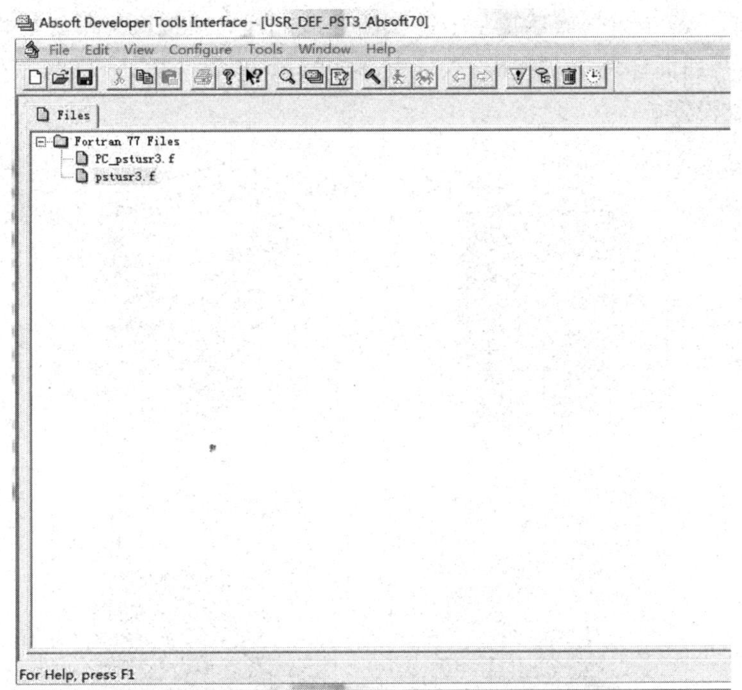

图 4-23　Absoft Pro Fortran 70 语言编程器操作界面

4.6　多向锻造微观组织演化模拟

本节主要基于对 GH4169 高温合金的热压缩实验来建立 GH4169 高温合金的本构方程和动态再结晶模型，并将其导入 Deform 仿真软件中，对 GH4169 高温合金闭式多向锻造(Closed multidirectional forging,CMDF),单开式多向锻造(Single side open multidirectional forging, SSOMDF)和双开式多向锻造(Bilateral open multidirectional forging, BOMDF)过程中的微观组织演化规律进行仿真,在此基础上建立 GH4169 高温合金多向锻造的微观组织神经网络预测模型,并对其进行实验验证。

4.6.1 有限元模型的建立

有限元模拟所采用的模型如图 4-24 所示,模型包含有一个毛坯、一个上模和一个下模。模拟过程中相关参数设置如表 4-6 所示。

在锻造的过程中,由于模具的约束作用,起初坯料在高度方向属于压缩变形,在长度方向属于拉伸变形,宽度方向不发生变形,随着变形程度的增加,当变形量达到一定程度时,闭式多向锻造由于下模的约束作用,锻件左右方向长度不再增加,而是逐渐将下模的凹槽填充满,此时一道次结束。单开式多向锻造是一侧充满而另一侧保持自由表面,双开式多向锻造两侧保持自由表面。每锻完一道次就将锻件绕着轴线旋转 90°,然后重复上一次的锻造过程。模拟所采用的是相对网划分法,采用的是四面体网格,划分的数量为 20 000 个单元。表 4-6 所示为锻造过程中相关的参数设置。

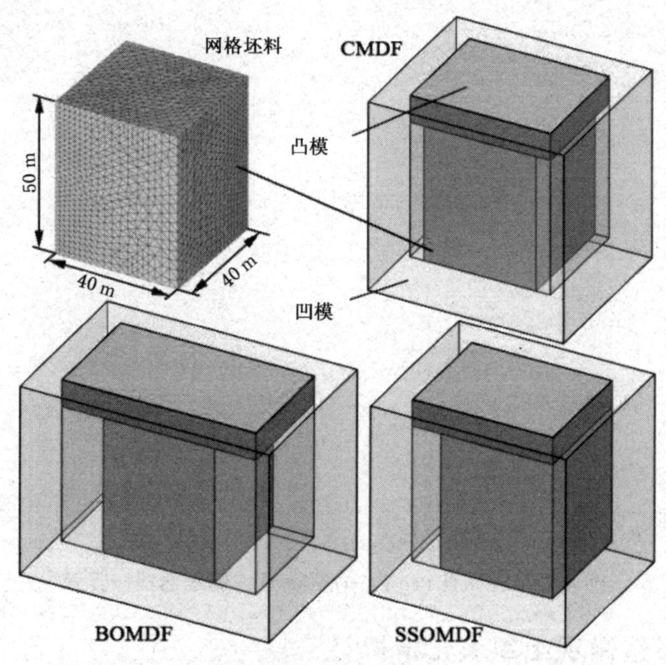

图 4-24 有限元模型

表 4-6　有限元模拟参数设置

工艺参数	符号	单位	参考值
锻造温度	T	℃	800～1 000
锻件尺寸	—	mm	40×40×50
模具材料	—	—	H13
摩擦系数	f	—	0.3
热传导系数	λ	W/(m·K)	20～40
比热容系数	C	N/(mm^2·K)	3.0～5.0
初始晶粒尺寸	d	μm	45
上模尺寸	—	mm	50×40×10
下模尺寸	—	mm	70×60×60
压下量	—	%	20

坯料的形状和尺寸跟闭式多向锻造的坯料是相同的，该模拟是将坯料放置在下模的一侧，另一侧不受模具限制，使模具在锻造的过程中只沿着一个方向发生变形量，并且一直不受模具的约束，而受限制的一侧自始至终都不发生任何变形量。为了使坯料最终的变形量比较均匀，在每个道次结束以后的旋转过程中需要保证每个面都能够发生变形量。

4.6.2　单开式多向锻造数值模拟结果与分析

4.6.2.1　800 ℃锻造模拟结果分析

1. 锻造 3 道次以后锻件的等效应变、再结晶体积分数和平均晶粒度分布情况

如图 4-25 所示为锻造 3 道次（一个循环）锻件等效应变云图与曲线图分布情况。从云图和曲线图中可以看出：在锻件的外表面，由于锻件接触表面中间部分受到模具摩擦力的作用，所以锻件表面部分的等效应力相对较小，最小仅为 0.45 左右；而锻件棱边和中间部分为易变形区，由于易变形区受模具摩擦力影响小，金属流动阻力减小，而且由于锻件在锻造过程中始终是一个面自由变化，另一个面受模具约束作用，在锻件内部，其等效应变分布呈 45°倾斜方向分布，等效应变最大值达到 1.02 左右。

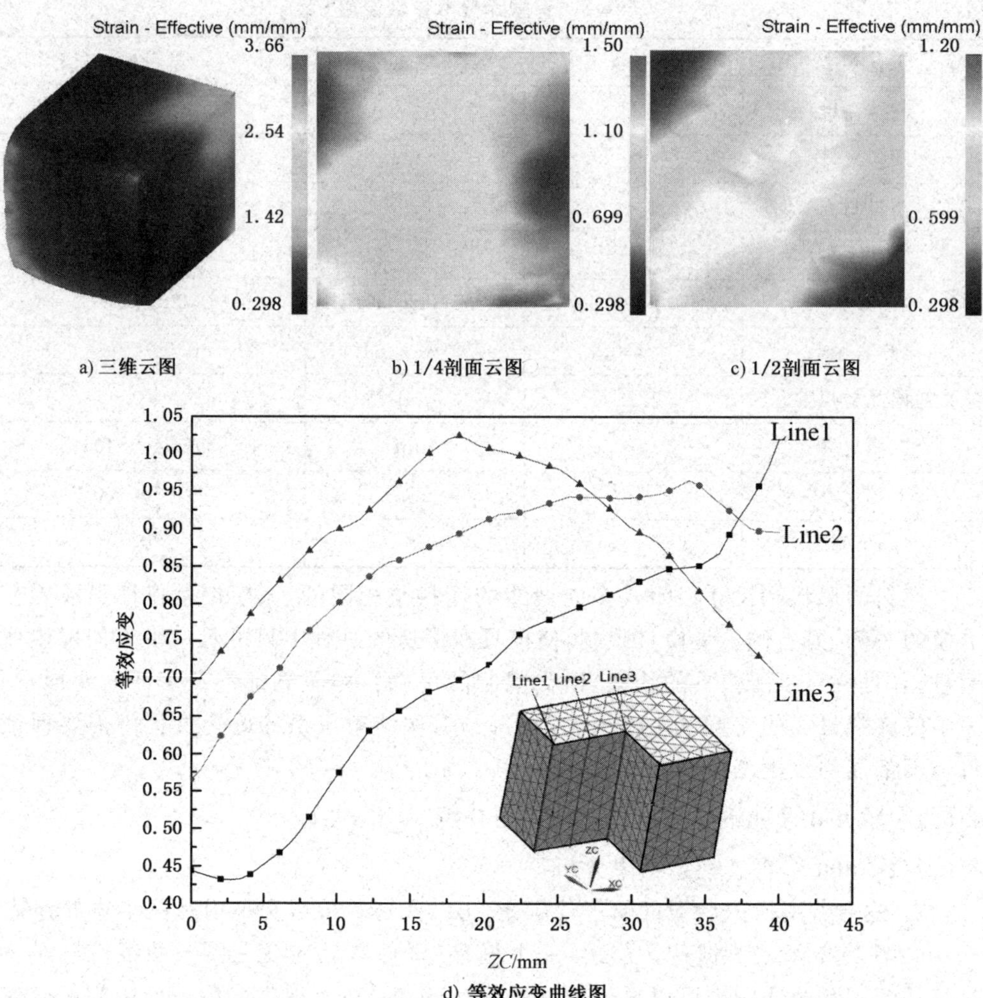

a) 三维云图　b) 1/4剖面云图　c) 1/2剖面云图

d) 等效应变曲线图

图 4-25　3 道次(一个循环)锻件等效应变分布云图和曲线图

如图 4-26 所示为锻造 3 道次(一个循环)锻件动态再结晶体积分数云图与曲线图分布情况。从云图和曲线图中可以看出:由于锻件的再结晶程度与等效应变的分布是基本一致的,所以锻件的棱边区域再结晶体积分数明显比其他区域大,并且靠近中心区域的再结晶体积分数也比较大,相反锻件表面中间区域再结晶程度最低。

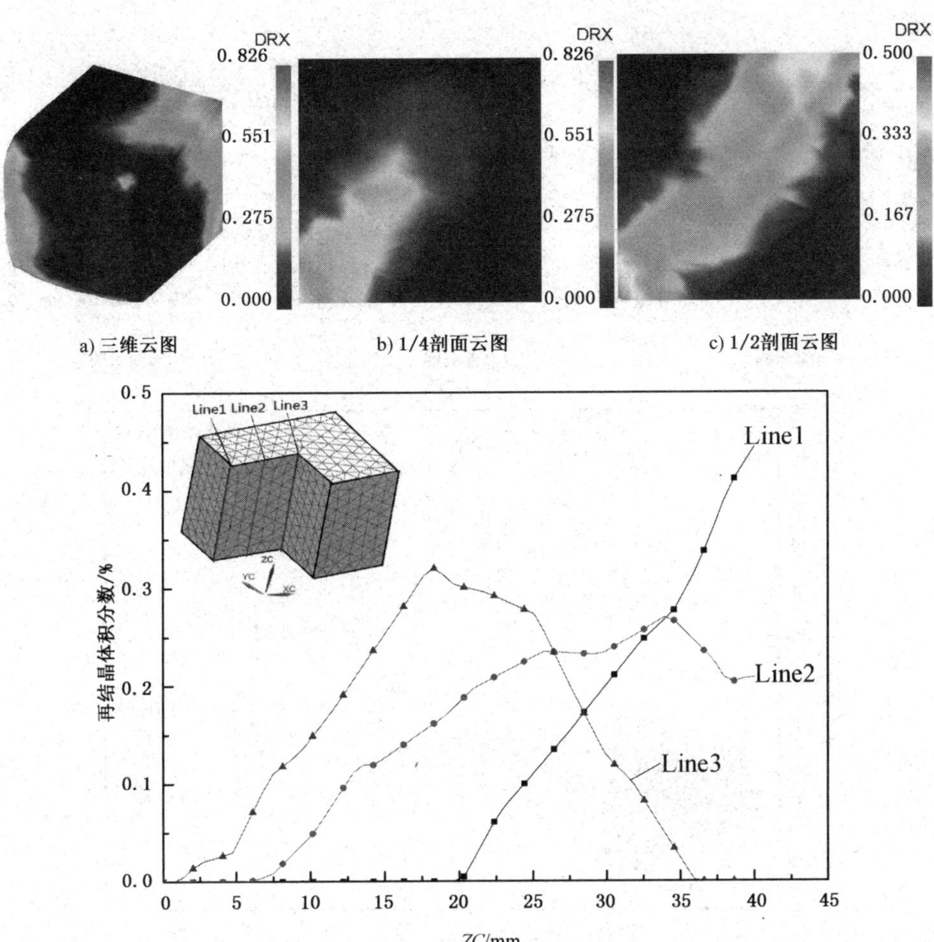

d) 动态再结晶体积分数曲线图

图 4-26　3 道次(一个循环)锻件动态再结晶体积分数分布云图和曲线图

如图 4-27 所示为锻造 3 道次(一个循环)锻件再结晶晶粒尺寸云图与曲线图分布情况。从云图和曲线图中可以看出:由于锻件在锻造过程中一边受模具限制作用,另一半自由变形,所以锻件最终在 45°的一个斜面上再结晶尺寸最小,最小值仅为 30 μm 左右,其他区域再结晶晶粒尺寸相对较大,锻件表面的中心部分甚至都未发生再结晶。结合等效应变云图和等效应变曲线图可知:等效应变越大的地方晶粒度尺寸越小,越容易发生动态再结晶,说明动态再结晶晶粒尺寸与等效应变程度有关。

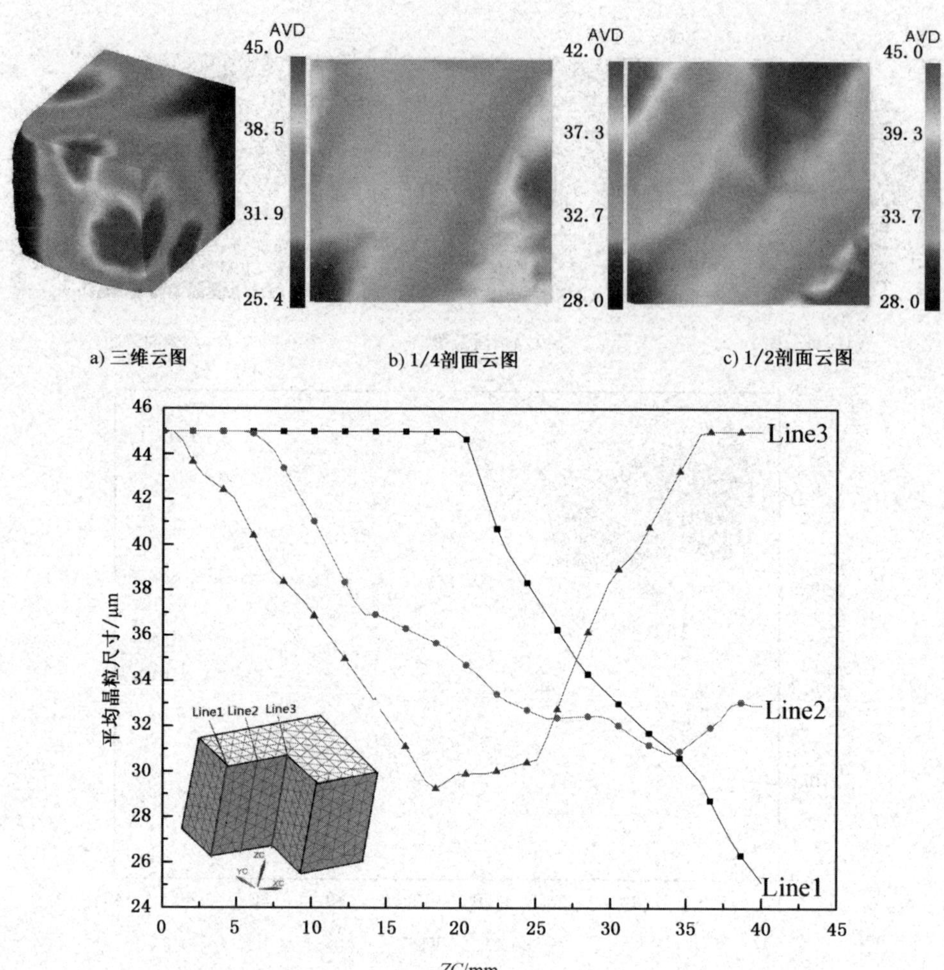

d) 平均晶粒度曲线图

图 4-27 3 道次(一个循环)锻件平均晶粒度分布云图和曲线图

2. 锻造 6 道次以后锻件的等效应变、再结晶体积分数和平均晶粒度分布情况

如图 4-28 所示为锻造 6 道次(二个循环)锻件等效应变云图与曲线图分布情况。从云图和曲线图中可以看出:随着锻造道次的增加,锻件的等效应变也逐渐变大,外表面由于锻件接触表面中间部分由于受到模具摩擦力的作用,所以锻件表面部分的等效应变相对较小,最小仅为 1.1 左右;锻件中中心由于是易变形区受模具摩擦力影响小,所以锻件心部等效应变值最大,等效应变最大值达到 2.0 左右,并且越靠近锻件表面等效应变越小。

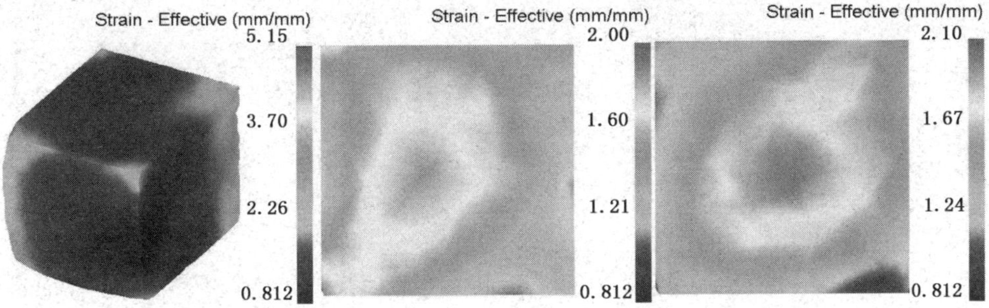

a) 三维云图　　b) 1/4剖面云图　　c) 1/2剖面云图

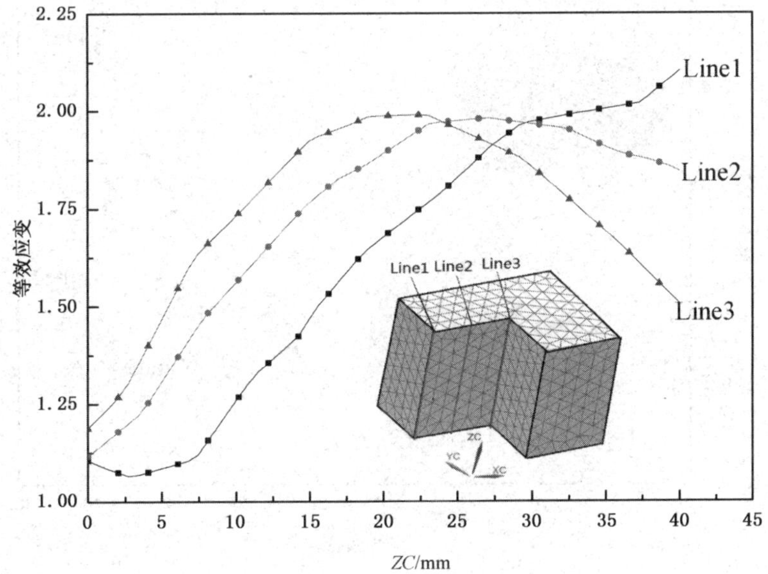

d) 等效应变曲线图

图 4-28　6 道次(二个循环)锻件等效应变分布云图和曲线图

如图 4-29 所示为锻造 6 道次(二个循环)锻件动态再结晶体积分数云图与曲线图分布情况。从云和曲线图中可以看出:由于应变对再结晶的影响,锻件的再结晶程度与等效应变的分布是基本一致的,因此锻件的棱边区域再结晶体积分数明显比其他区域大,最大值达到 45%左右,靠近中心区域的再结晶体积分数也比较大,最大值为 33%左右,相反锻件表面中间区域再结晶程度最低,甚至都未发生再结晶过程。

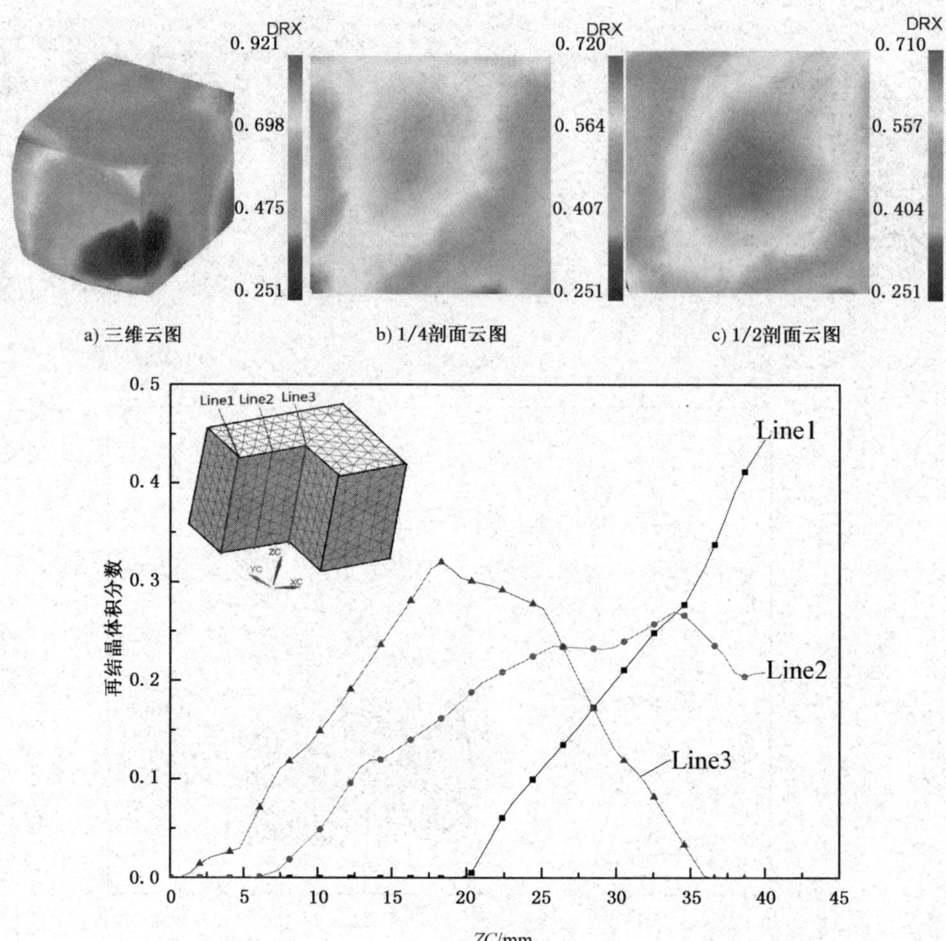

a) 三维云图　b) 1/4剖面云图　c) 1/2剖面云图

d) 动态再结晶体积分数曲线图

图 4-29　6 道次(二个循环)锻件动态再结晶体积分数分布云图和曲线图

图 4-30 所示为锻造 6 道次(二个循环)锻件再结晶晶粒尺寸云图与曲线图分布情况。从云图和曲线图中可以看出:由于锻件动态再结晶晶粒尺寸与等效应变程度有关,因此锻件中心部分再结晶程度最大,晶粒尺寸最小,最小值仅为 18.5 μm 左右,而其他区域再结晶晶粒尺寸相对较大。

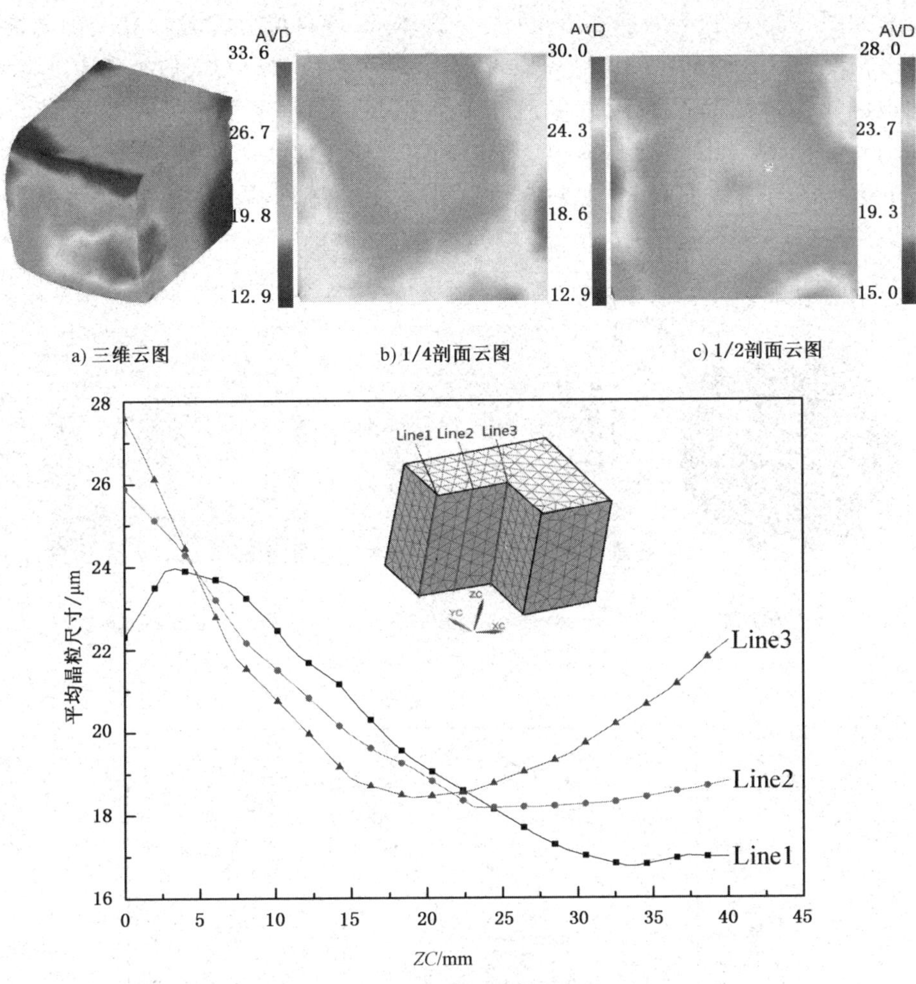

d) 平均晶粒度曲线图

图 4-30　6 道次(二个循环)锻件平均晶粒度分布云图和曲线图

3. 锻造 9 道次以后锻件的等效应变、再结晶体积分数和平均晶粒度分布情况

如图 4-31 所示为锻造 9 道次(三个循环)锻件等效应变云图与曲线图分布情况。从云图和曲线图中可以看出:由于锻件中间部分为易变形区,所以锻件心部等效应变值最大,而在锻件的外表面,由于模具摩擦力的作用使其应变较小,所以锻件表面部分的等效应变相对较小,最小仅为 1.84 左右。

如图 4-32 所示为锻造 9 道次(三个循环)锻件动态再结晶体积分数云图与曲线图分布情况。从云和曲线图中可以看出:越靠近中心区域锻件再结晶程度越高,最大值达到 81%左右,而锻件表面中间区域再结晶程度最低,最小区域仅为 69%左右,并且整体的再结晶程度明显高于 3 道次下的锻件。

如图 4-33 所示为锻造 9 道次(三个循环)锻件再结晶晶粒尺寸云图与曲线图分布情况。从云图和曲线图中可以看出:锻件在棱边和中心区域等效应变最大,因此该区域的再结晶晶粒尺寸相较于其他区域最小,该区域晶粒尺寸最小仅为 13 μm 左右,结合图 4-31 等效应变云图和等效应变曲线图和图 4-32 动态再结晶体积分数云图与曲线图可知:晶粒尺寸最小发生在等效应变最大区和再结晶最高区域。

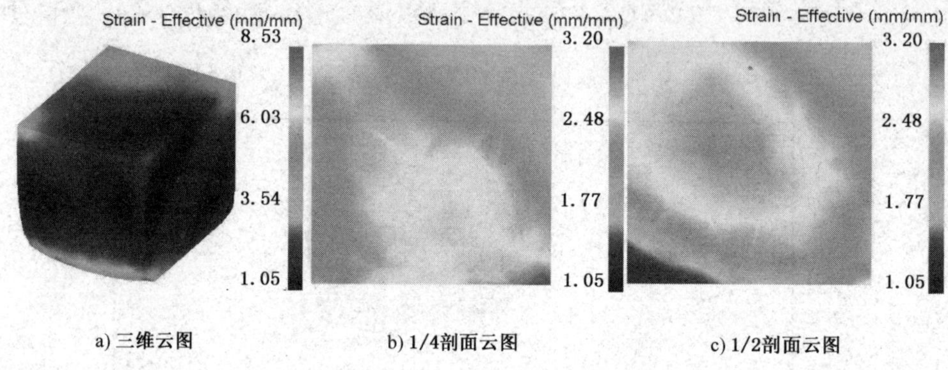

a) 三维云图　　b) 1/4剖面云图　　c) 1/2剖面云图

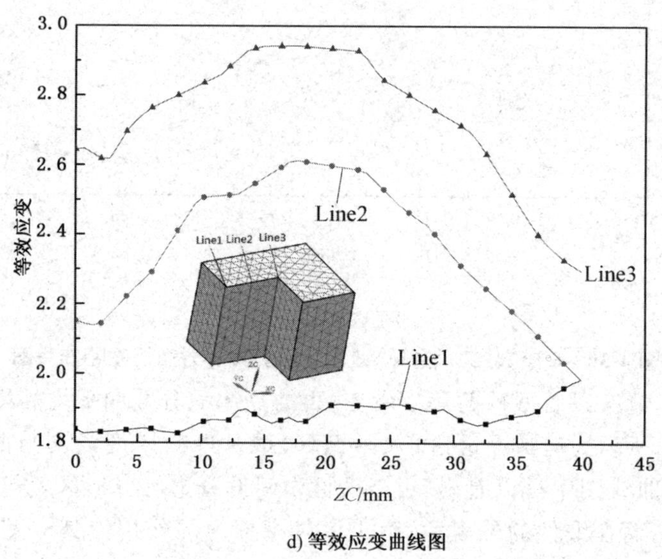

d) 等效应变曲线图

图 4-31　9 道次(三个循环)锻件等效应变分布云图和曲线图

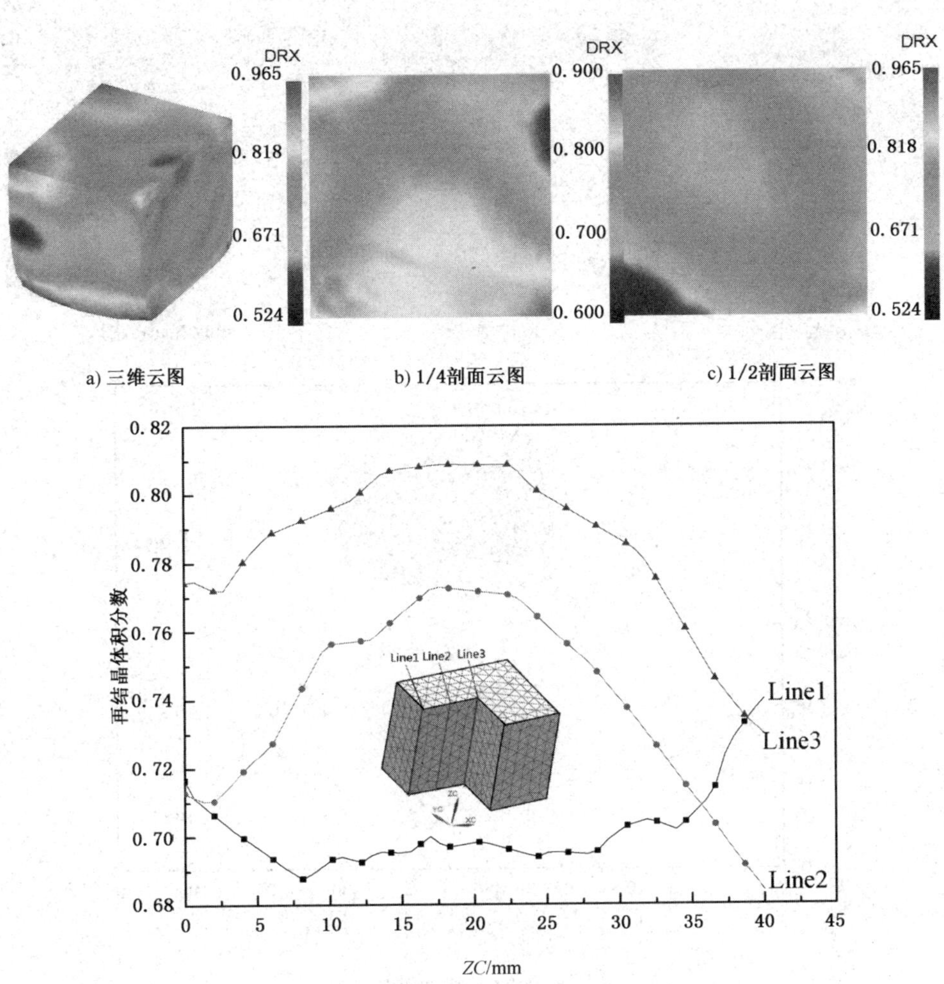

d) 动态再结晶体积分数曲线图

图 4-32　9 道次(三个循环)锻件动态再结晶体积分数分布云图和曲线图

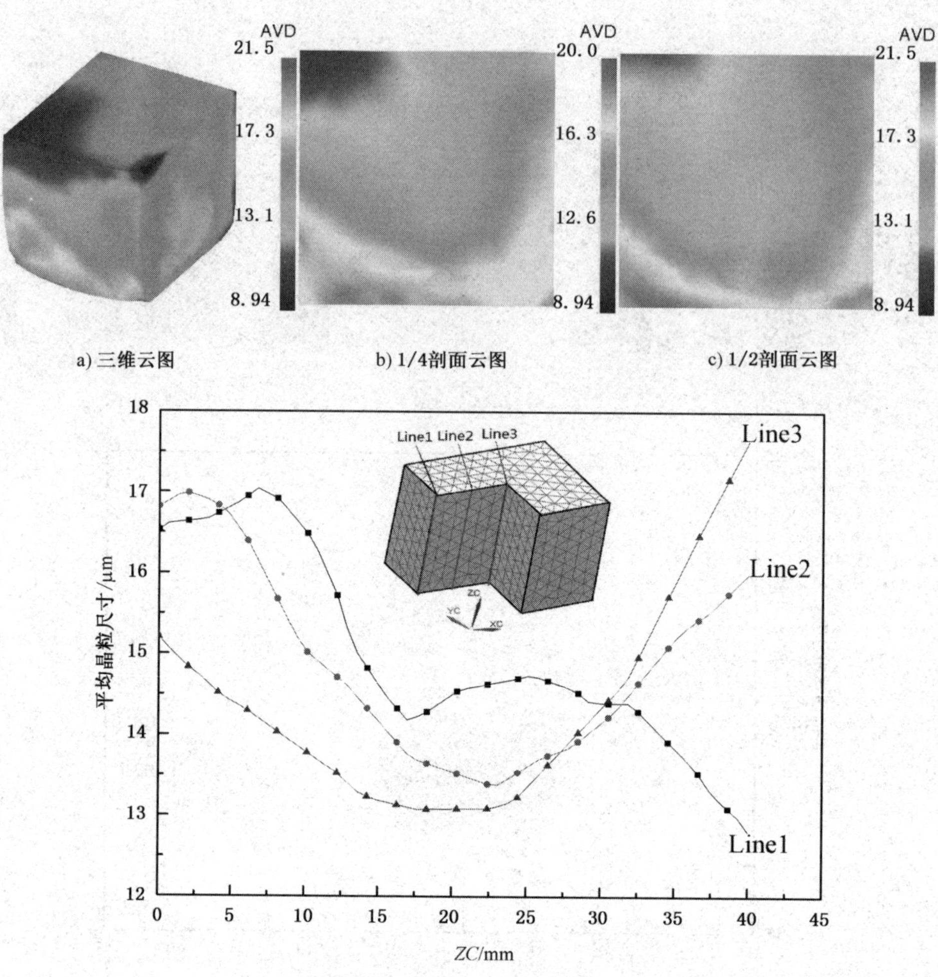

图 4-33　9 道次(三个循环)锻件平均晶粒度分布云图和曲线图

4.6.2.2　900 ℃锻造模拟结果分析

1. 锻造 3 道次以后锻件的等效应变、再结晶体积分数和平均晶粒度分布情况

如图 4-34 所示为锻造 3 道次(一个循环)锻件等效应变云图与曲线图分布情况。从云图和曲线图中可以看出:锻件的一边受到模具的约束作用,使得锻件表面部分的等效应变相对较小,最小仅为 0.45 左右;锻件棱边和中间部受模具摩擦力影响小,而且由于锻件在锻造过程中始终是一个面自由变化,另一个面受模具约束作用,在锻件内部,其等效应变分布呈 45°倾斜方向分布,等效应变最大值达到 0.97 左右。

如图 4-35 所示为锻造 3 道次(一个循环)锻件动态再结晶体积分数云图与曲

线图分布情况。从云和曲线图中可以看出:在锻造过程中,锻件的棱边区域和靠近中心区域的再结晶体积分数明显比其他区域大,最大达到 60%左右,而表面靠近中心区域再结晶程度最低。

如图 4-36 所示为锻造 3 道次(一个循环)锻件再结晶晶粒尺寸云图与曲线图分布情况。从云图和曲线图中可以看出:锻件在棱边区域和靠近中心区域再结晶程度最高,因此该区域晶粒尺寸也最小,最小值仅为 32.5 μm 左右,其他区域再结晶晶粒尺寸相对较大,锻件表面的中心部分甚至都未发生再结晶。

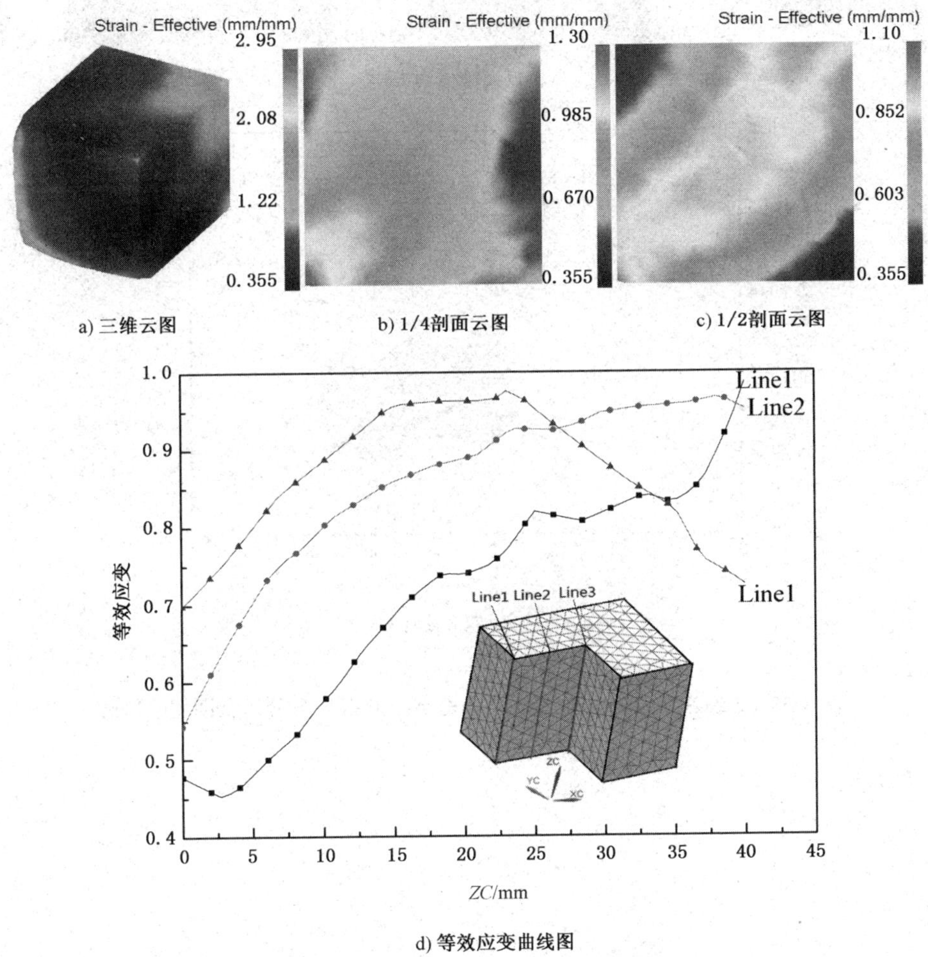

图 4-34　3 道次(一个循环)锻件等效应变分布云图和曲线图

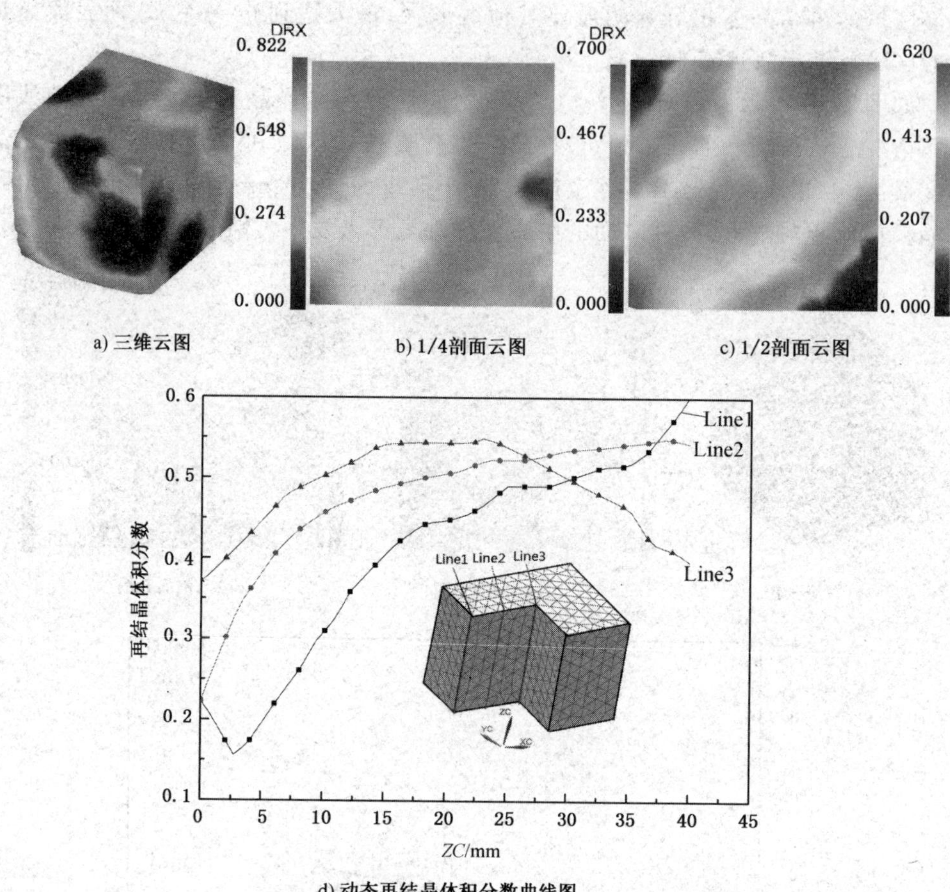

a) 三维云图

b) 1/4剖面云图

c) 1/2剖面云图

d) 动态再结晶体积分数曲线图

图 4-35　3 道次（一个循环）锻件动态再结晶体积分数分布云图和曲线图

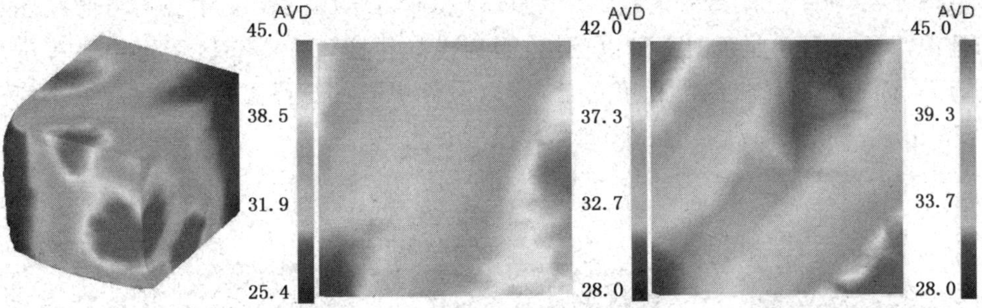

a) 三维云图　　b) 1/4剖面云图　　c) 1/2剖面云图

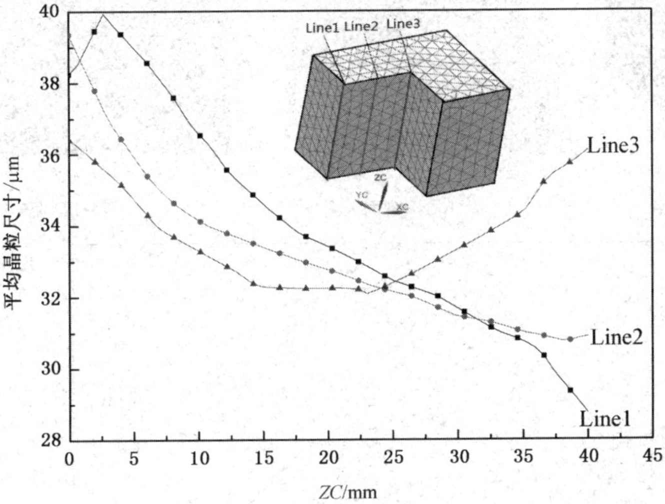

d) 平均晶粒度曲线图

图 4-36　3 道次(一个循环)锻件平均晶粒度分布云图和曲线图

2. 锻造 6 道次以后锻件的等效应变、再结晶体积分数和平均晶粒度分布情况

如图 4-37 所示为锻造 6 道次(二个循环)锻件等效应变云图与曲线图分布情况。从云图和曲线图中可以看出:因为模具对锻件的一边始终有一定的约束作用,所以锻件表面部分的等效应变相对较小,最小仅为 0.75 左右;锻件中间部分受模具摩擦力影响小,所以锻件心部等效应变值最大,等效应变最大值达到 1.9 左右,并且越靠近锻件表面等效应变越小。

如图 4-38 所示为锻造 6 道次(二个循环)锻件动态再结晶体积分数云图与曲线图分布情况。从云图和曲线图中可以看出:锻件的再结晶程度与等效应变的分布是基本一致的,锻件的棱边区域再结晶程度最高,最大值达到 45%左右,中心区域的再结晶体积分数也比较大,而锻件表面中间区域再结晶程度最低,甚至有些区域都未发生再结晶过程。

图 4-39 所示为锻造 6 道次(二个循环)锻件再结晶晶粒尺寸云图与曲线图分布情况。从云图和曲线图中可以看出:因为模具在棱边和中心区域再结晶程度较高,而表面中心区域再结晶程度最低,所以锻件中心部分晶粒尺寸最小,最小值仅为 23 μm 左右,表面靠近中心区域晶粒尺寸最大。

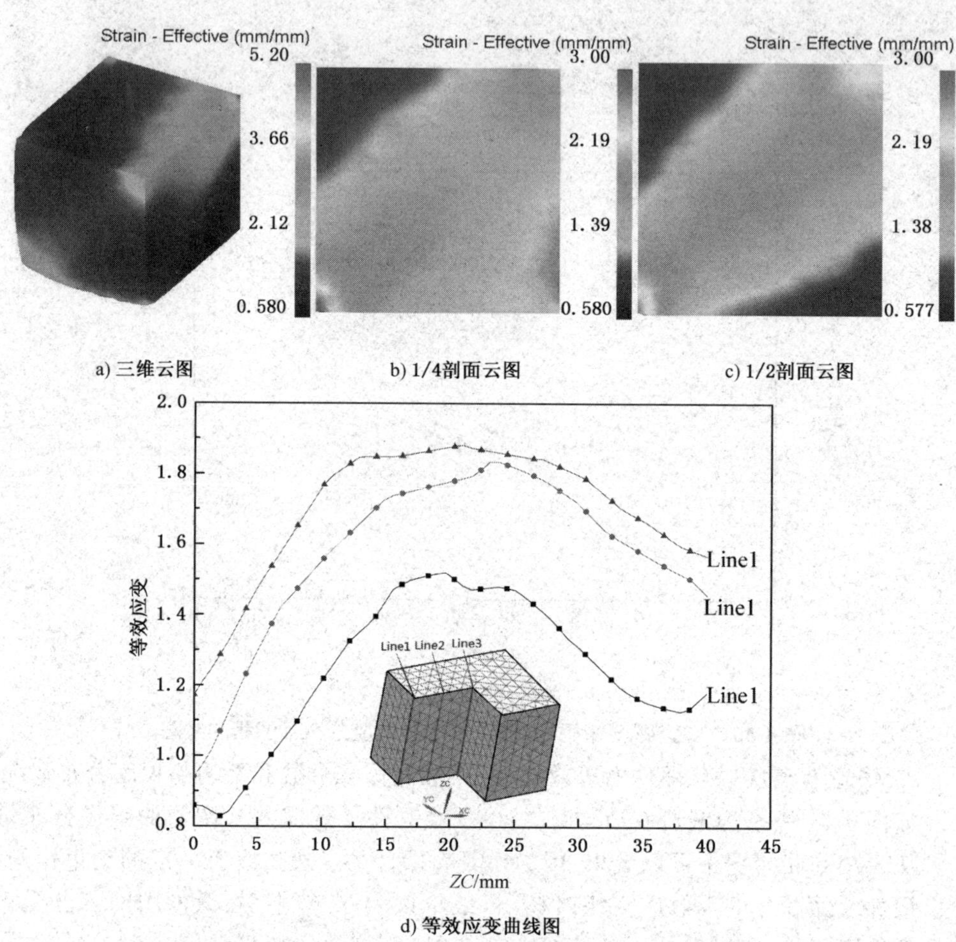

图 4-37 6 道次(二个循环)锻件等效应变分布云图和曲线图

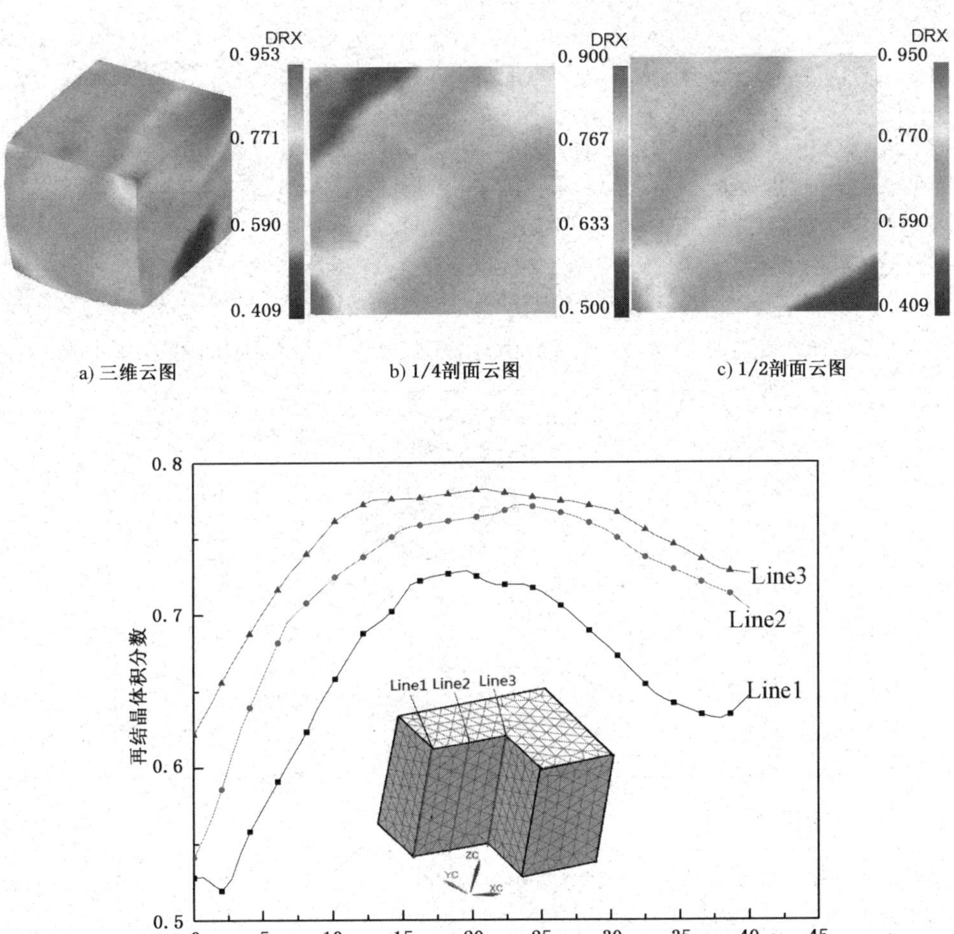

a) 三维云图　　b) 1/4剖面云图　　c) 1/2剖面云图

d) 动态再结晶体积分数曲线图

图 4-38　6 道次(二个循环)锻件动态再结晶体积分数分布云图和曲线图

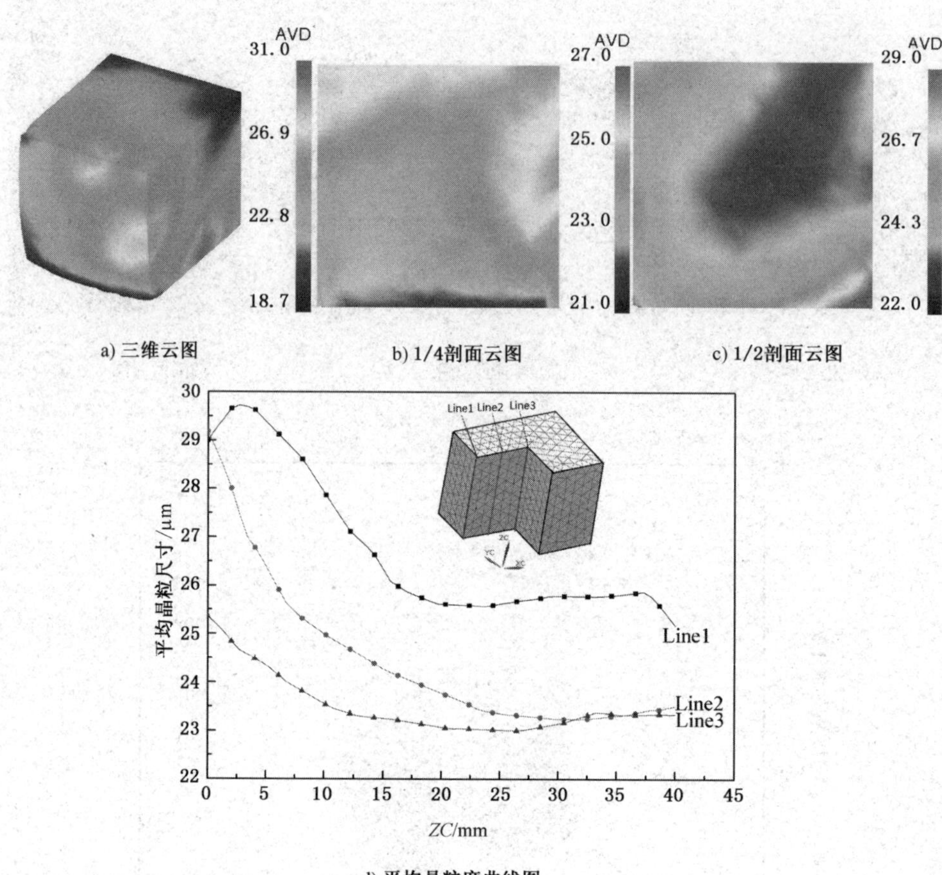

d) 平均晶粒度曲线图

图 4-39　6 道次(二个循环)锻件平均晶粒度分布云图和曲线图

3. 锻造 9 道次以后锻件的等效应变、再结晶体积分数和平均晶粒度分布情况

如图 4-40 所示为锻造 9 道次(三个循环)锻件等效应变云图与曲线图分布情况。从云图和曲线图中可以看出:经过对锻件进行 9 道次锻造以后,锻件等效应变明显增大,且锻件的外表面等效应变相对较小,最小仅为 1.1 左右;锻件中间部分等效应变值最大,等效应变最大值达到 2.8 左右,并且越靠近锻件表面等效应变越小。

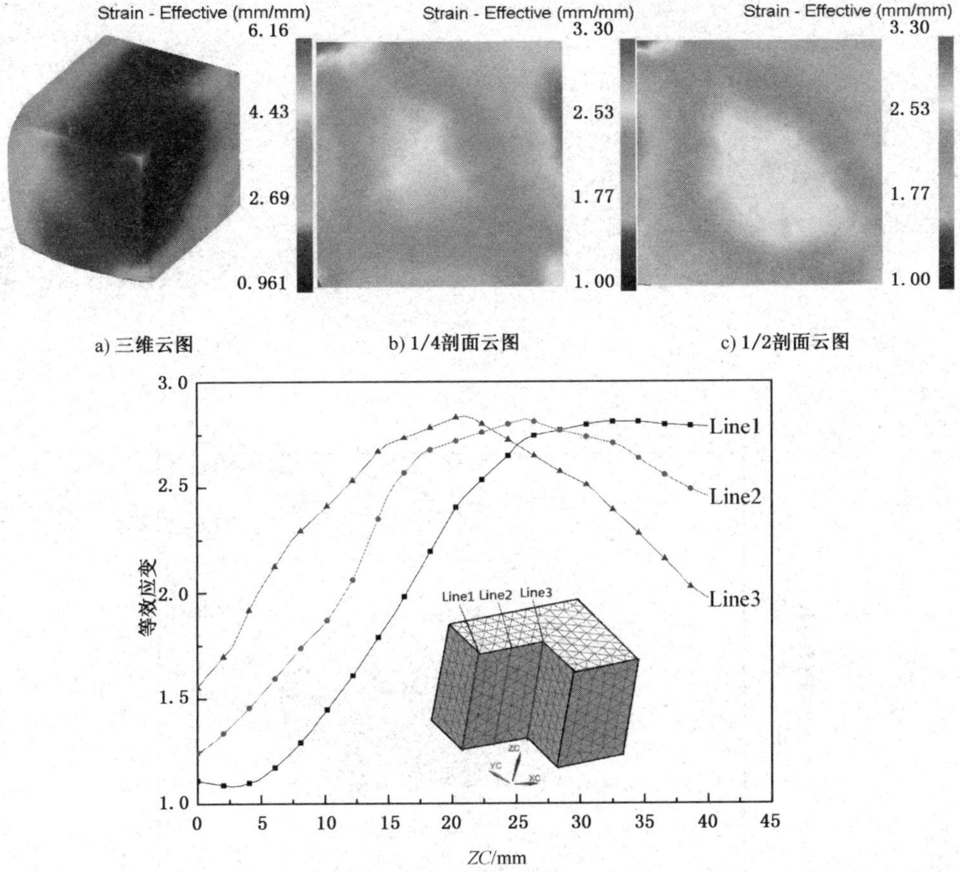

a) 三维云图　　b) 1/4剖面云图　　c) 1/2剖面云图

d) 等效应变曲线图

图 4-40　9 道次(三个循环)锻件等效应变分布云图和曲线图

如图 4-41 所示为锻造 9 道次(三个循环)锻件动态再结晶体积分数云图与曲线图分布情况。从云和曲线图中可以看出:由于锻件的再结晶程度与等效应变的分布是基本一致的,所以锻件的棱边区域再结晶体积分数明显比其他区域大,最大值达到 88%左右,靠近中心区域的再结晶体积分数也比较大,并且越靠近中心区域再结晶程度越高,最大值为 87%左右,相反锻件表面中间区域再结晶程度最低,甚至都未发生再结晶过程。

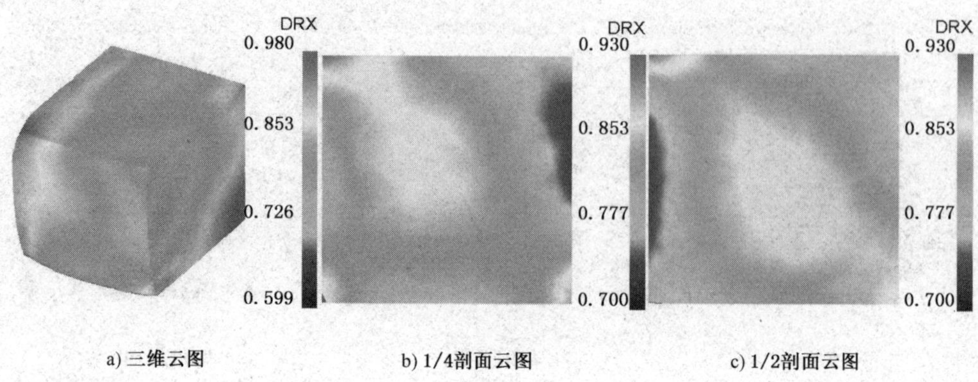

a) 三维云图　　b) 1/4剖面云图　　c) 1/2剖面云图

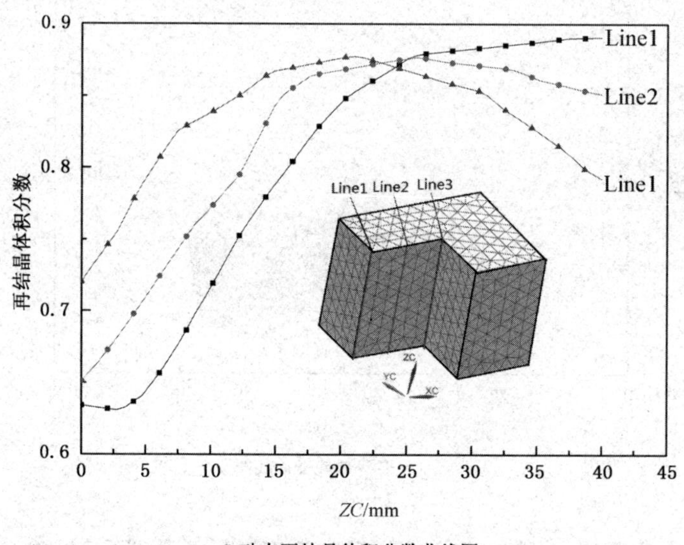

d) 动态再结晶体积分数曲线图

图 4-41　9 道次(三个循环)锻件动态再结晶体积分数分布云图和曲线图

如图 4-42 所示为锻造 9 道次(三个循环)锻件再结晶晶粒尺寸云图与曲线图分布情况。从云图和曲线图中可以看出:锻件在经过 9 道次锻造以后,晶粒尺寸明显减小,并且棱边区域晶粒尺寸最小,最小值仅为 17 μm 左右,而其他区域再结晶晶粒尺寸相对较大。

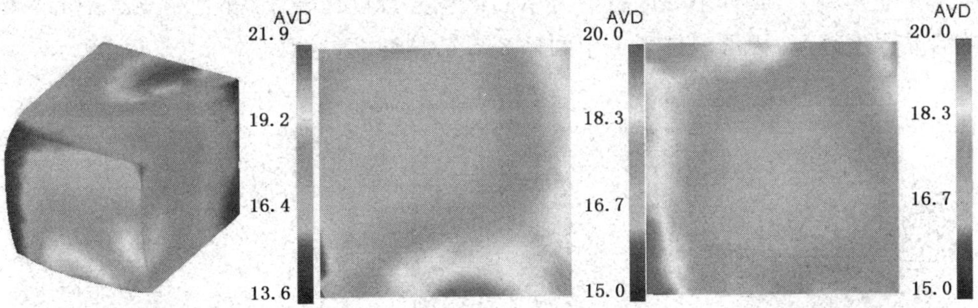

a) 三维云图　　b) 1/4剖面云图　　c) 1/2剖面云图

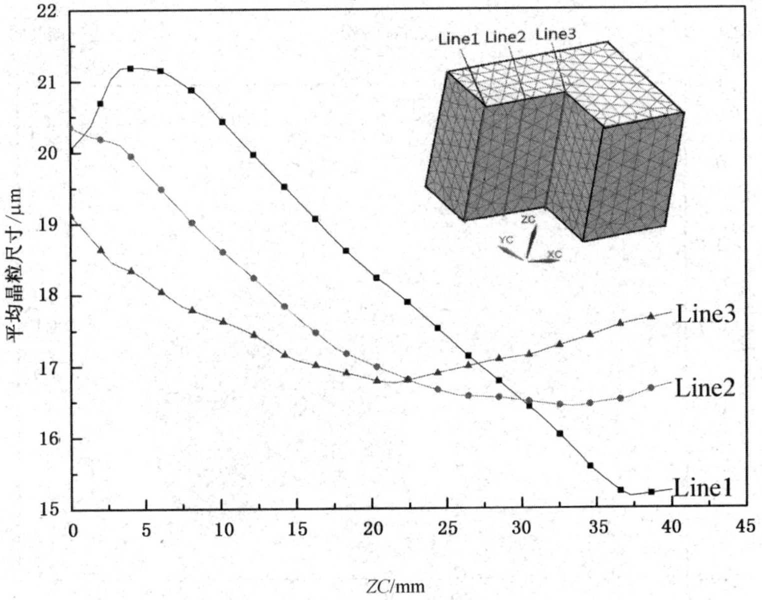

d) 平均晶粒度曲线图

图 4-42　9 道次(三个循环)锻件平均晶粒度分布云图和曲线图

4.6.2.3　1 000 ℃锻造模拟结果分析

1. 锻造 3 道次以后锻件的等效应变、再结晶体积分数和平均晶粒度分布情况

如图 4-43 所示为锻造 3 道次(一个循环)锻件等效应变云图与曲线图分布情况。从云图和曲线图中可以看出:锻件在锻造过程中,随着变形程度的增加,当变形量达到一定程度时,模具就会对锻件产生约束作用,最终导致锻件外表面中心部分应变最小,最小仅为 0.47 左右,而棱边区域和锻件中心部位应变较大,等效应变最大值达到 0.96 左右。

如图 4-44 所示为锻造 3 道次(一个循环)锻件动态再结晶体积分数云图与曲线图分布情况。从云图和曲线图中可以看出:锻件的棱边区域再结晶体积分数明显比其他区域大，靠近中心区域的再结晶体积分数也比较大，并且越靠近中心区域再结晶程度越高，相反锻件表面中间区域再结晶程度最低。

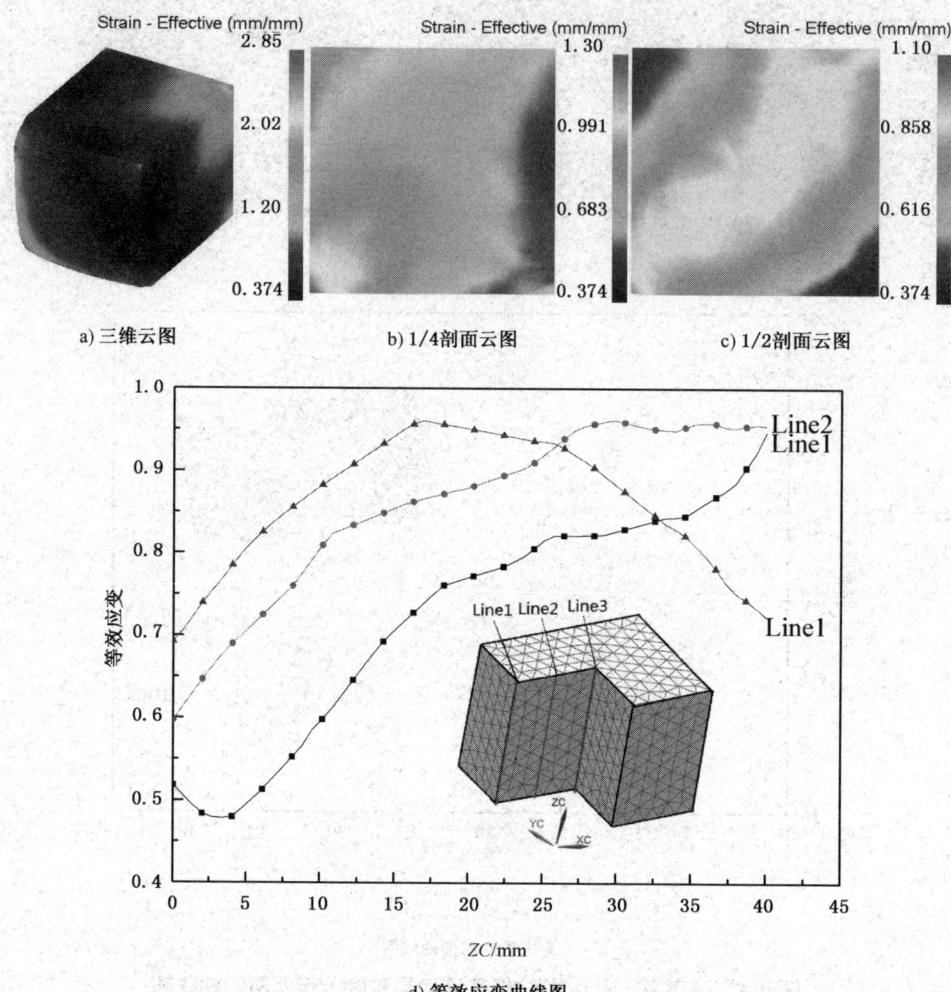

图 4-43 3 道次(一个循环)锻件等效应变分布云图和曲线图

如图 4-45 所示为锻造 3 道次(一个循环)锻件再结晶晶粒尺寸云图与曲线图分布情况。从云图和曲线图中可以看出：由于锻件棱边和中心区域以及在 45°的一个斜面上再结晶程度最高，所以该区域晶粒尺寸最小，最小值仅为 29.25 μm 左右，其他区域再结晶晶粒尺寸相对较大，锻件表面的中心部分甚至都未发生再结晶。

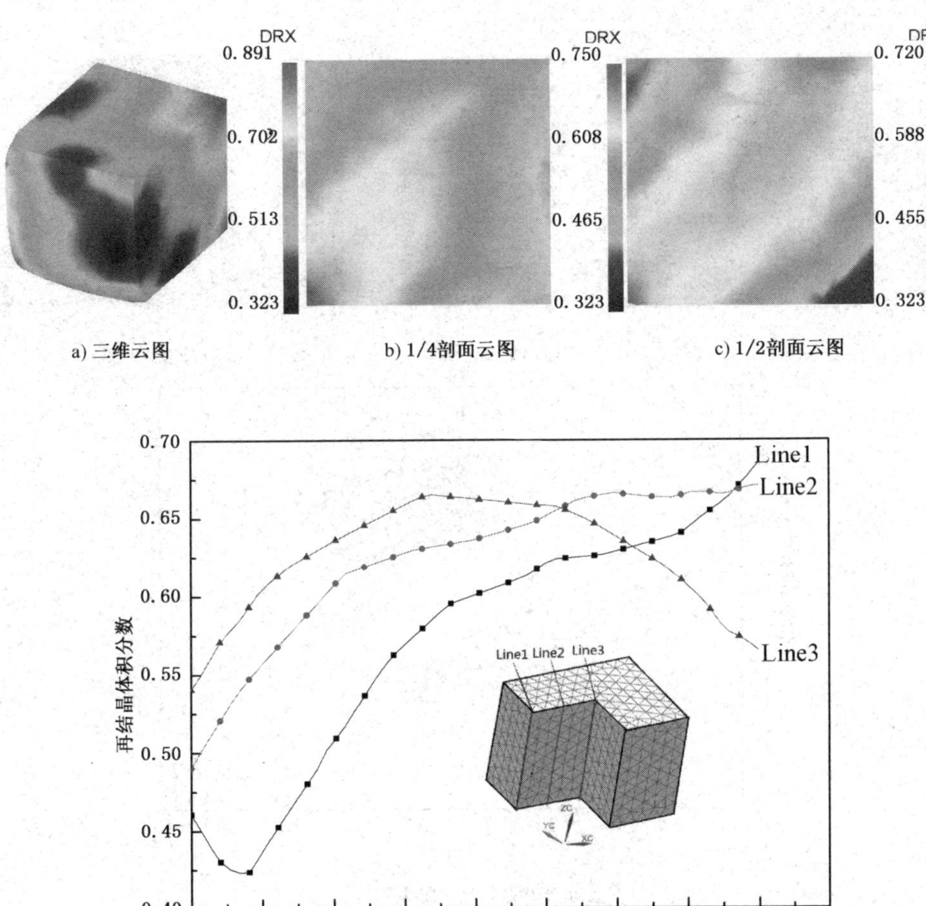

a) 三维云图　b) 1/4剖面云图　c) 1/2剖面云图

d) 动态再结晶体积分数曲线图

图 4-44　3 道次(一个循环)锻件动态再结晶体积分数分布云图和曲线图

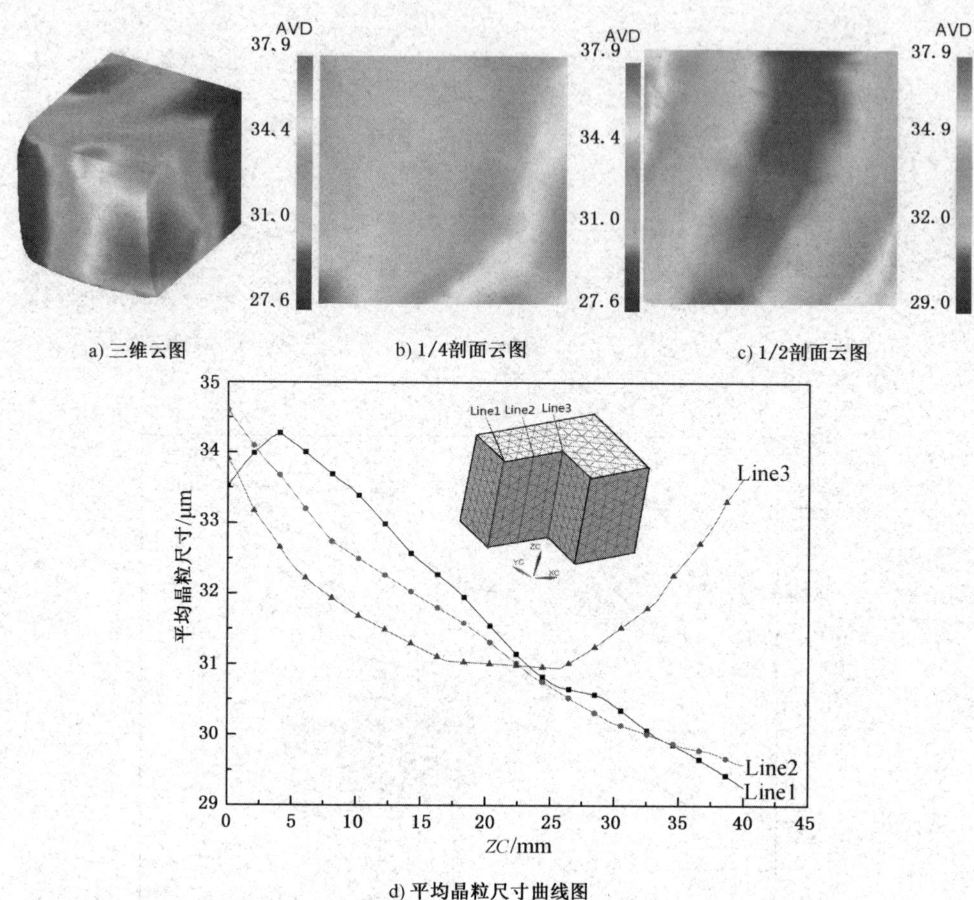

a) 三维云图　　b) 1/4剖面云图　　c) 1/2剖面云图

d) 平均晶粒尺寸曲线图

图 4-45　3 道次(一个循环)锻件平均晶粒度分布云图和曲线图

2. 锻造 6 道次以后锻件的等效应变、再结晶体积分数和平均晶粒度分布情况

如图 4-46 所示为锻造 6 道次(二个循环)锻件等效应变云图与曲线图分布情况。从云图和曲线图中可以看出:由于模具对锻件外表面约束作用,锻件表面部分的等效应变相对较小,最小仅为 1.07 左右;而锻件中间部分为易变形区,由于易变形区受模具摩擦力影响小,金属流动阻力减小,所以锻件心部等效应变值最大,等效应变最大值达到 1.8 左右,并且越靠近锻件表面等效应变越小。

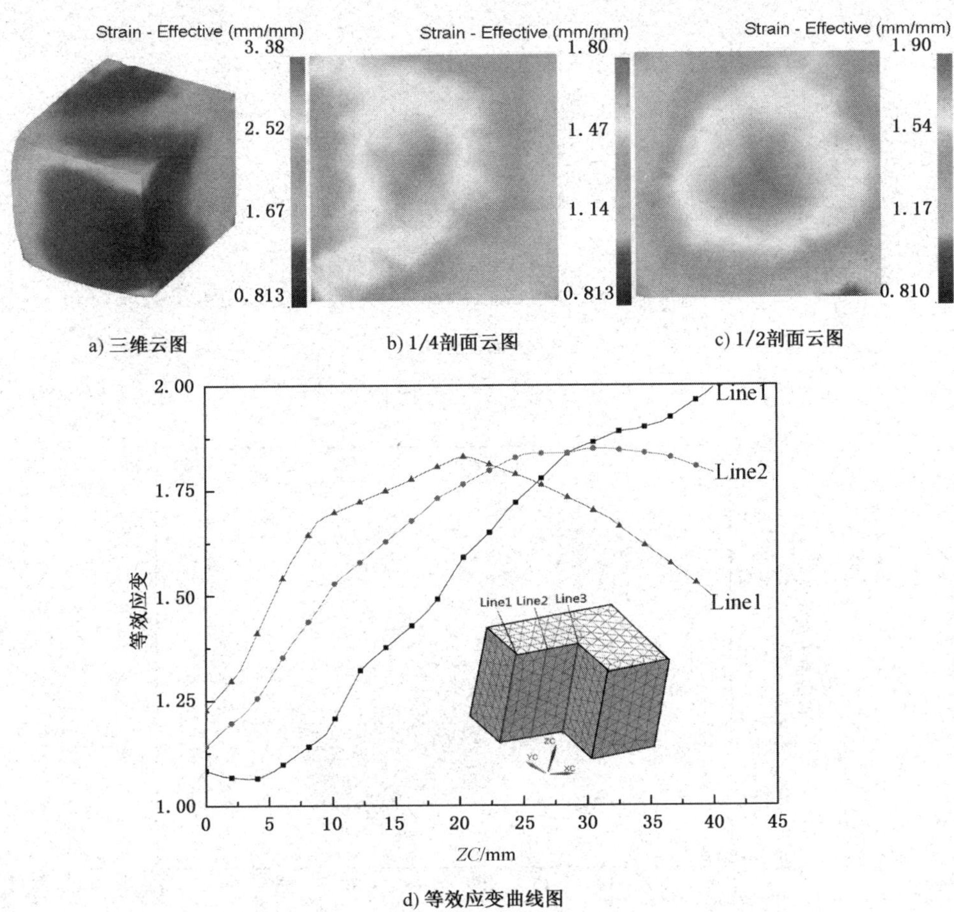

图 4-46　6 道次(二个循环)锻件等效应变分布云图和曲线图

如图 4-47 所示为锻造 6 道次(二个循环)锻件动态再结晶体积分数云图与曲线图分布情况。从云图和曲线图中可以看出:锻件的棱边区域再结晶体积分数明显比其他区域大,最大值达到 92%左右,靠近中心区域的再结晶体积分数也比较大,并且越靠近中心区域再结晶程度越高,最大值为 90%左右,相反锻件表面中间区域再结晶程度最低,甚至都未发生再结晶过程。

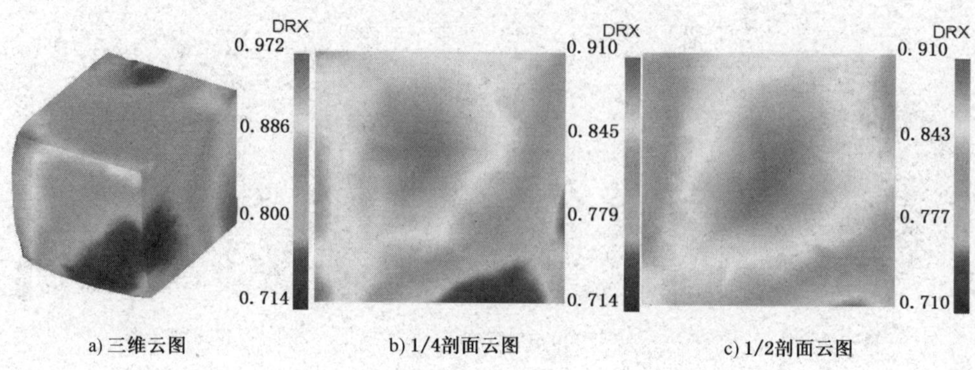

a) 三维云图　　b) 1/4剖面云图　　c) 1/2剖面云图

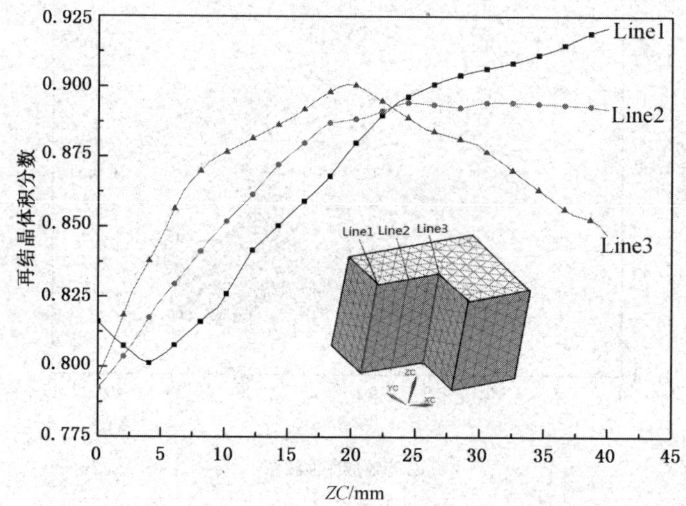

d) 动态再结晶体积分数曲线图

图 4-47　6 道次(二个循环)锻件动态再结晶体积分数分布云图和曲线图

如图 4-48 所示为锻造 6 道次(二个循环)锻件再结晶晶粒尺寸云图与曲线图分布情况。从云图和曲线图中可以看出:由于锻件中心部分所受的等效应变最大,再结晶程度也越大,所以该区域晶粒尺寸最小,最小值仅为 22.3 μm 左右,而其他区域再结晶晶粒尺寸相对较大。

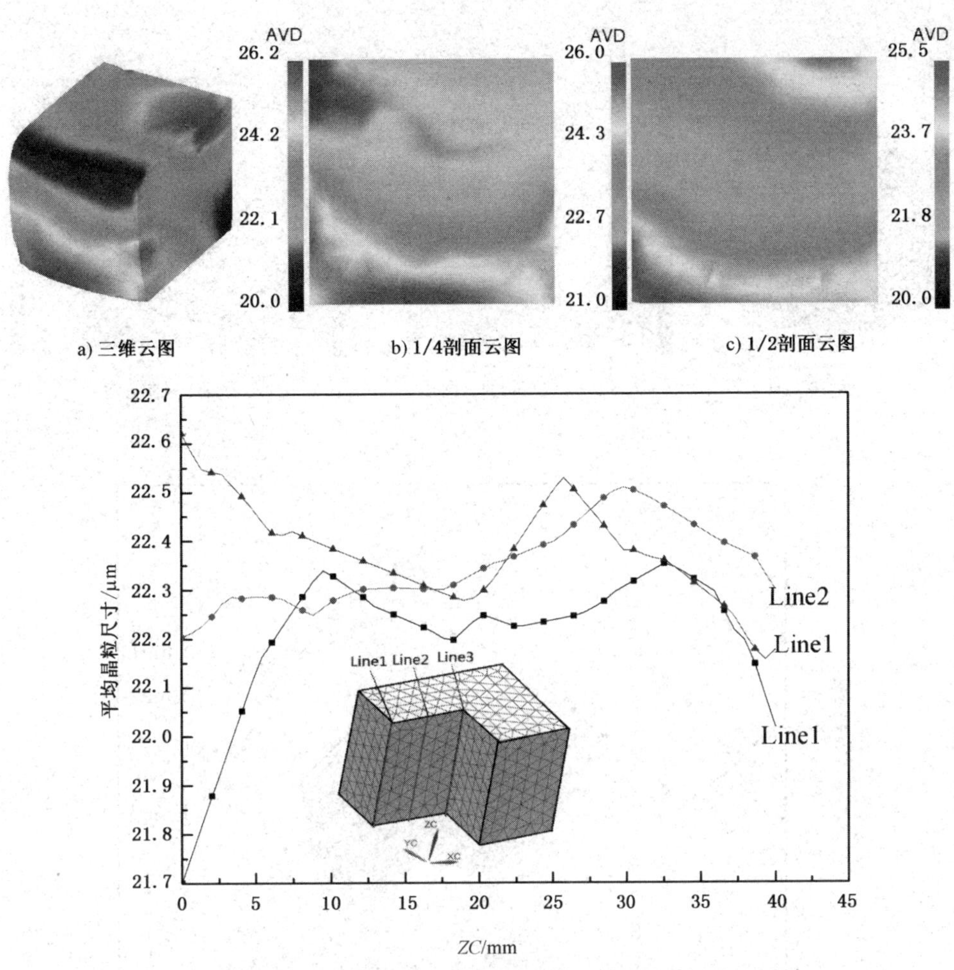

图 4-48　6 道次(二个循环)锻件平均晶粒度分布云图和曲线图

3. 锻造 9 道次以后锻件的等效应变、再结晶体积分数和平均晶粒度分布情况

如图 4-49 所示为锻造 9 道次(三个循环)锻件等效应变云图与曲线图分布情况。从云图和曲线图中可以看出:锻件接触表面中间部分受到模具摩擦力的作用,所以锻件该区域等效应变相对较小;而锻件中间部分为易变形区,所以其等效应变值最大,等效应变最大值达到 2.67 左右,并且越靠近锻件表面等效应变越小。

如图 4-50 所示为锻造 9 道次(三个循环)锻件动态再结晶体积分数云图与曲线图分布情况。从云和曲线图中可以看出:锻件的棱边区域再结晶体积分数明显比其他区域大,最大值达到 93.2%左右,靠近中心区域的再结晶体积分数也比较大,并且越靠近中心区域再结晶程度越高,最大值为 93%左右,相反锻件表面中间区域再结晶程度最低,甚至都未发生再结晶过程。

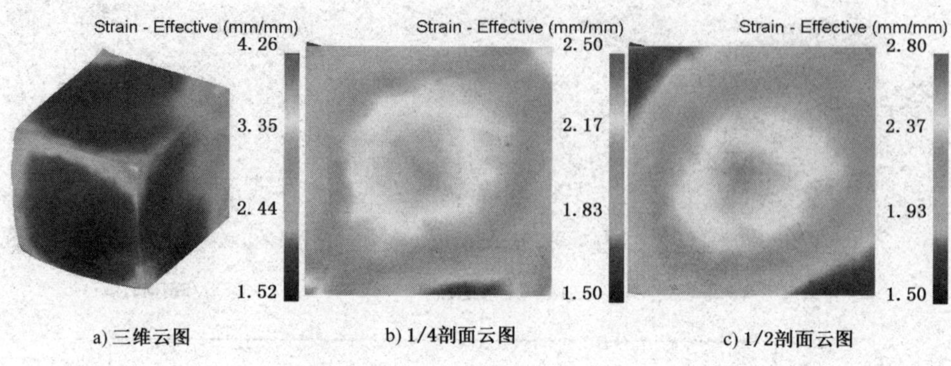

a) 三维云图　　b) 1/4剖面云图　　c) 1/2剖面云图

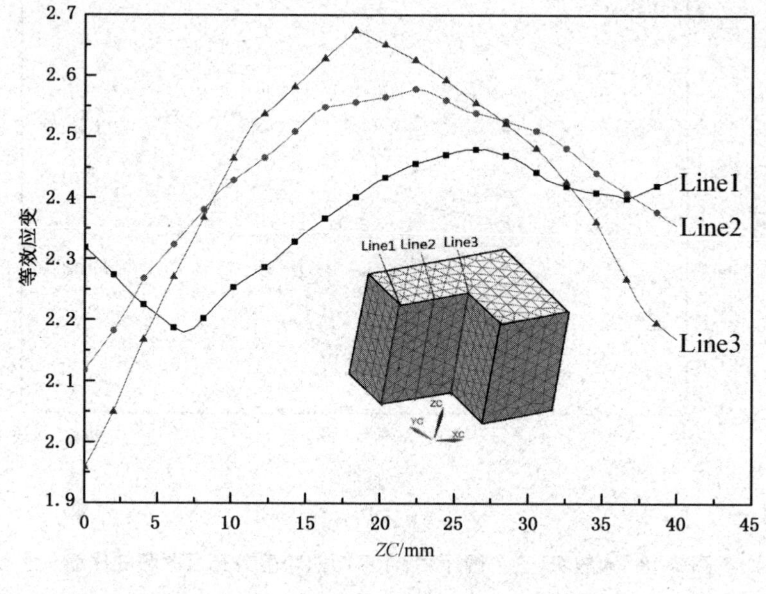

d) 等效应变曲线图

图 4-49　9 道次(三个循环)锻件等效应变分布云图和曲线图

如图 4-51 所示为锻造 9 道次(三个循环)锻件再结晶晶粒尺寸云图与曲线图分布情况。从云图和曲线图中可以看出:由于锻件中心部分所受的等效应变相对较大,再结晶程度也较大,所以该区域晶粒尺寸相对较小,最小值仅为 15.75 μm 左右,而其他区域再结晶晶粒尺寸相对较大,锻件棱边区域再结晶晶粒尺寸最小,最小值仅为 14.6 μm 左右。

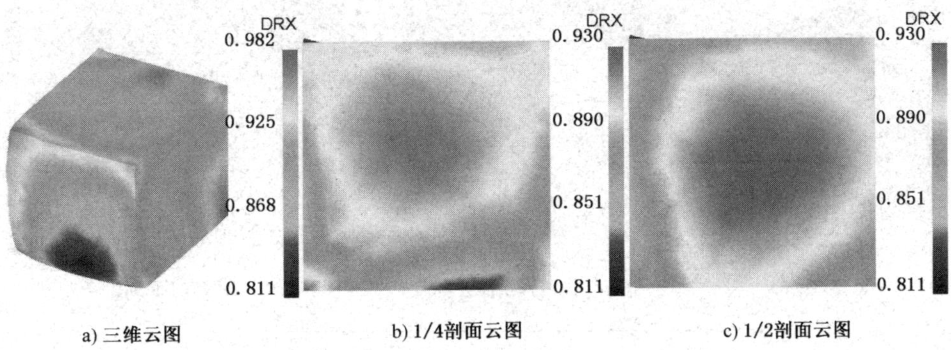

a) 三维云图　　b) 1/4剖面云图　　c) 1/2剖面云图

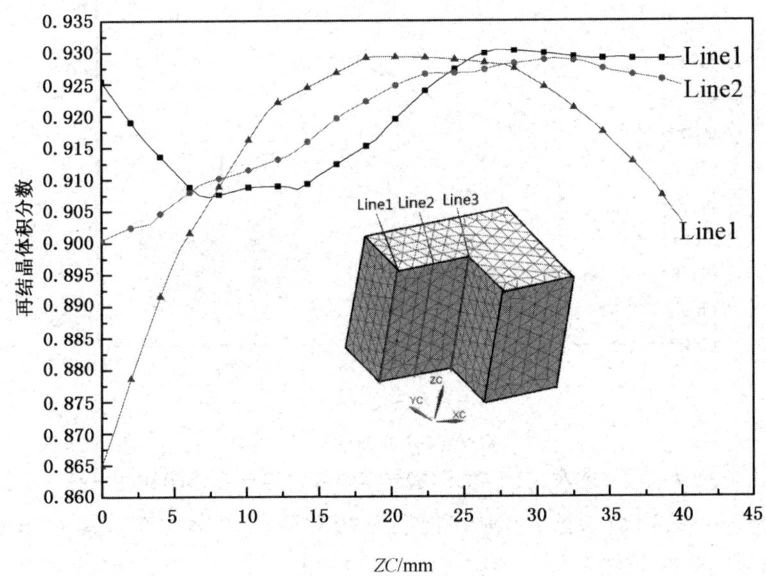

d) 动态再结晶体积分数曲线图

图 4-50　9 道次(三个循环)锻件动态再结晶体积分数分布云图和曲线图

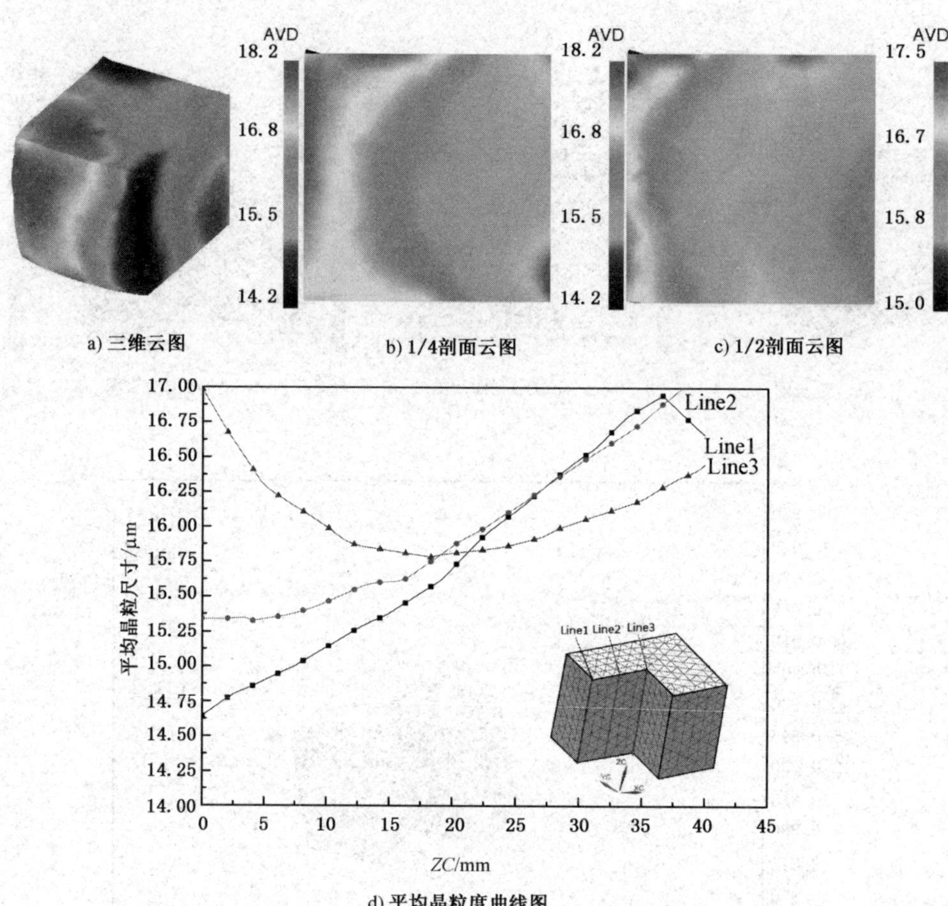

图 4-51　9 道次(三个循环)锻件平均晶粒度分布云图和曲线图

本节将材料的物理参数、本构方程以及相对应的动态再结晶模型导入仿真软件 Deform 中,模拟锻件在经过 800 ℃、900 ℃和 1 000 ℃下的单开式多向锻造以后,锻件内部等效应变、再结晶体积分数和再结晶晶粒尺寸的变化情况。结果表明:锻造温度越高,锻造道次越多,等效应变越大,所以再结晶程度越高,再结晶晶粒也越细小;温度为 800 ℃,9 道次时再结晶体积分数超过 69%,晶粒尺寸为 16～17.5 μm;温度为 900 ℃,9 道次时再结晶体积分数超过 71%,晶粒尺寸为 15～16.4 μm;温度为 1 000 ℃,9 道次时再结晶体积分数超过 86.5%,晶粒尺寸为 14.6～15.3 μm。

4.6.3　不同工艺对比分析

4.6.3.1　不同工艺条件下内部晶粒度变化情况

由于不同工艺下模具对锻件的约束作用不同,所以锻件内部的晶粒度变化情况也不相同,三种工艺的内部晶粒度变化示意图情况如图 4-52、4-53 和 4-54 所示。

由图 4-52 可知：在闭式多向锻造工艺中，随着锻造道次的增加，锻件的再结晶程度也逐渐增大。锻件刚开始发生动态再结晶区域为中心区域，随着锻造的进行，锻件开始由中心区域沿着 45°方向向四周发生动态再结晶，使锻件再结晶程度逐渐提高。

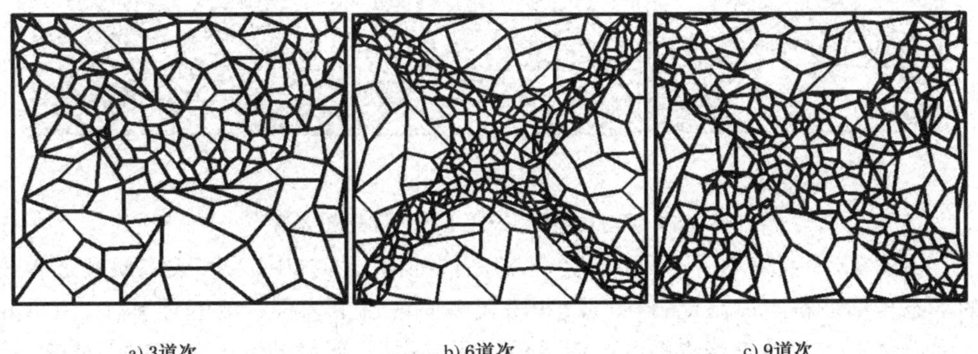

a) 3道次　b) 6道次　c) 9道次

图 4-52　闭式多向锻造工艺内部晶粒度演变

由图 4-53 可知：在单开式多向锻造工艺中，锻件刚开始发生动态再结晶区域也为中心区域，随着锻造的进行，3 道次以后，锻件开始由中心区域沿着 45°方向仅向两个变形量较大的方向发生明显的动态再结晶，然后再向另外两个方向发生动态再结晶，最终使得锻件的再结晶区域不断扩大。

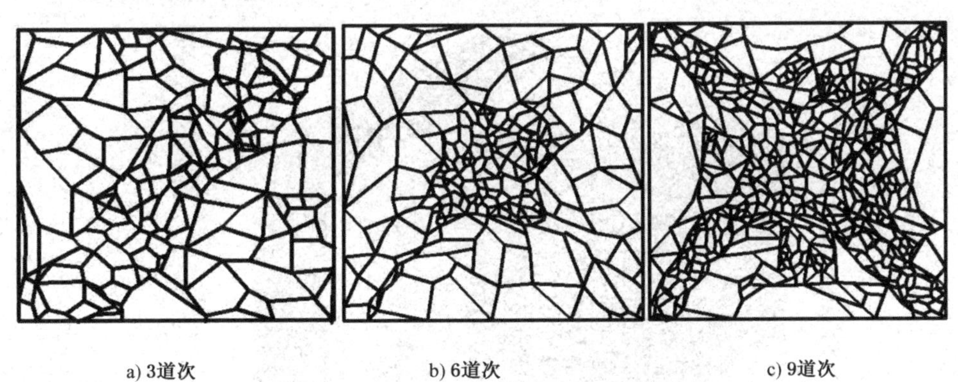

a) 3道次　b) 6道次　c) 9道次

图 4-53　单开式多向锻造工艺内部晶粒度演变

由图 4-54 可知：在双开式多向锻造工艺中，由于锻件的两个面始终不产生约束作用，每道次变形后试样横向尺寸均大于闭式和单开式多向锻造工艺，导致试样累积应变量大，使得锻件的动态再结晶程度相比前面两个工艺更大，锻件同样是开始由中心区域发生动态再结晶，然后随着锻造道次的增加由中心区域沿着 45°方向向四周发生动态再结晶，锻造道次越多，再结晶程度也越高。

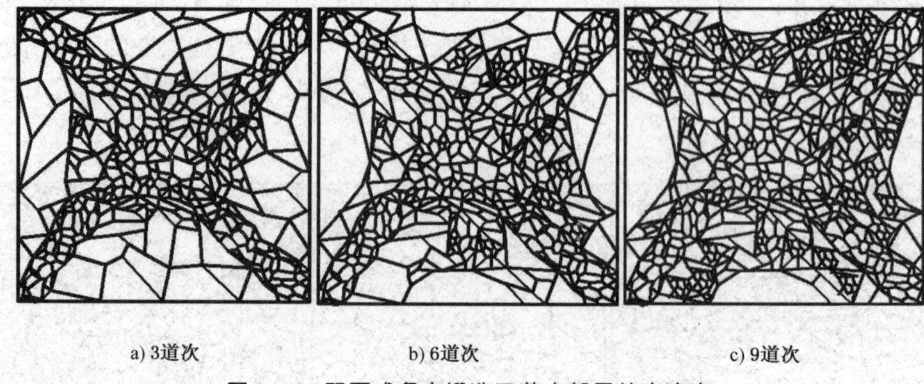

a) 3道次　　b) 6道次　　c) 9道次

图 4-54　双开式多向锻造工艺内部晶粒度演变

由图 4-52、4-53 和 4-54 可知，在三种不同的锻造工艺中，双开式多向锻造工艺的动态再结晶程度最高，晶粒也最小，闭式多向锻造工艺再结晶程度其次，而单开式多向锻造工艺由于始终有一个面受模具约束作用，所以动态再结晶程度最低。

锻件在热变形过程中，随着锻造时间和锻造道次以及锻造温度的变化，锻件内部的晶粒尺寸也在不断地变化，不同的条件下晶粒尺寸的大小也不同，从而对锻件最终性能会有很大的影响。本节通过 MATLAB 软件对不同条件下得到的锻件内部最小晶粒尺寸进行绘制得到如图 4-55 三维软件图。

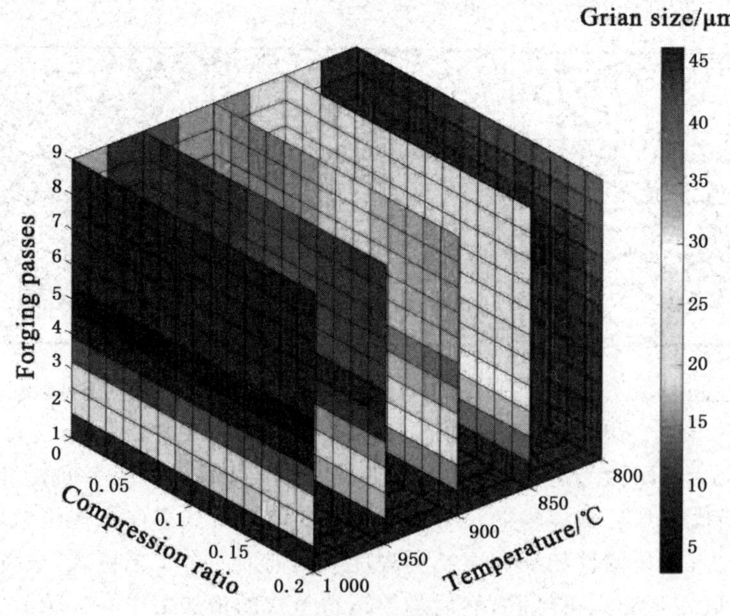

a) 不同温度下晶粒尺寸的分布情况

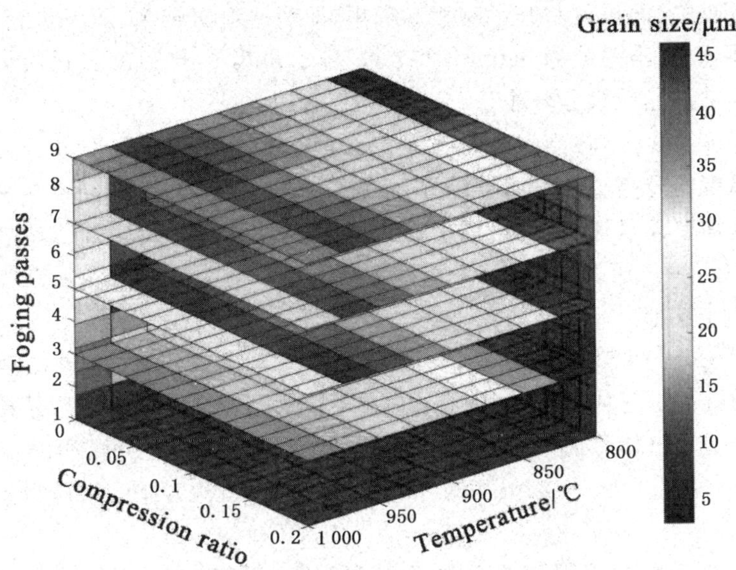

b) 不同道次下晶粒尺寸的分布情况

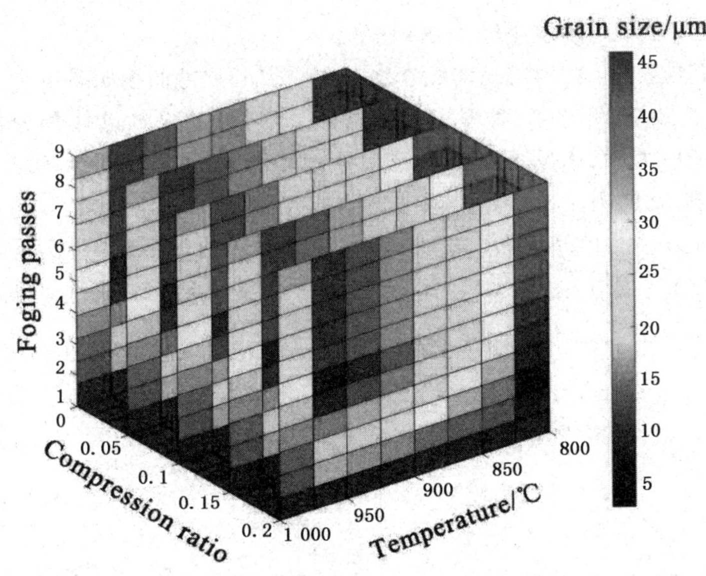

c) 不同压下量下晶粒尺寸的分布情况

图 4-55　锻件在不同条件下内部晶粒尺寸的分布情况

通过图 4-55 a 可知：当温度一定时，随着应变量和锻造道次的增大，锻件的再结晶晶粒尺寸整体呈递减趋势；从图中也可以看出再结晶晶粒尺寸主要与锻造道次和压下量有关，而温度对其影响相对较小，即锻造道次越多、压下量越大时，再结晶晶粒尺寸越小；当温度为 850～1 000 ℃、压下量为 0.15～0.2、道次为 5～9 时，所得到的再结晶晶粒尺寸较小。

通过图 4-55b 可知：当锻造道次一定时，在同一压下量下，锻件的再结晶晶粒尺寸随着温度的升高整体呈递增趋势；相反在同一温度下，锻件的再结晶晶粒随着压下量的增加整体呈递减趋势；即锻造道次越多、温度越低时，再结晶晶粒尺寸越小；当道次为 7～9、压下量为 0.1～0.2、温度为 950～1 000 ℃时，所获得的锻件再结晶晶粒尺寸较小。

通过图 4-55c 可知：当压下量一定时，在同一道次下，锻件的再结晶晶粒尺寸随着温度的升高呈整体递增趋势；相反在同一温度下，锻件的再结晶晶粒尺寸随着锻造道次的增加整体呈递减趋势；即温度越低、锻造道次越多时，再结晶晶粒尺寸越小；当压下量为 0.1～0.2、温度为 850～1 000 ℃，道次 6～9 时，所得到的锻件晶粒尺寸较小。

由图 4-55 分析可以得到结论：在锻造过程中，温度越高，锻件的再结晶尺寸越大；锻造道次越多，锻件的再结晶尺寸越小；压下量越大，锻件的再结晶尺寸越小。

4.6.4 锻件在不同条件下微观组织变化情况

4.6.4.1 锻件在不同温度下微观组织变化

锻件在不同工艺下的再结晶体积分数、再结晶晶粒尺寸曲线如图 4-56、4-57 所示。

由图 4-56、4-57 可知：三种锻造工艺条件下，锻件的再结晶体积分数随着温度的升高是逐渐增大的，相反再结晶晶粒尺寸随着温度的升高是逐渐减小的。在闭式多向锻造中，温度为 1 000 ℃时再结晶体积分数最大达到 98.5%，再结晶晶粒尺寸最小仅为 8.0 μm；单开式多向锻造中，再结晶体积分数最大达到 93%，再结晶晶粒尺寸最小仅为 13 μm；双开式多向锻造中，再结晶体积分数最大达到 99.6%，再结晶晶粒尺寸最小仅为 3 μm。

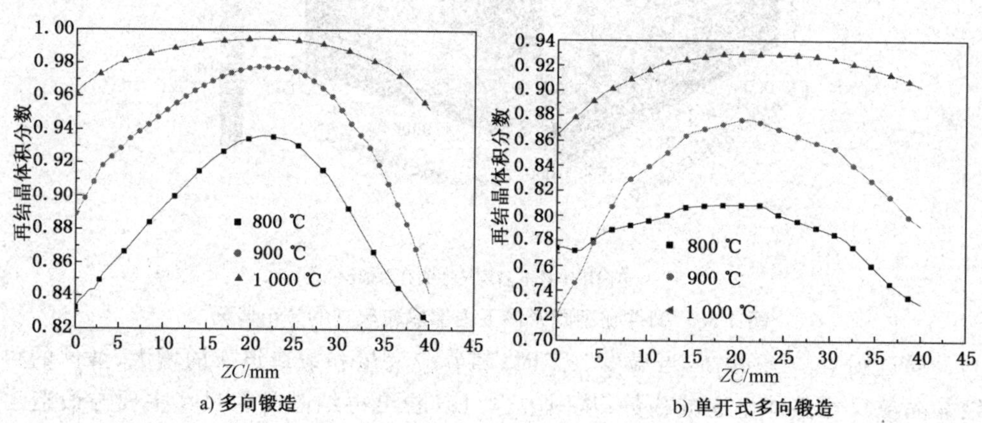

a) 多向锻造

b) 单开式多向锻造

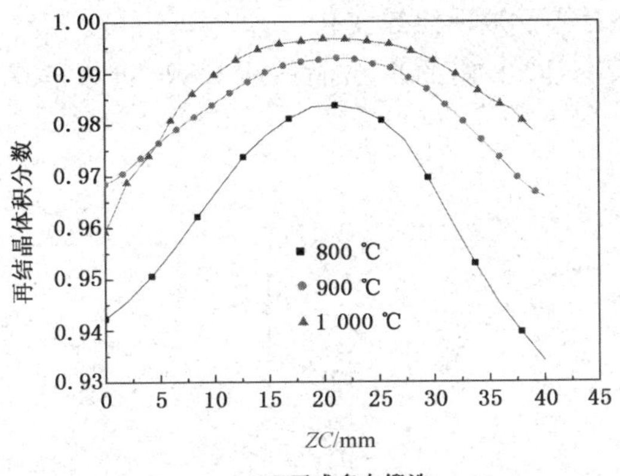

c) 双开式多向锻造

图 4-56　锻件在不同工艺下不同温度的再结晶体积分数曲线图

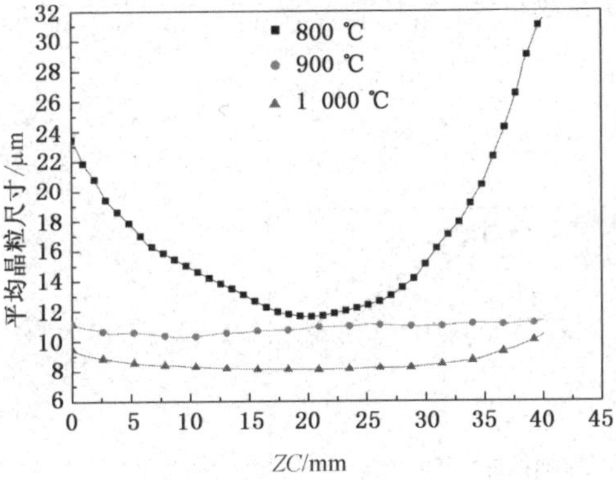

a) 闭式多向锻造

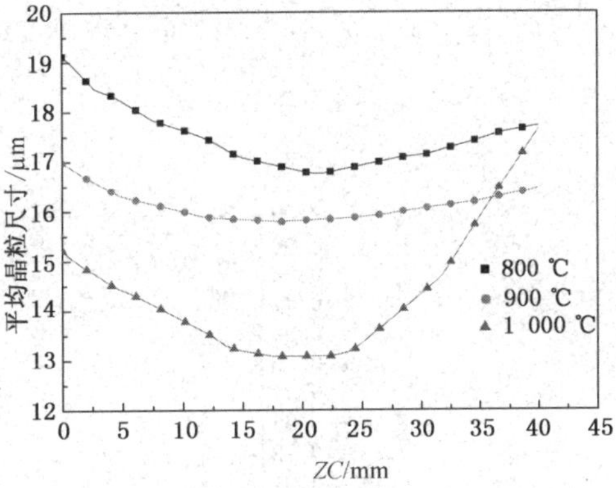

b) 单开式多向锻造

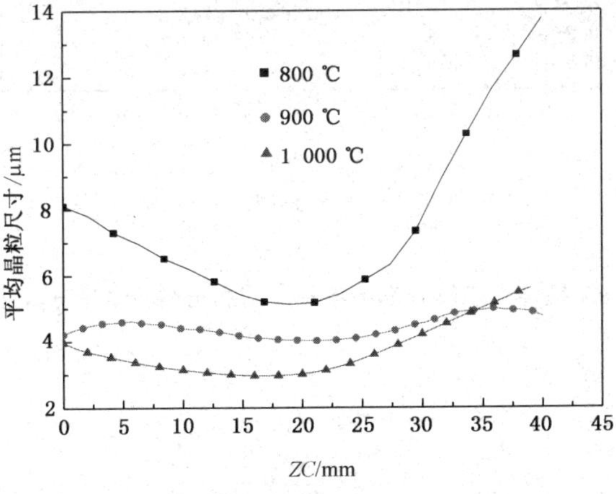

c) 双开式多向锻造

图 4-57　锻件在不同工艺下不同温度的再结晶晶粒尺寸曲线图

4.6.4.2 锻件在不同工艺下微观组织变化

锻件在不同温度下不同工艺的再结晶体积分数、再结晶晶粒尺寸曲线图如图 4-58、4-59 所示。

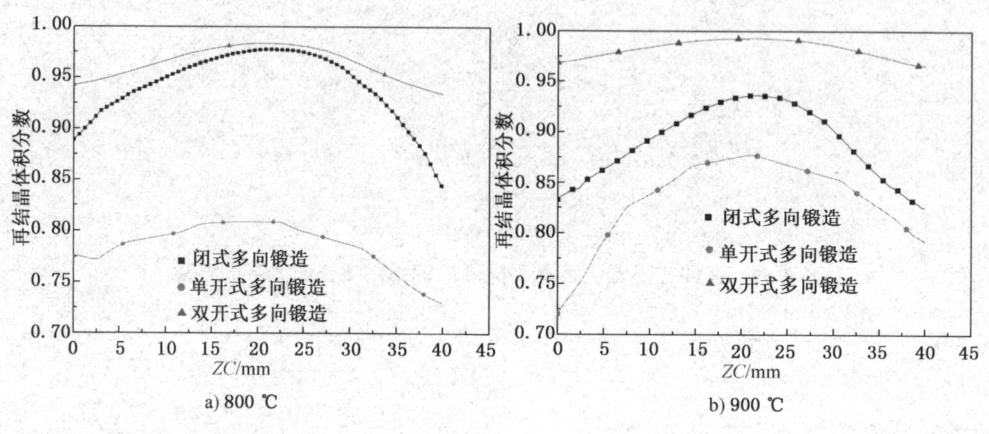

a) 800 ℃　　b) 900 ℃

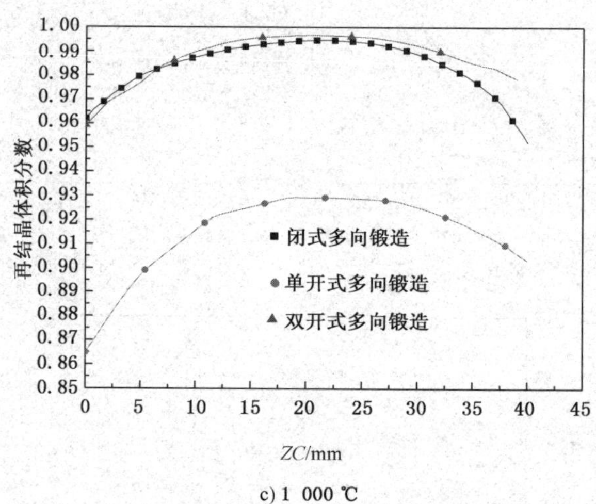

c) 1 000 ℃

图 4-58　锻件在不同温度下不同工艺的再结晶体积分数曲线图

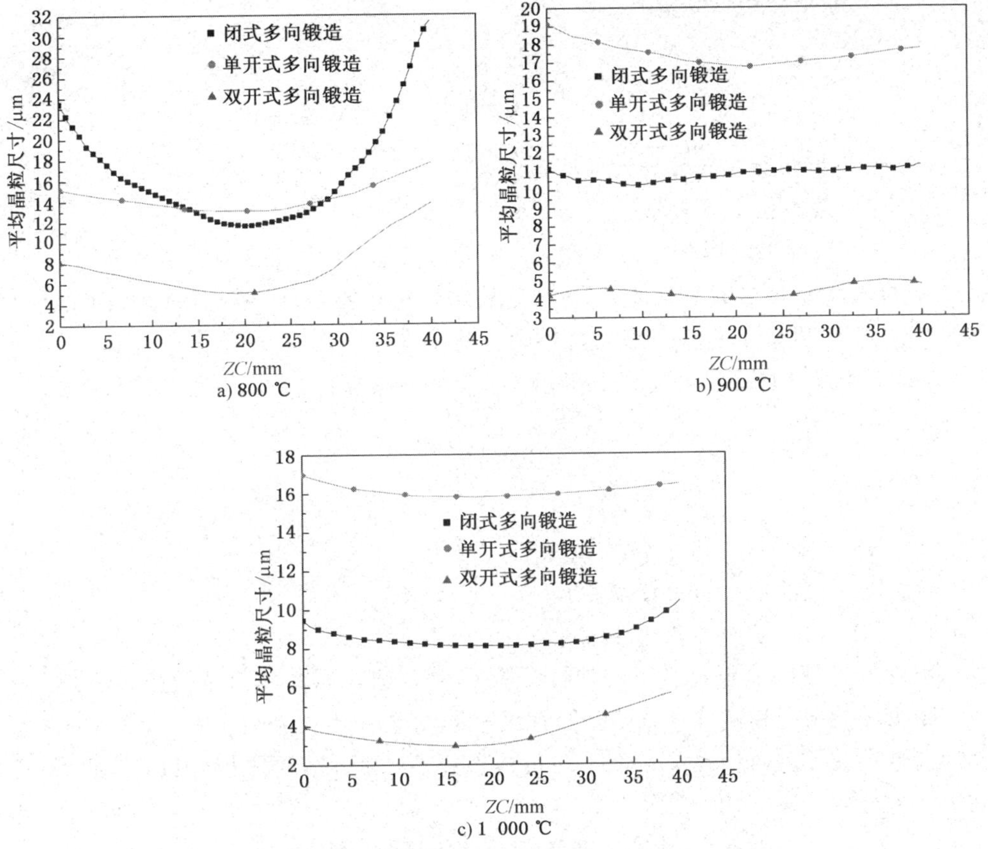

图 4-59　锻件在不同温度下不同工艺的再结晶平均晶粒度曲线图

由图 4-58、4-59 可知：不同的温度条件下，在三种锻造工艺中，双开式多向锻造工艺由于累积应变量最大，所以再结晶程度最高，再结晶晶粒尺寸最小；闭式多向锻造工艺再结晶程度和再结晶晶粒尺寸次之；单开式多向锻造工艺再结晶程度最低，再结晶晶粒尺寸也最大。在温度为 800 ℃时，双开式多向锻造再结晶体积分数最大为 97.5%，再结晶晶粒尺寸最小为 5.0；在温度为 900 ℃时，双开式多向锻造再结晶体积分数最大为 98%，再结晶晶粒尺寸最小为 4.0；在温度为 1 000 ℃时，双开式多向锻造再结晶体积分数最大为 99.5%，再结晶晶粒尺寸最小为 3.0。

4.6.5　锻件的不均匀性

锻件在锻造过程中内部的应变以及微观组织演变是不均匀的，而在实际的应用中，需要使锻件内的变形分布更均匀，从而得到微观组织结构比较均匀的超细晶材料，进而提高锻件的整体机械性能，并使锻件性能表现各向同性。本节对闭式多向锻造工艺在不同道次和不同温度下锻件各个截面的应变和晶粒度均匀性进行计算和对比。

锻件变形不均匀性参数：

$$C=\frac{\varepsilon_{max}-\varepsilon_{min}}{\varepsilon_{avc}} \tag{4-47}$$

式中：

ε_{max}——截面最大等效塑性应变；

ε_{min}——截面最小等效塑性应变；

ε_{avc}——截面平均等效塑性应变。

不均匀性参数 C 是获得锻件均匀变形分布的必要条件，因此保证截面变形不均匀性参数 C 尽量小是获得细晶材料的首要条件。

同样，可以计算锻件再结晶晶粒度不均匀性参数：

$$C=\frac{D_{max}-D_{min}}{D_{avc}} \tag{4-48}$$

式中：

D_{max}——截面最大再结晶晶粒尺寸；

D_{min}——截面最小再结晶晶粒尺寸；

D_{avc}——截面平均等效塑性应变。

锻件的再结晶晶粒尺寸不均匀性参数 C 可以描述锻件截面晶粒均匀性。

根据式(4-47)和式(4-48)可以计算出不同工艺在不同条件下锻件截面的变形不均匀性参数 C_b、再结晶晶粒度不均匀性参数 C_d 和再结晶体积分数 C_t，如表 4-7 和表 4-8 所示。

表 4-7　不同工艺下锻件不均匀性

工艺	温度/℃	道次	C_b	C_d	C_t
闭式	800	3	0.80	0.23	0.13
		6	0.80	0.83	0.21
		9	0.79	1.20	0.35
	900	3	0.75	0.34	0.15
		6	0.74	0.74	0.12
		9	0.72	0.10	0.04
	1 000	3	0.67	0.35	0.14
		6	0.67	0.22	0.08
		9	0.67	0.27	0.10

续表

工艺	温度/℃	道次	C_b	C_d	C_t
单开式	800	3	0.39	0.42	0.21
		6	0.46	0.44	0.22
		9	0.24	0.31	0.12
	900	3	0.32	0.13	0.18
		6	0.42	0.10	0.17
		9	0.54	0.14	0.19
	1 000	3	0.31	0.09	0.11
		6	0.37	0.02	0.04
		9	0.30	0.07	0.07
双开式	800	3	0.74	0.08	0.01
		6	0.70	0.89	0.05
		9	0.6	1.14	0.05
	900	3	0.73	0.23	0.03
		6	0.76	0.46	0.04
		9	0.60	0.22	0.03
	1 000	3	1.29	0.69	0.02
		6	0.86	0.75	0.03
		9	0.81	0.71	0.03

由表 4-7 可知：在三种不同锻造工艺中，虽然单开式多向锻造工艺的再结晶细化程度最低，但是此工艺下获得的锻件无论是变形不均匀性还是再结晶晶粒度不均匀性都是最低的，因此此工艺获得的锻件性能更加均匀；而在每种工艺条件下，不同的温度对锻件性能也有影响，在闭式多向锻造和单开式多向锻造工艺下，由于锻件变形量相对较小，所以温度越高，锻件的变形和再结晶晶粒度均匀性越好，在双开式多向锻造工艺中，由于锻件的变形量比较大，所以锻件在 900 ℃时所获得的锻件性能最均匀，此时锻件的再结晶体积分数在 9 道次时超过 97%，再结晶晶粒尺寸最小为 4 μm。

由表 4-8 可知：在不同的温度条件下，通过不同的锻造工艺可以获得性能不同的锻件。在各个温度条件下，单开式多向锻造工艺条件下锻件的应变和再结晶晶粒度不均匀性最好，闭式多向锻造工艺其次，双开式多向锻造工艺获得的锻件均匀性最差。

通过观察表 4-7 和表 4-8 可知：在三种锻造工艺中，随着温度（800～1 000 ℃）的升高，闭式多向锻造和单开式多向锻造工艺所获得的锻件性能均匀等提高，双开式多向锻造工艺在 900 ℃左右获得的锻件性能最均匀;在各个的温度条件下,单开式多向锻造工艺所获得的锻件性能都是最均匀的。

表 4-8　不同温度下锻件不均匀性

温度/℃	工艺	道次	C_b	C_d	C_a
800	闭式	3	0.80	0.23	0.13
		6	0.80	0.83	0.21
		9	0.79	1.20	0.35
	单开式	3	0.39	0.42	0.21
		6	0.46	0.44	0.22
		9	0.24	0.31	0.12
	双开式	3	0.74	0.08	0.01
		6	0.70	0.89	0.05
		9	0.61	1.14	0.05
900	闭式	3	0.75	0.34	0.15
		6	0.74	0.74	0.12
		9	0.72	0.10	0.04
	单开式	3	0.32	0.13	0.18
		6	0.42	0.10	0.17
		9	0.54	0.14	0.19
	双开式	3	0.73	0.23	0.03
		6	0.76	0.46	0.04
		9	0.61	0.22	0.03
1 000	闭式	3	0.67	0.35	0.14
		6	0.67	0.22	0.08
		9	0.67	0.27	0.10
	单开式	3	0.31	0.09	0.11
		6	0.37	0.02	0.04
		9	0.30	0.07	0.07
	双开式	3	1.29	0.69	0.02
		6	0.86	0.75	0.03
		9	0.81	0.71	0.03

4.7　微观组织演化的神经网络预测

GH4169 高温合金的动态再结晶变化机制复杂，再结晶过程与变形温度、模具结构、变形道次之间呈现非线性关系，使用非线性函数拟合的手段无法准确地表达 GH4169 的再结晶性能与以上三种参数之间的关系。因此本章采用基于神经网络的非线性系统建模的手段来预测 GH4169 动态再结晶演变规律。

根据网络结构的不同，神经网络可以分为三类，即前馈网络、反馈网络、自组织网络。其中前馈网络通常用于预测、模式识别和非线性函数逼近。在前馈网络中有很多网络模型，而本节采用的是基于梯度算法的 BP 神经网络。该种网络模型由输入层、隐含层、输出层组成，其中隐含层可以为单层或多层。网络依照有指导的方式训练，在训练过程中通过对比全局误差的大小，反复修正各神经元之间的权值，直到误差趋近于设定的最小值后完成训练。

本节首先进行网络结构设计，其次利用基于 L-M 算法的训练函数对 GH4169 动态再结晶演变规律进行训练，最后构建再结晶演变模型，并对不同工艺的组织演变进行预测。

4.7.1　网络结构设计

4.7.1.1　确定输入层和输出层

经过前文的分析，GH4169 的动态再结晶演变主要受锻造温度、锻造模具形式、锻造道次的影响，因此输入层包含三个部分：温度 Temp、模具 mold_type、道次 Pass。输出值为动态再结晶晶粒度 AVD、动态再结晶体积分数 DRX。

其中温度样本取值为 800、900、1 000，变形道次样本取值为 3、6、9，由于神经网络预输入层的样本数据类型必须统一，而且模具结构不具备量化参数，因此将前文所述的用 −1、0、1 分别代表闭式、双开式、单开式模具。同时将温度样本和变形道次样本进行归一化处理。

4.7.2.2　确定隐含层

采用 BP 型神经网络进行非线性函数拟合，拟合结果精度的高低主要与隐含层设置有关，它直接决定了神经网络的复杂程度与可靠程度。

通常 BP 型神经网络层数为 3 层或 3 层以上，其中隐含层为 1 层到 2 层，很少存在大于 3 层的 BP 型神经网络。这是因为隐含层数的增加虽然会提高网格精度，但是会使网格的复杂程度加大，训练时间延长，甚至会出现过拟合现象。因此提升神经网络的拟合精度主要是通过改变隐含层节点数来实现。通常隐含层节点数量按照式(4-49)进行确定：

$$m=\sqrt{n+l}+a \tag{4-49}$$

式中：

m ——隐含层节点个数；

n ——输入层节点个数；

l ——输出层节点个数；

a ——1～10 的常数。

从前文可知，输入层节点个数为 3，输出层节点个数为 2，因此隐含层节点个数在 3～12 之间，隐含层为 1～2 层。

4.7.2.3 网络结构确定

在确定网络层数和和节点个数之后，网络结构基本确定，最后就是确定神经网络层间的传递函数。

神经网络层间传递函数对网络模型的收敛性和精确性有着直接影响。通常层间节点传递函数包括以下三种：

1. logsig，表达式为

$$y=1/[1+\exp(-x)] \tag{4-50}$$

2. tansig，表达式为

$$y=2/[1+\exp(-2x)]-1 \tag{4-51}$$

3. purelin，表达式为

$$y=x \tag{4-52}$$

在相同的网络结构和网络参数的情况下，BP 神经网络的层间传递函数与均方误差关系表如表 4-9 所示。

由上文可知隐含层传递函数使用 tansig，输出层传递函数使用 purelin，具有较低的均方误差。

表 4-9 传递函数与均方误差关系表

隐含层传递函数	输出层传递函数	均方误差
logsig	logsig	79.685 4
logsig	tansig	15.619 1
logsig	purelin	14.946 5
tansig	logsig	109.707 2
tansig	tansig	23.757 3
tansig	purelin	11.516 4
purelin	logsig	587.837 8
purelin	tansig	15.165 4
purelin	purelin	27.129 2

表 4-10 为隐含层数量与均方误差之间的关系，两者网络结构相同，经过 10 次

训练取出均方误差的平均值。

表 4-10　隐含层数量与均方误差之间的关系

隐含层	平均均方误差	运行时间/s
单隐含层	24.514 55	8.0
双隐含层	17.492 75	9.5

在采用相同的网络结构的情况下，双隐含层预测精度略有提高，但与此同时运行时间也会被加长。因此本模型采用单隐含层的 BP 神经网络形式。

表 4-11 为隐含层节点个数与均方误差之间的关系，采用相同的网络结构进行训练，寻找出合适的节点个数。

表 4-11　隐含层节点数与均方误差之间的关系

隐含层节点个数	3	4	5	6	7	8	9	10	11	12
均方误差	91.6	102.2	110.6	108.0	95.3	89.5	88.9	87.9	86.0	85.3

从表中可以看出采用 BP 神经网络的均方误差随节点数增加而减少，因此本模型采用的隐含层节点个数为 12 个。

综上所述，本模型采用的 BP 神经网络结构如图 4-60 所示。

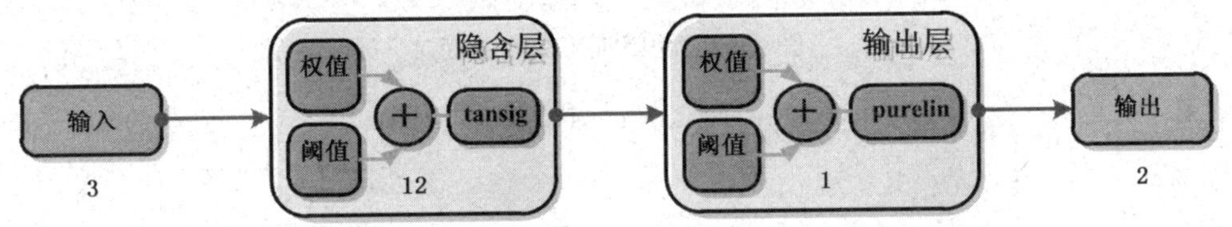

图 4-60　神经网络结构

4.7.2　神经网络训练结果与分析

如前文所说，GH4169 在高温下的动态再结晶演变规律与温度、道次、模具结构有关，且每个影响参数均为三种水平，共九组工艺条件。从中交叉选取三组工艺条件用作神经网络预测的对比，其余六组用作神经网络训练。在每组实验中各选取 20 个点作为神经网络的样本，其中选取总体样本的 40%为训练样本，选取 30%为验证样本，30%为测试样本。网格结构采用前文所述结构，在 MATLAB 2016b 神经网络模块中进行训练，训练终止条件为验证样本仿真失败次数达到最大值。经过 130 步迭代，训练停止，神经网络收敛，网络最终状态如图 4-61 所示。

如图 4-62 所示的是已收敛的神经网络的均方误差，其中训练样本、验证样本与测验样本之间的均方误差随迭代步数的增加而减小，并在第 124 次迭代呈现出最小值。

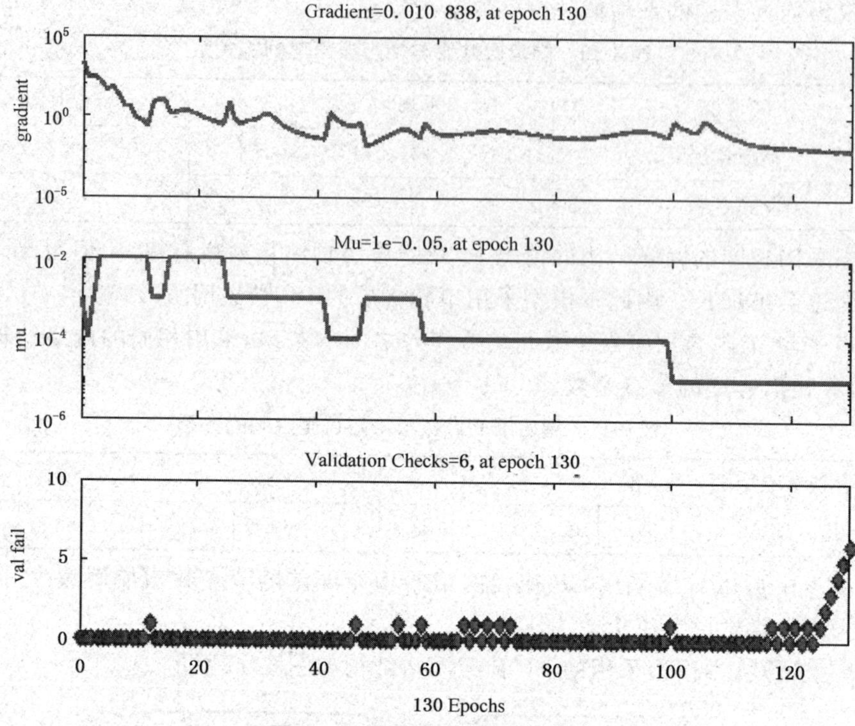

图 4-61 网络训练最终状态

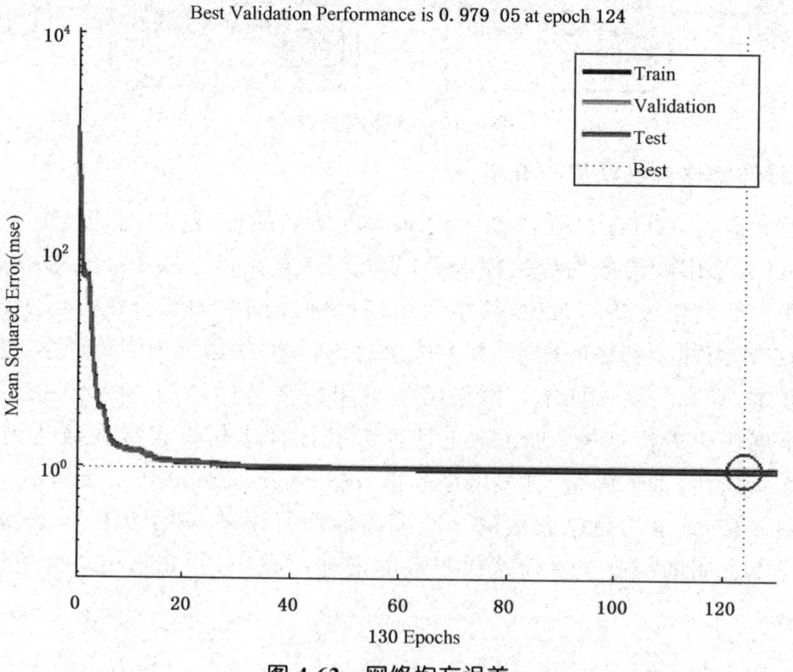

图 4-62 网络均方误差

网络的回归精度如图 4-63 所示，图中训练样本、回归样本、测验样本与总体的回归精度相近且都接近于 1。因此综上所述，该训练后的网络可靠，且可以用于本文中的预测。

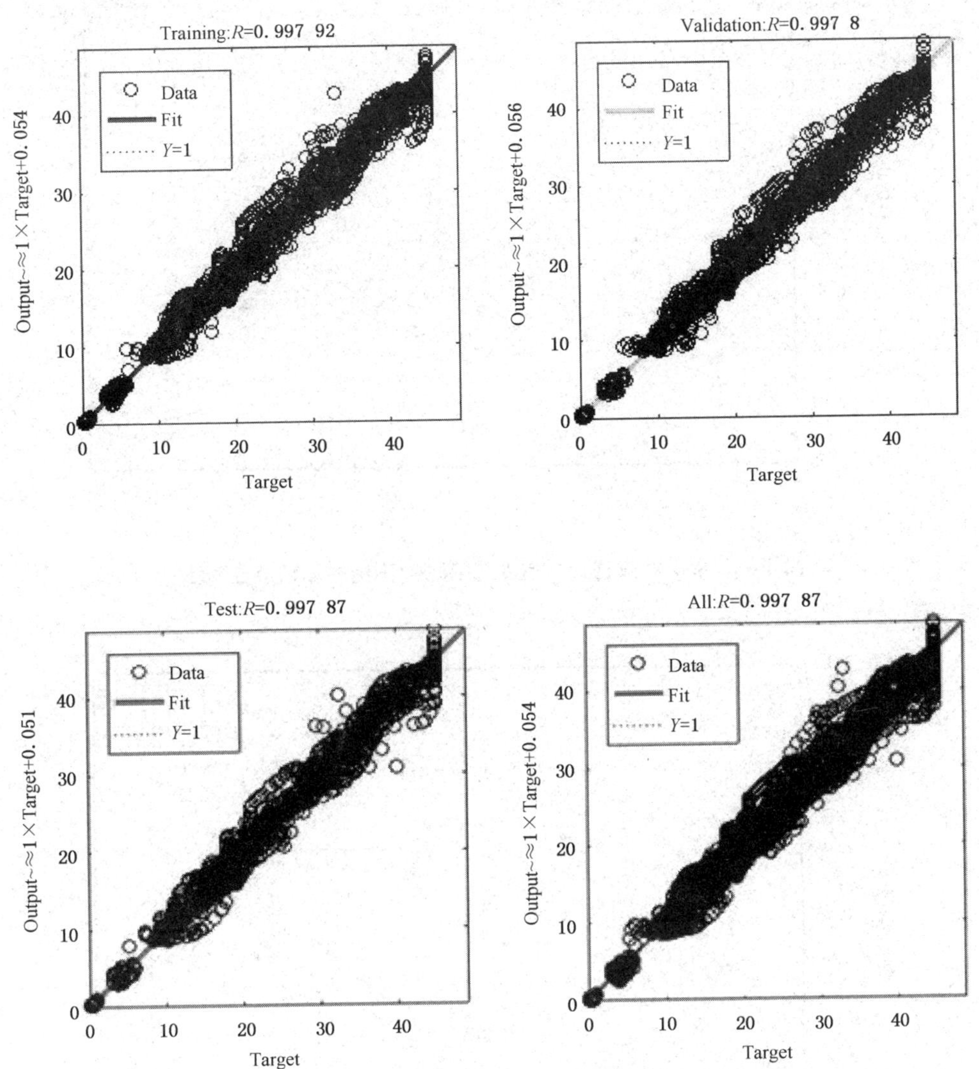

图 4-63　神经网络回归精度

基于前文建立的神经网络模型，对本文再结晶的演变规律进行预测，并对比 800 ℃＋双开式＋9 道次、900 ℃＋闭式＋6 道次、1 000 ℃＋单开式＋3 道次的模拟数据与神经网络预测数据。动态再结晶体积分数对比结果如图 4-64、图 4-65 和图 4-66 所示，动态再结晶晶粒度对比结果如图 4-67、图 4-68 和图 4-69 所示。

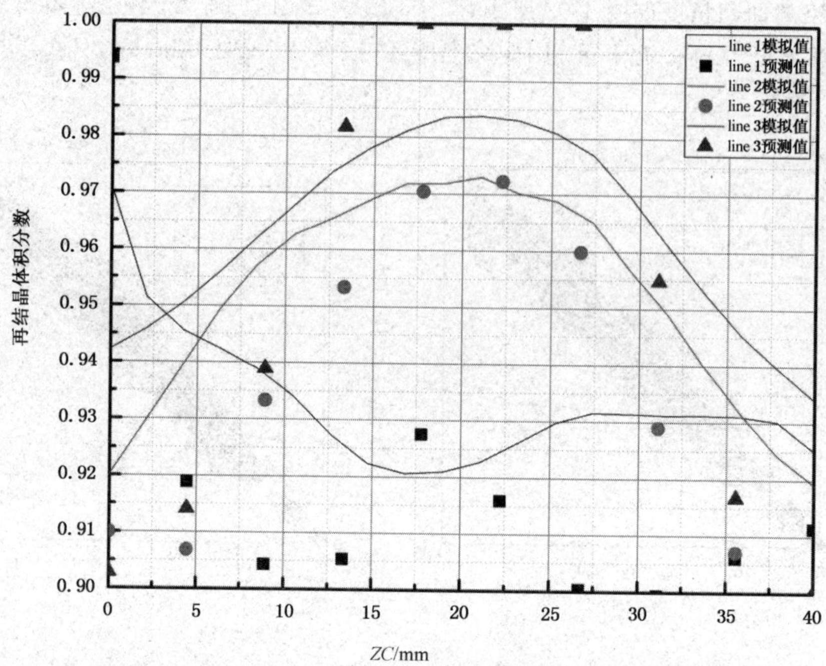

图 4-64　800 ℃双开式 9 道次(三循环)再结晶体积分数对比

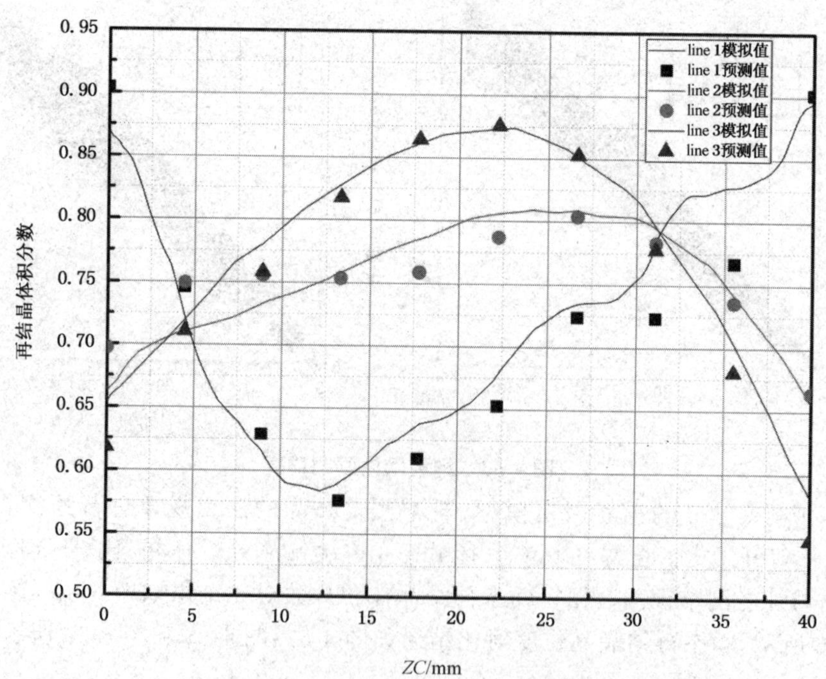

图 4-65　900 ℃闭式 6 道次(二循环)再结晶体积分数对比

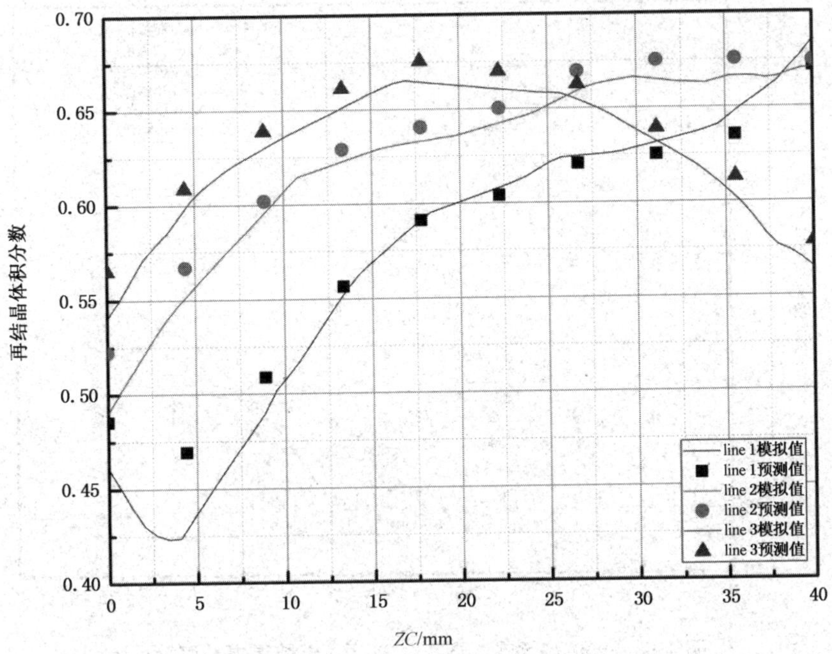

图 4-66　1 000 ℃单开式 3 道次(一循环)再结晶体积分数对比

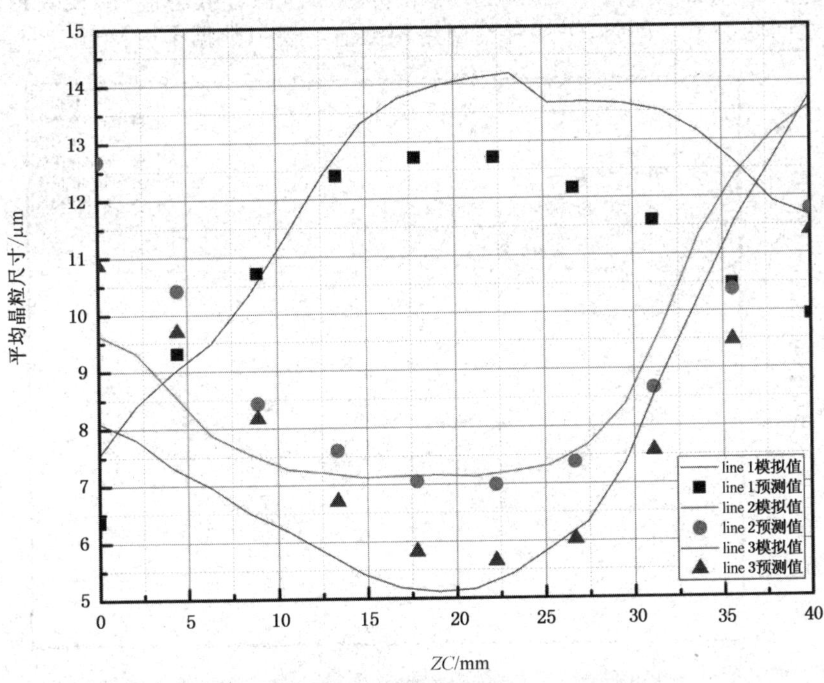

图 4-67　800 ℃双开式 9 道次(三循环)再结晶晶粒度对比

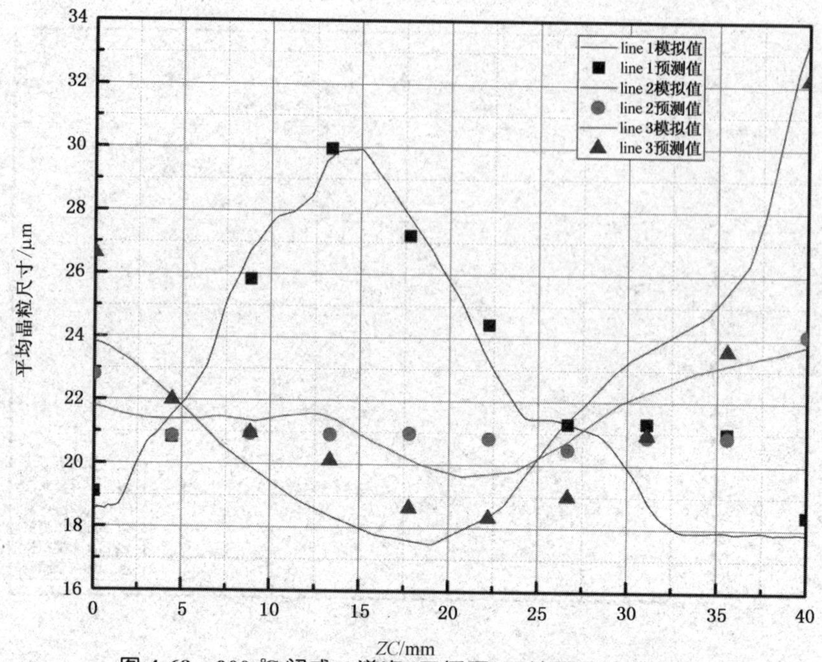

图 4-68　900 ℃闭式 6 道次(二循环)再结晶晶粒度对比

从图 4-64～4-69 中可以看出,采用 BP 神经网络建立的 GH4169 再结晶模型可以描述其在热加工时再结晶晶粒尺寸和再结晶体积分数与温度、模具形式和变形道次之间的关系。同时,采用神经网络预测值与模拟数据十分接近。

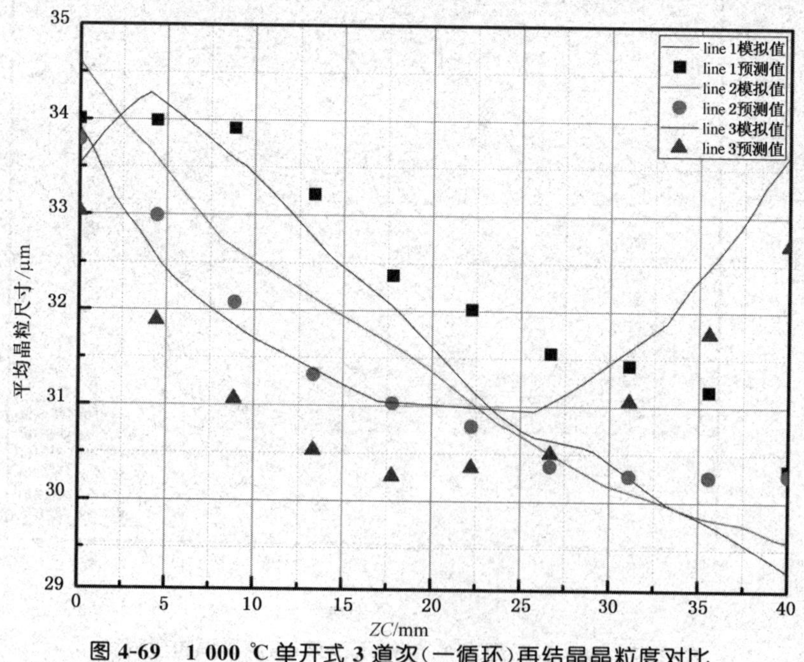

图 4-69　1 000 ℃单开式 3 道次(一循环)再结晶晶粒度对比

表 4-12,表 4-13 和表 4-14 分别表示上述三种工艺的有限元模拟结果和神经网络预测结果的均值及绝对误差。

表 4-12　工艺 1 800 ℃＋双开式＋9 道次

800 ℃＋双开式＋9 道次	D_{avg} 平均值			X_{drx} 平均值		
	模拟值	预测值	绝对误差	模拟值	预测值	绝对误差
Line1	12.084 8	11.033 99	0.086 953	0.933 23	0.915 04	0.019 491
Line2	8.840 29	8.937 63	0.011 011	0.951 76	0.935 55	0.017 032
Line3	7.586 51	7.947 21	0.047 545	0.963 43	0.953 88	0.009 913

表 4-13　工艺 2 900 ℃＋闭式＋6 道次

900 ℃＋闭式＋6 道次	D_{avg} 平均值			X_{drx} 平均值		
	模拟值	预测值	绝对误差	模拟值	预测值	绝对误差
Line1	22.749 34	23.364 12	0.717 68	0.704 97	0.017 71	
Line2	21.460 81	21.068 1	0.018 299	0.756 42	0.757 56	0.001 507
Line3	21.635 68	21.239 7	0.018 302	0.782 42	0.770 68	0.015 005

表 4-14　工艺 3 1 000 ℃＋单开式＋3 道次

1 000 ℃＋单开式＋3 道次	D_{avg} 平均值			X_{drx} 平均值		
	模拟值	预测值	绝对误差	模拟值	预测值	绝对误差
Line1	31.766 48	32.436 81	0.021 102	0.570 75	0.575 56	0.008 428
Line2	31.508 37	31.244 58	0.008 372	0.623 65	0.633 87	0.016 387
Line3	31.860 29	31.160 85	0.021 953	0.626 69	0.637 33	0.016 978

为了验证本神经网络对非样本的预测能力,表 4-15 给出了采用 950 ℃单开式模具进行多项锻造模拟的预测结果与有限元模拟结果。

表 4-15　非样本预测结果

道次	平均晶粒尺寸/μm			平均再结晶体积分数/%		
	模拟值	预测值	绝对误差	模拟值	预测值	绝对误差
1 道次	40.7	38.6	5.09	23.97	29.85	24.53
2 道次	30.1	26.8	10.85	53.32	64.46	20.89
3 道次	23.8	19.8	16.95	70.35	84.12	19.57
4 道次	19.6	16.8	14.04	82.08	92.06	12.16
5 道次	16.4	15.8	3.32	90.73	94.41	4.06
6 道次	14.9	15.3	2.28	94.74	95.76	1.08

续表

道次	平均晶粒尺寸/μm			平均再结晶体积分数/%		
	模拟值	预测值	绝对误差	模拟值	预测值	绝对误差
7 道次	14.0	14.8	6.16	97.42	97.74	0.32
8 道次	13.5	14.6	8.06	98.64	97.18	1.48
9 道次	13.3	14.4	7.92	99.2	97.61	1.60

由上表可以看出对于非样本的预测精度不如样本预测精确，但是绝对误差在可接受范围之内，随着道次的提高，预测精度大大提高。当超过 5 道次时平均晶粒度误差小于 10%；当道次达到 5 道次时，再结晶体积分数预测误差小于 5%，当超过 5 道次时，误差小于 2%。因此，本神经网络在预测方面具有可用性。

4.8 微观组织演化预测的试验验证

4.8.1 试验材料及方法

4.8.1.1 试验材料

选用坯料的尺寸为 40 mm×40 mm×50 mm 的 GH4169 高温合金块体作为试验材料，试样的原始组织大小不一，晶粒尺寸在 20～80 μm 之间，平均晶粒尺寸约 45 μm，如图 4-70 所示，其化学成分见表 4-16。

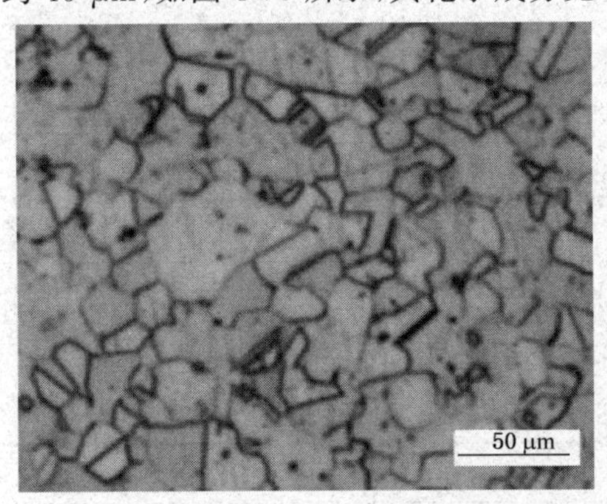

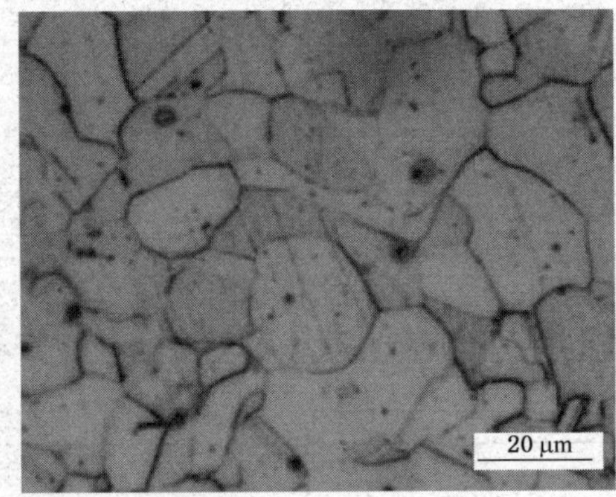

图 4-70 GH4169 合金原始微观组织

表 4-16 GH4169 合金化学成分(质量分数)

元素	C	Si	Mn	Cr	Ni	Co	Ti	Al	Mo	Nb	S	Fe
含量/%	0.067	0.08	0.03	19.26	53.67	0.05	1.13	0.55	3.26	5.38	0.005	余

4.8.1.2 分析方法

在 Zeiss 光学显微镜上进行组织观察。所用的浸蚀剂为 HF 5 mL、HNO_3 15 mL、H_2O 85 mL 的混合液。不同处理状态的样品在浸蚀剂中浸泡 10～60 s。

在 EDAX-TSL 上配合日立 S3400N 扫描电镜对材料进行 EBSD 分析。制样过程如下：利用线切割切下 0.5 mm 厚的薄片，然后磨至 50～80 μm 。采用化学双喷减薄法进行减薄，双喷液为 10%的高氯酸和 90%的甲醇混合溶液（体积分数），电压为 13 V，温度控制在－35 ℃以下。

4.8.2　锻造工艺

在 ZRY-160 真空等温成形机中进行单开式多向锻造试验，将坯料放置在模具中，以 50 ℃/min 的升温速率进行升温，待温度升高到 1 000 ℃时，保温 20 min，然后进行 20%的压缩，压缩速率为 0.5 mm/s，待冷却后，将试件翻转，进行下一道次，进行多向锻造试验，图 4-71 为多向锻造的坯料和 9 道次锻造后的试样。

图 4-71　多向锻造坯料和 9 道次锻造后的试样

4.8.3　试验结果分析

4.8.3.1　金相微观组织

图 4-72 为不同道次锻造后试样的微观组织，从图中可以看出：初始坯料的晶粒尺寸较大，且分布不均匀；6 道次多向锻造后（图 b）晶粒的均匀性大大提高，且已经比较细小，平均晶粒尺寸减小到平均 21.6 μm ，但晶粒的形状还不很规则；当进行 8 道次多向锻造后，晶粒的形状变得细小均匀，但由于 8 道次属于不对称变形道次，晶粒在垂直于锻造方向还略有伸长，并不完全呈等轴形貌，晶粒尺寸为 14.5 μm；当达到 9 道次时，已经基本全部呈等轴形，晶粒尺寸为 15.5 μm。

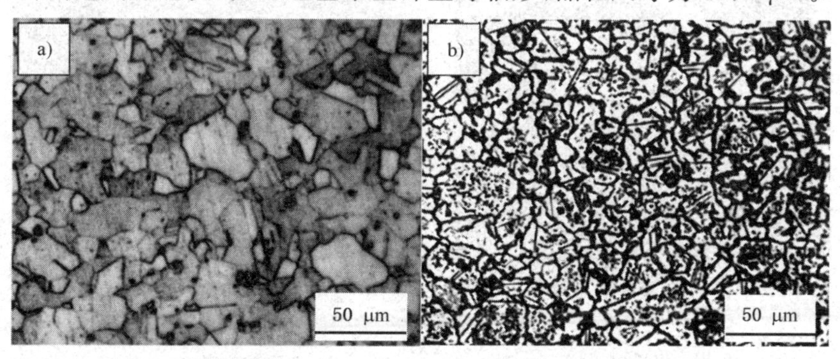

a) 原始材料　　b) 6道次

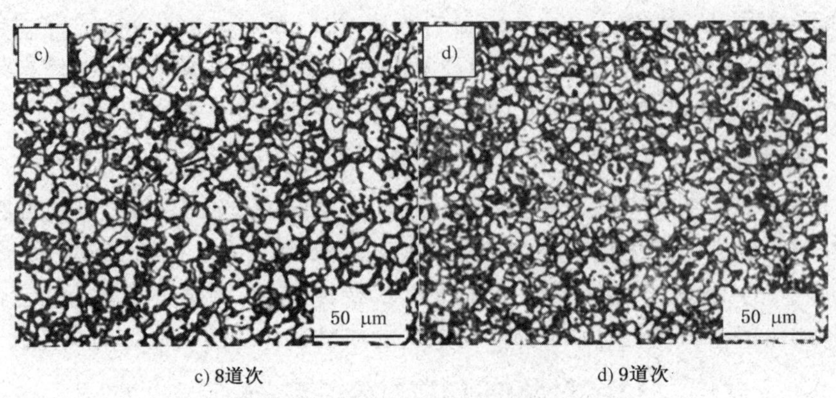

c) 8道次　　d) 9道次

图 4-72　不同道次锻造后试样的微观组织

4.8.3.2　EBSD 分析

1. 不同道次下的晶粒尺寸

图 4-73 为 GH4169 合金不同道次下的晶粒尺寸分布图。图 4-74 为 GH4169 合金晶粒尺寸统计图。变形孪晶是原始材料和多向锻造后材料内部晶粒的共同特征。由图 4-73a 与图 4-74a 可以看出，原始材料的晶粒尺寸大小不一，有 50％的晶粒尺寸约在 30～50 μm 之间，但也存在一小部分晶粒尺寸达到了 90 μm ，并且经过观察发现，晶粒之间有一定的尺寸偏聚发生。多向锻造 6 道次的晶粒尺寸明显降低，晶粒尺寸集中在 20～30 μm 之间，并且尺寸分布均匀，尺寸偏聚现象有明显减少。随着多向锻造道次的增加，晶粒细化程度提高。8 道次之后，晶粒的平均尺寸为 14 μm 左右。9 道次之后，晶粒的平均尺寸达到了 15 μm 左右。

a) 原始材料

b) 6道次

c) 8道次

d) 9道次

图 4-73　GH4169 合金晶粒尺寸分布图

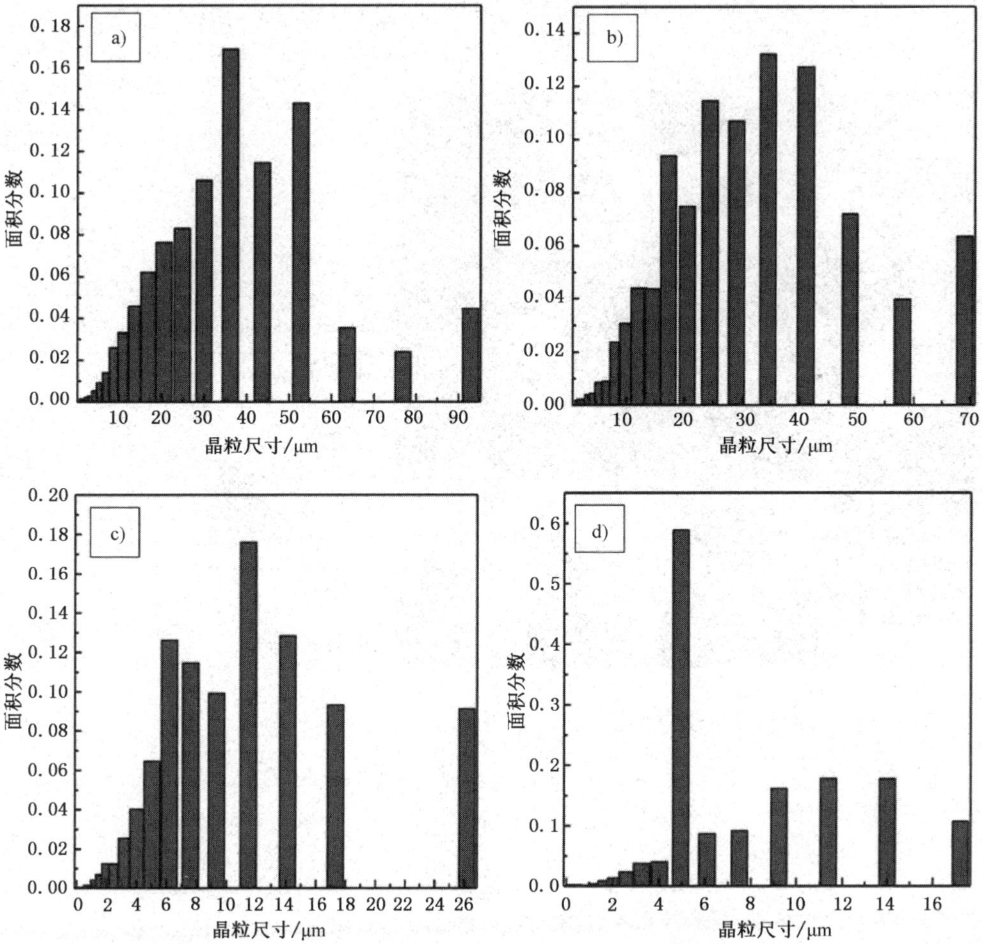

图 4-74　GH4169 合金晶粒尺寸统计图

2. 不同道次下的晶粒取向

图 4-75 为 GH4169 合金晶粒取向分布图，可以清晰地观察到晶粒形态和尺寸，相同的颜色代表相同的取向。右侧为取向分布图对应的 ND 方向反极图，红色表示晶粒的＜001＞方向平行于样品坐标系的法线方向，绿色表示晶粒的＜101＞方向平行于样品坐标系的法线方向，蓝色表示晶粒的＜111＞方向平行于样品坐标系的法线方向。原始材料的晶粒取向更多的为＜123＞//ND，只有极少数的晶粒取向为＜001＞//ND，＜101＞//ND 与＜111＞//ND，并且可以看到＜001＞//ND 与＜101＞//ND 只是晶粒内部的孪生取向。当锻造 6 道次以后，绿色晶粒增多，＜101＞//ND 取向并不仅仅局限于晶粒内部，并且晶粒取向逐渐偏离＜001＞//ND 与＜111＞//ND。随着多向锻造的道次增加，晶粒取向都集中于＜101＞//ND，说明在变形过程中为了滑移系更好地开动，发生了晶体间的择优取向。其中只有极少一部分部分晶粒处于＜001＞//ND 取向，这应该是变形不均所致。

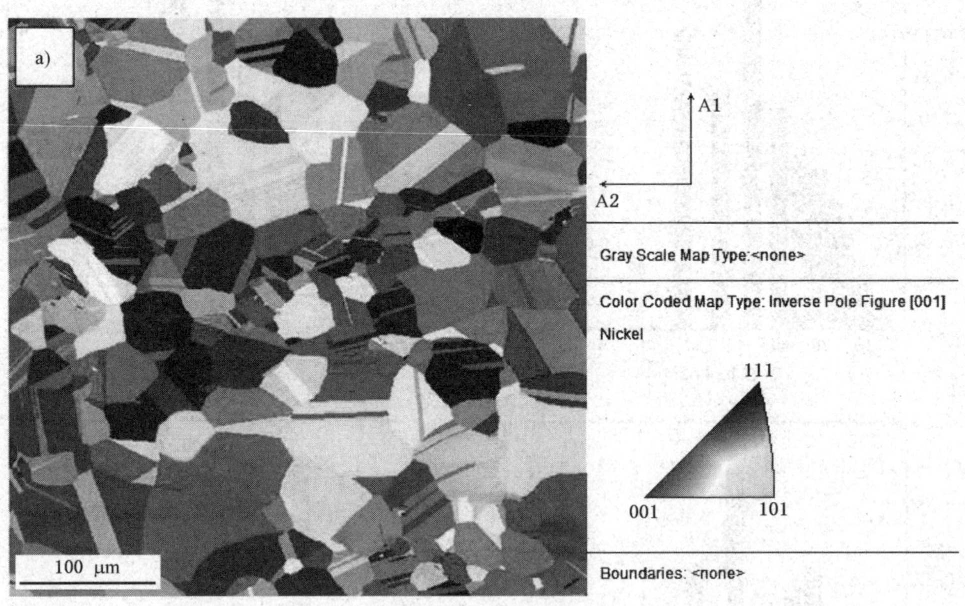

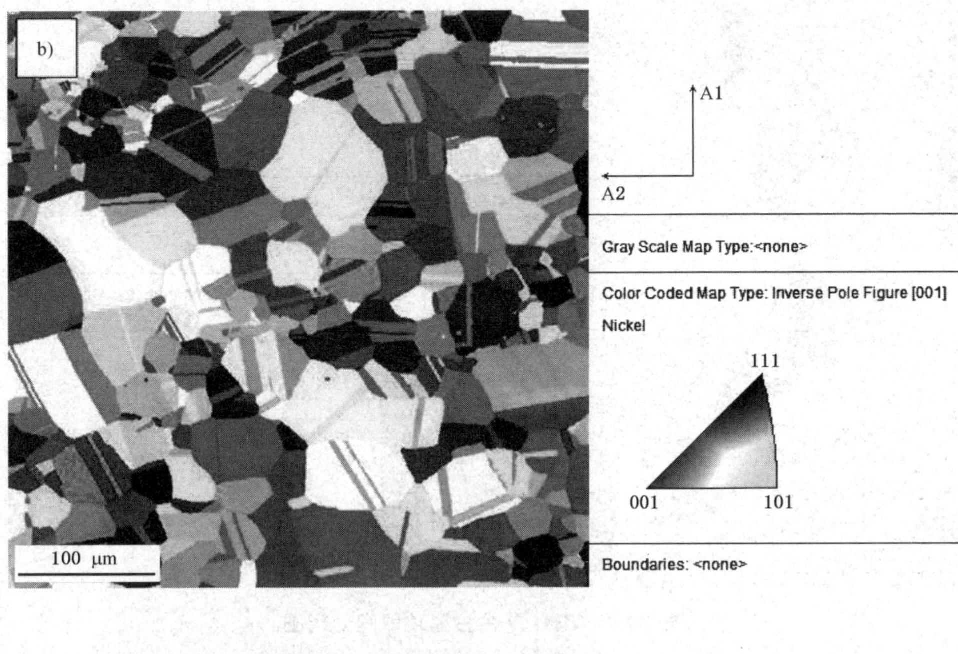
b)
A1
A2
Gray Scale Map Type:<none>
Color Coded Map Type: Inverse Pole Figure [001]
Nickel
111
001
101
Boundaries: <none>
100 μm

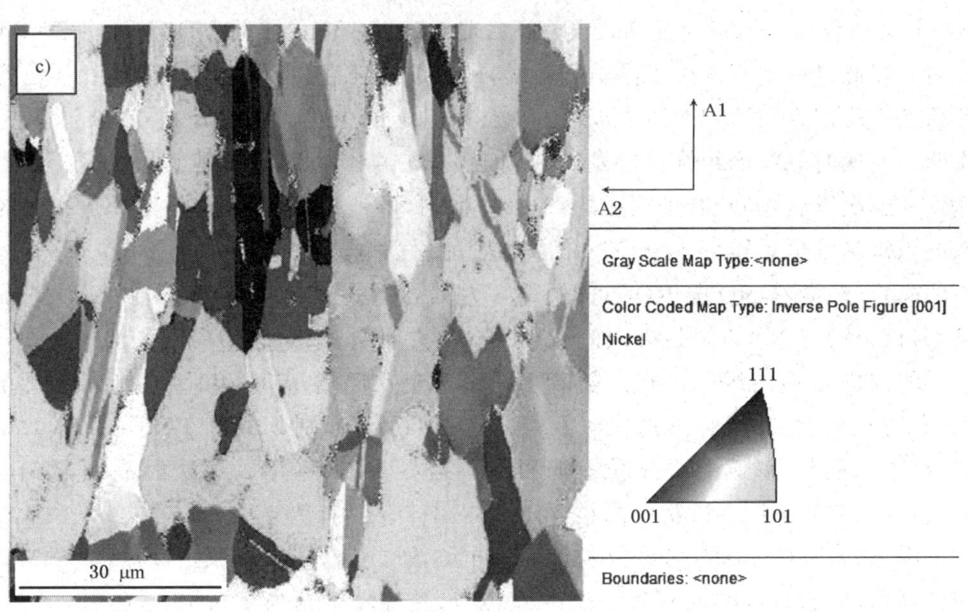
c)
A1
A2
Gray Scale Map Type:<none>
Color Coded Map Type: Inverse Pole Figure [001]
Nickel
111
001
101
Boundaries: <none>
30 μm

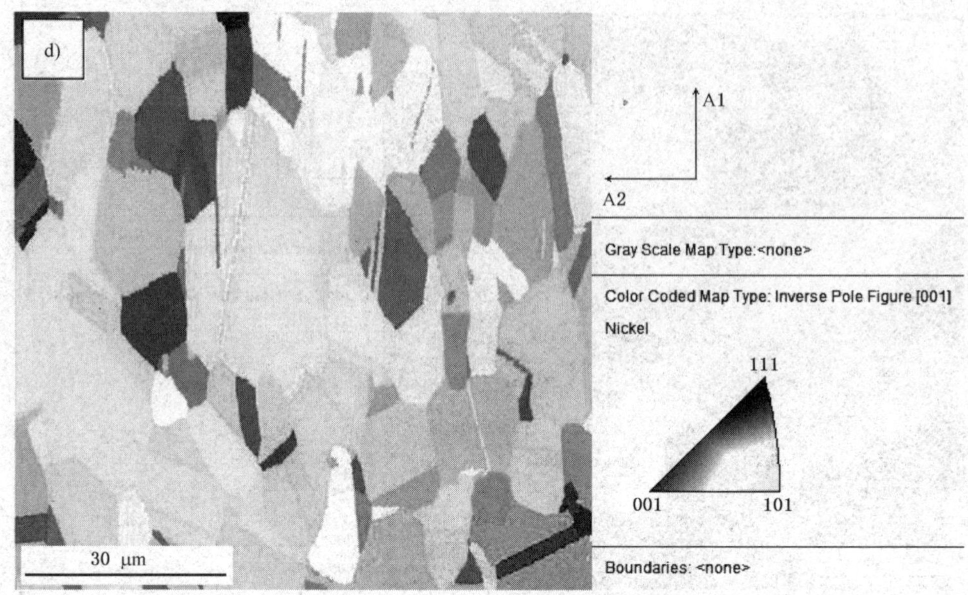

图 4-75　GH4169 合金晶粒取向分布图

6 道次以后,<110>晶向绕着 ND 顺时针旋转 45°后,沿着 ND 向 TD 倾斜 20°左右。在此过程中只发生了晶粒的转动,但是取向强度并没有变化,说明织构已经开始趋于稳定。当达到 8 道次以后,<110>晶向的取向强度极低,并且杂乱分布,说明 8 道次时晶粒的织构已经发生了转变,<110>//ND 并不是其最优选择。当达到 9 道次以后,晶粒有了明显的<110>取向,即<110>//ND,说明 9 道次时晶粒的织构又发生了转变,<110>//ND 是其最优选择。由{111}极图可见,原始晶粒的<110>沿着 ND 向 RD 方向倾斜 8°左右,可认为<110>//ND。6 道次时晶粒<111>沿着 ND 向 RD 方向倾斜 20°左右,并且有<111>沿着 ND 向 TD 方向倾斜的取向较强的织构出现。随着多向锻造道次的增加,<111>逐渐向平行于 TD 的方向转动,并且在 9 道次时有<111>//TD。分别分析图 4-76(a,b,c,d)可知,在原始晶粒,6 道次中晶粒取向以<111>//ND 为主,8 道次时晶粒取向以<111>//TD 为主,9 道次中晶粒取向以<101>//ND 为主。

图 4-77 为 GH4169 合金晶粒取向分布函数(ODF)图。从原始材料 φ2=45°截面计算出,原始材料的取向为(221)<0-12>,其旋转轴角为 129.16°/[0.62,0.15,0.77]。从经过 6 道次多向锻造的合金试样的 φ2=35°截面计算出,其(120)面平行于轧面,<1-11>和<001>方向平行于轧向,即具有(120)<1-11>和(120)<001>两种取向,二者的旋转角轴分别为 110.2°/[0.9,0.07,0.6] ,136.35°/[0.62,0.4,0.65]。从经过 8 道次多向锻造的合金试样的 φ2=90°截面计算出,合金具有(101)<-232>取向,所对应的旋转角轴为 137.05°/[0.38,0.16,0.91]。

从经过 9 道次多向锻造的合金试样的 φ2＝90°截面计算得出，合金试样具有(011)<1-11>晶粒取向，其旋转角轴为 69.7°/[0.6，0.3，0.74]，此结果与图 4-76 的 GH4169 合金晶粒极图一致。随着多向锻造道次的增加，晶粒的(011)面逐渐平行于轧面，晶粒的<1-11>方向平行于轧向，发生了择优取向。

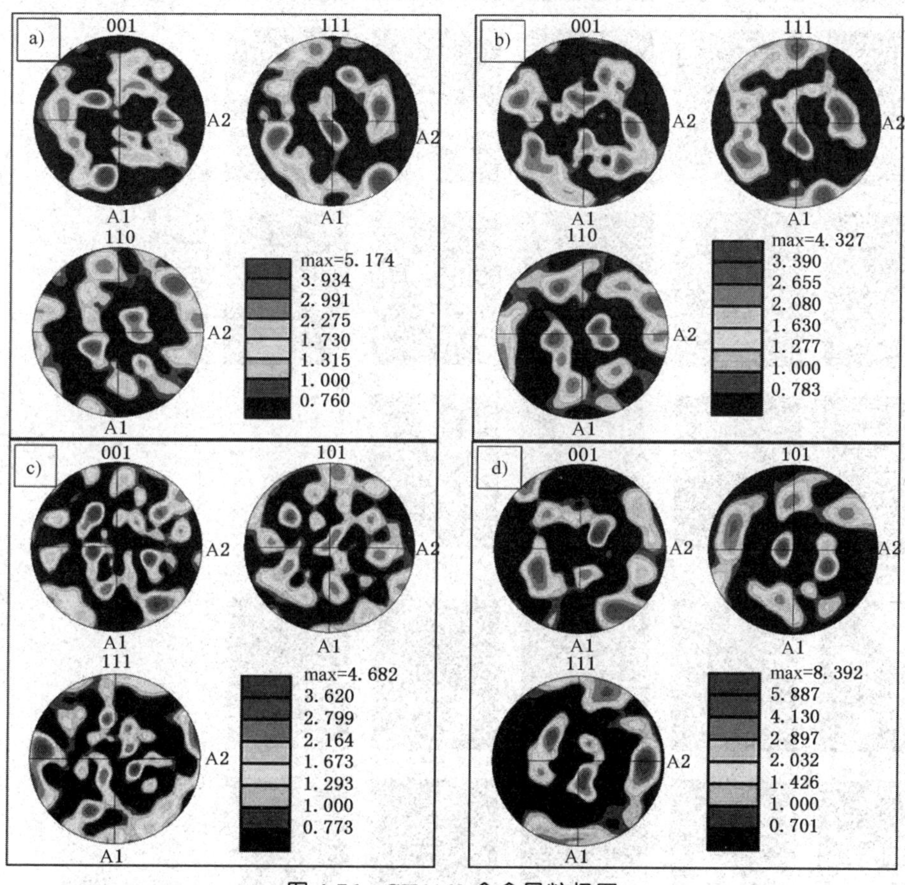

图 4-76　GH4169 合金晶粒极图

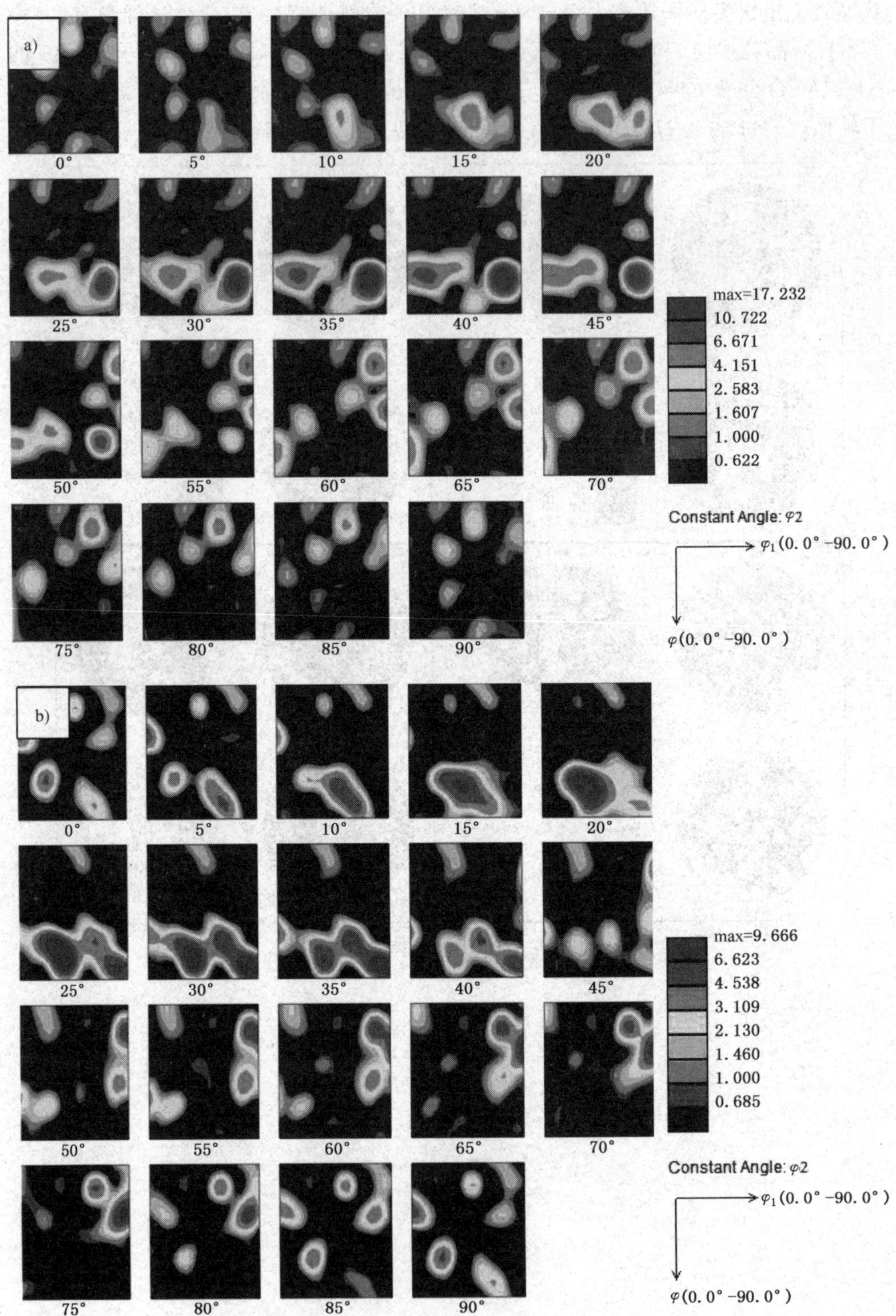
a)
0°
5°
10°
15°
20°
25°
30°
35°
40°
45°
50°
55°
60°
65°
70°
75°
80°
85°
90°
max=17. 232
10. 722
6. 671
4. 151
2. 583
1. 607
1. 000
0. 622
Constant Angle: φ2
φ1(0. 0° -90. 0°)
φ(0. 0° -90. 0°)
b)
0°
5°
10°
15°
20°
25°
30°
35°
40°
45°
50°
55°
60°
65°
70°
75°
80°
85°
90°
max=9. 666
6. 623
4. 538
3. 109
2. 130
1. 460
1. 000
0. 685
Constant Angle: φ2
φ1(0. 0° -90. 0°)
φ(0. 0° -90. 0°)

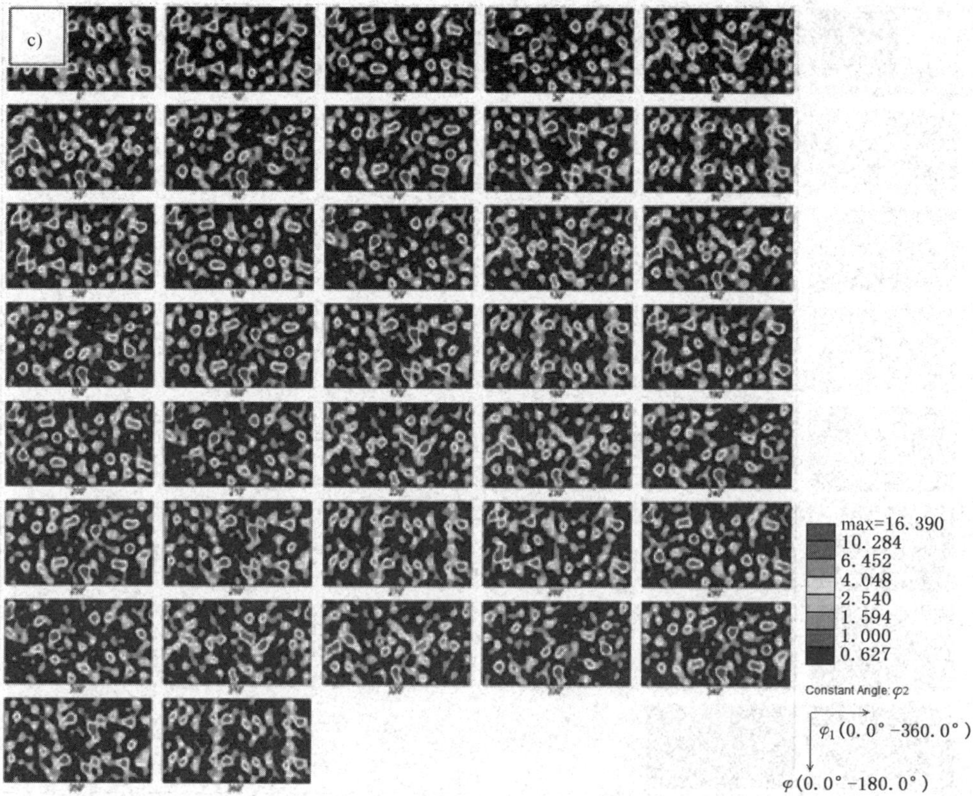

c)

max=16. 390
10. 284
6. 452
4. 048
2. 540
1. 594
1. 000
0. 627

Constant Angle: φ_2

φ_1(0. 0°–360. 0°)

φ(0. 0°–180. 0°)

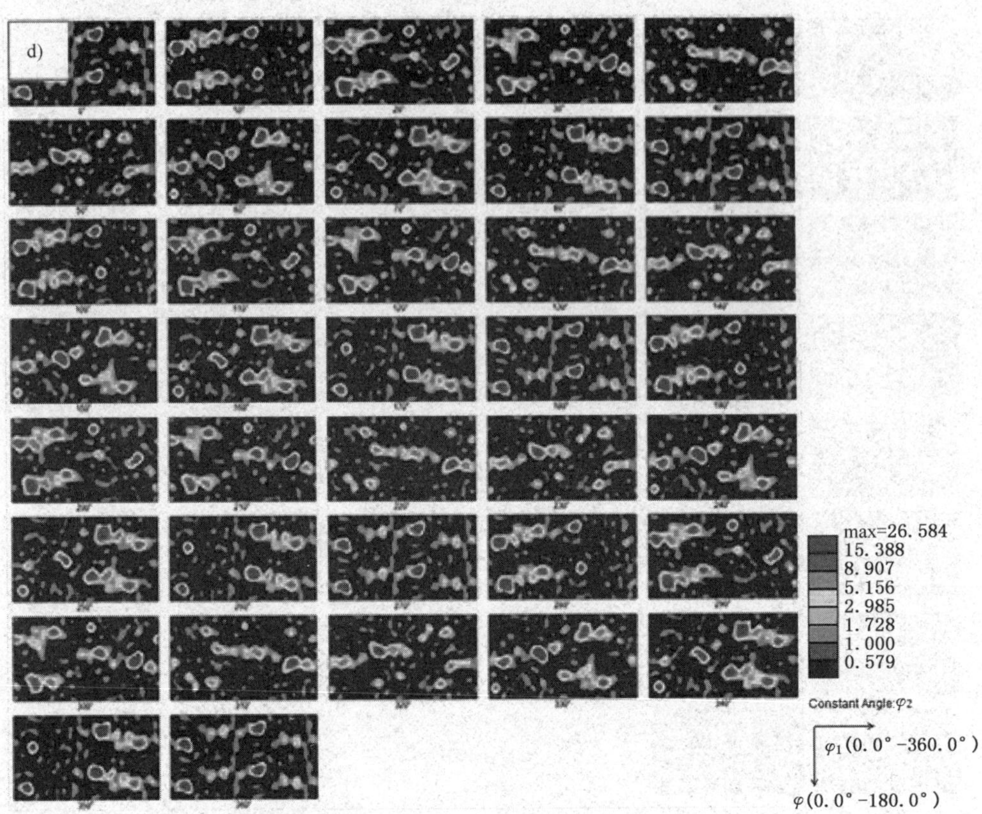

图 4-77　GH4169 合金晶粒 ODF 取向图

3. 不同道次下的晶粒取向分布

图 4-78 为不同道次下 GH4169 合金晶粒取向(GOS)分布图。图 4-79 为 GH4169 合金晶粒取向差分布图。从图 4-78a 中可以看出,原始材料本身的再结晶发生得很完全,完全再结晶晶粒的含量占了 95%以上,只含有少于 3%的变形晶粒。经过 6 道次的多向锻造,变形晶粒的含量增多,但增幅较低。由图 4-78 可以看出,绝大多数 GOS 值虽然一直处于完全再结晶的阈值(GOS＜1)以下,但是随着多向锻造道次的增加,GOS 值一直有增大的趋势,并且 GOS＞1 的晶粒即变形晶粒的含量逐渐增多。这与图 4-75 GH4169 合金晶粒取向差分布图的结果一致。由图 4-79 可以看出,经过 6 道次处理的晶粒内部的大小角度晶界含量与原始晶粒相比差别不大。但是经过 8 道次的多向锻造处理后,小角度晶界与 30°～50°范围内的大角度晶界有所增多,并且还有孪晶含量明显降低的情况。因此可能是在变形过程中,大量孪晶破碎后一部分成为再结晶晶粒,较小一部分仍为变形晶粒。经过 9 道次的多向锻造后,孪晶含量再次上升,很多的晶粒角度差都变小。说明在细化后的晶粒内再次形成了孪晶,并且因为孪晶的存在,晶界迁移速度较低,较大一部

分的变形晶粒无法发生再结晶或者再结晶程度不完全。

对于再结晶体积分数的测算，本节以小于完全再结晶的阀值(GOS<1)的体积分数进行统计，如图 4-78 所示，经过这样的初步测算，6 道次、8 道次和 9 道次再结晶体积分数依次为：84.70%、91.20%和 94.80%。

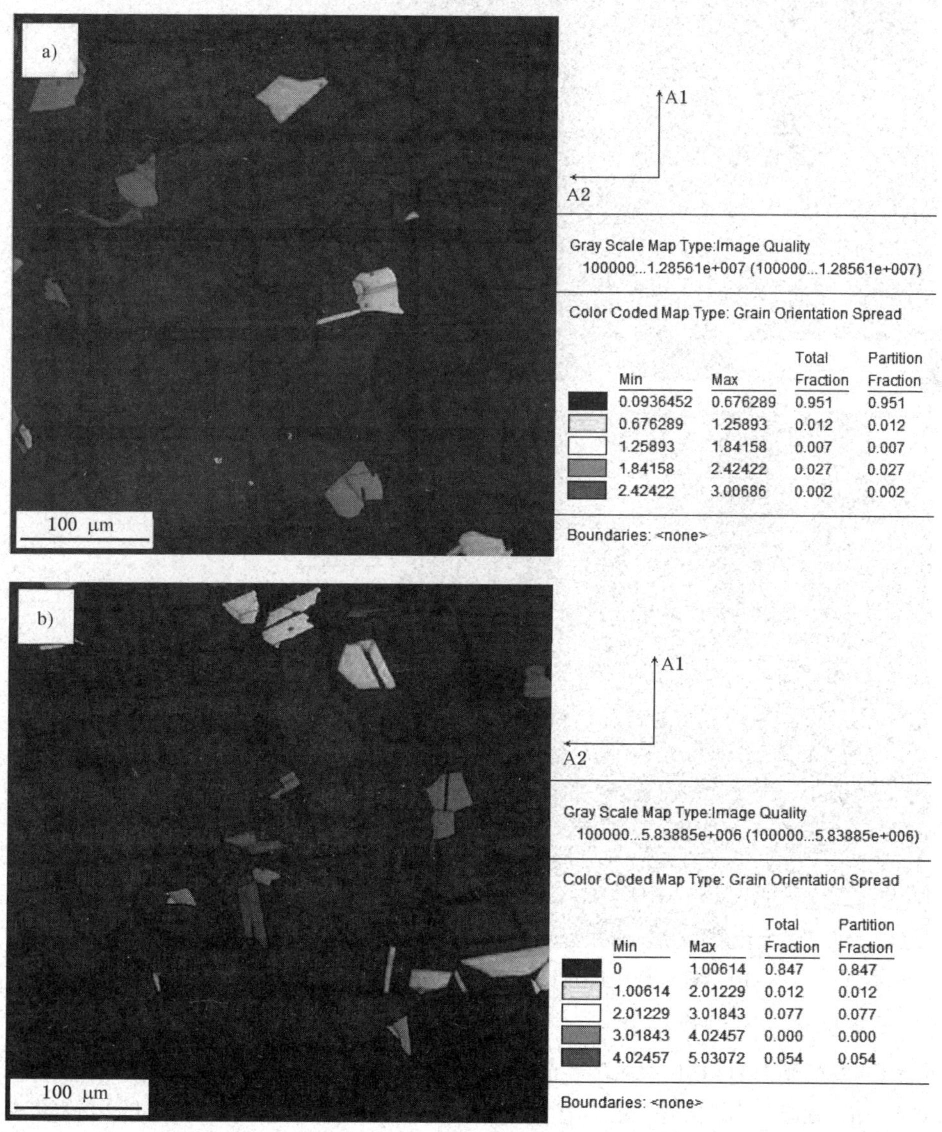

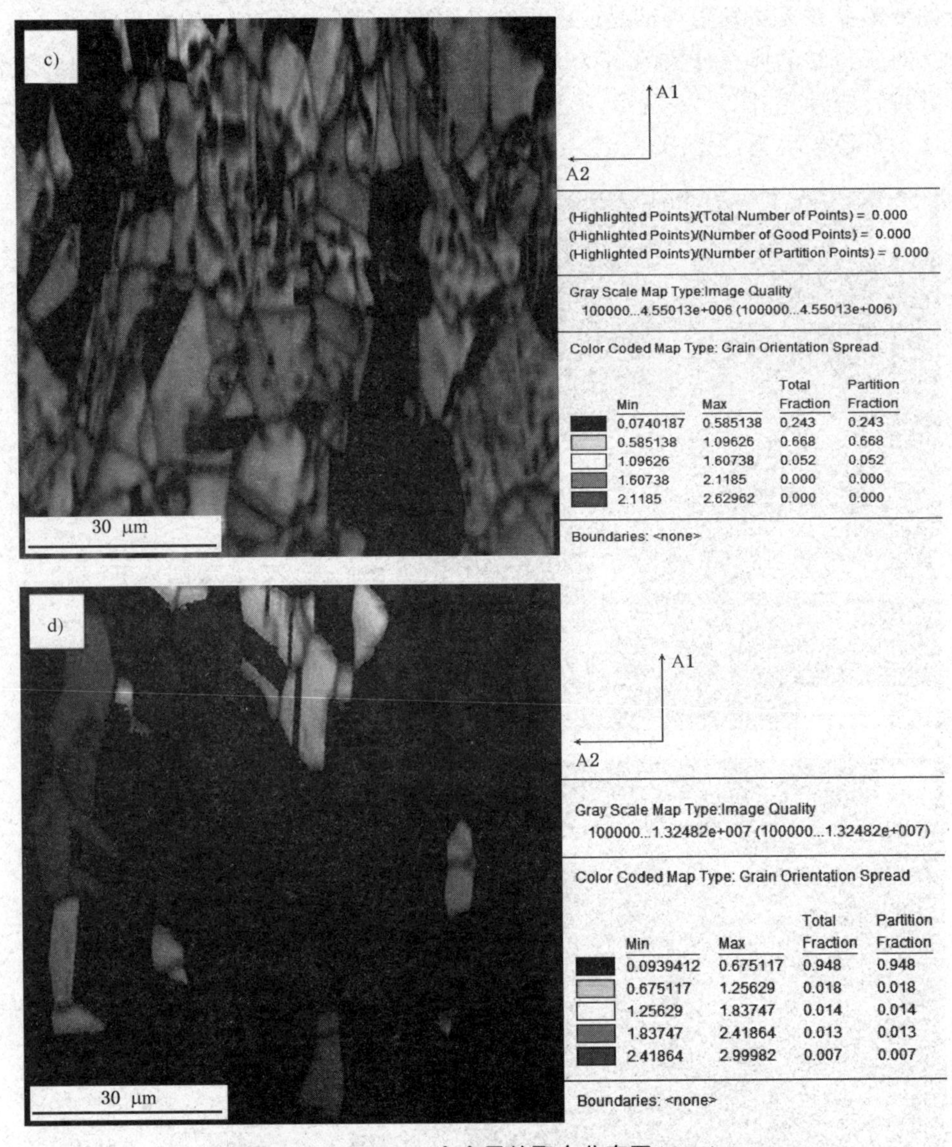

图 4-78　GH4169 合金晶粒取向分布图(GOS)

4. 不同道次下的孪晶分布

图 4-80 为 GH4169 合金孪晶分布图，其中红色实线表示转角轴为 60°/<111>的孪晶。由图知经过 6 道次的晶粒内部孪晶含量与原始材料相较没有变化，8 道次后孪晶含量降低一半，9 道次后孪晶含量再次增多，达到与原始晶粒内孪晶含量一致。此结果与图 4-79 GH4169 合金晶粒取向差分布图的结果很好地吻合。在变形过程的位错作用下，孪晶被位错截断发生破碎，形成了尺寸更小的孪晶片层。孪晶片层可以看作形变带，动态再结晶在此处优先形核，使得原始晶粒完全

细化。并且因为孪晶的存在，晶界迁移速度很小，令动态再结晶晶粒不会过度长大，达到细化晶粒的目的。因此在材料内部晶粒的细化以孪晶破碎机制为主。

4.8.4　与神经网络预测结果的对比分析

表 4-17 和表 4-18 分别为模拟、神经网络预测与试验结果的比较分析，从表 4-17 可以看出：本节建立的神经网络模型预测精度高，随着道次的提高，预测精度大大提高，当 8 道次时平均晶粒度误差小于等于 10%，再结晶体积分数预测误差小于 5%，因此试验验证证明本神经网络在预测方面的适用性，该模型可用于预测 GH4169 热变形微观组织演变。

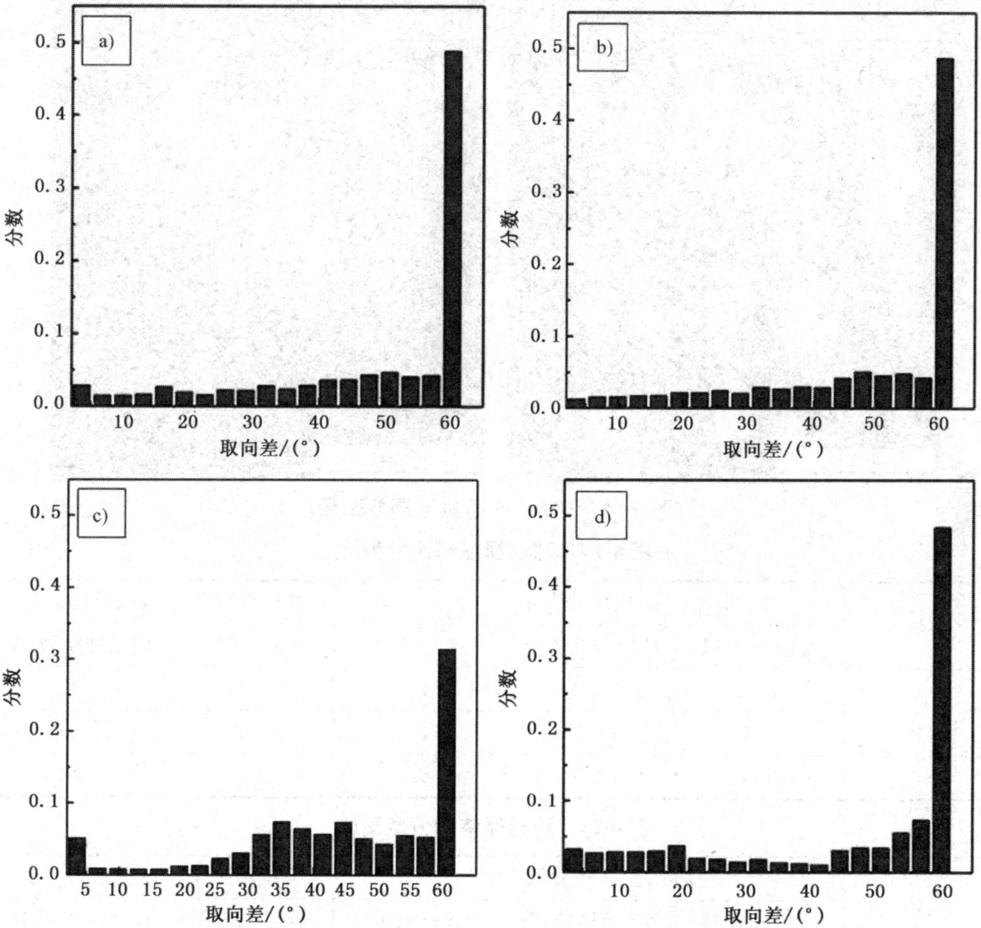

图 4-79　GH4169 合金晶粒取向差分布图

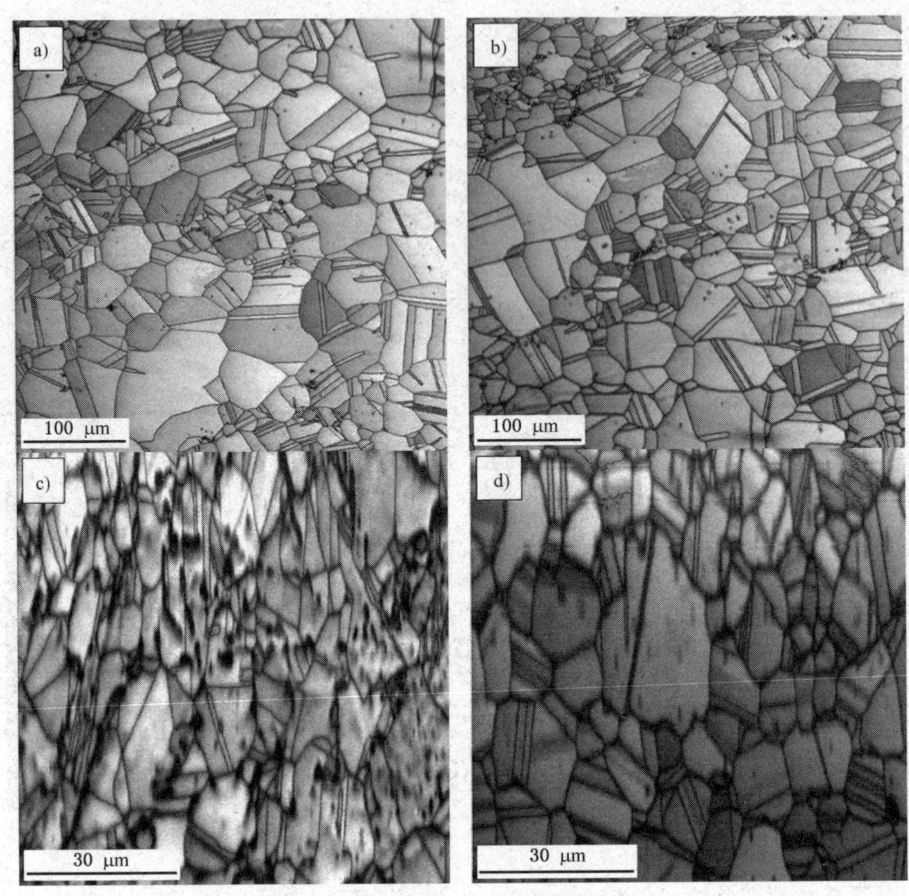

图 4-80　GH4169 合金孪晶分布图

表 4-17　再结晶晶粒尺寸对比

道次 n	晶粒尺寸/μm			与试验结果比较的误差/%	
	有限元模拟	神经网络预测	试验结果	有限元模拟	神经网络预测
6	22.31	22.32	21.6	3.28	3.33
8	13.20	15.95	14.5	8.97	10.00
9	15.96	16.04	15.5	2.97	3.48

表 4-18　再结晶体积分数对比

道次 n	再结晶体积分数/%			与试验结果比较的误差/%	
	有限元模拟	神经网络预测	试验结果	有限元模拟	神经网络预测
6	86.85	87.03	84.70	2.47	2.67
8	88.36	89.63	91.20	3.21	1.75
9	91.83	92.33	94.80	3.23	2.67

GH4169高温合金高压扭转工艺

5.1 概念及分类

高压扭转法(HPT)的工艺原理如图 5-1 所示,模具主要由上模和下模组成,工作时上模下行并给试样施加压力,达到既定压力后下模开始转动,通过主动摩擦在试样端面上施加一个扭矩,在扭矩和压力的作用下使试样发生压缩变形和剪切变形。

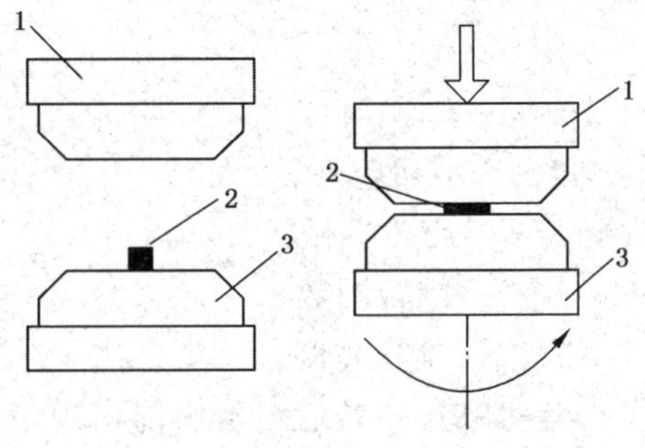

图 5-1 HPT 的工艺原理

1—上模;**2**—试样;**3**—下模

根据模具分类,HPT 可以分为无约束型、半约束型和约束型,如图 5-2 所示。无约束型的 HPT 模具如图 5-2a 所示,该方法由于圆周方向没有任何限制,背压很小,金属可以沿圆周方向自由流动,试样高度减小,直径增大。约束型 HPT 如图 5-2b 所示,试样被预先放置在模具中,由于模具的约束,产生较大的背压,在试验过程中试样的尺寸几乎不发生变化,被视为理想的 HPT 工艺,但很难实现,且试样变形后难以取出。通常采用的方法为半约束型 HPT 工艺,模具如图 5-2c 所示,该方法允许部分金属以飞边的形式流出,在提供足够大的背压的同时,又保证了试验的可操作性。

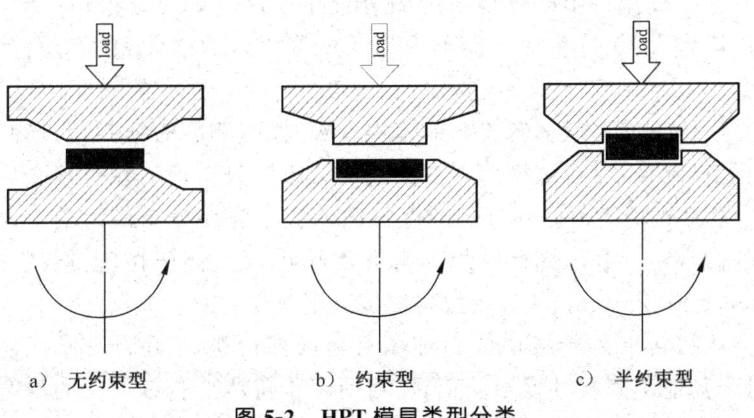

a) 无约束型　　b) 约束型　　c) 半约束型

图 5-2 HPT 模具类型分类

5.2 HPT 工艺的研究现状

1943 年哈佛大学的 Bridfman 在其一篇论文中首次明确地提出了高压扭转的概念，并进行了一系列的研究，其本人也因此获得了诺贝尔物理学奖。

20 世纪 50 年代末苏联科学家 O. A. Ганаго 等人对 HPT 工艺进行了理论研究和试验分析，认为 HPT 工艺过程中垂直轴线的截面保持平面，他们得出的结论可以粗略地解释高压扭转工艺与普通墩粗的不同和影响高压扭转的工艺因素。

20 世纪 80 年代，一个俄罗斯的科研团队简化高压扭转的工艺过程，成功地将高压扭转原理应用于金属的剧烈塑性变形，并得出了基本的高压扭转公式，即

$$\gamma = \frac{2\pi NR}{H} \tag{5-1}$$

式中：

γ——剪切应变；

R——旋转半径；

N——旋转圈数；

H——试样高度。

经过高压扭转后材料内部出现了大角度晶界的纳米结构，材料性能得到很大的提高，这一发现使得高压扭转工艺成为制备块状纳米材料的重要方法。试验试样厚度为 0.85 mm，直径为 10 mm。在 1.25 GPa、2.5 GPa 和 6 GPa 的压力下分别扭转 1 圈、3 圈和 5 圈，并测量经过高压扭转后的试样直径方向的硬度分布。试验结果表明，扭转圈数和压力对试样的性能都有很大的影响，最适合的压力和扭转圈数需要被确定。通过有限元模拟与试验相结合的方法研究纯铜高压扭转过程的位错密度的变化，结果表明：虽然在压缩阶段 HPT 可以看成一种静水压应力状态，但在随后的扭转过程中周向应力并不为零，因此高压扭转过程实际上是一种准静水压应力状态。模拟得出的位错密度的分布与等效应变的分布相一致，都是沿着半径方向逐渐增大，但这种径向的不均匀性随着压力的增大和扭转圈数的增加逐渐减小。

通过对半约束型高压扭转工艺的模拟发现，模具侧面的倾斜角、模腔深度与模腔半径的比值（深径比）对试样厚度方向的应力应变分布均匀性有很大影响。深径比为 1/20，侧面的倾斜角为 60°时，厚度方向的应力应变分布最为均匀。高压扭转对铜试样的微观组织和压缩性能的影响研究表明，经过高压扭转，铜试样的晶粒尺寸从 43 μm 变为 300 nm，并且屈服强度提高了 7 倍。

利用高压扭转工艺制备块体超细晶材料虽然已被证明是一种行之有效的方法，但相对于其他剧烈塑性变形法而言，目前高压扭转工艺各方面的研究还很不成熟，主要存在如下几个方面的问题：

（1）高压扭转模具结构较为复杂，螺旋通道部位加工难度大，试验中模具磨损比较严重，寿命较短。

（2）高压扭转过程本身是不连续的，每道次之间需要人工操作，生产效率较低，有必要研究开发设计多通道高压扭转模具，以实现一次高压扭转产生连续剪切变形。

（3）高压扭转变形后材料容易产生强烈的各向异性，通常需要由后续工艺或多道次重复变形加以消除。

（4）目前的研究主要集中在高压扭转工艺、材料显微组织、力学性能及其演化等方面，对其变形机制、晶粒细化机理、工艺影响因素等方面的研究尚不全面。

上述问题在一定程度上限制了高压扭转工艺的广泛应用，但随着未来研究工作的进一步深入，相信这些问题将会逐渐得到解决，高压扭转的应用范围和工业化应用前景会更加广阔。

5.3　HPT 应变的定义及计算

定义 HPT 应变的模型如图 5-3 所示，小圆片的半径为 r，高度为 h，在一个无限小的旋转增量 $\mathrm{d}\theta$ 的作用下发生旋转，对应弧长 $\mathrm{d}l = r\mathrm{d}\theta$。

由几何关系可知，试样上下表面的相对剪切变形量：

$$\mathrm{d}\gamma = \frac{\mathrm{d}l}{h} = \frac{r\mathrm{d}\theta}{h} \tag{5-2}$$

假设旋转角在厚度方向上没有变化，当旋转 N 圈时，总旋转角为 $2\pi N$，对公式(5-2)积分得到剪切应变：

$$\gamma = \frac{2\pi N r}{h} \tag{5-3}$$

由米塞斯等效应变可知：

$$\varepsilon = \frac{\gamma}{\sqrt{3}} \tag{5-4}$$

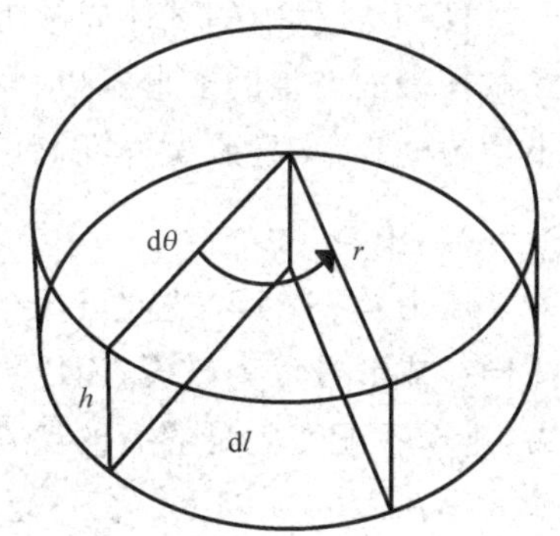

图 5-3　HPT 应变计算模型

当剪切应变较大时，剪切面上的最大正应力与应变不重合，因此公式(5-3)的适用条件为剪切应变 $\gamma < 0.8$。当 $\gamma \geqslant 0.8$，并且不考虑厚度时，等效应变可表示为

$$\varepsilon = \frac{2}{\sqrt{3}} \ln\left[\left(1 + \frac{\gamma^2}{4}\right)^{\frac{1}{2}} + \frac{\gamma}{2}\right] \tag{5-5}$$

公式(5-5)同样适用于 $\gamma < 0.8$ 的情况，当考虑厚度的变化即高度由 h_0 变为 h 则等效应变可表示为

$$\varepsilon=\ln\left[1+\left(\frac{2\pi Nr}{h}\right)^2\right]^{\frac{1}{2}}+\ln\left(\frac{h_0}{h}\right) \tag{5-6}$$

由于通常情况下高压扭转试验为小薄片 $2\pi Nr \gg h_0$，因此式(5-6)可简化为

$$\varepsilon=\ln\left(\frac{2\pi Nr}{h}\right)+\ln\left(\frac{h_0}{h}\right)=\ln\left(2\pi N\,\frac{rh_0}{h^2}\right) \tag{5-7}$$

5.4 HPT 工艺的影响因素

HPT 工艺的主要影响因素有：摩擦系数、高径比、压力、下模扭转角度。

5.4.1 摩擦系数

HPT 过程中的变形主要是通过模具表面与试样表面之间的摩擦来产生的，因此摩擦系数是 HPT 工艺的重要影响因素。到目前为止，关于 HPT 过程的摩擦系数并没有一个统一的结论，但国内外学者普遍认为适当地增大摩擦系数可以增大试样端面所受的扭矩，从而有利于高压扭转过程的产生。在试验过程中可以通过在模具表面加工“田”字形沟槽等方法来增大摩擦系数。

5.4.2 高径比

HPT 过程中的试样通常为薄盘状，高径比不宜过大，试样的高径比过大会导致试样表面产生的变形难以传递到试样的中部，在试样的高度方向上会产生变形不均匀的现象，导致试样在高度方向上晶粒尺寸存在差异。

5.4.3 压力

压力是 HPT 工艺的主要影响因素。压力过大，超过材料的成形极限，会导致试样在成形过程中破裂；而压力过小时，不能在试样与模具之间产生足够大的摩擦力，进而不能产生足够大的剪切力使试样发生剧烈塑性变形，HPT 试验中的压力一般都在 1 GPa 以上。在不超过成形极限的情况下，压力越大，试样所受扭矩也就越大，在试样内部产生的剪切应力也就越大，试样的晶粒细化效果也就越好，晶粒细化也会越均匀。

5.4.4 下模扭转角度

下模扭转角度越大，试样的变形量也就越大，等效应变也就越大，晶粒细化程度也随之增大。但随着变形的进行，试样的加工硬化现象越来越严重，所以当下模扭转角增大到一定程度以后，试样与模具之间会出现相对打滑，继续增加扭转角度晶粒也不再细化。试验中的扭转角度一般为 2π～20π，即下模转动 1 圈到 10 圈。

5.5 高压扭转对材料组织性能的影响

目前，国内外的科学家已经运用 HPT 对纯铜、铜合金、纯铝、铝合金、镍合金、

钛合金等多种纯金属、合金及金属间化合物进行了试验研究。结果表明 HPT 工艺可以极大地提高材料的性能，尤其是力学性能。

采用 HPT 工艺处理纯铜，在 6 GPa 压力下，下模转动 5 圈后，对试样进行观察，可以发现材料的小角度晶界向大角度晶界转化，细化后的晶粒尺寸可以达到 150 nm。经过 SPD 工艺后，试样的晶界通常会扭曲畸变，通过透射电子显微镜(TEM)可以发现，经过 HPT 工艺所得到的超细晶材料的晶界为非平衡态晶界。

利用 HPT 制备的超细晶铝合金的平均晶粒尺寸小于 100 nm，抗拉强度达到 800 MPa，延伸率高达 20%，而且具有更好的高温超塑性。

通过 SPD 法细化体心立方合金比细化面心立方合金困难，但大量试验研究表明，HPT 工艺可以成功地细化体心立方晶体，也可以应用于 Mg 合金和 Ti 合金等密排六方材料。研究表明经过 HPT 工艺加工并退火处理的工业纯 Ti 的强度可以达到 1 200 MPa，并且具有良好的室温拉伸性能。Mg-9%Al 合金很难用其他 SPD 法进行加工细化，但试验表明 HPT 法可以充分细化 Mg-9%Al 合金。

5.6　GH4169 高温合金的高压扭转工艺

5.6.1　高压扭转工艺流程

对原始材料进行退火处理，可以消除原始板材中的残余应力和各种组织缺陷，使材料性能更加均匀。随后的冷轧处理，使板材储存了变形能，为随后 δ 相的析出做准备。890 ℃的热处理可以使 δ 相充分析出。HPT 工艺可以使试样发生剧烈塑性变形，使材料晶粒破碎并产生大量位错堆积在晶粒内部。950℃热处理时，材料开始再结晶，但晶粒并不长大。具体工艺如表 5-1 所示。

表 5-1　高压扭转工艺制备超细晶 GH4169 高温合金工艺过程

工艺编号	第 1 次热处理/(℃×h)	冷轧压下量/%	第 2 次热处理/(℃×h)	扭转压力/GPa	扭转角度/rad	第 3 次热处理/(℃×h)
1	1 050×0.5	50	890×10	3	2π	950×3
2	—	—	—	3	4π	—
3	—	—	—	4	2π	—
4	—	—	—	4	4π	—
5	—	—	—	5	2π	—
6	—	—	—	5	4π	—

5.6.2 试验设备

高压扭转过程中使用的设备是高压扭转试验机，图 5-4 为 DBS-2×300 t 双缸高压扭转液压机。最大压力为 300 t，此液压机可以实现缓慢加压和卸载，并且配有压力测量仪，试验中试样所受压力可以通过压力测量仪实时观测，对试样分别施加 3 GPa、4 GPa 和 5 GPa 的压力。

图 5-4　2×300 t 双缸液压机

无约束型高压扭转模具结构如图 5-5 所示。模具的高度为 25 mm，直径为 75 mm，工作区域的直径为 25 mm。高压扭转工艺是通过模具和试样之间的摩擦力使试样发生剧烈塑形变形的，为了获得足够的摩擦力，在试验开始前模具和试样的表面都要进行粗糙化处理。

图 5-5　试验所用模具

5.6.3 VF-1600 高真空高温热处理炉

所用热处理设备为 VF-1600 高真空高温热处理炉，如图 5-6 所示。VF-1600 高真空高温热处理炉可以在 1 600 ℃内对各种材料进行真空加热和保温，系统可按照给定的升温曲线升温，升温最快速率可到达 10 ℃/min，炉腔内真空度可达到 −0.1 MPa。本试验利用 VF-1600 高真空高温热处理炉分别在 890℃和 950 ℃下对轧制后和高压扭转后的试样进行退火处理，升温速率为 10 ℃/min，保温完成后炉冷,升温曲线如图 5-7 和 5-8 所示。

图 5-6 VF-1600 高真空高温热处理炉

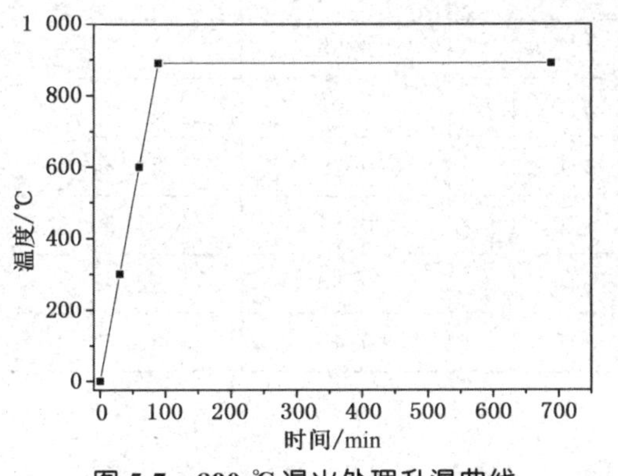

图 5-7 890 ℃退火处理升温曲线

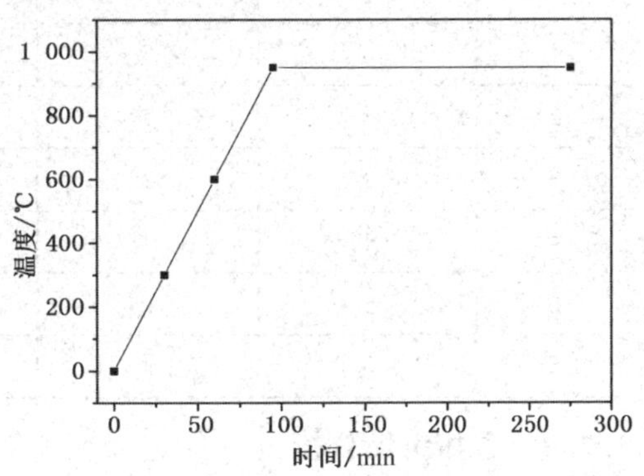

图 5-8 950 ℃退火处理升温曲线

5.7 试验结果分析

5.7.1 成形零件的尺寸变化

高压扭转前的试样直径为 $d=10$ mm,高度为 $h=1$ mm,经过不同工艺的高压扭转工艺后试样的直径和高度都发生了变化。经过不同高压扭转工艺后的试样如图 5-9 所示。通过比较可以发现,随着压力和扭转圈数的增大,试样在高度方向逐渐减小,同时在直径方向不断增大,试样具体的尺寸变化如表 5-2 所示。

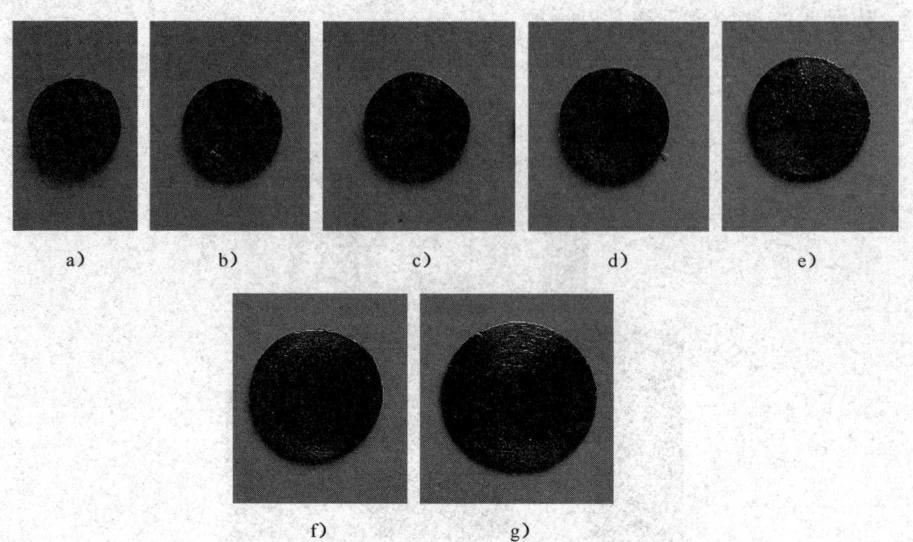

a)　b)　c)　d)　e)

f)　g)

图 5-9　不同高压扭转参数成形零件尺寸对比

表 5-2　不同高压扭转参数成形零件尺寸

工艺编号	压力/GPa	扭转角度/rad	原始尺寸/(mm×mm)	变形后高度/mm	变形后直径/mm
1	3	2	ϕ10×1	0.95	10.30
2	3	4	ϕ10×1	0.93	10.40
3	4	2	ϕ10×1	0.79	11.74
4	4	4	ϕ10×1	0.64	13.00
5	5	2	ϕ10×1	0.60	14.00
6	5	4	ϕ10×1	0.48	15.52

5.7.2　金相组织分析

1 050 ℃热处理后的试样微观组织如图 5-10 所示。经过 1 050 ℃退火处理，消除了试样内部的各种缺陷，试样微观组织差异减小，晶粒尺寸在 80～120 μm 之间。

将 1 050 ℃退火处理后的试样进行冷轧处理，压下量为 50%，其金相组织如图 5-11 所示，图中箭头所示方向为轧制方向。观察图 5-11 可以发现，晶粒发生明显变形，沿轧制方向被拉长，这是由于 GH4169 合金的强度较高，且轧制温度为室温，轧制后的晶粒无法发生再结晶，从而无法恢复成等轴晶的形貌。冷轧后的晶粒内部保留了大量的畸变能，为后续 δ 相的析出做准备。

将冷轧后的板材放入真空热处理炉中，在 890℃真空状态下对板材进行固溶处理，时间为 10 h，使 δ 相充分析出，试样微观组织如图 5-12 所示。温度对 δ 相析出的影响很大，δ 相析出温度范围为 780～980 ℃，在 890 ℃左右析出速度达到峰值，980 ℃后开始溶解。

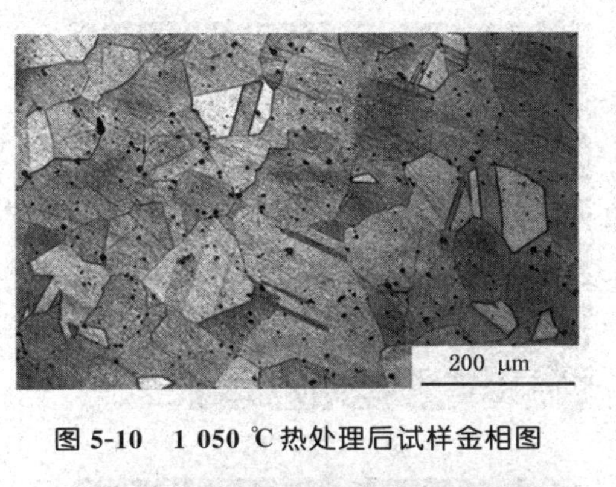

图 5-10　1 050 ℃热处理后试样金相图

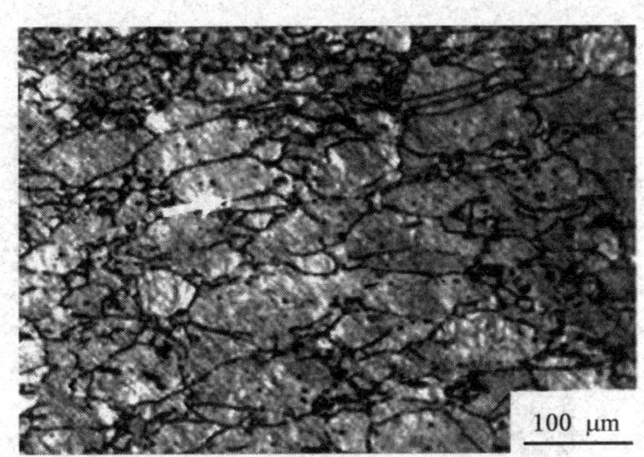

图 5-11　50%冷轧后试样的微观组织

a)

b)

图 5-12　890 ℃热处理后试样的微观组织图

从图 5-12 可以看出 δ 相呈网格状，相互交错地均匀分布在晶界和晶粒内部，并且晶粒内部不存在点状的细小 δ 相，这说明经过 890 ℃×10 h 后，δ 相充分析出。在晶粒长大过程中，δ 相阻碍位错的运动，起到钉轧的作用，从而阻止晶粒的长大，使晶粒细化。但当晶内存在过量 δ 相时，会使材料的合金效果下降，塑性降低。

将 δ 相充分析出的试样，在表 5-3 所示的工艺下进行高压扭转处理，经过高压扭转后各试样的金相如图 5-13 所示。

通过观察图 5-13 可以发现，经过剧烈塑形变形后，试样的晶粒沿着转动方向伸长，并且晶粒发生严重破碎，当试验压力达到 5 GPa 时，晶粒已经延伸为极细的纤维状。对比图 5-13 中的 c 和 d 可以发现在压力相同的情况下，随着下模扭转角度的增大，试样晶粒的破碎程度明显增大。对比图 5-13 中的 b、d 和 f 可以发现在下模扭转角度相同的情况下，随着上模压力的增大，试样晶粒的破碎程度明显增大。所以在高压扭转工艺中，增大下模扭转角和增大上模压力都能有效地增大试样晶粒的破碎程度，增加试样的细化程度。

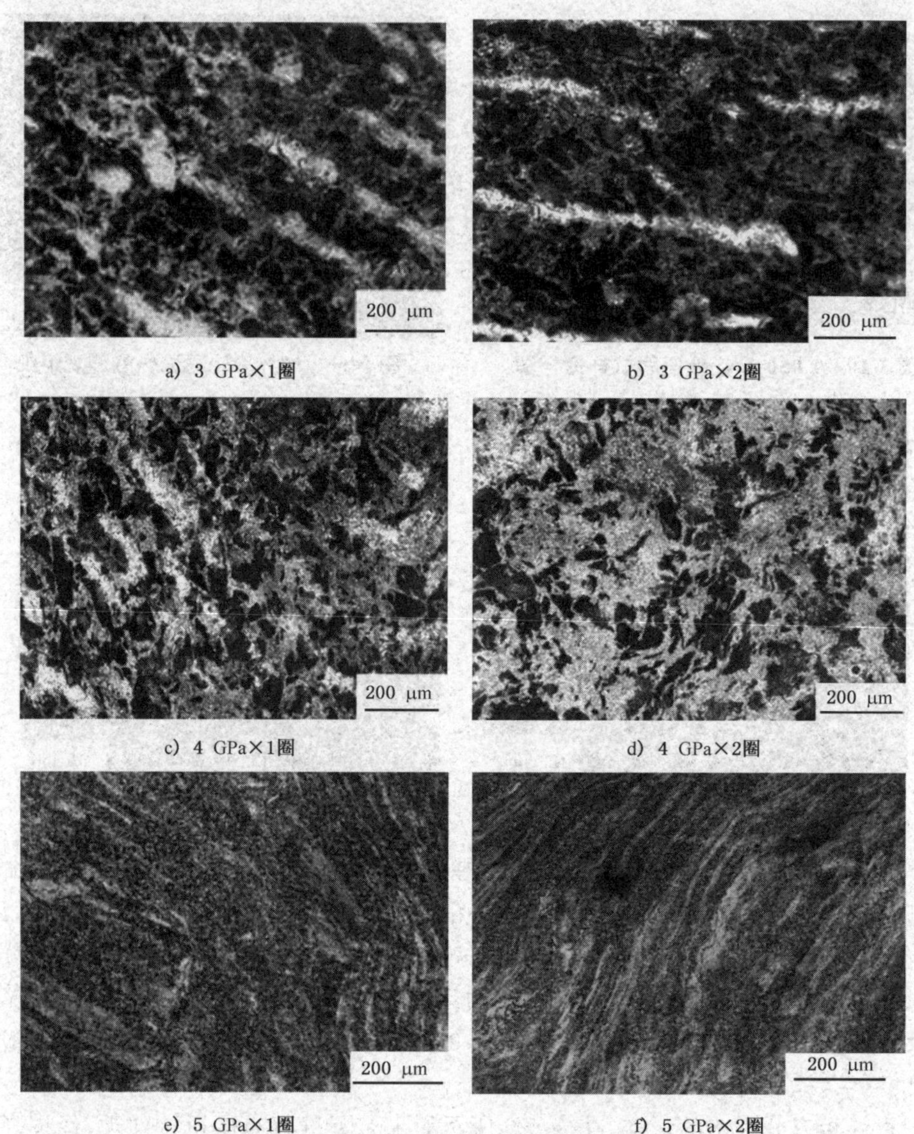

a) 3 GPa×1圈　　b) 3 GPa×2圈

c) 4 GPa×1圈　　d) 4 GPa×2圈

e) 5 GPa×1圈　　f) 5 GPa×2圈

图 5-13　不同参数高压扭转试验微观组织对比

试样边缘比心部的流动速度大，变形更大。经过高压扭转后试样边缘和心部晶粒破碎情况如图 5-14 所示。图 5-14a 中 1 处为试样中心部分，2 处为试样边缘部分，图 5-14b 为试样中心部分晶粒破碎情况。对比图 5-14 可以发现试样中心部分晶粒的破碎程度要小于边缘部分。

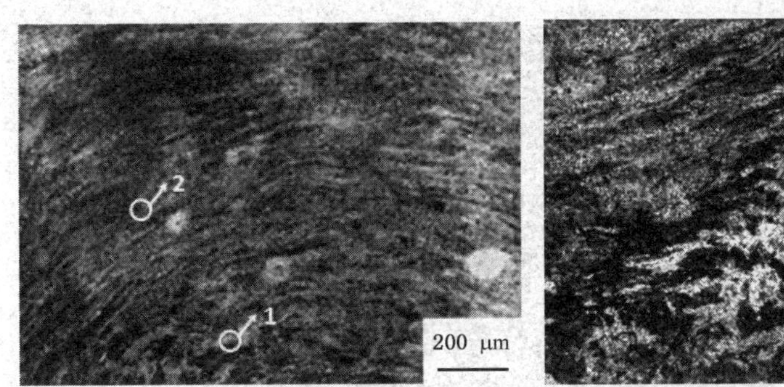

a）试样边缘部分　　b）试样中心部分

图 5-14　试样不同部位晶粒破碎程度对比

将经过高压扭转后的试样放入真空炉中，在 950 ℃真空下退火处理 3 h。GH4169 高温合金的开始再结晶温度为 920 ℃，在 920～960 ℃范围内退火时，由于有 δ 相的存在，晶粒并不会长大。通过扫描电子显微镜(SEM)来观察 950 ℃热处理后的试样的晶粒与组织，分别如图 5-15、5-16 和 5-17 所示。

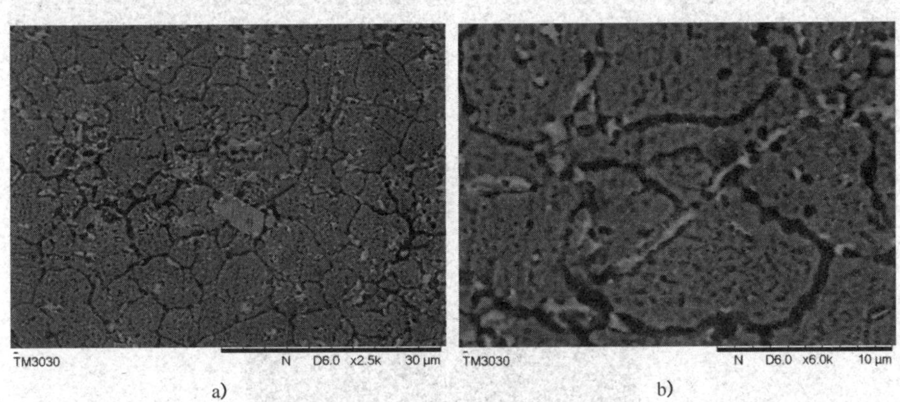

a)　　b)

图 5-15　3 GPa×2 圈试样微观组织图

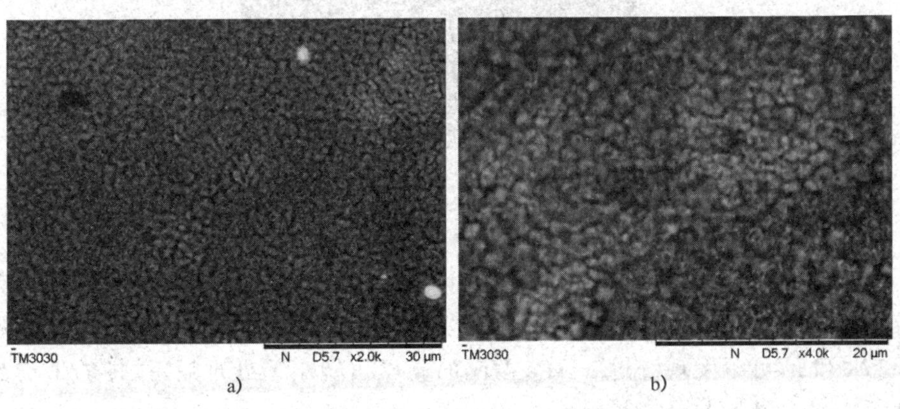

a)　　b)

c)

图 5-16　4 GPa×2 圈试样微观组织图

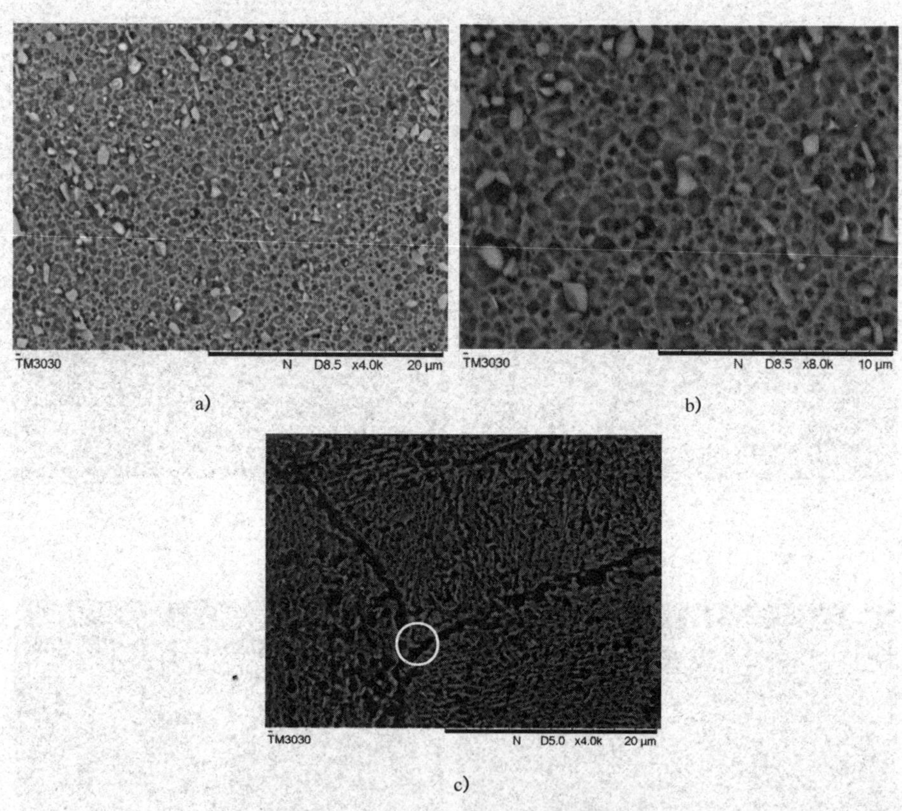

a)　　b)

c)

图 5-17　5 GPa×2 圈试样微观组织图

由超细晶材料的定义可知，当材料的平均晶粒尺寸≤1 μm，组织为均匀分布的等轴晶，且多数晶界是大角度取向晶界时材料可以被定义为超细晶材料。观察图 5-17a 和 b，可以发现经过 5 GPa 两圈的高压扭转工艺处理后，试样的平均晶粒尺寸≤1 μm，且均匀分布。

通过观察图 5-15、5-16 和 5-17 可以发现，经过热处理后试样充分再结晶，得到了晶粒充分细化且晶粒均匀分布的 GH4169 合金板材，晶粒尺寸如表 5-3 所示。通过表 5-3 可以发现，在高压扭转的过程中增大压力对晶粒细化所起的效果十分明显。

表 5-3　不同压力下最终热处理后晶粒尺寸比较

工艺序号	上模压力/GPa	扭转角度/rad	晶粒尺寸/μm
1	3	4π	10
2	4	4π	2～3
3	5	4π	小于 1

经过 890 ℃×10 h 退火处理后的 δ 相为针状，如图 5-18a 所示。经过高压扭转工艺后晶粒破碎，δ 相也随之破碎，δ 相的形貌如图 5-18b 所示。经过 950 ℃×3 h 热处理后，δ 相由针状变为颗粒状，均匀地分布在晶粒内部，如图 5-18c 所示。

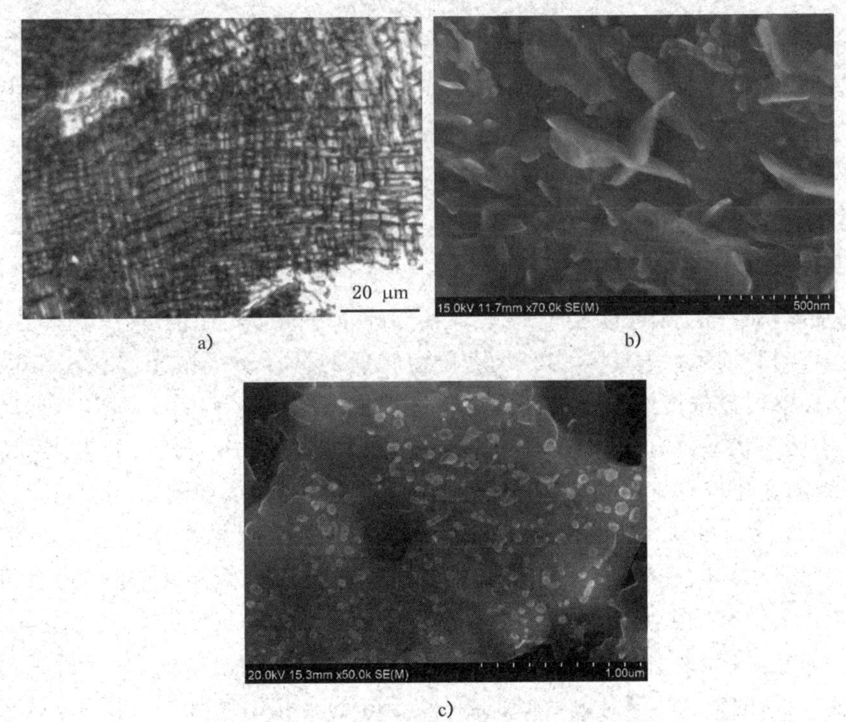

a)　　b)　　c)

图 5-18　晶粒内部 δ 相变化对比

5.7.3　试样硬度分析

在载荷为 200 gf，保压 10 s 的条件下计算试样的维氏硬度，测量数据如图 5-19 所示。

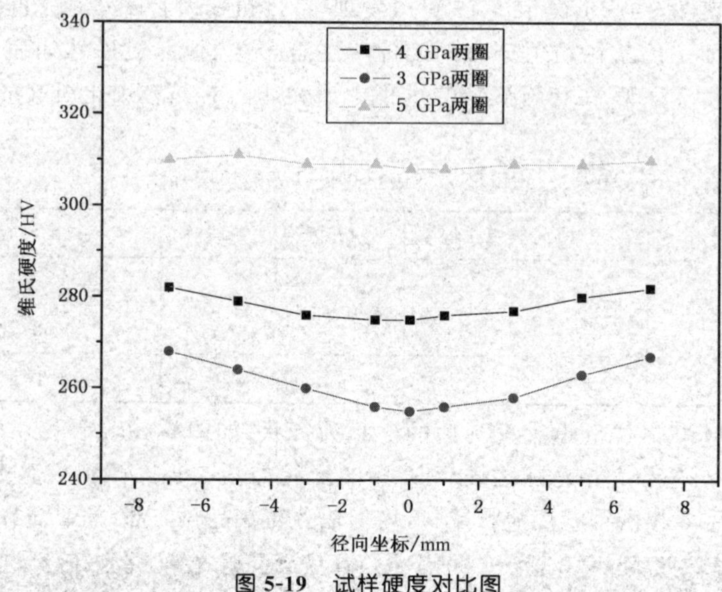

图 5-19 试样硬度对比图

通过观察图 5-19 可以发现，经过高压扭转后试样的硬度都要大于原始材料的硬度，并且发现随着压力的增大，试样的硬度也不断增大，且边缘与中心部分的差异逐渐减小。

5.7.4 GH4169 高温金相研究

为了能连续地观察 GH4169 合金的组织变化情况，采用高温金相显微镜，根据热蚀法原理，在一定温度范围内，连续观察 GH4169 合金组织的变化过程。

高温金相试验过程如下：将经过高压扭转后的试样磨平抛光，放入 Linkam 冷热台中，在蔡司显微镜下进行观察。试验过程中需保证热台内部为真空，冷却水要一直处于循环状态，试样升温过程中的升温速率 50 ℃/min，升温过程中原位观察试样组织的变化，当温度达到 950 ℃时进行保温，升温曲线如图 5-20 所示。

图 5-21 为 4 GPa×2 圈高压扭转后 GH4169 合金板材高温金相组织演变过程，图 5-21a 为 100～500 ℃温度范围内的试样的金相组织照片，通过观察可以发现，试样几乎没有发生变化。当温度升高到 600℃左右时试样开始发生变化，保温 10 min 后的金相组织如图 b 所示。有短小密集的黑色新相显现，经分析其为第二次冷轧后残存的针状 δ 相。600 ℃保温 20 min 的金相组织如图 c 所示，针状 δ 相更加明显。继续升温到 740 ℃时 δ 相开始逐渐消失，如图 d 和 e 所示，在 740 ℃保温 30 min 后，试样变为黑色。在 950 ℃保温时试样开始变白，分析原因为 δ 相在 950 ℃时会转变为 γ''相，但 γ''相并不能通过高温腐蚀显现出来。继续在 950 ℃保温 60 min，在此温度下可以观察到 GH4169 高温合金退火再结晶的过程，如图 h～i 所示。随后将温度升高到 1 050 ℃并保温，可以发现试样的晶粒开始长大。

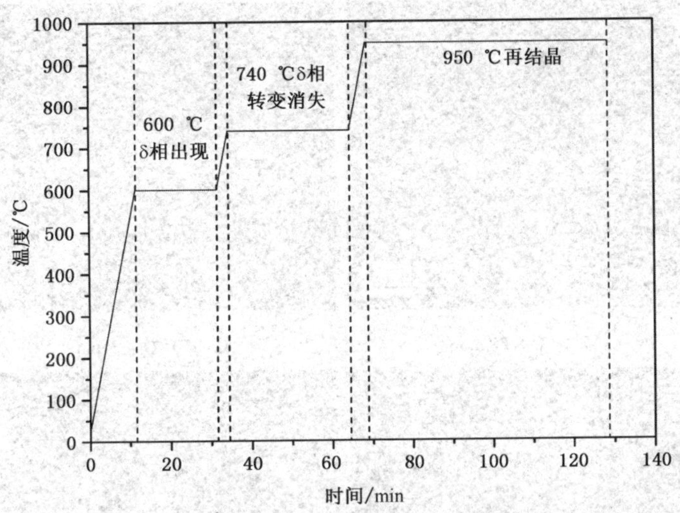

图 5-20　GH4169 合金高温金相试验升温曲线

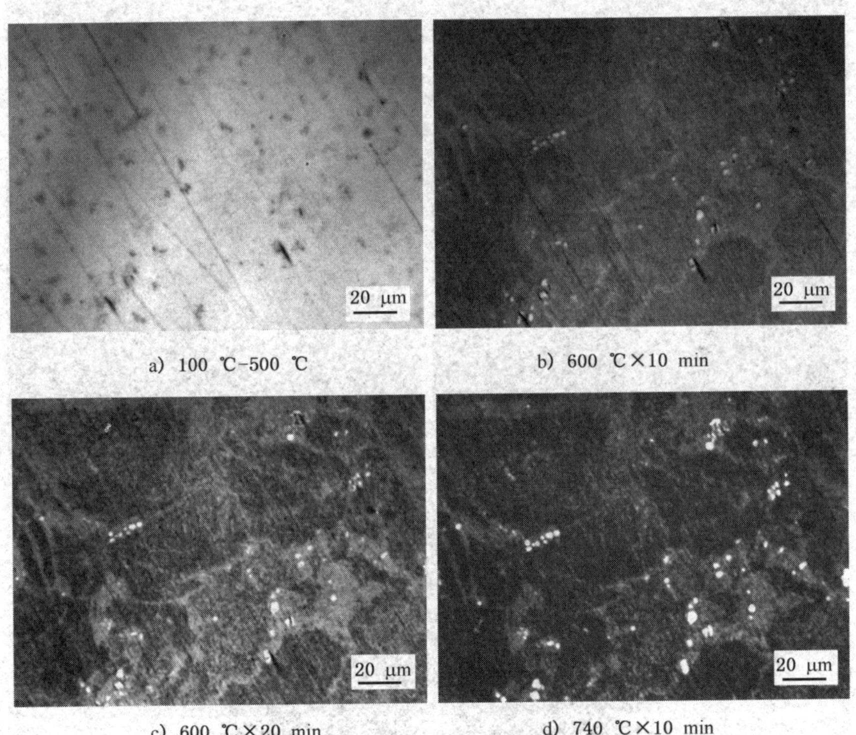

a) 100 ℃-500 ℃　　b) 600 ℃×10 min

c) 600 ℃×20 min　　d) 740 ℃×10 min

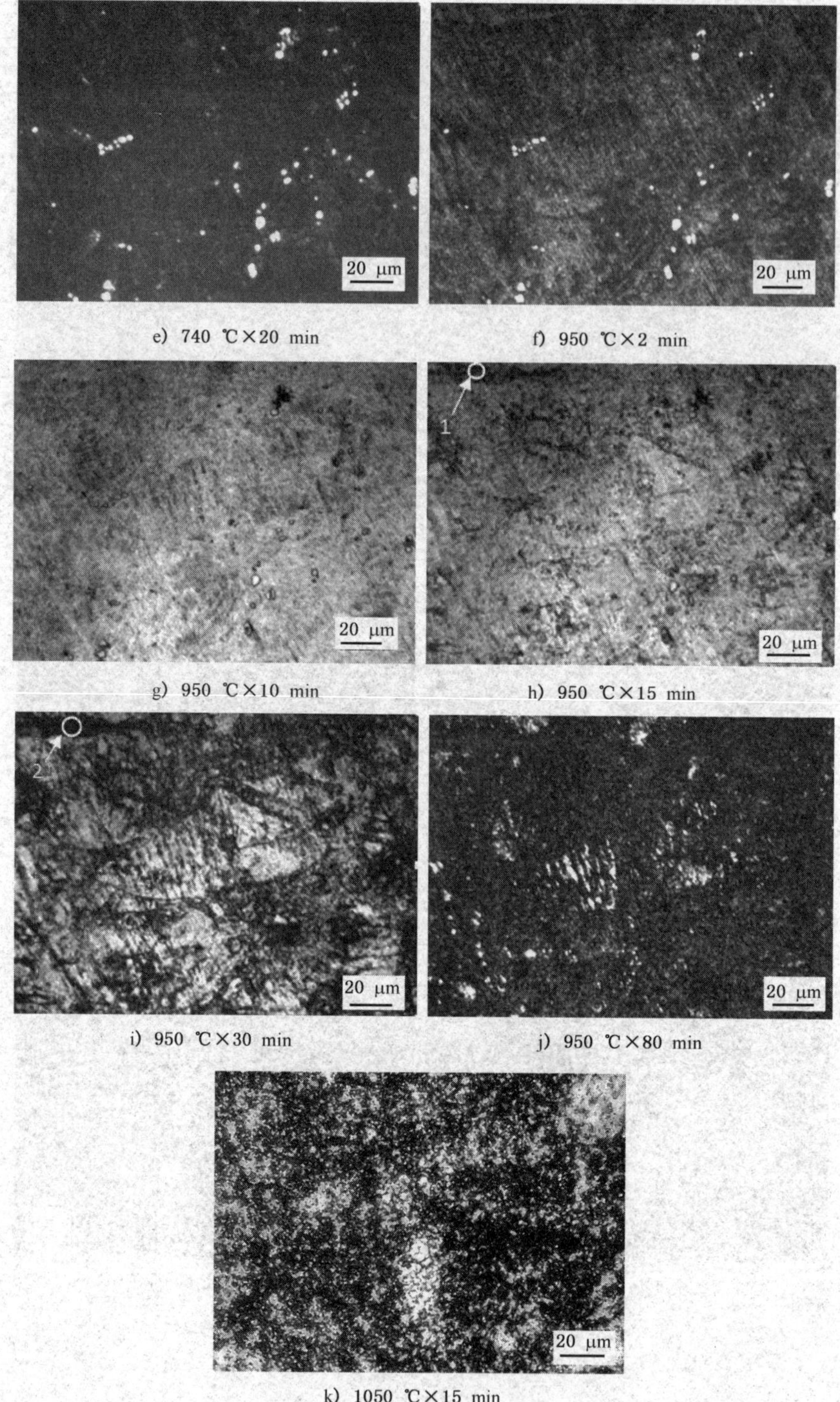

e) 740 ℃×20 min　f) 950 ℃×2 min

g) 950 ℃×10 min　h) 950 ℃×15 min

i) 950 ℃×30 min　j) 950 ℃×80 min

k) 1050 ℃×15 min

图 5-21　4 GPa×2 圈高压扭转后 GH4169 合金高温金相组织演变过程

5.8　晶粒细化机制分析

高压扭转后板材内部会积累大量的能量，即合金动态再结晶的形核能。在退火初始阶段，大部分位错开始缠结形成胞状结构，随着退火时间的增长，位错密度降低，胞状结构进一步形成亚晶，亚晶作为再结晶形核的核心，由小角度晶界变成大角度晶界。随着大角度晶界向外迁移，再结晶晶粒相遇，再结晶过程完成。再结晶晶粒的晶界扩展时，其会遇到基体中的 δ 相，由于 δ 相与基体之间是非共格界面，晶界要越过 δ 相，并进一步扩张需要较高的激活能。并且当再结晶晶粒的晶界移动到 δ 相的另一侧时，会消耗能量，晶界移动的驱动力将大大减小，晶界停止移动，新生晶粒就保持了现有的大小，晶界的迁移受到 δ 相的阻碍而难以继续，最终得到细化的晶粒。

对晶界分布特征的研究是通过晶粒取向角度差分布图分析的，分布图中晶界角度在 0～15°范围内的为小角度晶界（LAGBS），晶界角度在 15°以上的为大角度晶界（HAGBS）。用局部取向角度差的方法评估由 EBSD 中数据得出的晶格应变演化情况。因此，发生变形的晶粒（因此产生大量缺陷）表现出较高的晶粒取向差值，反之，没有变形的晶粒（无缺陷）具有的晶粒取向差值非常低，且接近于零。

图 5-22 为 GH4169 高温合金高压扭转 5 GPa×2 圈的 EBSD 晶粒尺寸大小分布图；图 5-23 为 GH4169 高温合金高压扭转 5 GPa×2 圈的 EBSD 大小角度晶界分布图；图 5-24 为 GH4169 高温合金高压扭转 5 GPa×2 圈的 EBSD 晶粒取向角度差分布图（GOS）；图 5-25 为 GH4169 高温合金高压扭转 5 GPa×2 圈的 EBSD 晶粒位错取向角度差分布柱状图。由图 5-22～图 5-25 可以看出，GH4169 高温合金 5 GPa×2 圈高压扭转的内部晶粒平均尺寸在 0.8 μm 左右，大角度晶界的比例很高，GOS 值绝大部分均小于 1，这说明 GH4169 高温合金在 1 050 ℃×0.5 h 退火—冷轧（减薄率 50%）—890 ℃×10 h 退火—高压扭转（5 GPa×2 圈）—950 ℃×3 h 退火后的晶粒细化效果比较明显，且晶粒再结晶比较充分，晶粒内部存在大量的孪晶结构。

图 5-22　GH4169 高温合金高压扭转 5 GPa×2 圈的 EBSD 晶粒尺寸大小分布图

图 5-26 为不同压力高压扭转 GH4169 高温合金的 EBSD 极图，由图 5-26 可以看出，细晶 GH4169 高温合金内部部分晶粒具有（111）面取向特征。经 5 GPa×2 圈高压扭转后的 GH4169 高温合金内部产生了较为明显的 cube（100）＜001＞方向的立方织构，且极性比 4 GPa×2 圈高压扭所制备的材料强。

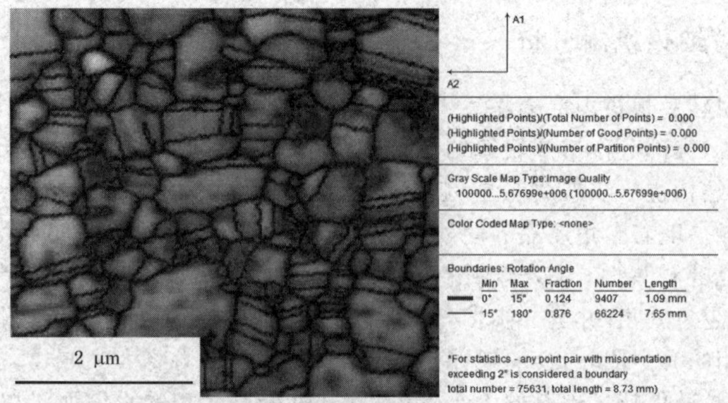

图 5-23　GH4169 高温合金高压扭转 5 GPa×2 圈的 EBSD 大小角度晶界分布图

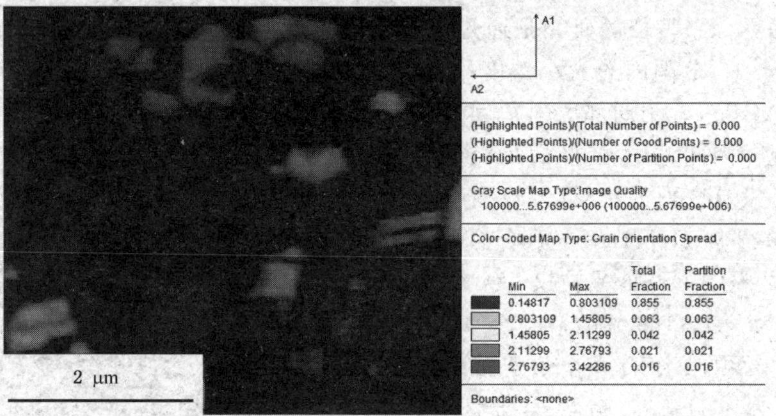

图 5-24　GH4169 高温合金高压扭转 5 GPa×2 圈的 EBSD 晶粒取向角度差分布图(GOS)

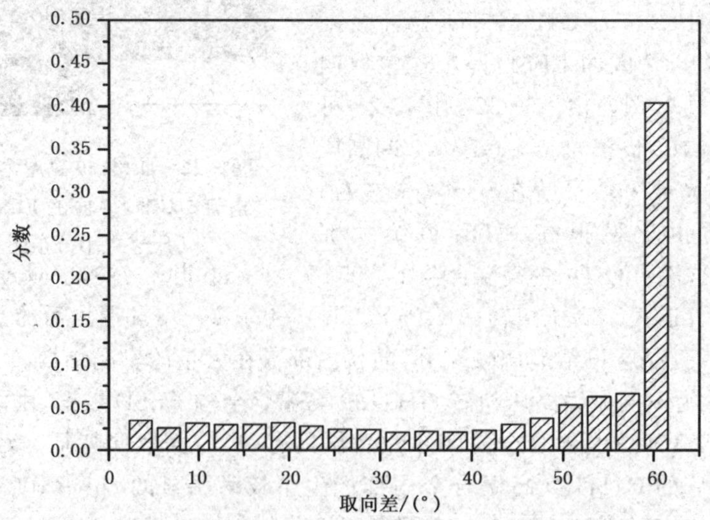

图 5-25　5 GPa×2 圈高压扭转合金的 EBSD 晶粒位错取向角度差分布柱状图

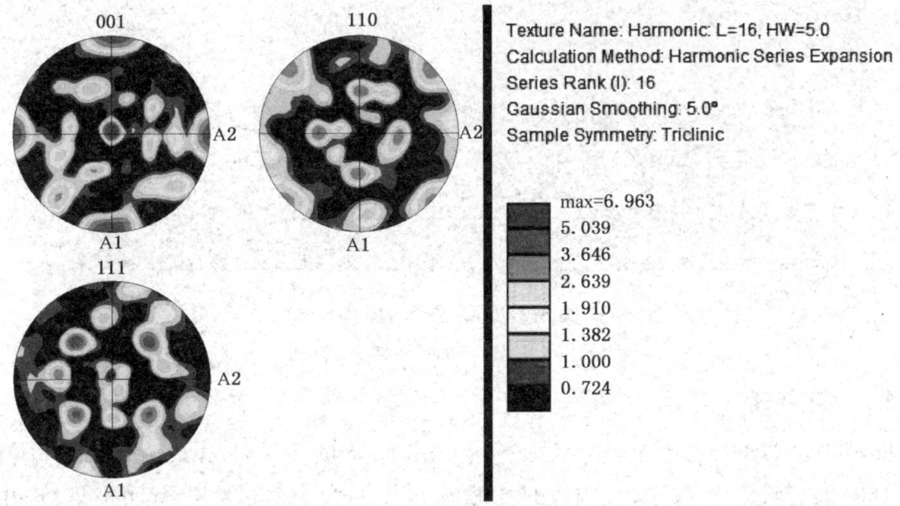

a) 4 GPa×2圈极图

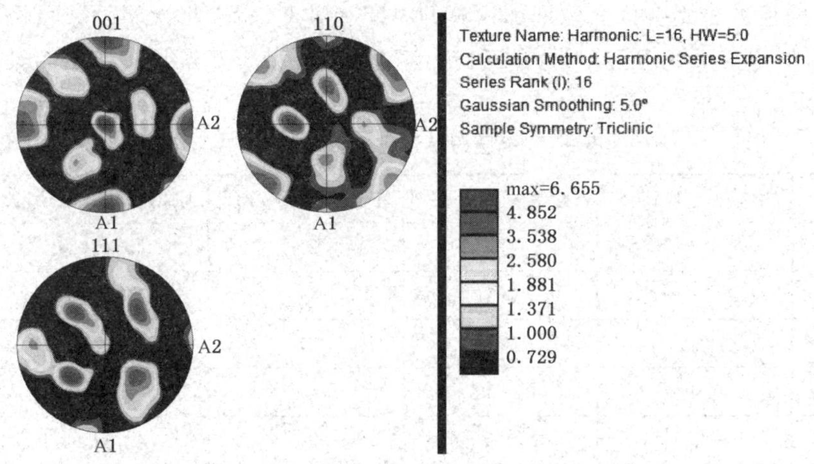

b) 5 GPa×2圈极图

图 5-26 GH4169 高温合金高压扭转极图

5.9 高压扭转工艺有限元模拟

5.9.1 几何模型的建立

用 DEFORM 软件对半约束型高压扭转过程进行模拟，首先利用 UG 创建模具和试样的三维实体，然后将建好的实体模型保存为 STL 格式，并导入 Deform 中。模拟所用的模型由三部分组成：上模、下模和坯料。所建模型如图 5-27 所示。

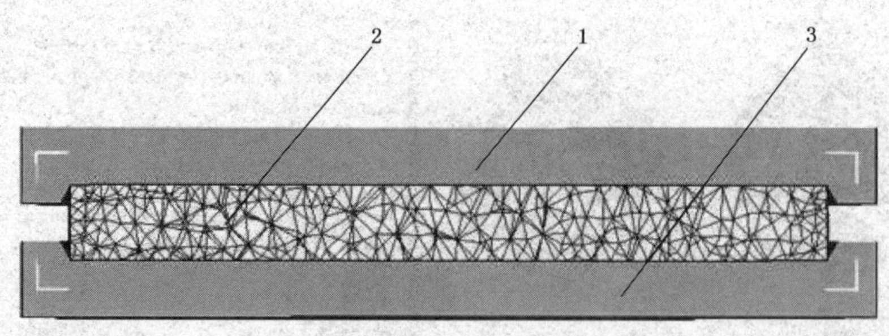

图 5-27　高压扭转模型

1—上模；2—试样；3—下模

5.9.2　高压扭转工艺

模拟中试样的尺寸为：直径 $d=10$ mm，高度 $h=1$ mm，所用的材料为 GH4169，温度设定为室温，在前处理中根据试样的大小对试样进行网格划分，由于高压扭转属于剧烈塑性变形，网格过少会出现网格畸变的现象，从而导致模拟无法进行下去，网格过多则会极大地增加运算的时间和难度，所以将网格的数目设定为 60 000。模拟中定义摩擦类型为剪切摩擦，摩擦因子为 1。高压扭转模拟的具体工艺参数如表 5-4 所示。

表 5-4　高压扭转过程工艺参数

工艺序号	上模压力/GPa	下模转速/(rad/s)	下模扭转角/rad	原始尺寸/(mm×mm)
1	3	0.1	2π	$\phi10\times1$
2	3	0.1	4π	$\phi10\times1$
3	4	0.1	2π	$\phi10\times1$
4	4	0.1	4π	$\phi10\times1$
5	5	0.1	2π	$\phi10\times1$
6	5	0.1	4π	$\phi10\times1$

5.9.3　高压扭转变形过程分析

高压扭转的变形过程可分为两个阶段：第一个阶段上模下行，对试样施加一定的压力，类似于墩粗的过程。各部分金属的流动情况如图 5-28 所示。从图中可以看出在压力的作用下，上表面的金属向下运动，模具边缘挤出部分金属的流动速度明显大于其他部分。第二个阶段上模保持压力，下模开始转动，在摩擦力的作用下试样发生剧烈塑性变形。在变形一段时间后，通过后处理观察试样各部分的流动速度大小，如图 5-29 所示。从图 5-29 中可以看出试样各部分的流动速度并不相同，沿半径方向金属的流动速度不断增大，离中心越远，金属的流动速度也就越快。

图 5-28　第一阶段试样各部分流动速度分布

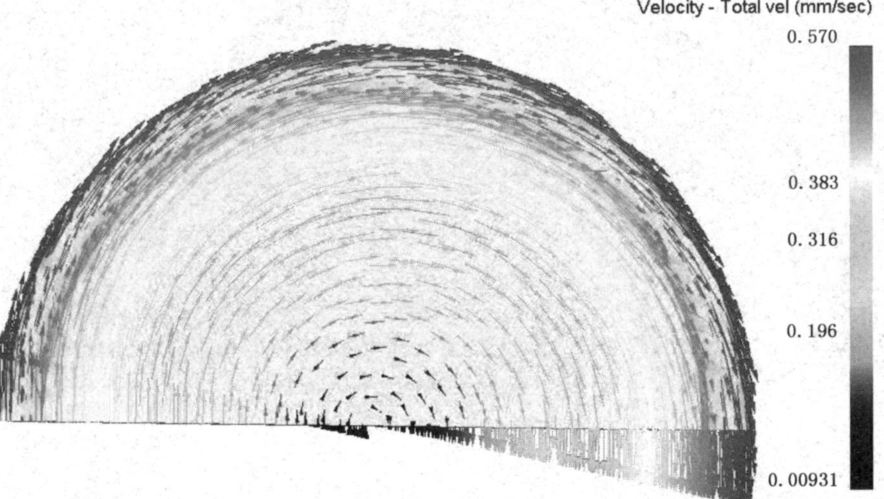

图 5-29　第二阶段试样各部分流动速度分布

在 3 GPa 的压力下，下模扭转 2 圈，观察试验完成后试样内部等效应变分布情况，如图 5-30 和图 5-31 所示。通过观察图 5-30 可以发现，试样的等效应变在半径方向上对称分布，且越往外等效应变越大，试样中心部分的等效应变要明显小于试样边缘部分的等效应变。

在高压扭转工艺完成后，模仿墩粗变形区域的划分，可以将高压扭转后的试样划分为四个区域，如图 5-32 所示。Ⅰ区为难变形区，此区域存在于试样的中心区域，由于旋转半径太小，摩擦力不够，金属难以变形，该区的等效应变小于 0.4。Ⅲ区为大变形区，该区域在摩擦力的作用下发生了剧烈的塑性变形，试样的等效应变大于 1.2。Ⅱ区为小变形区，此区域位于大变形区和难变形区之间，该区域的金属由于受到周边区域金属的限制，变形量不大，试样的等效应变 0.4～1.2。Ⅳ区为挤出区，试样的等效应变 0.8～1.2。

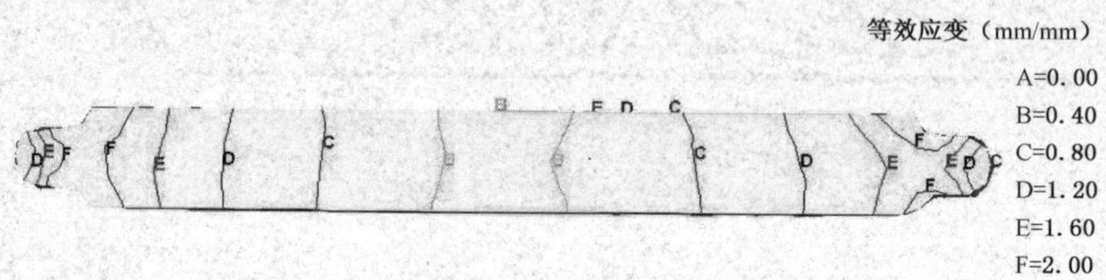

图 5-30　试样截面等效应变分布

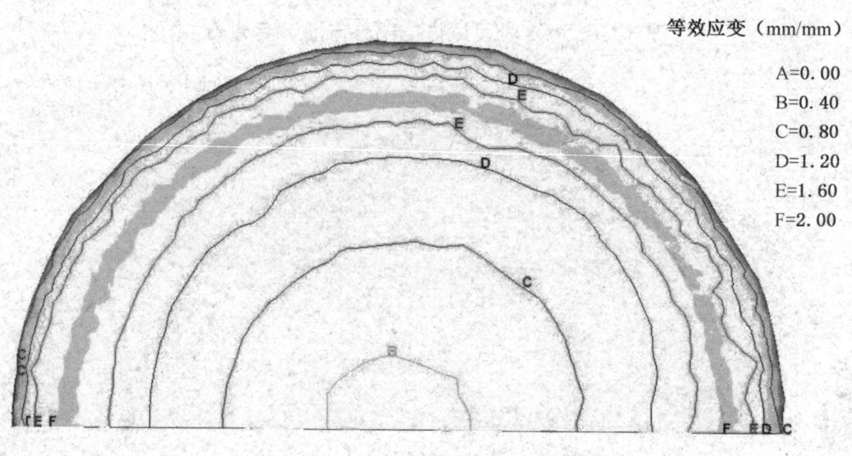

图 5-31　试样上表面等效应变分布

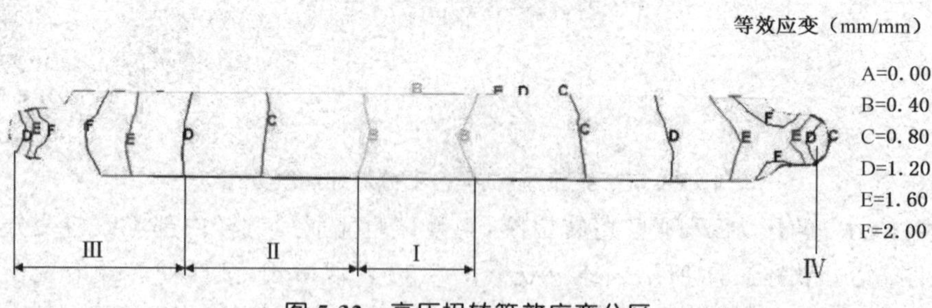

图 5-32　高压扭转等效应变分区

为了观察试样在变形过程中等效应变的变化情况，分别取下模开始转动之前、下模扭转角为 π rad、下模扭转角为 2π rad、下模扭转角为 3π rad 和下模扭转角为 4π rad 时的横截面观察试样的等效应变分布情况，如图 5-33 所示。

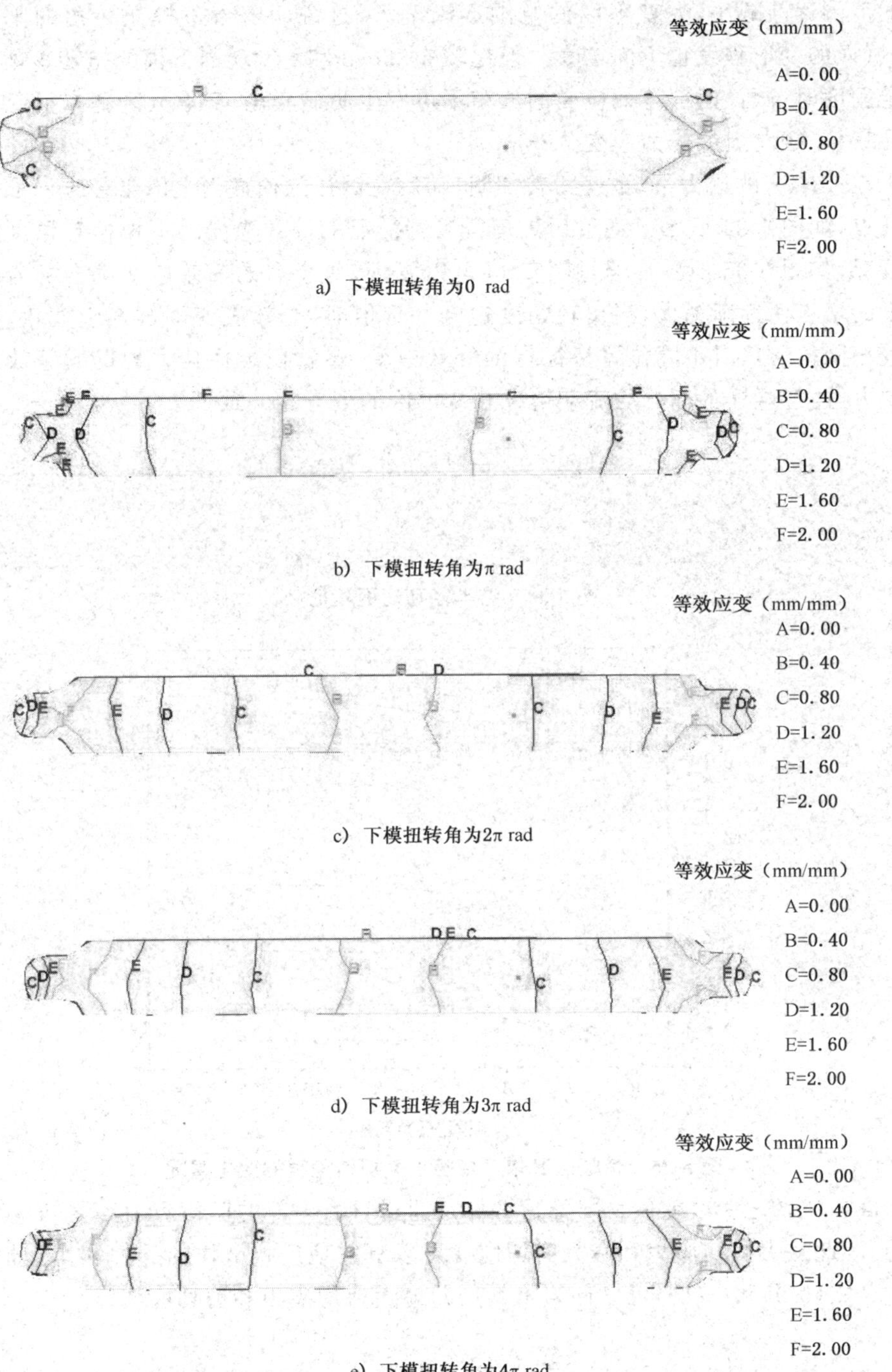

a）下模扭转角为0 rad

b）下模扭转角为π rad

c）下模扭转角为2π rad

d）下模扭转角为3π rad

e）下模扭转角为4π rad

图 5-33　下模扭转角不同时试样等效应变比较

通过比较图 5-33a、b 和 c 可知随着下模扭转角的不断增大，难变形区和小变形区的范围逐渐减小，大变形区的范围逐渐增大，这说明随着下模扭转角的不断增加，试样的变形程度也不断增大。但比较 5-33c、d 和 e 发现当下模的扭转角增大到一定程度时，试样内部等效应变的分布不再发生明显变化，变形分区基本不变。

5.9.3.1 径向上的应力应变分布

在 3 GPa 的压力下，下模扭转 2 圈，随后在试样的横截面上沿半径方向取 6 个特征点，如图 5-34 所示。通过后处理得出特征点的等效应变随下模扭转角度的变化情况，如图 5-35 所示。通过图 5-35 可以发现，每个点的等效应变都会随着扭转角度的增加而逐渐增大，当扭转角度达到一定值时，等效应变不再发生变化，同时比较相同扭转角时不同位置特征点的等效应变，会发现半径越大的点的等效应变也越大，这与试样各部分的流动情况和变形区的划分相一致。

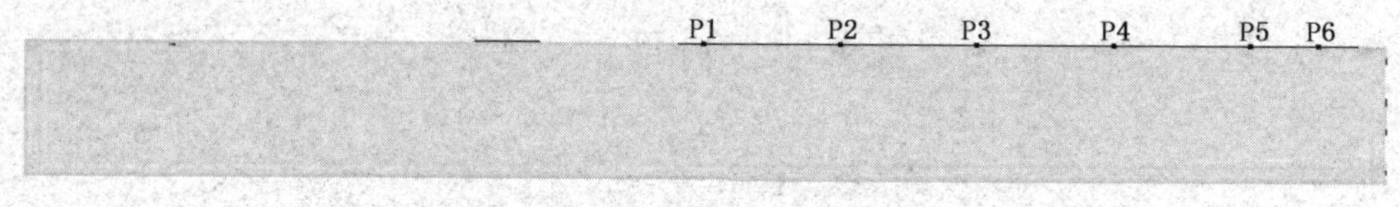

图 5-34 沿半径方向取特征点

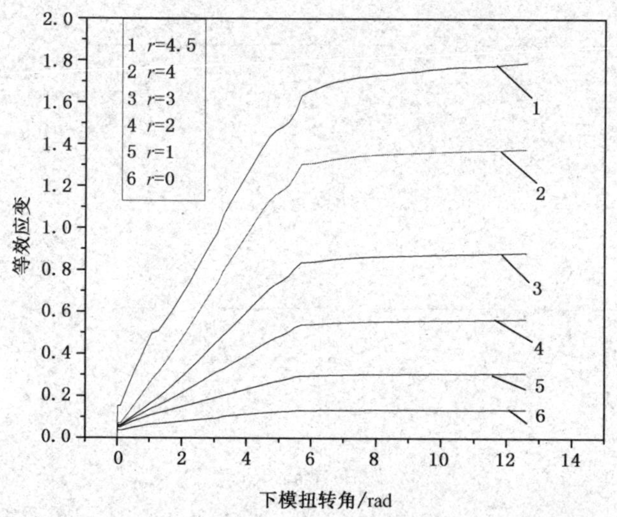

图 5-35 特征点等效应变随下模扭转角度的变化情况

高压扭转之所以能使材料细化主要是通过材料内部的剪切应力和剪切应变实现的，因此最大剪切应力和最大剪切应变可以真实地反映试样的受力和变形情况。通过公式(5-9)和(5-10)可以计算出某点的最大剪切应力和剪切应变。

$$\tau_{\max}=\frac{1}{2}(\sigma_{\max}-\sigma_{\min}) \tag{5-9}$$

$$\gamma_{\max}=\varepsilon_{\max}-\varepsilon_{\min} \tag{5-10}$$

式中：

σ_{max}——特征点的最大主应力；

σ_{min}——特征点的最小主应力；

ε_{max}——特征点的最大主应变；

ε_{min}——特征点的最小主应变。

在 3 GPa 的压力下，下模扭转 2 圈，在扭转完成后的试样横截面上取 20 个特征点，如图 5-36 所示，在后处理中提取各点的最大主应力和主应变，并利用公式(5-9)和(5-10)计算出特征点的最大剪切应变和最大剪切应力，如图 5-37 和 5-38 所示。通过观察图 5-37 和 5-38 可以发现在径向上，试样的最大剪切应变和最大剪切应力对称分布，且随着半径的增大而逐渐增大，即离中心越远最大剪切应变和最大剪切应力也就越大。对超细晶处理后的试样进行硬度测试，试样径向的硬度分布如图 5-39 所示，对比图 5-37 和 5-39 可以发现沿直径方向的硬度分布和最大剪切应变分布趋势相一致。

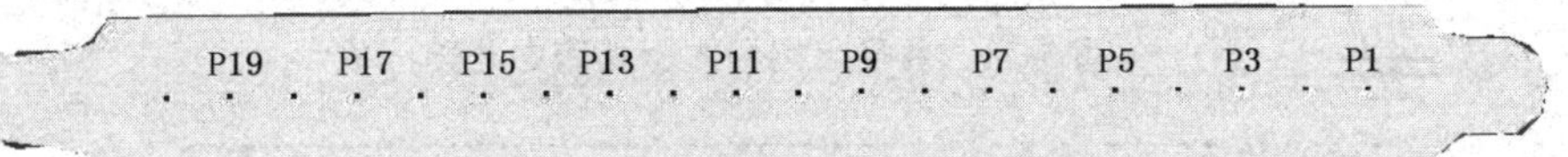

图 5-36　沿直径方向取特征点

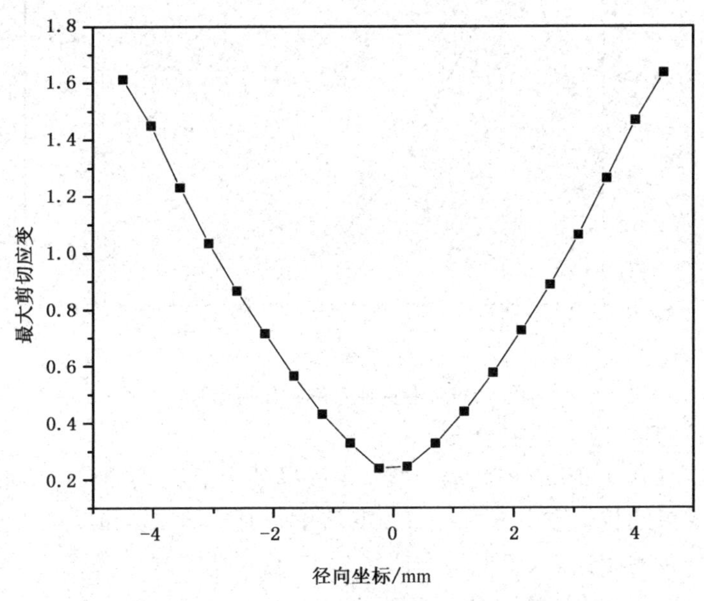

图 5-37　直径方向最大剪切应变分布

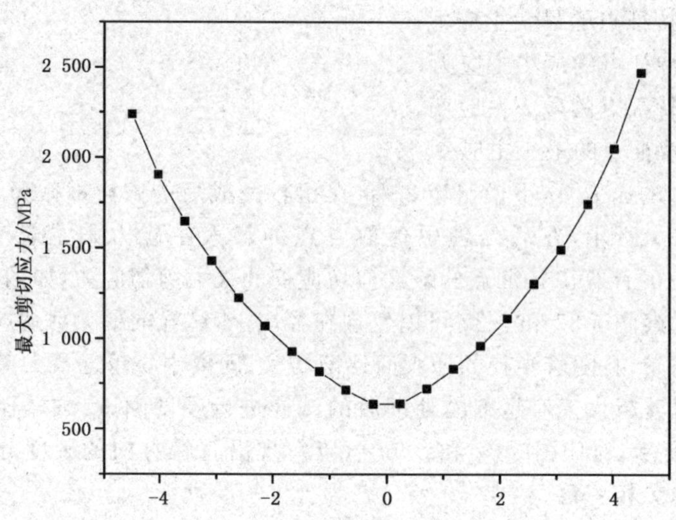

图 5-38　直径方向最大剪切应力分布

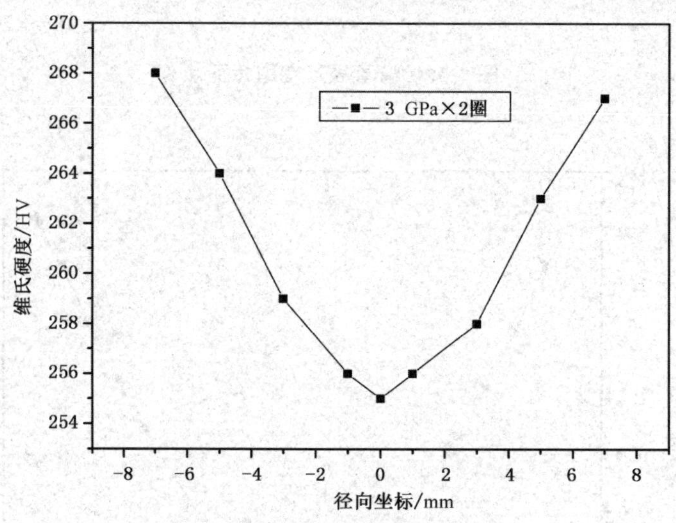

图 5-39　沿直径方向的硬度分布

5.9.3.2　高度方向应力应变分布

在 3 GPa 的压力下，下模扭转 2 圈，在试样的上表面取特征点，如图 5-40a 所示。变形完成后的特征点分布如图 5-40b 所示。对比 5-40a 和 5-40b 可以发现，变形前为直线分布的特征点，变形后呈曲线分布，这说明试样的各个部分发生相对运动，与图 5-29 各部分的速度分布相一致。

变形开始前在试样的轴向中间截面上取特征点，如图 5-41a 所示。变形完成后的特征点的分布如图 5-41b 所示。比较图 5-41a 和 5-41b 可以发现，变形前呈直线分布的特征点，变形完成后仍然呈直线分布。这说明中间部分的变形程度比较小。高压扭转过程中,与下模接触的试样部分在摩擦力的作用下随下模转动,由于上模保压,相对的与上模接触的试样部分相对下模向相反的方向发生转动。由于运动的相对性,与上下表面距离相等的轴向对称截面的金属,理论上相对于上下表面将不发生转动,因此中间层的特征点仍然呈直线分布。

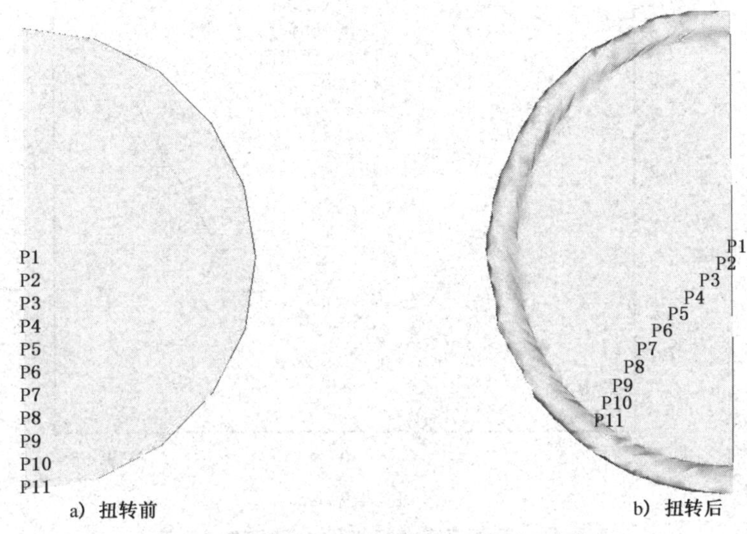

图 5-40　上表面扭转前后特征点分布对比

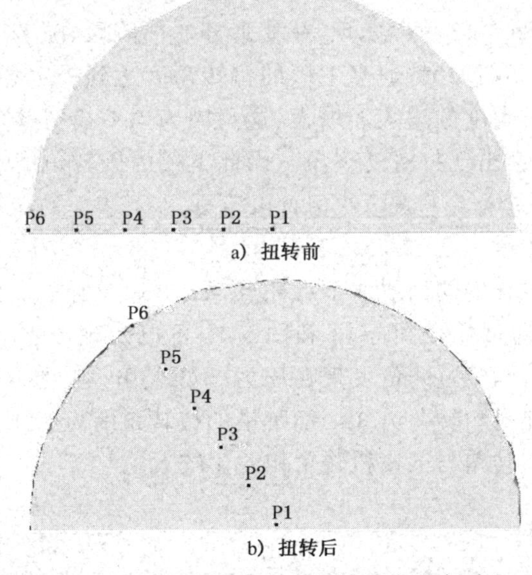

图 5-41　中间部分扭转前后特征点分布对比

经过高压扭转后,在试样的上、下表面和中间截面上分别取 20 个特征点,并通过公式(5-10)计算出这些特征点的最大剪切应变,如图 5-42 所示。通过观察

图 5-42 可以发现,试样上下表面的最大剪切应变的分布基本重合,都要大于中间部分对应特征点的最大剪切应变,这是因为 HPT 过程变形首先发生在试样的上下表面,随着变形的不断增加,中间部分才开始变形,且变形的程度要小于上下表面。

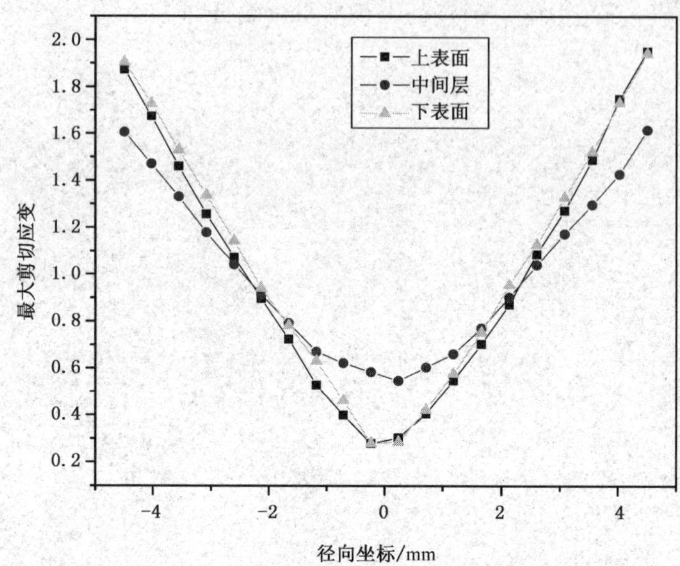

图 5-42 不同高度特征点最大剪切应变比较

5.9.4 扭转角度对 HPT 工艺的影响

观察图 5-41 和图 5-42 可以发现,在变形开始的阶段,随着下模扭转角度的增加,试样的等效应变逐渐增大,但当下模的扭转角度达到一定数值时,试样的等效应变并不再随着扭转角度的增大而增大,这是因为当下模扭转角度达到一定数值时,下模与试样之间会出现打滑的现象。因此下模的旋转角度不能准确地反映试样的变形情况,为此引入上下表面的相对扭转角,上下表面的相对扭转角能够准确地反映试样的变形程度。

变形开始前在试样的侧面取 3 个特征点,如图 5-43 所示。变形后的特征点分布如图 5-44 所示。通过比较图 5-43 和图 5-44 可以发现原本呈直线分布的特征点,发生了相对的转动,经过测量发现在压力 3 GPa 下模扭转两圈的情况下,试样上表面和下表面的相对扭转角为 33°,而下模的扭转角度为 720°。通过对比可以看出上下表面的相对扭转角与下模扭转角相差比较大。

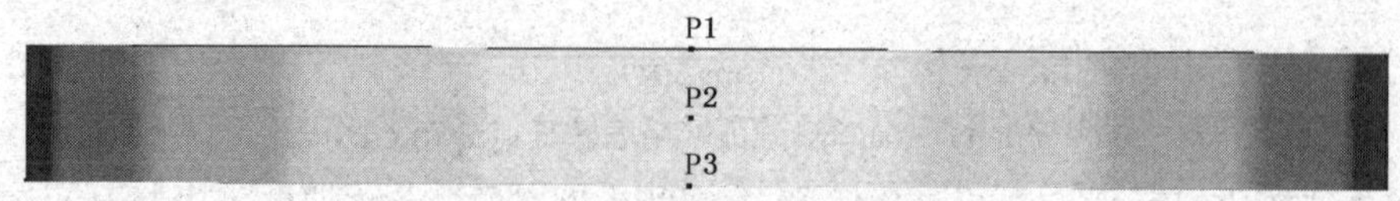

图 5-43 变形前轴向特征点分布

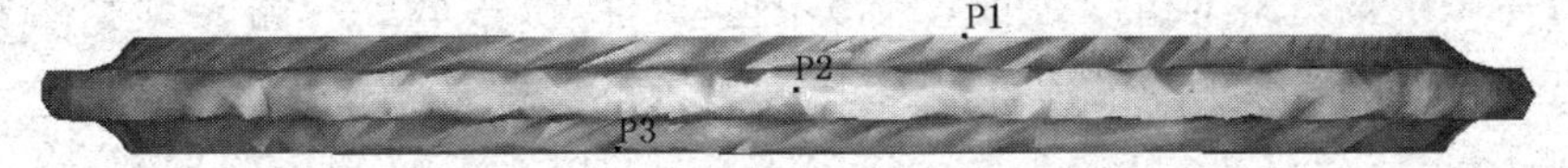

图 5-44　变形后轴向特征点分布

5.9.5　压力对 HPT 工艺的影响

在 3 GPa、4 GPa 和 5 GPa 的压力下，下模扭转两圈，且在上表面取同一位置的点为特征点，如图 5-45 所示。观察三个特征点的等效应变随时间的变化，如图 5-46 所示。通过观察图 5-46 可知，增大压力，可以有效地延长试样与下模发生打滑的时间，使得试样的等效应变也随着增大。经过测量在 3 GPa、4 GPa 和 5 GPa 压力下试样上表面和下表面的相对扭转角分别为 33°、40°和 46°。通过比较可以发现随着压力的不断增大，相对扭转角也不断增大，这表明增大压力可以有效地增大试样的变形程度，增强试样的细化效果。

图 5-45　不同压力下取同一特征点

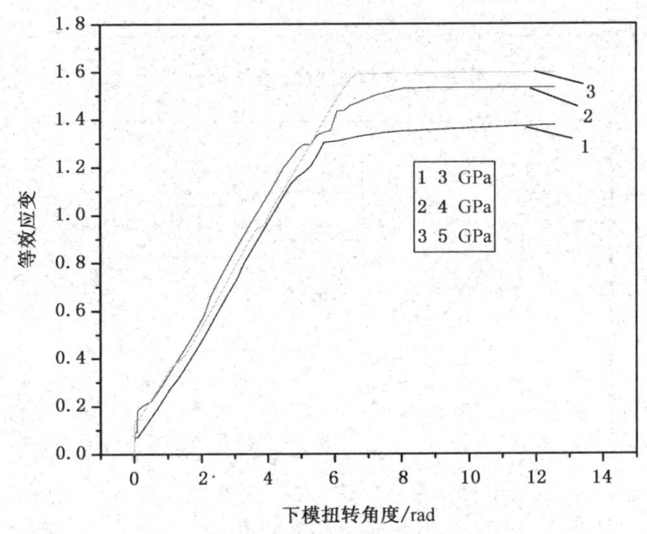

图 5-46　同一点等效应变随时间的变化

5.10　高径比对高压扭转工艺的影响

5.10.1　工艺参数

影响高压扭转工艺过程的因素有很多，摩擦因子、扭转角速度、高径比、温度等都会对高压扭转材料的组织性能产生影响。目前,大多数高压扭转试验的变形温度为室温,摩擦因子为 1,扭转的角速度为 2π/min。高径比对高压扭转工艺过程的影响,具体工艺参数如表 5-5 所示。

表 5-5 工艺参数表

工艺序号	上模压力/GPa	下模转速/(rad/s)	扭转角度/rad	直径 d/mm	高度 h/mm
1	3	0.1	4π	10	0.8、1、2、3、4、4.5
2	3	0.1	4π	15	0.8、1、2、3、4、4.5
3	3	0.1	4π	20	0.8、1、2、3、4、4.5

5.10.2 高径比对高压扭转应力应变分布的影响

对直径 d=10 mm,高度 h=0.8、1、2、3、4 和 4.5 mm 的试样进行模拟,并在经过高压扭转后试样的 1/2 高度处和上表面分别取 20 个特征点,如图 5-47 所示。通过公式(5-10)计算出各个特征点的最大剪切应变,并比较相同直径但不同高度试样特征点的最大剪切应变,如图 5-48 和 5-49 所示。

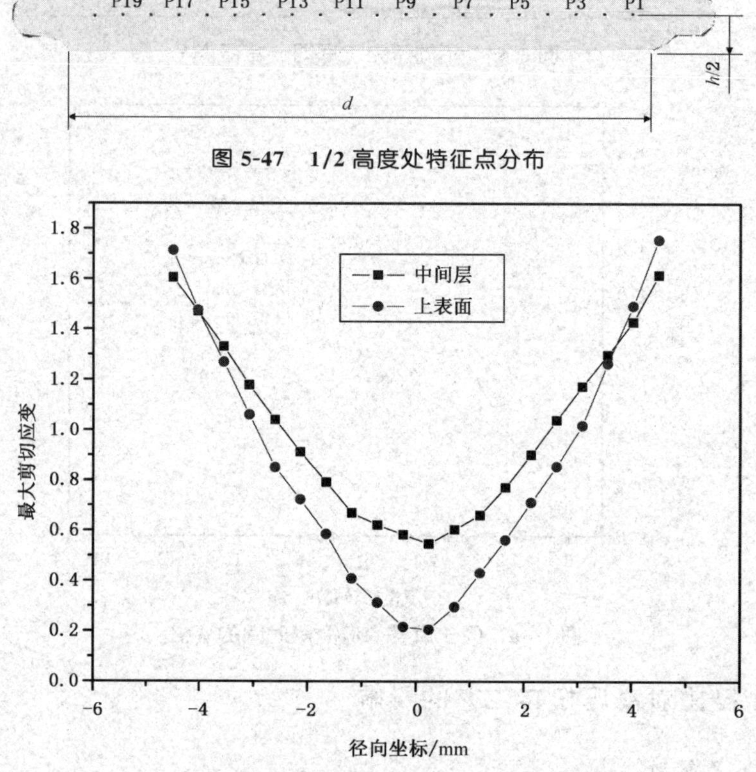

图 5-47 1/2 高度处特征点分布

图 5-48 直径 10 mm、高度 1 mm 试样上中部分最大剪切应变比较

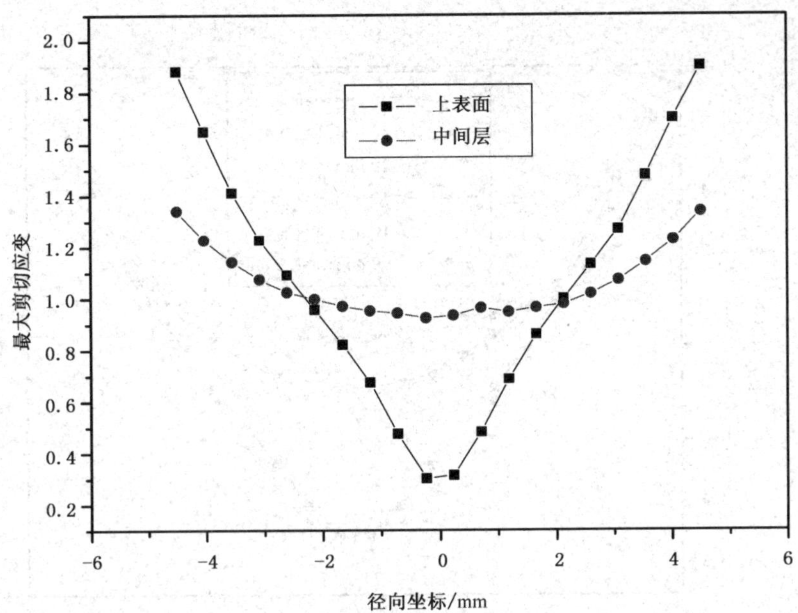

图 5-49　直径 10 mm、高度 4 mm 试样上中部分剪切应变比较

对比图 5-48 和 5-49 可以发现随着高度的增加，上表面和中间部分的最大剪切应变的差异在逐步增大。这是因为高压扭转过程中的变形开始于试样的上下表面，并逐渐向试样的中部传递，随着高度的增加，变形向中部的传递越来越困难，导致中间部分的变形程度与上下表面变形程度的差异越来越大，中间部分的最大剪切应变曲线趋于平滑。

图 5-50 为直径 10 mm 不同高度中间部位最大剪切应变比较，通过观察图 5-50 可以发现，当试样高度 $h=1$ mm 和 $h=0.8$ mm 时的最大剪切应变基本重合，并且试样高度 $h=4$ mm 和 $h=4.5$ mm 时的最大剪切应变也基本重合，因此适合高压扭转工艺的高度存在一定的范围，超过这个范围以后，再增加或者减少高度，试样中部的最大剪切应变也不会再发生变化，变形将不能传递到试样的中间部分。分别对直径 $d=15$、20 mm，高度分别为 $h=0.8$、1、2、3、4、4.5 mm 的试样进行模拟，并通过公式(5-10)计算相同直径不同高度的试样经过高压扭转工艺后中间部分的最大剪切应变的分布，如图 5-51 和 5-52 所示。

通过对比图 5-50、5-51 和 5-52 可以发现，随着高度的增加，直径越小的试样，中间部分的最大剪切应变变化越小，但三个试样的模拟结果都显示当试样的高度大于 4 mm 或者小于 1 mm 时试样中间部分的最大剪切应变都不再发生变化。所以可以得出结论：适用于高压扭转工艺的高度范围为：1 mm$\leqslant h \leqslant$4 mm。

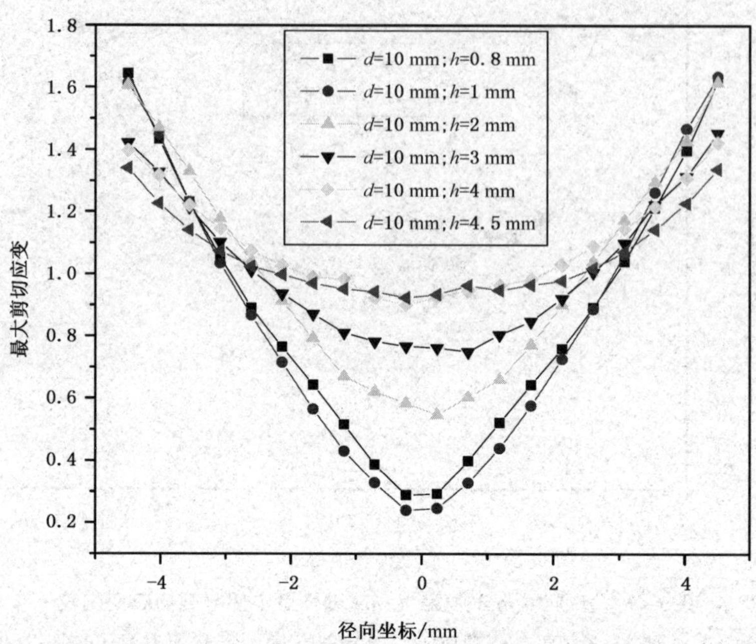

图 5-50　直径 10 mm 不同高度中间部位最大剪切应变比较

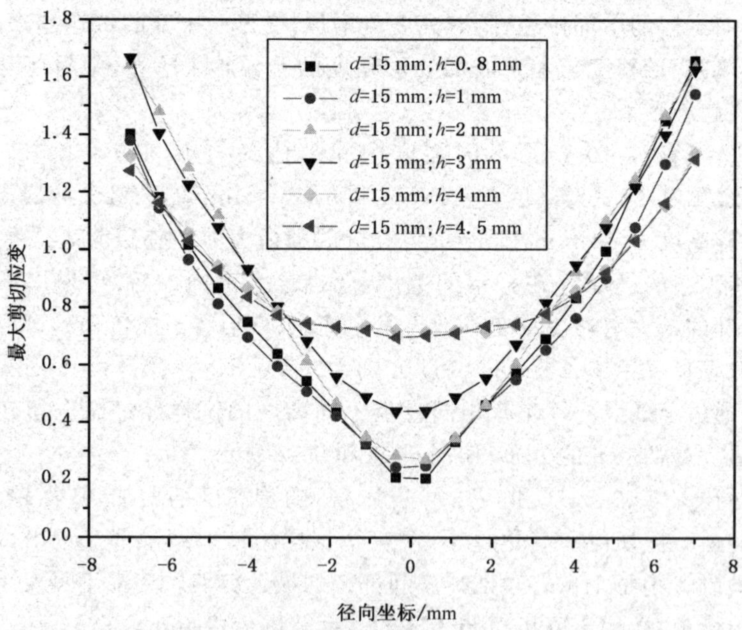

图 5-51　直径 15 mm 不同高度的试样中间部分最大剪切应变比较

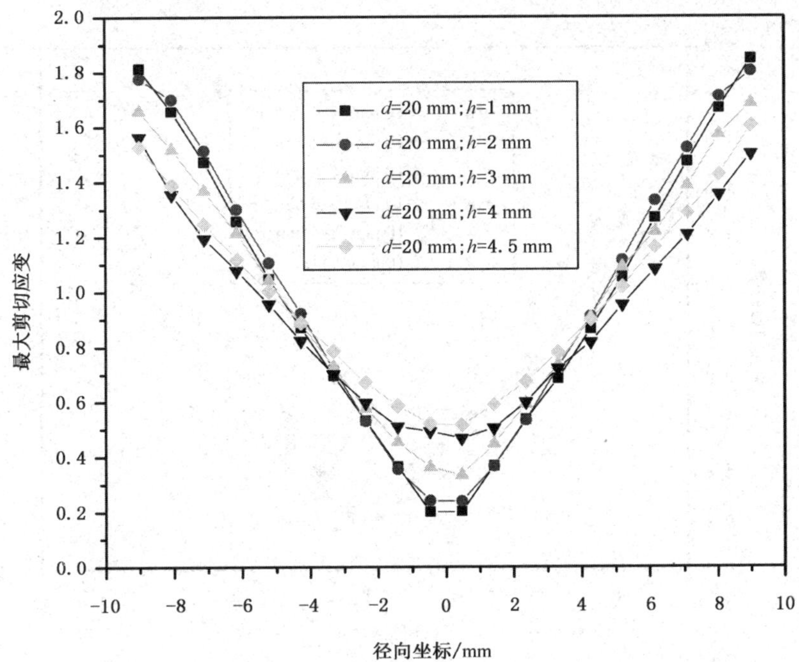

图 5-52　直径 20 mm 不同高度的试样中间部分最大剪切应变比较

为了研究最适合高压扭转的高度范围，在直径 $d=10$ mm，高度 $h=0.8$、1、2、3、4、4.5 mm 并且经过高压扭转工艺后试样的上表面取 20 个特征点，如图 5-53 所示。并计算这些特征点的最大剪切应变，如图 5-54 所示。观察图 5-54，每个高度的最大剪切应变曲线都符合材料的流动情况，即中心区域流动最小，边缘部分流动最大，相应的中心区域的剪切应变最小，随着半径的增加，剪切应变逐渐增大。但对比不同高度的同一特征点，可以发现高度 $h=2$ mm 和 3 mm 的最大剪切应变曲线要大于其他高度，这说明高度 $h=2$ mm 和 3 mm 时，试样的变形程度要大于其他高度，更适合于高压扭转工艺。为了验证是不是不同直径的高压扭转试样都具有比较适合的高度范围，分别在直径 $d=15$ mm 和 $d=20$ mm，高度 $h=0.8$、1、2、3、4、4.5 mm 并且经过高压扭转工艺后试样的上取 20 个特征点，并通过公式(5-10)计算这些特征点的最大剪切应变，如图 5-55 和 5-56 所示。

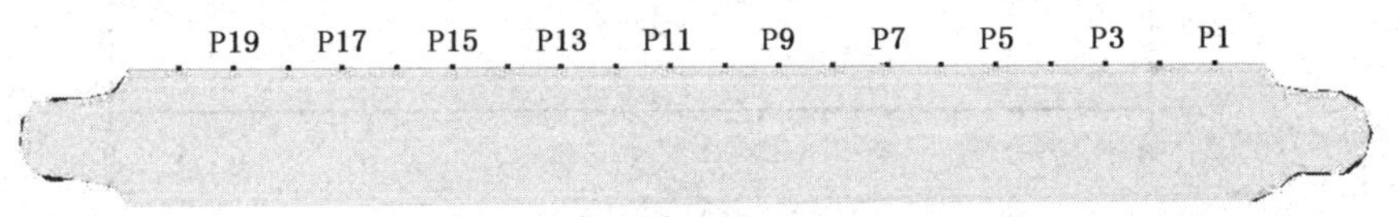

图 5-53　上表面特征点的分布

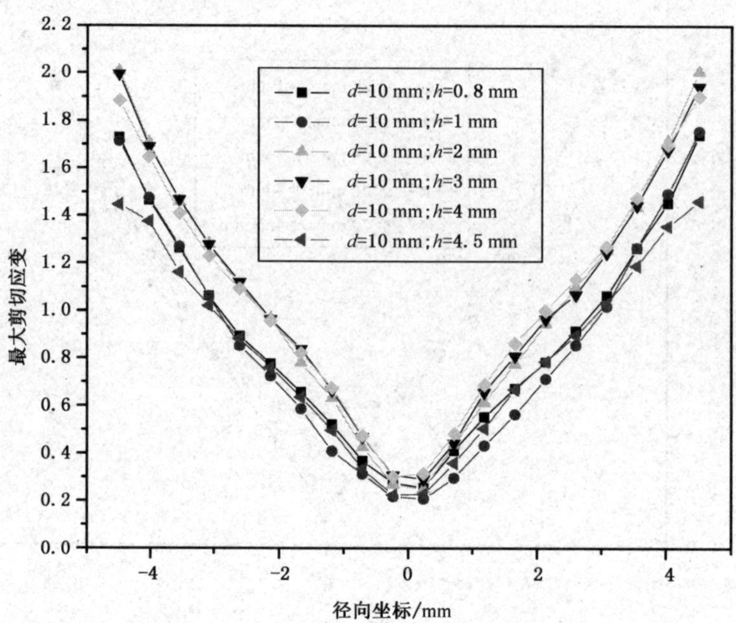

图 5-54　直径 10 mm 不同高度的试样上表面最大剪切应变分布

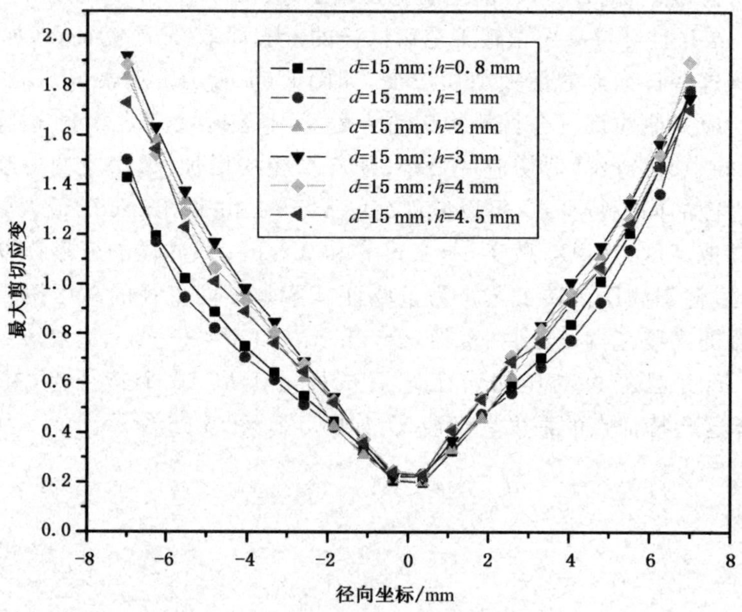

图 5-55　直径 15 mm 不同高度的试样上表面最大剪切应变分布

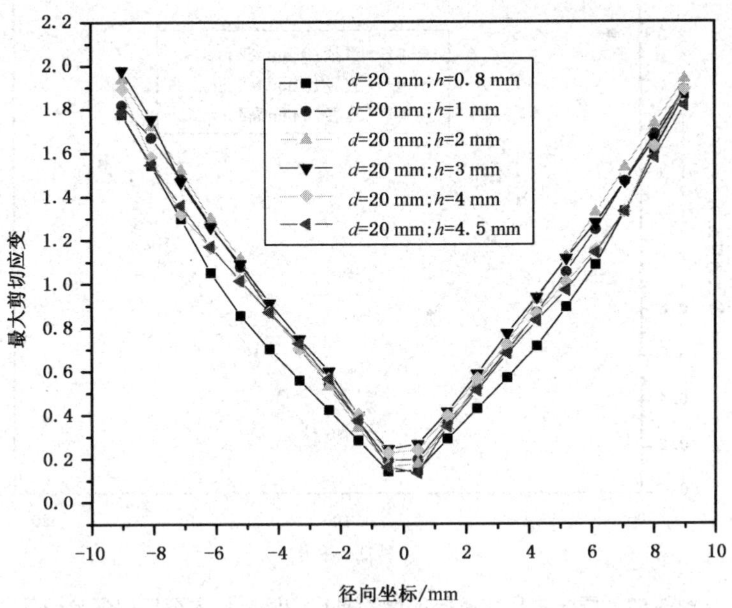

图 5-56　直径 20 mm 不同高度试样上表面最大剪切应变分布

观察图 5-55 可以发现 $h=2$ mm 和 3 mm 时，上表面的最大剪切应变要大于其他高度，观察图 5-56 可以发现各个高度上表面的最大剪切应变相差不大，但 $h=2$ mm 和 3 mm 时试样的变形量大于其他高度。通过对三组高压扭转试样的模拟很好地验证了适合高压扭转的高度范围为 1 mm$\leqslant h \leqslant$4 mm，并且当高度 2 mm$\leqslant h \leqslant$3 mm 时，试样的变形程度要大于其他高度，更适合于高压扭转工艺。

由公式(5-6)可知，在其他条件相同的情况下，高径比相同的试样经过高压扭转后变形程度相同，应该具有相同的等效应变。为了验证模拟的准确性，选取高径比相同，但直径和高度不同的三个试样(如表 5-6 所示)，分别在三个试样的中间区域均匀选取 20 个特征点，这样相同特征点的高径比保持相同，通过公式(5-10)计算这些特征点的最大剪切应变，并进行比较，如图 5-57 所示。

表 5-6　同一高径比试样工艺参数

工艺序号	直径/mm	高/mm	高径比	压力/GPa	摩擦因子
1	10	2	0.2	3	1
2	15	3	0.2	3	1
3	20	4	0.2	3	1

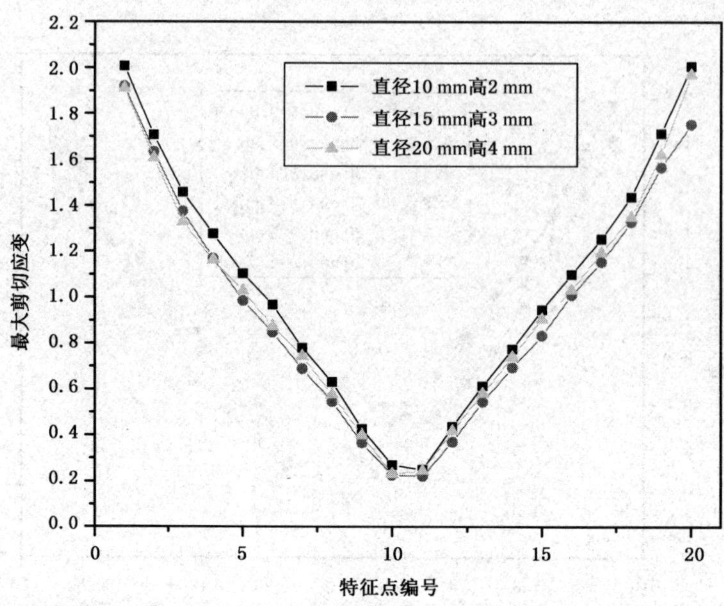

图 5-57　同一高径比不同高度和直径中间层最大剪切应变分布

通过观察图 5-57 可知，虽然高度和直径都不相同，但有限元模拟所得的同一特征点的最大剪切应变基本相同，从而验证了模拟的准确性。

根据等效应变的分布把试样分为难变形区、小变形区、大变形区和挤出区。在 3 GPa 压力下，提取直径 $d=10$ mm，高度 $h=1、2、3、4$ mm 且经过高压扭转工艺后试样截面上的等效应变云图，如图 5-58 所示。

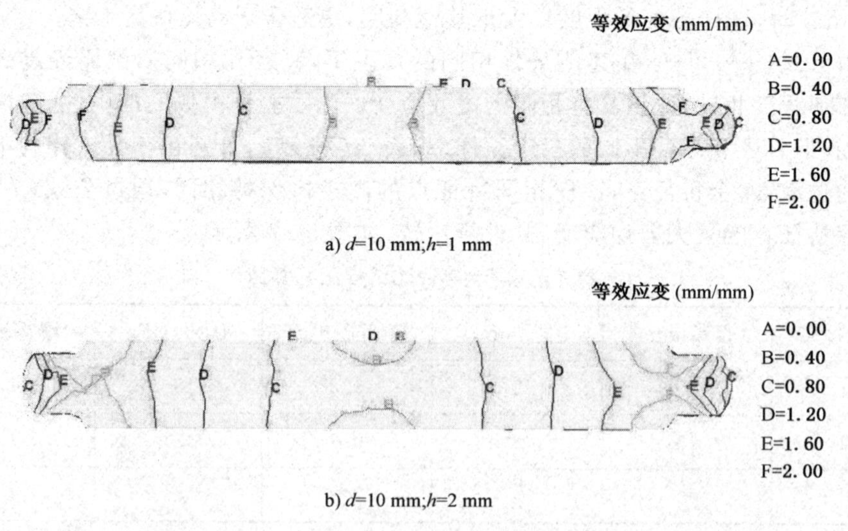

a) d=10 mm;h=1 mm

b) d=10 mm;h=2 mm

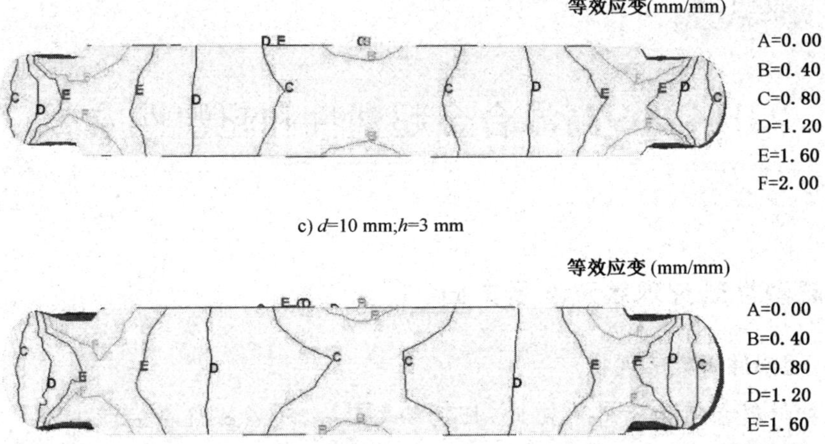

c) d=10 mm;h=3 mm

d) d=10 mm;h=4 mm

图 5-58　直径 10 mm 不同高度试样等效应变分布

通过观察图 5-58 可以发现随着高度的增加小变形区和难变形区的范围都在逐渐减小,大变形区的范围逐渐增大。比较图 5-58c 和 d,可以发现试样分区的变化不大,但在高度方向上等效应变的分布却明显变得不均匀,中间部分的等效应变要明显小于上下表面。图 5-58 从等效应变分布上证明了比较适合 HPT 工艺的高度范围为 2～3 mm,从而验证了上面的结论。

GH4169高温合金超塑性和超塑性成形

6.1 超塑性研究现状及发展方向

6.1.1 超塑性研究的现状

某种材料在特定条件下拉伸，其延伸率 $\delta \geqslant 200\%$ 并且不会产生缩颈发生断裂，这种材料可以说具备超塑性。GH4169 合金具有优异的综合力学性能并且表现出良好的超塑性，该合金超塑性研究已经成为超塑成形研究的热点之一。

金属的超塑性现象早在 90 多年前就被发现。1920 年，德国 W. Rosewhain 等人在研究 Zn-4%Cu-7%Al 合金时，发现快速弯曲冷轧板材会很快折断，而在缓慢弯曲时，即使弯曲至 180°仍未出现裂纹。1934 年，英国学者 C. E. Pearson 对质脆、挤压状态的 Pb-Zn(37%Pb)和 Bi-Sn(44%Sn)合金进行了缓慢拉伸试验，得到了约为 2 000%的延伸率，在当时引起金属学界巨大反响。但由于第二次世界大战的影响，此方面的研究被暂时搁置下来。直到 1945 年，苏联学者 A. A. Bochvar 等人在研究 Zn-Al 共晶合金高温拉伸性能时，得到异常高的延伸率，并首次提出了“超塑性”这一概念。1962 年，美国人 E. E. Underwood 发表了一篇总结性文章，从冶金学的角度分析了实现超塑性的可能性、条件及基本原理。1964 年，美国的 W. A. Backofen 等人对超塑性力学进行了系统分析研究，他们引入了与变形力有关的应变速率敏感性指数 m 值，并提出了 m 值的测定方法，同时提出了应力与应变速率的关系式，并把 m 值与超塑性现象对应起来。

从 20 世纪 60 年代末开始，超塑性及其应用研究进入了快速发展时期，有关超塑性的研究成果不断发表。现在，人们已经发现绝大多数材料，如金属及其合金、陶瓷、非晶态合金、金属基复合材料，甚至岩石等在特定条件下，都可呈现出超塑性特性。同时超塑成形技术的开发与应用也日益成熟和广泛。70 年代初期，洛克威尔国际航空公司科学中心的 C. H. Hamilon、N. Paton 等人利用超塑成形技术，制造了新型的形状复杂的 F-15 战斗机钛合金整体骨架结构，不但大幅度降低了成本，而且也显著提高了成形效率。国外航空用风动泵舱门已由传统成形工艺改为超塑成形；飞机用发动机维修舱盖和航天用干扰弹导筒也已采用超塑成形工艺成形，不但大大减轻了结构重量，而且降低了成本。目前，钛合金和铝合金超塑性成形已在飞机结构上得到大量应用，如 B-1 轰炸机的短舱框架、辅助动力舱门、发动

机舱门，直升机防火壁，“狂风”飞机尾部气道结构件、机翼焊合机身段，F-15 战斗机尾喷管整流罩，T-38 战斗机主起落架舱门，F-14 战斗机水平稳定面后缘结构件，F-14A 战斗机前置翼，F-18A(下一代的战斗机)机上的环控系统的导管，YC-17 机翼后缘衬翼蒙皮，火箭推进剂燃料瓶，环形油箱等。

美国的 Superform 和英国的 Superform Metals 公司在铝合金的超塑成形方面，不论是产品的数量，还是品种都是最先的。这些公司在航空航天联合体、汽车工业及铁路运输、通信电子、医学等领域都有着可靠的订单。

日本在超塑成形的工业研究方面取得了长足的进步。日本最大的两家公司 Mitsubishi 重型工业公司和 Kawasaki 重型工业公司最先发展了超塑成形的研究，并第一批研制了 SPF 和 SPF/DB(超塑成形/扩散连接)的专用设备。20 世纪 80 年代末日本出现了一批专门利用超塑性合金生产板材的公司，其中 Sky Allumi-num 公司生产铝合金板，Nippon Kokan 生产钛合金板，Nippon Yakin Kogyo 生产 Super Dux 双相不锈钢。1990 年成立了一家 NAS/Murdock 联合企业，专门用超塑性方法成批生产各种订货：大型客机设备的内部零件，轿车和公共汽车零件，建筑单元，厨房用品等。

超塑性状态下的体积锻造零件比采用 SPF/DB 技术的板料零件要少得多，它在实际生产中主要用于国防工业。在民用方面的前景也很引人注目，如采用精密的等温锻造技术用 BT6 钛合金制成的人造心脏瓣膜和人工髋关节，以及科技钟的钟体。在日本采用精密等温锻造技术用 SP-700 钛合金制造出高尔夫棒。最近的超塑性锻造与新材料的联系越来越紧密。日本用非晶态合金在玻璃态下，采用精确的体积锻造方法成形形状复杂的精密零件。

随着各国科技工作者对超塑性研究的不断深入，研究领域由只研究金属和金属基复合材料的超塑性，转向开始关注陶瓷材料、陶瓷复合材料、金属间化合物的超塑性，并逐步成为超塑性研究的新发展方向。S. Krishnamurthy 等人发现 Al_2O_3-Y_2O_3 陶瓷材料具有某种程度的超塑性；S. R. Shan 等人研究了 Al_2O_3-MgO_2 陶瓷材料的超塑性；许多学者都对 3 mol%氧化钇稳定正方氧化锆多晶体(3Y-TZP)陶瓷复合材料的超塑性进行了研究。

另外，对于在高应变率速率($10^{-1}\sim10^{-2}$ s^{-1})条件下变形的超塑性的研究越来越多，这已成为超塑性研究的又一新热点。有文献报告了一个非常令人感兴趣的结果：由合金成分为 La-25%Al-20%Ni 的过冷液体得到的非晶合金制成的试样在 200 ℃、应变速率为 $5\times10^{-1}s^{-1}$ 的情况下，拉伸到了 15 000%。T. Mukai 和 H. Watanabe 等人研究粉末冶金镁合金时发现，粉末冶金细晶镁合金呈现高应变速率超塑性。T. Mukai 等人在 400 ℃、应变速率为 $10^{-2}s^{-1}$ 的情况下，对 ZK60 镁合金进行了高应变速率超塑成形结构件试验，结果超塑成形出了试验件，并未发现显微缺陷。S. X. Mcfadden 等人研究了纳米晶 1420 铝合金和 Ni_3Al 材料的高应变速率超塑性，并指出，纳米晶 1420 铝合金高应变速率超塑性使所需成形温度比普通细晶超塑性的要低约 150 ℃，但流动应力要大。R. Grimes 等人研究了 Al-Mg-Zr 系合金的高应变速率超塑性，并在应变速率为 $10^{-2}s^{-1}$ 的情况下，得到了 600%左右的延伸率。E. Sato、N. Tsuji、Y. Saito 和 P. B. Berbon 等人研究了高应变速率超塑性所需超细晶组织的成形工艺。K. Higashi 对超细晶处理工艺、高应变速率超塑性变形机理、高应变速率超塑性应用等在日本研究情况进行了系统介绍。

6.1.2 超塑性变形的力学特性、组织变化及主要变形机理

6.1.2.1 超塑性变形的力学特性

为了描述超塑性的力学特征，1964 年美国学者 Backofen 提出应力 σ 与应变速率 $\dot{\varepsilon}$ 的关系式为

$$\sigma = K\dot{\varepsilon}^{m} \tag{6-1}$$

式中：

σ——真应力；

$\dot{\varepsilon}$——真应变速率；

K——常数；

m——应变速率敏感性指数，其值等于应力(σ)—应变速率($\dot{\varepsilon}$)对数曲线的斜率。一般超塑性材料的 m 值在 0.3 到 0.9 之间，多数在 0.4～0.8 之间。

1965 年 D. H. Avery 和 W. A. Backofen 利用两个竞争过程来解释超塑性，其中每一个过程都对总变形独立地作出贡献：一个是位错通过晶粒的攀移运动，即式(6-2)中的第一项；另一个是一种引起粘性流动的晶内空位迁移，即式(6-2)中的第二项。该式为

$$\dot{\varepsilon} = A\sinh(B\sigma) + C\sigma \tag{6-2}$$

式中：

A、B、C——材料常数。

1967 年 C. M. Packer 和 C. D. Sherby 提出了一个普遍的一维方程，来描述在一个大的应变速率范围内超塑性材料的力学特征，该式为

$$\dot{\varepsilon} = \frac{A'\sigma^{2}}{d^{3}} + B'\sinh(\beta'\sigma^{2.5}) \tag{6-3}$$

式中：

A'、B'、β'——材料常数；

d——晶粒尺寸。

式(6-3)右边第一项考虑再结晶或晶界迁移过程，该项在低应力和低应变速率

下是重要的；第二项涉及位错攀移控制的蠕变过程，该项在高应力和高应变速率下是重要的。有文献指出，Packer-Sherby 本构方程尚未被公认。

到目前为止，没有一个对超塑性状态下所有合金都适用的简单方程。但基本的幂定律方程式(6-1)对于分析 m 近似为常数的、小的应变速率范围内的变形过程，仍然是非常有用的。

6.1.2.2　超塑性变形过程中组织变化

超塑成形一般要求材料具有如下组织及变形条件：(1)晶粒通常应小于 10 μm，一般为等轴晶；(2)存在第二相，第二相的强度通常应与基体的强度相当，并以细小颗粒均匀分布于基体，细小的硬颗粒在超塑流动时其附近的许多回复机制可阻止孔洞的形成；(3)晶界结构特性，两相临基体晶粒间的晶界应是大角晶界(不共格)，并具有可动性；(4)低的应变速率，通常在 10^{-2} 以下；(5)适当的变形温度，一般为 0.5～0.95 T_m(T_m 为熔点)。

大量的试验表明，超塑成形过程中组织变化主要表现在以下几个方面：

(1) 晶粒形状与尺寸的变化。Pearson 早在 1934 年就发现超塑性变形时晶粒的等轴性几乎保持不变。这一结果也为后来大量的试验所证实。但 Backofen 等人在拉伸密集六方晶格的超塑性材料 MA8 时，发现晶粒顺拉伸方向拉长，表明变形时晶粒等轴化倾向也有例外。一般情况下，超塑性变形后的晶粒都比原始晶粒长大，这与合金成分、温度、应变速率及应变有关，对于两相合金，还与相的比例及第二相的析出等有关。

(2) 晶粒的滑动、转动和换位。

(3) 晶界褶皱带。褶皱带的宽度随应变速率的减少和应变量的增加而增加。一般认为，褶皱带的出现与晶界的滑移过程有关。

(4) 位错。在超塑性变形时，位错密度大大提高，并明显集中于晶界及三角晶界处。同时发生强烈的位错攀移和相消过程。

(5) 孔洞。在超塑性变形达到一定变形程度时，就会出现孔洞的形核，继而发生孔洞的聚合或连接，最终导致材料断裂。

6.1.2.3　超塑性的主要变形机理

由于超塑性变形的复杂性，到目前为止还没有形成一个统一的能完善地解释所有合金的超塑性变形行为的理论，但随着对超塑性变形机理的研究日趋深入，逐渐明确利用晶界滑移、扩散蠕变和晶内位错滑移三种变形机理的综合机理能较好地解释绝大多数合金的超塑性流动行为。

下面简述目前已有的一些主要的变形机理。

1. 伴随扩散蠕变的晶界滑移机理

属于这一机理的主要是由 Ashby-Verrall 提出的晶粒换位模型，其示意图如图

6-1、6-2 所示。

Ashby-Verrall 模型计算结果比较接近实际，但仍存在一些不合理之处：

(1) 此模型是一个二维模型，没有考虑表面下面的晶粒向表面显露的过程。

(2) 模型计算的结果只符合 S 曲线的低应变速率部分。

(3) 模型中的扩散路径不够合理。

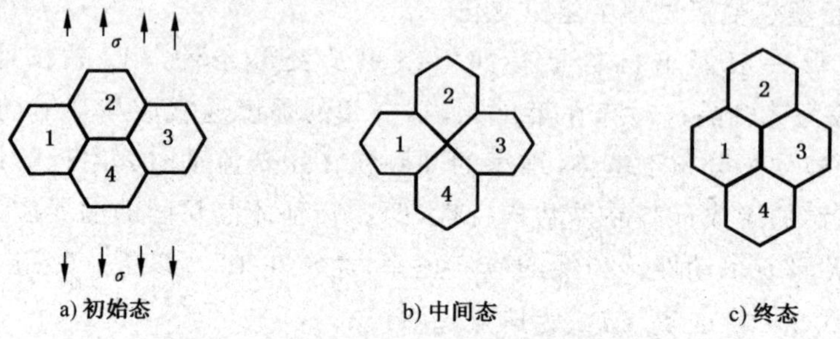

图 6-1 Ashby-Verrall 晶粒换位机制示意图

(箭头示出应力方向及相对运动)

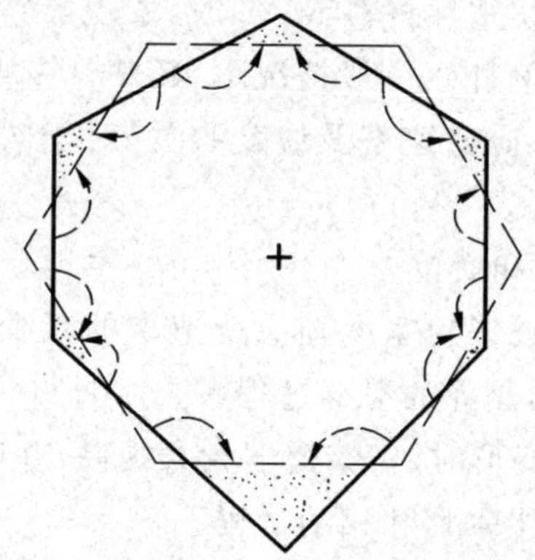

图 6-2 图 6-1b 中换位中间态的扩散调节图

(箭头示出 6 个扩散渠道，阴影区为移动物质的体积)

2. 伴随位错蠕变的晶界滑移机理

此类模型主要有以晶粒群为单位的、由位错运动调节晶界滑移的 Ball-Hutchison 模型，如图 6-3 所示；以单个晶粒为单位的、由位错运动调节晶界滑移的 Mukherjee 模型，如图 6-4 所示；以及 Gifkins 模型，如图 6-5 所示。

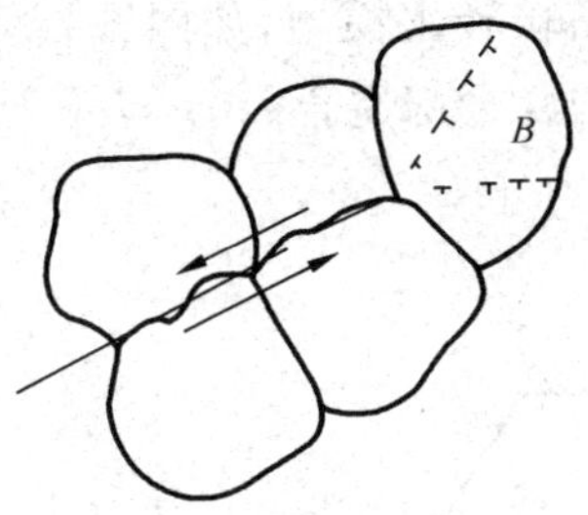

图 6-3 Ball-Hutchison 模型

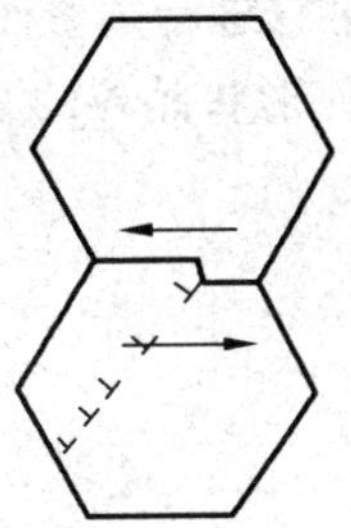

图 6-4 Mukherjee 模型

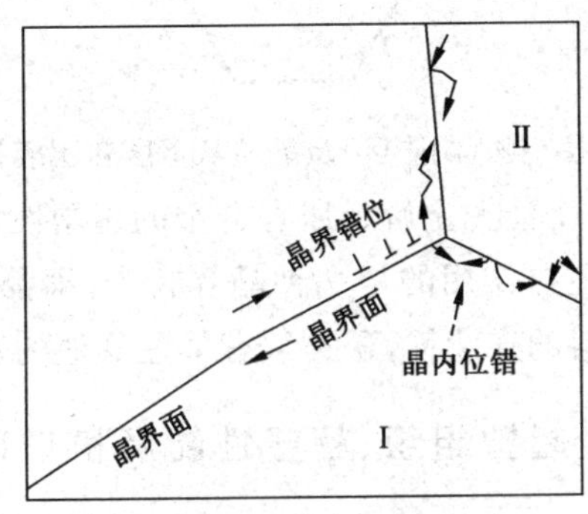

图 6-5 Gifkins 模型

这三种模型都是建立在存在大量位错,由位错蠕变来调整、补偿晶界滑移的基础之上的,只适用于 S 曲线的Ⅱ区。

3. “心部-表层”机理

“心部-表层”模型是 Gifkins 对他本人早期提出的 Gifkins 模型的进一步完善,这个模型用来解释晶间滑移变形,如图 6-6 所示。此模型能很好地解释(准)单相合金超塑性变形过程。

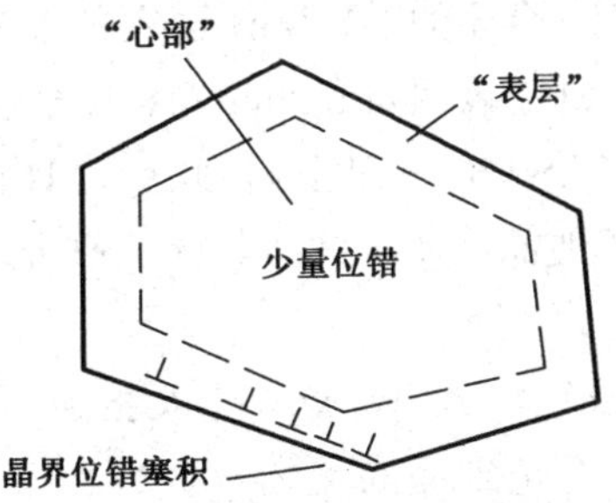

图 6-6 “心部-表层”模型

4. 晶粒转出机理(又称以晶界滑移为主的晶粒挤入模型)

Ashby-Verrall 的晶粒转换是一个二维模型,它与实际看到的情况并不完全一致。Gifins 对它进行了修正，提出了一个三维的晶粒转出模型，如图 6-7 所示。这个模型对任何形状晶粒的合金，甚至是粗大晶粒的合金都适合。

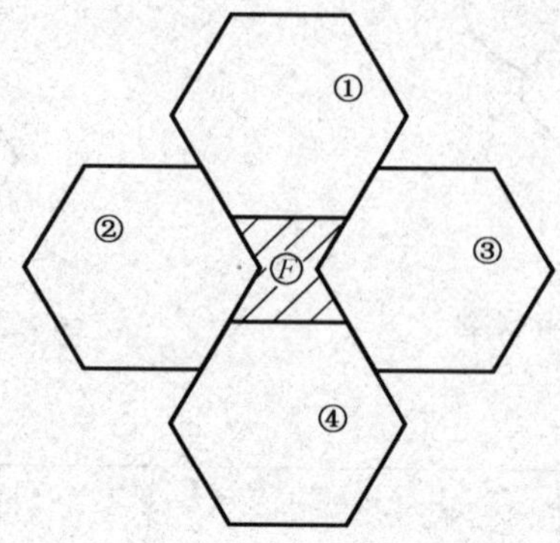

图 6-7　晶粒滑移空隙（阴影区）及晶粒从下层转出填补此空隙的模型

虽然这些机理没有一个能完全解释所有合金的超塑性变形行为，但是，从定性的意义上讲，超塑性变形起主导作用的是一种晶界行为，即晶界滑移。此外，还有晶粒转动。同时，为了保持材料的连续性，还必须有某些其他的变形机理作为补充。

6.2　Inconel 718 合金超塑组织、超塑性能及机理研究概况

高温合金的超塑性现象与铝、钛合金相比，发现得较晚。20 世纪 60 年代末，B. H. Kear 等人做持久试验时发现，以挤压比 16：1 挤压的 In-100 合金在 1 040 ℃试验温度下得到 1 330％的伸长率，并认为这与合金中析出的第二相粒子控制晶粒长大有关。随后开展了其他难变形镍基高温合金的超塑性研究。由于 Inconel 718 合金是综合性能优异的、应用最广泛的高温合金，因此在高温合金超塑性研究中，该合金是研究得最多的合金之一，至今仍是超塑性及超塑成形研究的热点之一。

6.2.1　适合超塑成形的 Inconel 718 合金材料及其超塑性特性

常规生产的 Inconel 718 合金，由于具有过大的晶粒尺寸不能进行超塑成形，但 Brown. E. E. 于 1972 年研究表明，Inconel 718 合金可以得到适合超塑成形且具有足够稳定性的极细晶粒（ASTM10 以上）。此后，国内外学者对 Inconel 718 合金的超塑性及超塑成形（包括细晶成形工艺）进行了研究，以扩大其应用领域并降低制造成本。

M. Kaufman、C. J. Scholl 与 A. W. Dix 等人报道了用热处理和压力加工相结合的方法得到 Inconel 718 合金细晶的工艺。

有相关文献介绍了美国 Chandler 等人在 20 世纪 80 年代初采用亨廷顿公司专门生产的厚度为 1. 27～2. 67 mm 的 Inconel 718 合金的细晶粒薄板进行了超塑性试验。表 6-1 和表 6-2 分别给出了试验用 Inconel 718 合金的组分范围、板材厚

度及其相应的晶粒尺寸。

表 6-1　Inconel 718 合金的化学成分(质量分数)　%

C	Mn	Si	P	S	Cr	Co	Mo
≤0.035	≤0.35	≤0.35	≤0.015	≤0.015	17.0~21.0	≤1.0	2.8~3.3
Nb(+Ta)	Ti	Al	Fe	Cu	Ni(+Co)	B	
4.75~5.50	0.65~1.15	0.2~0.80	余	≤0.30	50.0~55.0	≤0.006	

表 6-2　Inconel 718 合金的晶粒尺寸

板材厚度/mm	纵向(轧向)晶粒尺寸/μm	宽度方向晶粒尺寸/μm	厚度方向晶粒尺寸/μm
1.27	~6	~6	~6
2.29	9.8	5.4	5.5
2.67	10.4	7.8	8.3
2.54(热轧 29J2)	7.8	7.5	7.7
2.54(热轧 03J2)	7.9	7.6	7.6

对上述材料进行高温下的拉伸试验，以测定材料对流变应力的应变速率敏感性和材料在恒定的应变速率条件下的总延伸能力。将细晶粒厚 1.27 mm 的 Inconel 718 薄板在 925~1 038 ℃间不同温度下保温 1 h，试验结果表明，在 927 ℃下没有发现晶粒长大，而当温度超过 1 038 ℃时，晶粒迅速长大，因此对厚度为 1.27 mm 的 Inconel 718 合金薄板超塑成形拉伸试验研究的温度限制在 1 038 ℃以下。对上述薄板进行的延伸率和应变速率突变拉伸试验结果表明，延伸率可达 294%，应变率敏感性指数 m 值为 0.63。该延伸率比常规成形的延伸率高 20%~40%，因而能满足大量的超塑成形作业。与具有粗晶粒的常规 Inconel 718 合金相比，具有细晶粒、厚 1.27 mm 的 Inconel 718 合金薄板具有很低的流变应力。图 6-8 和图 6-9 分别示出了常规的和细晶粒的 Inconel 718 合金板的流变应力和应变率敏感性指数(m)的比较曲线。

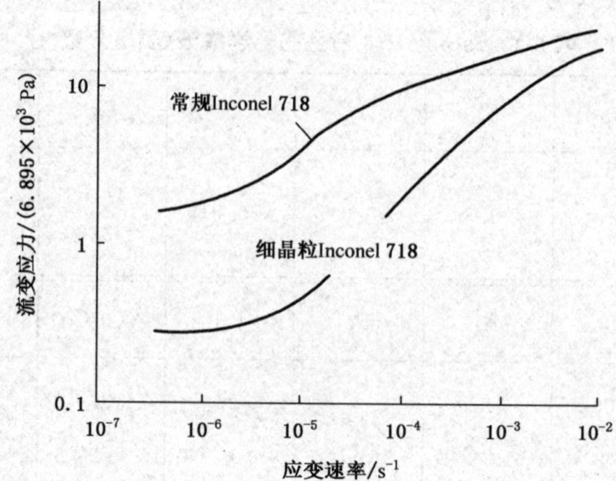

图 6-8 常规的和细晶粒的 Inconel 718 合金板的流变应力和应变率的关系曲线

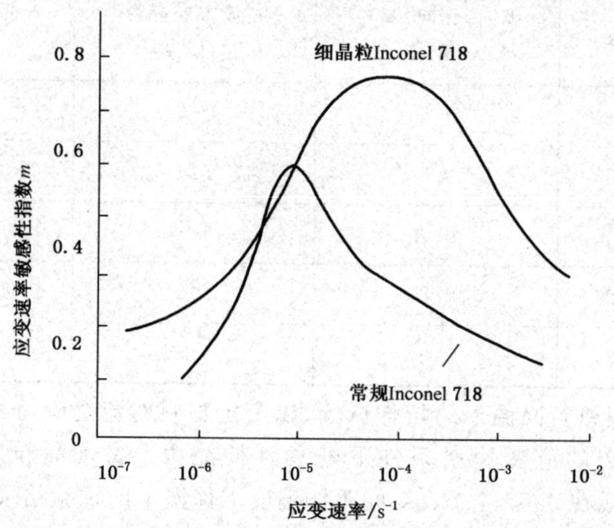

图 6-9 常规的和细晶粒的 Inconel 718 合金板的和应变率敏感性指数与应变率的关系曲线

对表 6-2 中厚度分别为 2.29 mm 和 2.67 mm 的 Inconel 718 细晶薄板也进行了超塑性试验，此两种薄板的延伸率稍低于厚度为 1.27 mm 的 Inconel 718 薄板的延伸率，不过，这两种薄板的延伸率均足以满足许多零件的超塑成形要求。

Murray W. Mahoney 与 Roy Crooks 研究了具有细晶组织的 Inconel 718 合金箔材（厚度小于 0.5 mm）的超塑性，对分别用锻造和粉末冶金法生产的两种 Inconel 718 合金的流动应力、应变速率敏感性指数以及超塑性总伸长率等超塑性特性进行了试验研究，结果锻造合金总的伸长率为 500%，明显高于粉末冶金的

150%,而其他超塑性特性大致相同。

国际合金公司(IAI)为超塑成形专门研制了 Inconel 718SPF 合金,它是一种能够超塑成形的镍基合金。Inconel 718SPF 与以耐热耐蚀闻名的高强度合金 Inconel 718 合金具有相同的成分及物理性能,不需要通过调整化学成分来产生超塑成形所需要的细晶显微组织,只需要将最高碳含量及铌含量适当地降低(仍在现行的美国航空材料规范 AMS 内),以便在部件制造过程中尽量减少碳化物沉淀。通过变化常规的冷轧和退火作业得到细晶状态(ASTM 晶粒度 10 级或更细状态)。Inconel 718SPF 合金制造工艺的前几步与 Inconel 718 合金一样,采用真空感应熔炼及电渣重熔,以确保金属的纯洁度。材料用常规作业热加工,然后用专门研究的专利方法进行冷加工,以确保生产出具有超细晶组织的成品。国际合金公司为推广 Inconel 718SPF 合金的应用,专门测定了该合金的物理常数(如:密度、熔点、导磁率等)、物理性能(如:弹性模量、热导率、泊松比、电阻率、热膨胀系数等)以及力学性能,并将 Inconel 718SPF 合金的力学性能与常规 Inconel 718 合金进行了对比。指出 Inconel 718SPF 合金薄板的强度超过了 AMS 5596G 的最高退火强度标准,也符合伸长率和硬度要求;在 59Hz 频率下的轴向疲劳强度比常规 Inconel 718 合金的大幅度提高。同时对 Inconel 718SPF 合金的超塑性研究结果显示:合金的伸长率随初始应变速率的降低而升高,当初始应变速率为 $3.3\times10^{-5}\ s^{-1}$ 时,伸长率可达 750%;合金的流动应力随初始应变速率的降低而降低,由 $1.3\times10^{-3}\ s^{-1}$ 的 71.7 MPa 降至 $1.3\times10^{-4}\ s^{-1}$ 的 27.6 MPa。另外对合金超塑性变形后的性能也进行了研究。

相关文献对 Inconel 718 合金超细晶微双相组织的获取工艺及合金的超塑性进行较系统的探讨。这项工作使用的是变形 Inconel 718 合金。合金晶粒的细化工艺采用的是大变形的冷轧加再结晶退火。为了探索出合金冷轧前最佳的固溶处理工艺,以提高合金的冷轧加工塑性,分别在 900～1 040 ℃温区范围内对其进行了淬火处理,温度间隔为 20 ℃,保温时间都为 1 h,淬火后测试硬度,结果表明,经 1 040 ℃保温 1 h、水冷固溶处理后,合金表现出最低的硬度(53 HRA)。这种固溶处理为随后的冷轧创造了一个统一的开始组织条件,因为除 Ti 和 Nb 外所有的元素都溶解了,而 Ti 和 Nb 以碳化物形式存在,这也使得对合金进行达 80%左右变形量的冷轧成为可能。为探索出使经大变形量冷轧后的合金再结晶成细晶及两相组织的最佳温度,将冷轧后的试样分别在 900～1 040 ℃温区范围内退火,温度间隔为 20 ℃,保温时间都为 1 h,水冷。测试退火后试样的硬度和 γ-δ 相体积分数,δ 相是利用 X-射线衍射和透射电镜(TEM)来鉴定的。所测得不同温度退火后合金硬度及 γ-δ 相体积分数如图 6-10 所示。

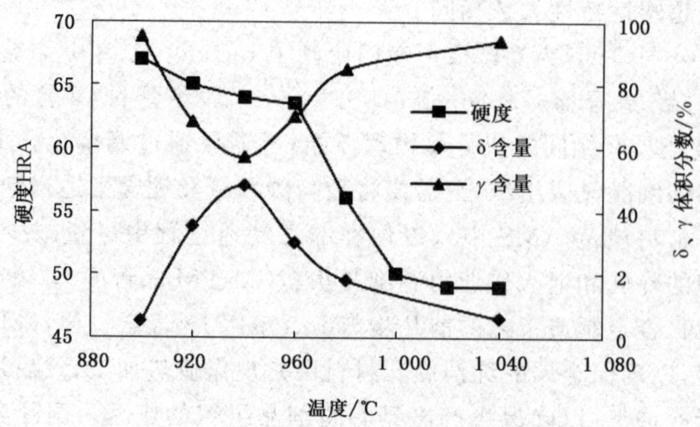

图 6-10　冷变形及不同温度退火后硬度及 γ-δ 相体积分数

从硬度数据(图 6-10)可看出:再结晶发生在 900～1 000 ℃的温度范围内,在该温区内,硬度值持续下降。相关文献指出,合金硬度下降是由于 γ″的数量减少。实际上,δ 相的成核和长大会促使亚稳相 γ″的溶解,从而为 δ 相长大进一步提供 Nb 原子源。在 900～980 ℃温度范围内退火处理,产生了非常细的晶粒(从 1 到 10 μm)和 γ 与 δ 相不同的比例,比例范围为从 940 ℃的大约 50%γ 和 50%δ 到 980 ℃时准单相的组织。

相关文献还指出,合金在 920 ℃退火时,即使时间很长,晶粒大小也是稳定的,这是因为大量的、不连续的 δ 相固定了晶界,而在 980℃退火时,由于体积分数少的第二相的(δ 相)溶解,会导致细晶组织的长大。

图 6-11 显示了相关文献中细晶 Inconel 718 合金不同应变速率下伸长率与温度之间的关系,图 6-12 显示的是该文献中不同温度下伸长率随应变速率的变化关系。由图可知,在各种试验条件下,合金伸长率都高于 300%,并且温度为 920 ℃、应变速率为 $9.68\times10^{-4}\ s^{-1}$ 时,得到最大伸长率 1 050%。随着应变速率增加,出现最大伸长率的温度降低,这跟通常的超塑性效应表现的趋势相反。该文献对此的解释是,合金在超塑性变形过程中产生了动态再结晶。文献还利用真应力-应变曲线的斜率测定了合金的应变速率敏感性指数 m 值,并研究了不同温度下合金变形应力随应变速率的变化情况。结果测得在各种试验条件下,合金的应变速率敏感性指数 m 值都大于 0.3,从而确认合金的超塑性特性。

加拿大学者 B. P. Kashyap 和 M. C. Chaturvedi 研究了 1.3 mm 厚的 Inconel 718SPF 合金板材的流动应力与应变速率的关系及其超塑性性能,结果表明,流动应力随着应变速率的增加而增加,随着变形温度的增加,流动应力首先降低然后增加;当合金在温度为 925 ℃、应变速率为 $1\times10^{-4}\ s^{-1}$ 条件下超塑成形时,得到最高伸长率 485%,在所有测试条件下,测得合金的应变速率敏感性指数 m 值的范围为 0.26～0.6,表现出较好的超塑性。

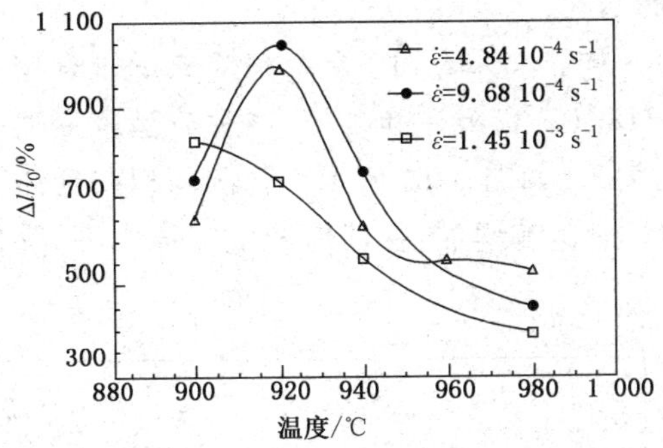

图 6-11　不同应变率下断裂延伸率和温度的关系

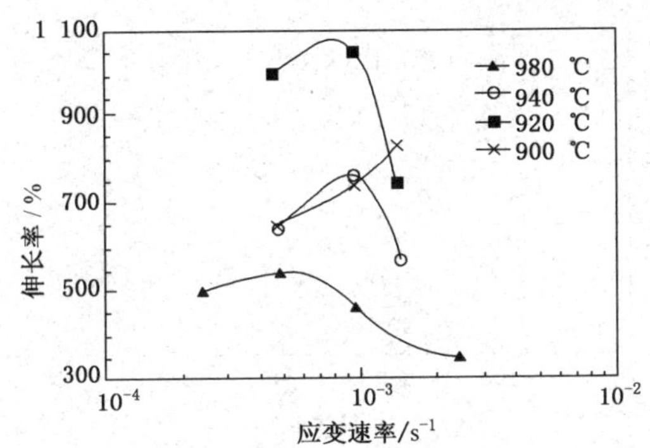

图 6-12　不同温度下伸长率随应变速率的变化关系

为了进一步推广 Inconel 718 合金在英国的应用，最近 Y. Huang、M. Strangwood 与 P. L. Blackwell 研究了 Inconel 718 合金板材的超塑性行为。他们得出所研究的板材的最佳超塑成形温度为 965 ℃，到 980 ℃材料仍有超塑性特性，高于 1 010 ℃时，由于晶粒的长大，几乎失去超塑性；由于合金的流动应力较高，该合金超塑成形所需压力较大。

C. A. Petri、T. Deragon 与 F. A. Schweizer 研究了适合于等温锻造的 Inconel 718 合金超细晶成形工艺，得到了 ASTM 11～12 级的细晶组织，并使等温锻造的成形应力降低到了 100 MPa 以下。

在国内，刘文昌、陈宗霖等研究了冷轧 Inconel 718 合金的再结晶行为及冷轧变形对 Inconel 718 合金 δ 相析出动力学的影响，得出 910 ℃奥氏体完全再结晶，冷轧变形促进了 δ 相析出。刘润广、蒋浩民等初步研究了 Inconel 718 合金棒材的超塑性。

6.2.2　Inconel 718 合金超塑成形过程中孔洞的产生及控制

孔洞是超塑性变形过程中普遍存在的组织变化。在超塑性变形到达一定变形程度，就会出现孔洞的形核，然后随着变形增加，孔洞长大，继而发生孔洞的聚合或连接，最终导致材料断裂。

像绝大多数合金一样，Inconel 718 合金超塑成形过程中也会形成孔洞。相关文献介绍了 Inconel 718SPF 合金在 954 ℃、两种典型应变速率条件下的孔洞面积百分比与总延伸率的关系，如图 6-13 所示。孔洞面积在延伸率小于 150%时最小，随着延伸率超过 200%而显著增加；在任何给定延伸率下，降低应变速率会增加孔洞面积。

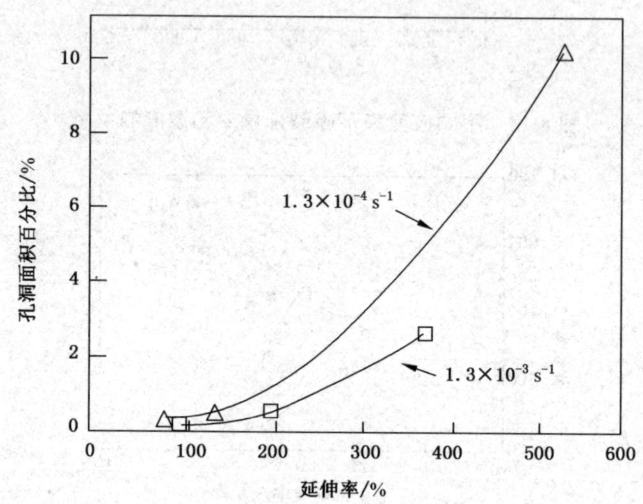

图 6-13　954 ℃孔洞面积百分比与延伸率的关系

Murray W. Mahoney 与 Roy Crooks 对锻造 Inconel 718 合金和粉末 Inconel 718 合金超塑成形过程中孔洞形成规律进行了系统研究，指出：对锻造 Inconel 718 合金，当伸长率小于或等于 135%时，未发现孔洞存在，而当合金的伸长率在 265%以上时，形成较多孔洞；在相同伸长率下，粉末 Inconel 718 合金超塑成形后的孔洞明显多于锻造 Inconel 718 合金；孔洞的成核、长大与第二相粒子有关。

Gaylord D. Smith 与 Daniel H. Yates 等对 Inconel 718 合金超塑成形过程中孔洞形成的研究表明，当合金在应变速率为 $1.3\times10^{-2}\,s^{-1}$、温度为 954 ℃条件下，总伸长率为 150%时，孔洞面积还不到 0.01%，而当合金在应变速率为 $6.7\times10^{-5}\,s^{-1}$、温度为 954 ℃条件下，总伸长率为 538%时，孔洞面积达 10.60%，说明孔洞的形成对应变速率非常敏感。

对于铝合金，超塑成形过程中施加背压，能有效地消除孔洞。但这种方法不适合于 Inconel 718 合金，因为 Inconel 718 合金超塑成形过程中所需压力本身很高，同时，有文献指出，超塑成形后进行热等静压，可能能消除 Inconel 718 合金超塑成形过程中产生的孔洞，另一文献也指出，对超塑性加工中减薄 33%的薄板，进行 950 ℃下 103 MPa 热等静压可消除孔洞。

6.2.3　Inconel 718 合金超塑成形机理研究概况

为了能动地控制和利用超塑性，必须认识超塑性变形的微观本质。由于至今对 Inconel 718 合金超塑性研究工作大都集中在研究其超塑性特性和超塑成形及其应用上，对其机理研究还不是很多。

Murray W. Mahoney 与 Roy Crooks 通过研究 Inconel 718 合金超塑成形过程中不同应变下的组织变化情况、应变与应力关系情况、超塑性变形后晶界形态等，得出，Inconel 718 合金超塑性变形机制是扩散蠕变机制并伴随着动态再结晶。

L. Ceschini、G. P. Cannarota 与 G. L. Garagnani 等人在相关文献中解释 Inconel 718 合金随着应变速率增加，出现最大延伸率的温度降低这一反常现象时，指出，Inconel 718 合金的超塑性变形是由位错迁移控制的，并且伴随着动态再结晶。

对 Inconel 718 合金超塑性变形机理的认识还很不深入，有很多问题需进一步研究。

6.3　Inconel 718 合金超塑成形及应用研究进展

6.3.1　超塑自由胀形试验情况

M. S. Yes、C. W. Tsau 与 T. H. Chuang 等人在相关文献中对 Inconel 718 合金的超塑成形性进行了探讨。所用材料为 1.3 mm 厚的 Inconel 718 合金薄板，其组织为等轴细晶(<10 μm)，且基体中有一些第二相颗粒。用氩气进行吹胀试验。不同温度及氩气压力下超塑成形后的高度与直径之比(H/D)与吹胀时间的关系如图 6-14 所示。

由图 6-14 可知，低于 950 ℃变形速率变得很低，另外，对于 Inconel 718 合金氩气压力必须大于 400 psi。最佳的超塑成形参数是：975～995 ℃，压力>400 psi，在这种状态下 100 min 可被吹到 $H/D=1/2$。

该文献对自由吹胀超塑成形后的组织研究表明：985 ℃、350 psi 氩气压力下超塑成形后，晶粒轻微长大。有文献对此解释：这个过程包括大角晶界的移动及大量位错的消失。同时，另一文献认为 Inconel 718 合金在 950 ℃、应变速率为 $10^{-3}\,s^{-1}$ 条件下成形时，存在动态再结晶，再结晶形核于 δ 相颗粒处，并产生了细晶。因此文献指出，Inconel 718 合金于 985 ℃超塑成形，低于 δ 固溶温度(995 ℃)，这些 δ 相固定晶界并阻止 Inconel 718 合金超塑成形时的晶粒长大；Inconel 718 合金 1 010 ℃×1 h 固溶，晶粒急剧长大(>50 μm)，这是阻止晶粒长大的 δ 相溶解的缘故，所以 δ 相的存在对于 Inconel 718 合金的超塑成形是有利的。

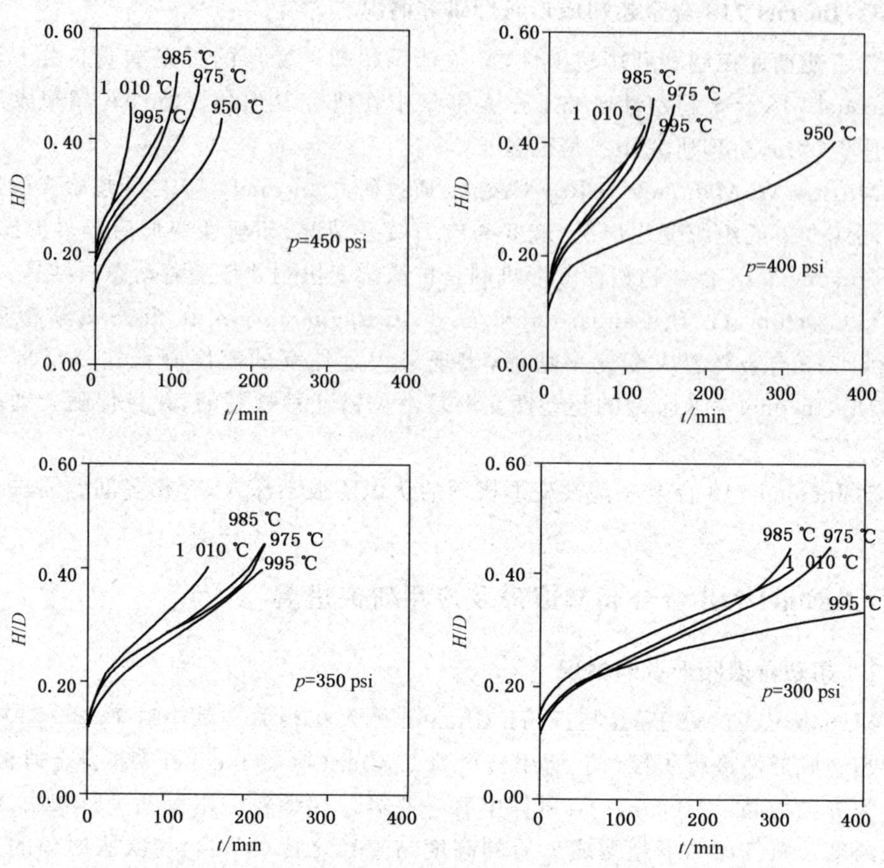

图 6-14　不同温度及压力下超塑成形后的 H/D 与吹胀时间的关系

6.3.2　Inconel 718 合金件的超塑成形

超塑成形一个零件，必须建立基本上能确定零件成形的应变率的压力-时间的关系曲线。对于简单的零件形状，这种关系曲线可以通过计算机程序分析完成。对于较复杂的几何形状，采用曲线拟合技术，并据此选择不同的压力-时间曲线段来近似地表示成形周期的不同阶段。利用该程序并根据拉伸试验获得的数据，就可以绘制出超塑成形每个零件所需的压力-时间的变化曲线。根据上述的应变率的压力-时间变化曲线，Chandler 等人将细晶粒、厚 1.27 mm 的 Inconel 718 薄板用气体压力压入模内，超塑成形了一个尺寸为 152 mm×50.8 mm×24.5 mm(内部为空腔)的盘形零件。零件的边缘特别是拐角处具有精确的形状。从盘的侧壁和底部机加工了一些试样，因为这两处分别存在平面应变和双轴向应变情况。所有的试样都经固溶处理和时效硬化，以达到具有室温下拉伸试验的最大强度，具体试样性能数据如表 6-3 所示，由表中的数据可知，超塑成形过程稍微降低材料的屈

服强度和极限抗拉强度。

表 6-3　超塑成形对 Inconel 718 合金拉伸强度的影响*

试样状态	超塑有效应变	抗拉强度/MPa	屈服强度/MPa
来料状态	—	1 538	1 338
单向应变状态	0.246	1 324	1 104
平衡双向应变态	0.245	1 345	1 152

*所有的试样进行如下热处理：982 ℃×1 h+718 ℃×8 h，炉冷 38 ℃×1 h 至 621 ℃×10 h。

Murdock 公司将 Inco 国际合金公司研制的 Inconel 718SPF 合金薄板在大约 954 ℃的温度下用陶瓷模板形成喷气发动机部件。

Inco 国际合金公司的 Gaylord D. Smith 与 H. Lee Flower 超塑成形出了飞机用 Inconel 718 合金涡轮发动机消声组件和排气喷嘴器件。

气体吹胀超塑成形是超塑成形最主要的方法，但超塑拉深、超塑等温模锻、超塑无模拉伸等也是超塑成形的工艺方法。

韩雪等人对 GH4169 合金棒材超塑性挤压工艺进行了研究，以 K403 合金做模具，在温度为 $T=1\ 000$ ℃，挤压速度为 $v=2$ mm/min，最大挤压力 $P=561.7$ MPa 的条件下，成功地进行了超塑挤压试验。

M. S. Yeh 与 T. H. Chuang 已采用超塑成形与扩散连接相结合的工艺，制造 Inconel 718 合金的复杂零件，并获得应用成功。这个工艺过程包括：(1) Inconel 718 合金板在氩气保护下加热到 985 ℃；(2) Inconel 718 板 1(1.3 mm 厚)在 2.45 MPa 氩气压力下超塑成形，直到与填充镍基金属箔 MBF-20 相贴；(3) 温度升高到 1 040 ℃保温 10 min，进行与 Inconel 718 板 2(1.3 mm 厚)扩散钎焊连接，随后冷却；(4) SPF/扩散钎焊件再进行适当的时效处理从而得到最佳的使用性能。

6.3.3　超塑成形后的热处理

超塑成形后仍然是超细晶组织，这样的组织不利于零件的高温使用，所以必须使其变为适合于高温使用的正常组织，通过超塑成形后的固溶、时效等工艺研究，得出超塑成形后的最佳热处理工艺。有研究报道，Inconel 718 合金超塑成形后的热处理使其室温及 649 ℃的性能均有明显提高。

Gaylord D. Smith 等人研究了 954 ℃固溶不同时间对超塑成形后的 Inconel 718 合金板材(超塑变薄 33%)时效后的性能影响，其结果如表 6-4 所示。

表 6-4 954 ℃固溶不同时间对超塑成形后的 Inconel 718 合金板材（超塑变薄 33%）时效后的性能影响*

温度/℃	固溶时间/h	$\sigma_{0.2}$/MPa	σ_b/MPa	δ/%
室温	0.0	989	1171	60
	0.33	1 140	1 325	9.0
	1.0	1 193	1 372	16.0
	AMS 5596G**	≥1 034	≥1 241	≥12.0
649	0.0	855	1 007	26.0
	0.33	1 055	1120	16.0
	1.0	1 001	1 155	22.0
	AMS 5596G**	≥827	≥1 000	≥5.0

* 时效条件：719 ℃保温 8 h 后以 38 ℃/h 速度炉冷至 621 ℃+621 ℃保温 8 h 后空冷

* * 最低性能

由表 6-4 可知，超塑成形后直接时效处理的性能达不到 ASM 5596G 技术条件的要求，而超塑成形后进行 954 ℃固溶 20 min 以上再时效处理后的性能超过了 ASM 5596G 技术条件的要求。

6.3.4 Inconel 718 合金超塑成形在航天飞机上的应用探讨

细晶粒 Inconel 718 合金薄板具有极好的超塑成形能力，美国已开始用这种合金板材超塑成形一些实际应用的零件。例如，美国航天飞机主发动机氧化剂预燃室的燃料集合器是一个厚 2.29 mm、直径为 304.8 mm 的圆环，其通常是用一个锻造环经机加工而成，现在上、下两半管用 2.54 mm×457.2 mm×457.2 mm 的 Inconel 718 薄板气压超塑成形，经电火花加工修整后，采用电子束焊将两半管焊接成一圆环状集合器，将两半圆环电子束焊成一整体圆环状集合器。美国航天飞机主发动机中的大量部件（总重量约 1042 kg）是用 Inconel 718 合金制造的，对这些部件进行考查后确定了 78 个部件可作应用超塑成形工艺的候选者，表 6-5 列出了航天飞机主发动机中主要的一些可用超塑成形的候选部件，其中包括预燃室、主喷注器、喷管、主燃烧室、高低压涡轮泵等主要部件的歧管、集液环和壳体等。

表 6-5　超塑成形工艺可成形的 Inconel 718 航天飞机主发动机部件

部件名称	可应用超塑成形的零件
预燃室	燃料预然室的燃料歧管和氧化剂歧管
主喷注器	氧化剂整流罩、入口壳体等
喷管	冷却剂控制阀体、后入口歧管
主燃烧室	后入口集液环、前入口集液环
低压燃料涡轮泵	歧管
高压燃料涡轮泵	壳体组件、蜗壳、壳体等
热燃气歧管和热交换器	壳体、燃料结构壳体、氧化剂结构
高压氧化剂涡轮泵	壳体、主泵组件

6.4　细晶 GH4169 合金板材的超塑性性能

吕宏军等通过冷变形＋δ 相析出＋冷变形＋再结晶退火工艺所得细晶 GH4169 合金，平均晶粒度组织达到 ASTM13～14 级，应变速率敏感性指数大于 0.3，应变速率为 $1.6\times10^{-4}\,s^{-1}$ 时延伸率达到 513%。Dong 等通过热锻得到晶粒细化的 Inconel 718 合金并利用最大 m 值超塑性变形法和 Strain-reduced 最大 m 值法研究其超塑性变形的过程，结果表明 δ 相具有控制晶粒再结晶尺寸和热变形行为，在 950 ℃时，两种方法测得的 Inconel 718 合金延伸率为 340%和 566%。

6.4.1　细晶合金组织条件分析

6.4.1.1　超塑性组织条件介绍

一种合金材料是否具备超塑性与其化学组成，显微组织如晶粒大小、形状和分布，晶体结构类型以及是否会发生固态相变有着密切关系，在满足上述某些自身条件时并在适当的试验条件(包括变形温度、加热方式、拉伸速率等)下该材料将会产生超塑性。实现材料超塑性的组织条件如下：

(1) 具备细晶组织

一般情况下材料的晶粒尺寸应当低于 10 μm，一般为 0.5～5 μm。

(2) 晶粒等轴化

在高温拉伸变形时晶粒将被拉长，在这一过程中晶粒会发生动态再结晶并伴随大量的晶界滑动，而等轴晶粒的晶界在切应力作用下易产生滑动从而促进拉伸行为的进行。

(3) 组织稳定性及第二相粒子

第二相粒子在超塑性合金中能够有效地抑制合金在变形过程中晶粒长大的现象。这是由于第二相粒子或夹杂物能够对晶界起到钉扎作用，因而该类合金较单相合金具有更好的晶粒稳定性。

上述第二相粒子应与基体相具有同数量级的强度与硬度，当第二相的强度和硬度高于基体相时，在超塑性变形时第二相粒子会在晶粒基体中产生显微空洞，从而导致过早断裂，第二相与基体相强度相差越大，该合金超塑性效果越差。

(4) 大角晶界和晶界迁移

超塑性合金的晶粒应具备大角晶界的性质。这是因为大角晶界在塑性变形时受到切应力作用易于发生晶界滑动，这样有利于晶界迁移过程中发生应力松弛。与此同时，晶界迁移在合金超塑性变形过程中能够较好地维持晶粒在变形过程中的等轴特性。

(5) 应变速率敏感性

只有当合金具备较高的应变速率敏感性时其才具备超塑性，应变速率敏感性指数(m)范围:0.3～0.9。

6.4.1.2 细晶合金超塑性组织条件分析

图 6-15 是退火后的 GH4169 合金 SEM 微观组织。由图 6-15a 的 SEM 照片可以确定经过固溶-热锻→第一次冷轧处理→δ 相析出处理→第二次冷轧处理→950 ℃退火保温 3 h 后的晶粒大小在 4～5 μm 之间，达到了 GH4169 合金板材晶粒细化的目的，具备超塑性细晶组织条件。观察图 b 可以发现相邻晶粒间晶界呈现 120°三角交叉形态，这说明 GH4169 细晶板材晶粒为均匀的等轴晶形态，满足超塑性晶粒等轴化条件。图 c 中的小颗粒为经过退火处理的 δ 相，由冷轧后的针状变为颗粒状，弥散地分布在细晶合金晶粒内部。

图 6-16 中退火细晶板材的 TEM 形貌可以观察到在细晶晶界残留着 200 nm 的 δ 相，在 δ 相附近位错以位错列的形式存在，由本书第 4 章可知 δ 相的强度与硬度基本与基体 γ 相同，δ 相弥散在晶粒内部表现为钉扎作用，能够增强合金的高温塑性和消除缺口敏感性，满足超塑性合金的组织稳定性及第二相粒子条件。

对细晶 GH4169 板材进行 EBSD 组织分析，由图 6-17 细晶合金 EBSD 组织图能够进一步确定退火后的细晶合金晶粒平均尺寸为 4～5 μm，达到超塑性变形的晶粒尺寸要求。

利用 EBSD 对细晶 GH4169 合金进行再结晶程度分析，图 6-18 为细晶 GH4169 合金晶粒取向图，在图中蓝色线代表取向差角<15°的小角度晶界，黑色线代表取向差角>15°的大角度晶界。晶界迁移需要通过原子沿晶界扩散来进行，并且晶界迁移速率与晶界取向差关系很大，小角度晶界由于能量低，结构相对稳定很难发生迁移，大角度晶界层错能较高易于滑动，通常采用大角度晶界的含量表征再结晶的进行程度；大角度晶界含量越大，再结晶越完全，再结晶晶粒体积分数越高。在图 6-18 中仅有少量的小角度晶界，大部分晶粒组织都具有大角度晶界。

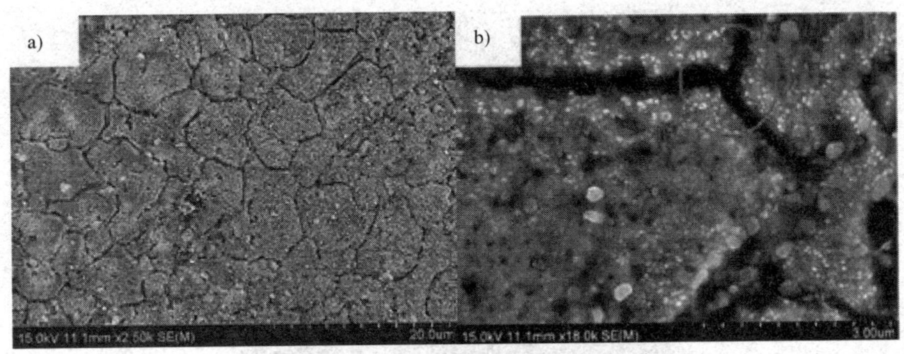

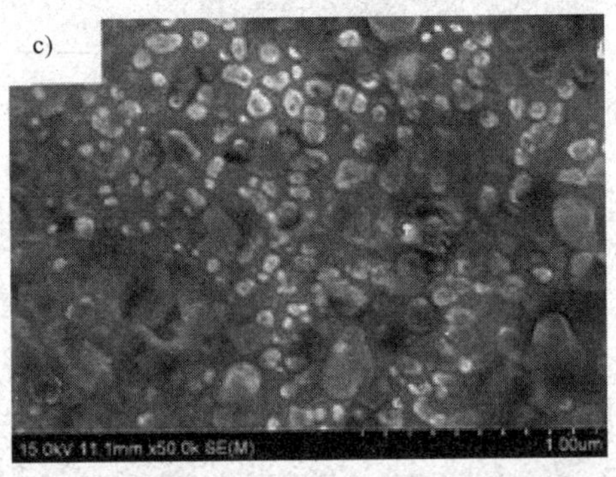

图 6-15　退火后的 GH4169 合金 SEM 微观组织

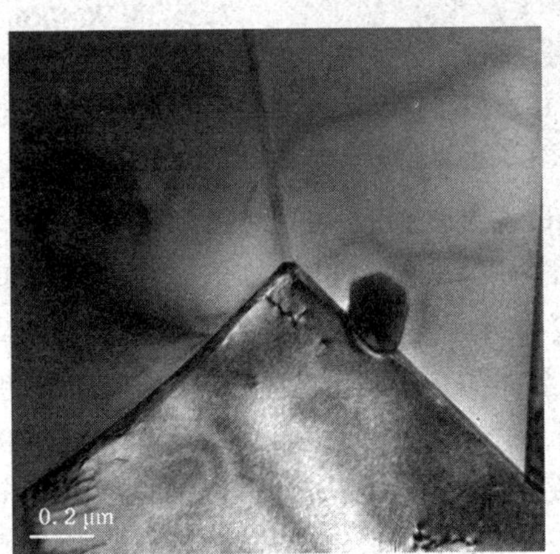

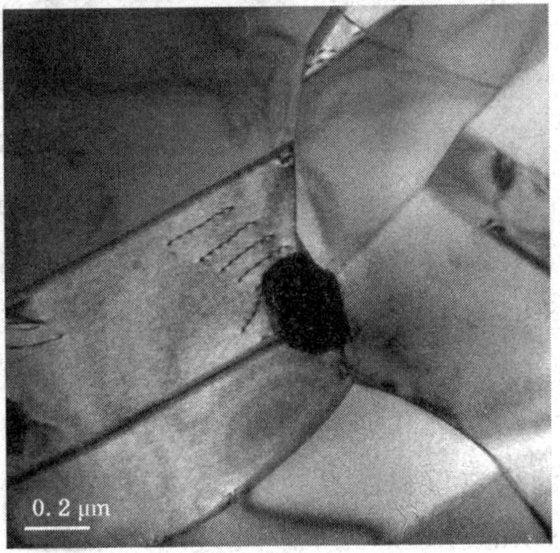

图 6-16　退火 GH4169 细晶板材的 TEM 形貌

图 6-17　退火后细晶 GH4169 板材 EBSD 组织图

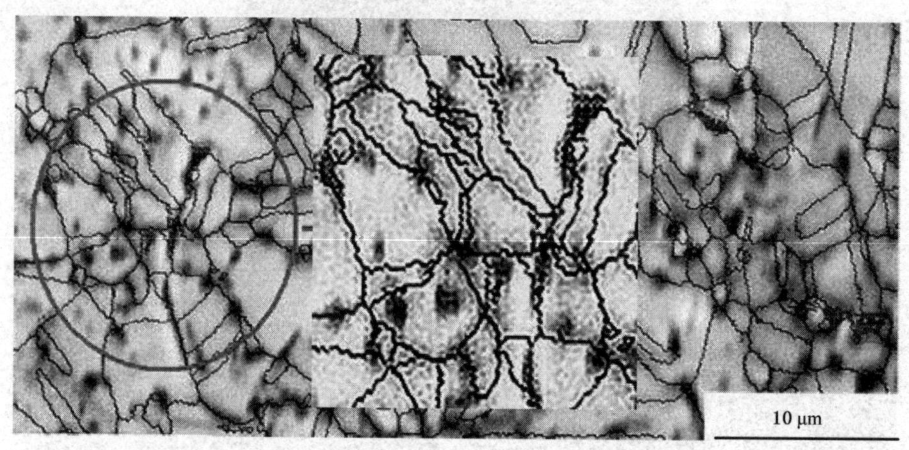

图 6-18　细晶 GH4169 合金晶粒取向图

由图 6-19 细晶 GH4169 合金大角度晶粒分布图可以计算出经过退火处理后合金组织中小角度晶界所占比例在 10%左右，而大角度晶界的含量达到 90%，尤其是取向差角度在 60°附近晶粒体积分数最高，达到 45%左右，由此可以确定 950 ℃退火 3 h 后 GH4169 合金再结晶相当完全。退火处理有助于晶界层错能提高，使得空位在晶界处扩散，并促进小角度晶界迁移从而向大角度晶界转变，有利于再结晶过程的完成。通过 EBSD 测试技术，能够确定细晶合金具有大角度晶界和晶界迁移特点，满足超塑性变形条件。

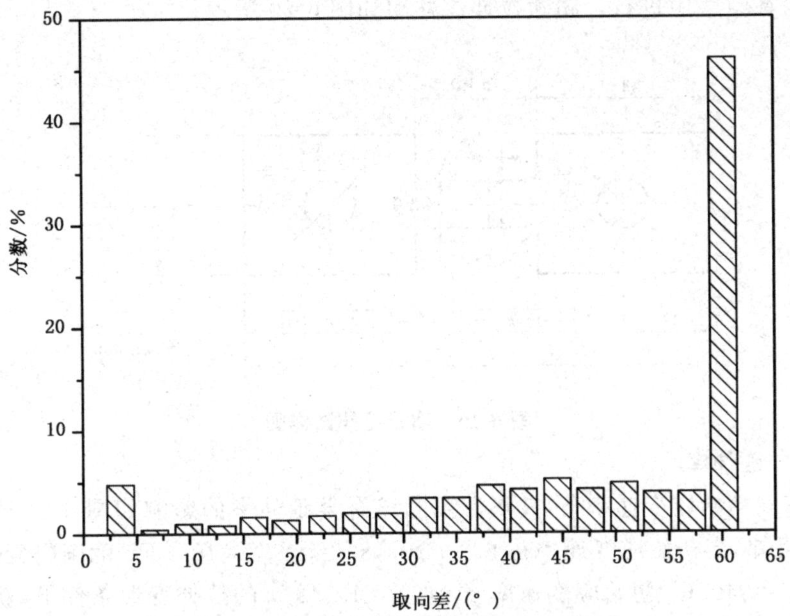

图 6-19　细晶 GH4169 合金大角度晶粒分布

在超塑性拉伸过程中晶粒越细，晶界越多，越不利于裂纹的传播和发展，塑性变形能够在更多的晶粒内分散进行。晶粒越细小，晶界总面积越大，晶粒与晶粒之间犬牙交错的机会就越多。

在细晶 GH4169 合金试样中残留的 δ 相能够提高合金高温变形时的变形激活能，具有钉扎作用，可提高合金塑性和消除缺口敏感性，同时使合金组织具备良好的稳定性能，提高细晶 GH4169 合金的高温延伸率。

等轴晶粒的晶界在切应力作用下易产生滑动从而促进拉伸行为的进行，同时该合金具备晶界迁移特性和大角晶界特点，变形在切应力作用下易于发生晶界滑动产生应力松弛。

综上所述，所制备的细晶 GH4169 合金具备晶粒细小(4～5 μm)、等轴晶组织、δ 相作用、大角晶界和适当的应变速率敏感性等一系列超塑性特点，可以初步确定其具备高温超塑性变形的能力。

6.4.2　冷变形＋再结晶退火工艺所得细晶 GH4169 合金的超塑性

6.4.2.1　试验材料及试验方法

试验材料为 0.6 mm 厚板材，合金的晶粒组织为 ASTM 12 级(见第 2 章 2.2 节所述)，其化学成分见表 2-1。

在高温拉伸试验机上进行不同温度及初始应变速率条件下的延伸率测试。延伸率测试试样在拉伸试验机上加热到试验温度并保温 30 min 后加载试验。超塑拉伸试验在空气中进行。超塑拉伸试样图如图 6-20 所示。

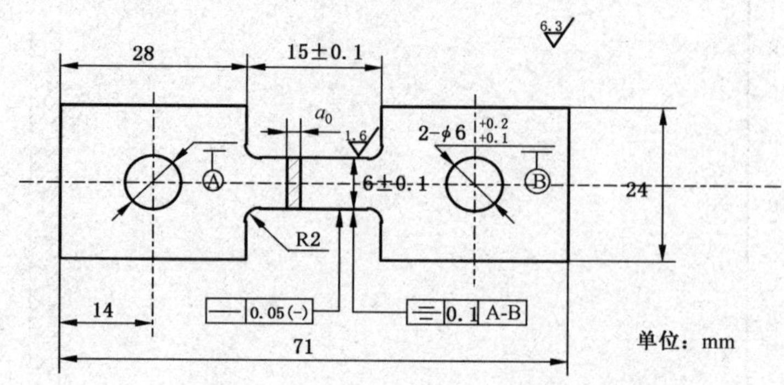

图 6-20　超塑拉伸试样图

6.4.2.2　延伸率

在不同初始应变速率下，变形温度对该合金延伸率的影响如图 6-21 所示。由图 6-21 可知，当初始应变速率在 $6.1\times10^{-4}\,s^{-1}$ 至 $1.2\times10^{-2}\,s^{-1}$ 范围内变化时，该合金在 $T=940$ ℃、初始应变速率 $\dot{\varepsilon}=6.1\times10^{-4}\,s^{-1}$ 的拉伸变形条件下，获得了最大延伸率 $\delta=368.2\%$。由图还可知，对于所有的试验条件，该合金的延伸率都高于 180%。在不同温度下，初始应变速率对合金延伸率的影响如图 6-22 所示。由图 6-22 可以看出，如果初始应变速率比 $6.1\times10^{-4}\,s^{-1}$ 进一步降低，该合金的延伸率还能进一步提高。

由图 6-21 和图 6-22 可知，在所有测试试验条件下，合金在 940 ℃温度下延伸率最高。

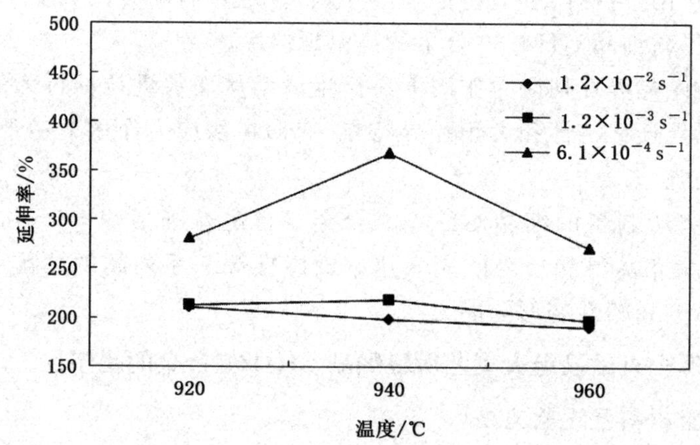

图 6-21　不同初始应变速率下的试验温度对 GH4169 合金延伸率的影响

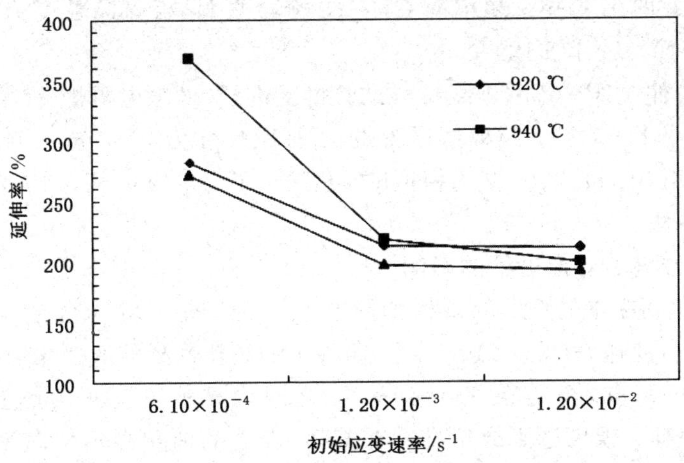

图 6-22　不同试验温度下的初始应变速率对 GH4169 合金延伸率的影响

6.4.2.3　流动应力与材料轧制变形量的关系

材料的流动应力对于超塑成形来说非常重要，因为流动应力越小，越有利于实际操作。

当应变速率为 $3.23\times10^{-4}\text{s}^{-1}$ 时，不同温度下 GH4169 合金流动应力与材料变形量的关系如图 6-23 所示。

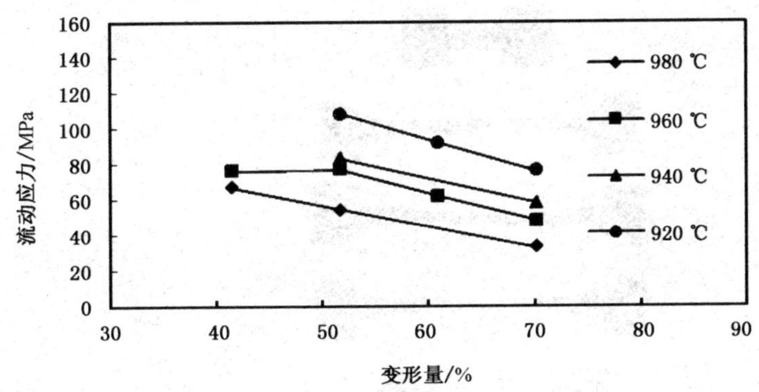

图 6-23　应变速率 $3.23\times10^{-4}\ \text{s}^{-1}$ 时流动应力与材料轧制变形量的关系

由图 6-23 可看出，流动应力随变形量的增大而减小，也随试验温度的提高而减小，70％变形量、980 ℃试验温度下其流动应力最低。可见，对于该材料，70％以上的冷变形量、在 980 ℃试验条件下，其流动应力较小。

6.4.3　冷变形＋δ 相析出＋冷变形＋再结晶退火工艺所得超细晶 GH4169 合金板材的超塑性

6.4.3.1　试验材料及试验方法

试验用料：按 1 050 ℃×0.5 h＋50％冷轧变形＋890 ℃×10 h＋30％冷轧变形

+950 ℃×3 h 的工艺所获超细晶 GH4169 合金板材，板材晶粒度为 ASTM 13～14 级（见第 2 章 2.4 节所述）。

超塑性拉伸在日本岛津万能材料试验机上进行，采用电阻炉环境加热，三区控温，温度误差小于±1 ℃。拉伸试样为板状，标距尺寸为 7.5 mm×10 mm，厚度为 1.0 mm。采用 Gleeble-1500 热力模拟试验机测定了合金的 m 值，方法为 Backofen 提出的速度突变法。

6.4.3.2　温度对合金超塑性的影响

不同温度下拉伸试验后的试样如图 6-24 所示，图 6-25 为合金在不同形变温度、固定初始应变速率（$3.3\times10^{-4}\ s^{-1}$）条件下的超塑性延伸率变化情况。

由图 6-25 可知，合金在 910～950 ℃之间均显示出良好的超塑性性能，在 950 ℃性能最佳。温度达到或超过 970 ℃后，合金的超塑性延伸率有比较明显的下降。其原因是，变形温度超过 970 ℃后，由于 δ 相的回溶，晶粒明显长大（具体见第 4 章 4.3 节和 4.4 节所述）。

图 6-26 为合金在以上相同条件下的流变应力变化情况。流变应力随着温度的升高基本呈单调下降趋势。但是在 100 ℃温度范围内，最大流变应力差仅为 17.5 MPa，变化幅度为 28%，这对 GH4169 合金超塑成形在工程上的应用非常有利，因为工程上模具肯定存在一定的温差。

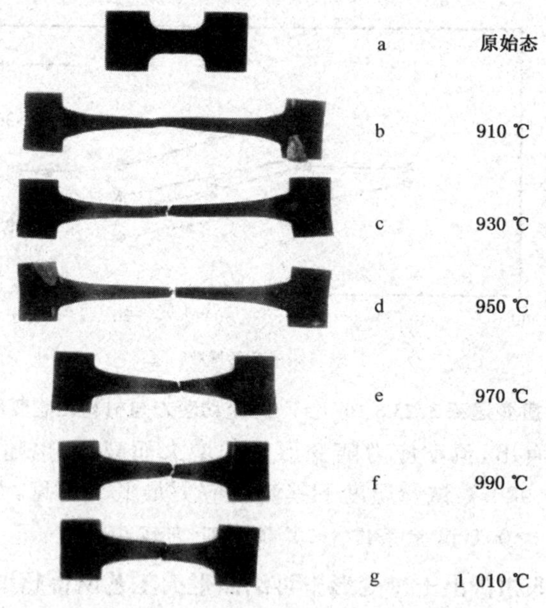

图 6-24　不同温度下拉伸试验后的试样

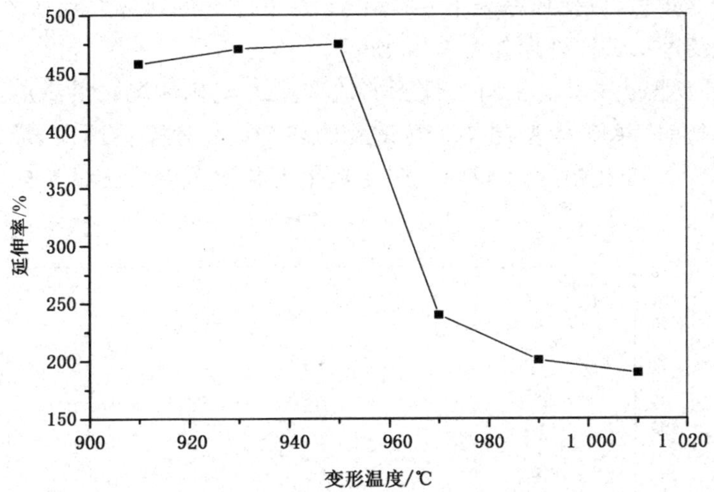

图 6-25　形变温度对合金延伸率的影响

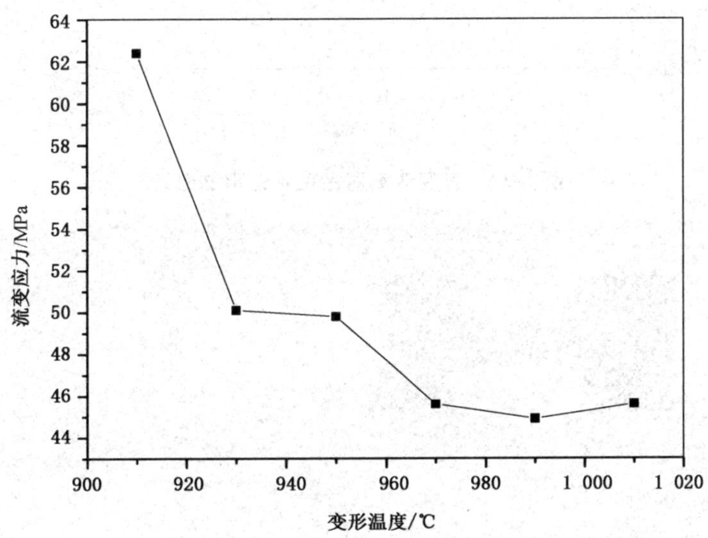

图 6-26　形变温度对合金流变应力的影响

6.4.3.3　应变速率对合金超塑性的影响

图 6-27 为合金在 950 ℃，不同应变速率条件下的超塑性延伸率变化情况。由图可知，合金在 $1.6\times10^{-4}\sim2.0\times10^{-3}\,s^{-1}$ 应变速率之间，延伸率均大于 250%，显示出较良好的超塑性性能，特别是在 $1.6\times10^{-4}\,s^{-1}$ 应变速率条件下性能最佳，达到 513%。在上述应变速率范围内，合金的延伸率随初始应变速率提高而降低。合金延伸率随初始应变速率提高而降低的原因是，随着初始应变速率的提高，合金组织内的位错密度会显著提高(具体见第 4 章 4.4 节所述)。

合金在 950 ℃、应变速率为 $1.6\times10^{-4}s^{-1}$ 条件下得到最大延伸率 513%拉伸试样照片以及最初试样外形如图 6-28 所示。

图 6-29 为合金在以上相同条件下的流变应力变化情况。流变应力随着应变速率的升高基本呈单调上升趋势。在试验的整个应变速率范围内，最大流变应力差为 35.9 MPa，变化幅度为 47%。应变速率变化对流变应力的影响要比温度变化明显。

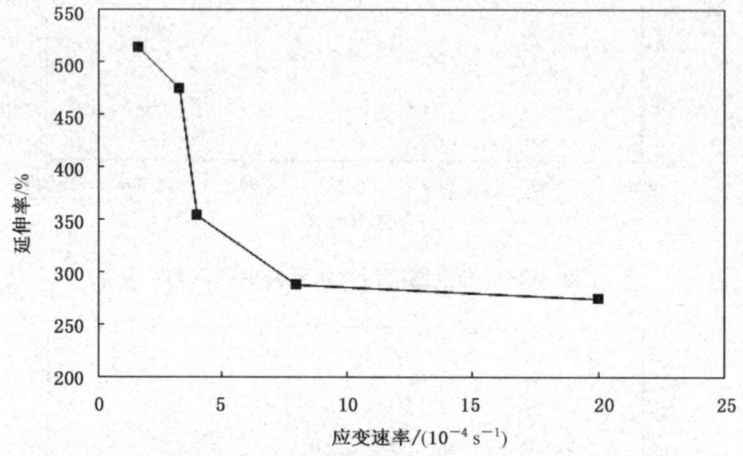

图 6-27　应变速率对合金延伸率的影响

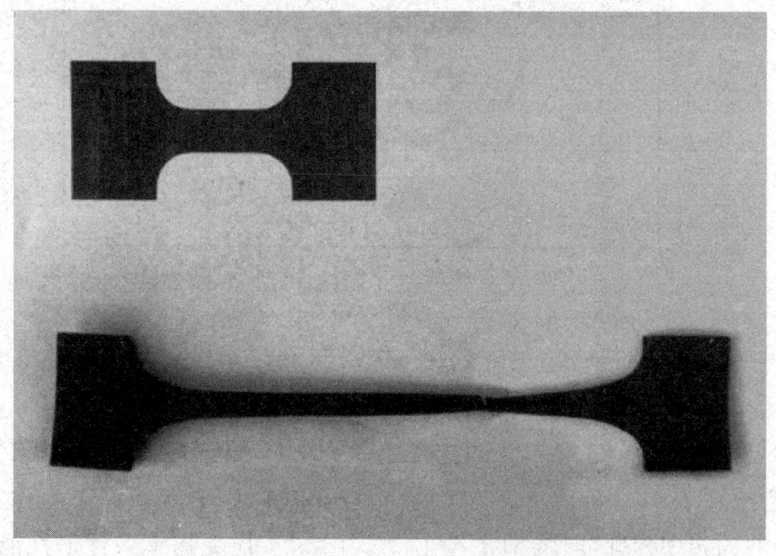

图 6-28　GH4169 合金在 $T=950$ ℃、初始应变速率为 $1.6\times10^{-4}s^{-1}$ 的条件下超塑拉伸断裂后的试样照片（$\Delta l/l_0=513\%$）

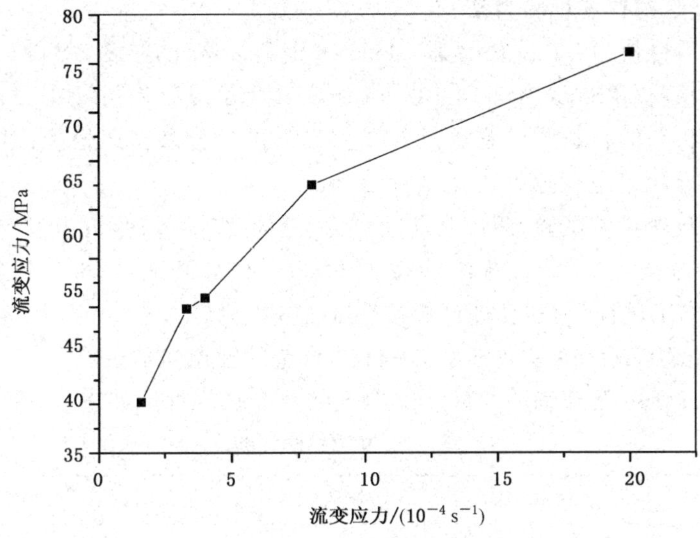

图 6-29　应变速率对合金流变应力的影响

6.4.3.4　合金在不同应变速率下的应变速率敏感性指数变化

测定了 GH4169 合金在 950 ℃、不同应变速率下的应变速率敏感性指数 m 值，结果如表 6-6 所示。由表 6-6 可知，在 $1.20\times10^{-4}\sim2.10\times10^{-3}\,s^{-1}$ 应变速率范围内，合金的 m 值随应变速率上升而单调下降，但最大值未超过 0.4，最小值未小于 0.3，变化幅度相当小。

表 6-6　GH4169 合金的应变速率敏感性指数变化*

编号	应变速率	m
M1	$1.20\times10^{-4}\,s^{-1}$	0.370
M2	$2.06\times10^{-4}\,s^{-1}$	0.360
M3	$2.67\times10^{-4}\,s^{-1}$	0.332
M4	$6.08\times10^{-4}\,s^{-1}$	0.325
M5	$1.53\times10^{-3}\,s^{-1}$	0.301
M6	$2.10\times10^{-3}\,s^{-1}$	0.300

* 温度为 950 ℃

6.4.4　超细晶 GH4169 合金与普通 GH4169 合金的性能比较

研究了经特殊超细晶化处理后的 GH4169 合金其性能与常规 GH4169 合金相比有何变化及改善，另外对其低应变速率下的拉伸超塑性与普通 GH4169 合金进行了比较研究。

6.4.4.1 试验材料和试验方法

试验所用材料为 2 mm 厚普通 GH4169 合金板材(晶粒度 ASTM 6 级)及超细晶 GH4169 板材(晶粒度 ASTM 13～14 级),其化学成分相同,如表 2-1 所示。

对不同状态的材料测试室温及 650 ℃高温的拉伸及持久性能;对不同状态的材料分别进行初始应变速率为 $1.3\times10^{-3}s^{-1}$、$6.6\times10^{-4}s^{-1}$、$3.3\times10^{-4}s^{-1}$,温度为 950 ℃的超塑拉伸试验,测试其流动应力、延伸率等。试验机为 Instron1185。

室温拉伸及 650 ℃高温拉伸按 GB4338-84 加工试样;650 ℃持久试验按 GB6395-86 加工试样;超塑拉伸试样按图 6-20 进行加工。

6.4.4.2 普通 GH4169 及超细晶 GH4169 合金的室温拉伸性能

普通 GH4169 及超细晶 GH4169 合金的室温拉伸性能如表 6-7 所示。

表 6-7 室温拉伸性能

状态	材料	σ_b/MPa	$\sigma_{0.2}$/MPa	δ_5/%
固溶态	普通 GH4169	853/861	371/379	54.7/55.0
	超细晶 GH4169	1 060/1 070	630/642	34.1/33.0
时效态*	普通 GH4169	1 390/1 380	1 040/1 050	24.3/24.0
	超细晶 GH4169	1 420/1 450	1 190/1 180	20.3/21.0

*时效处理制度:760 ℃×8 h 炉冷至 650 ℃×8 h、空冷

由表 6-7 可知,超细晶 GH4169 相对于普通 GH4169 无论固溶态及时效态,其室温抗拉强度及屈服强度均有所提高,而延伸率有所下降。

6.4.4.3 650 ℃拉伸及持久性能

普通 GH4169 及超细晶 GH4169 合金的 650 ℃拉伸及持久性能见表 6-8、6-9。

表 6-8 650 ℃拉伸性能

状态	材料	σ_b/MPa	δ/%
时效态*	普通 GH4169	1 100/1 110	27/27
	超细晶 GH4169	1 530/1 480	42/34

*时效处理制度:760 ℃×8 h 炉冷至 650 ℃×8 h、空冷

表 6-9 650 ℃持久性能

状态	材料	σ/MPa	t_f/min	δ/%
时效态*	超细晶 GH4169	690	418/484	29/40
	火箭发动机技术要求	690	≥90	≥12

*时效处理制度:760 ℃×8 h 炉冷至 650 ℃×8 h、空冷

由表 6-8、6-9 可见，超细晶 GH4169 相对于普通 GH4169 合金 650 ℃的拉伸强度及延伸率均有所提高，650 ℃的持久断裂时间也满足了火箭发动机技术要求。

6.4.4.4　超塑性拉伸

普通 GH4169 及超细晶 GH4169 合金 950 ℃的超塑拉伸性能如表 6-10 所示。

表 6-10　超塑拉伸性能

材料	初始应变速率/s^{-1}	流动应力/MPa	延伸率/%
普通 GH4169	3.3×10^{-4}	74	137
	6.6×10^{-4}	8	167
	1.3×10^{-3}	103	168
超细晶 GH4169	3.3×10^{-4}	37	413
	6.6×10^{-4}	44.7	320
	1.3×10^{-3}	5	298

由表 6-10 可见，普通 GH4169 合金在低应变速率的超塑拉伸的延伸率与初始应变速率无关，但其延伸率也在 130%以上，可以说也具有一定的超塑性。其流动应力却随着初始应变速率的降低而降低。

由表 6-10 还可见，超细晶 GH4169 合金相对于普通 GH4169 合金其超塑拉伸延伸率有很大的提高，而流动应力却大大降低，这显然有利于其进行超塑成形。与普通 GH4169 合金相比，超塑拉伸延伸率随应变速率的降低而有所提高。初始应变速率为 $3.3\times10^{-4}s^{-1}$ 时，其延伸率可达 413%，同样其流动应力随着初始应变速率的降低而降低。

6.4.5　超塑性变形组织及变形机理

6.4.5.1　超塑性变形中晶粒变化及孔洞形成规律研究

图 6-30 为 GH4169 合金在初始应变速率为 $3.3\times10^{-4}s^{-1}$ 时，不同温度下进行超塑性变形后的显微组织，为了便于对比，加上了合金原始状态和 950 ℃保温 15 min 的显微组织(见图 6-30a 和图 6-30b)。由图 6-30a 可以清楚地看出，原始的合金组织晶粒十分细小，第二相分布均匀；对比图 6-30a 和 6-30b 可知，合金在 950 ℃保温 15 min 后，晶粒几乎不变，而在 950 ℃、初始应变速率为 $3.3\times10^{-4}s^{-1}$ 条件下超塑性变形后，晶粒发生粗化(见图 6-30d)，超塑成形尤其是形变温度超过 970 ℃后，合金的晶粒发生非均匀长大(见图 6-30e 和图 6-30f)。

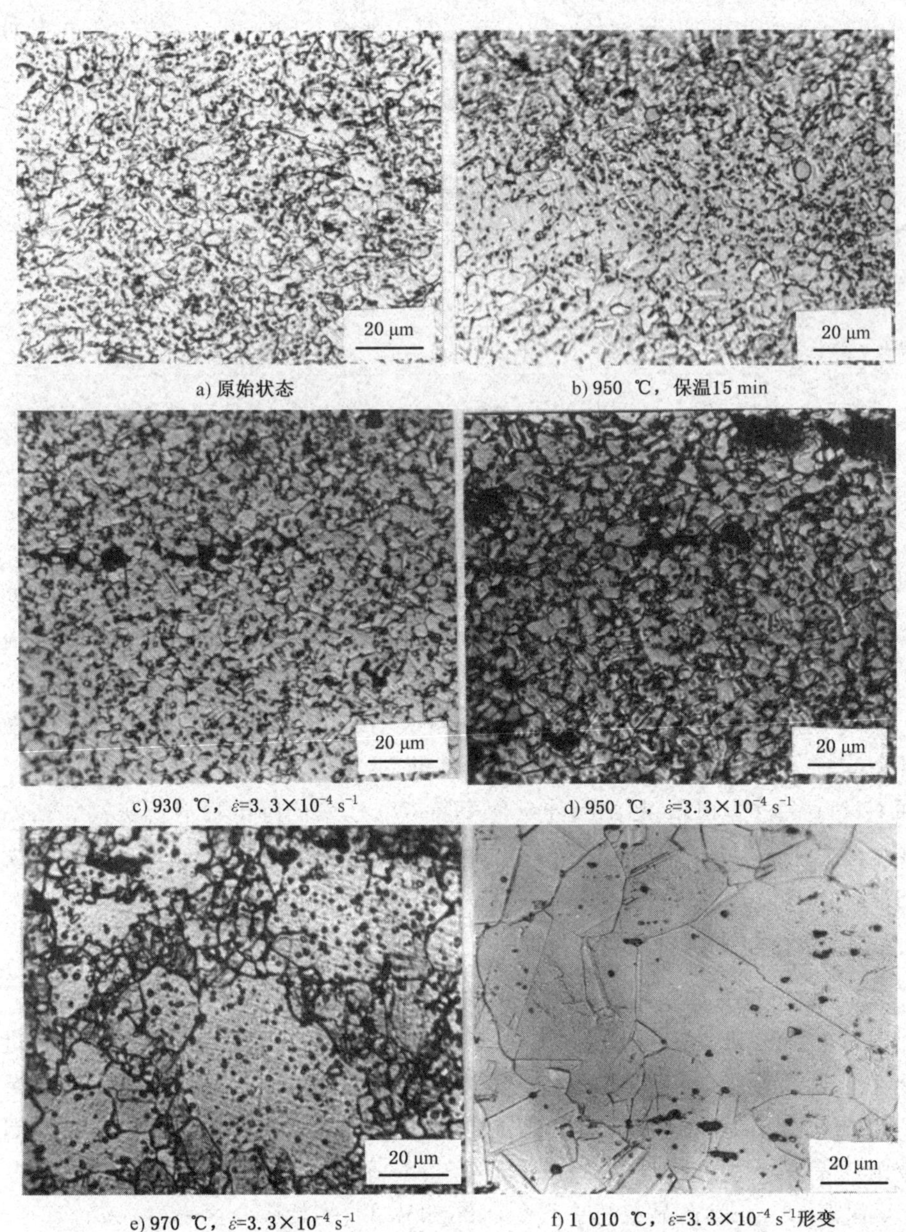

a) 原始状态　b) 950 ℃，保温15 min

c) 930 ℃，$\dot{\varepsilon}$=3.3×10^{-4} s^{-1}　d) 950 ℃，$\dot{\varepsilon}$=3.3×10^{-4} s^{-1}

e) 970 ℃，$\dot{\varepsilon}$=3.3×10^{-4} s^{-1}　f) 1 010 ℃，$\dot{\varepsilon}$=3.3×10^{-4} s^{-1}形变

图 6-30　GH4169 合金在 $\dot{\varepsilon}=3.3\times10^{-4}s^{-1}$ 时不同温度下进行超塑性变形前后的显微组织

GH4169 合金经超细晶化处理后，晶粒细小，第二相分布均匀(图 6-30a)，正是这种组织状态赋予了合金优异的超塑性性能(见第 3 章 3.3 节所述)。

合金在 950 ℃下超塑成形过程中晶粒长大的原因是应力的作用及 δ 相回溶；

当超塑性变形温度超过 970 ℃后晶粒发生非均匀长大的原因与 δ 相回溶有关(见本章 4.4 节所述)。

图 6-31 为合金在 950 ℃时,不同初始应变速率下变形后的显微组织。由图可知,不同应变速率下变形后,合金的晶粒尺寸也有变化,在 950 ℃下形变,合金的晶粒尺寸随着初始应变速率的降低而略有增大。此观察结果与相关文献中的试验结果一致,并且文献对此的解释是,随着初始应变速率的降低,合金的晶粒尺寸略有增大,主要是时间效应,而与应变速率无关。

a) 950 ℃, $\dot{\varepsilon}=1.6\times10^{-4}\ s^{-1}$

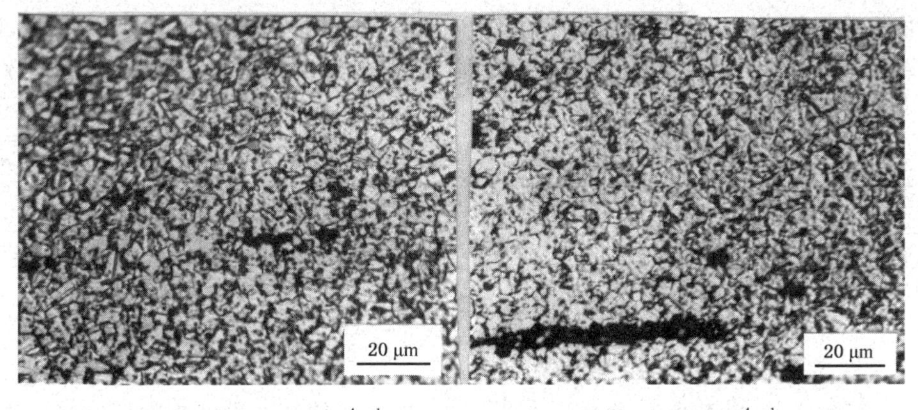

b) 950 ℃, $\dot{\varepsilon}=8.0\times10^{-4}\ s^{-1}$　　c) 950 ℃, $\dot{\varepsilon}=2.0\times10^{-4}\ s^{-1}$

图 6-31　GH4169 合金在 950 ℃时不同初始应变速率下变形后的显微组织

表 6-11 为合金在不同条件下的晶粒尺寸和孔洞面积分数变化的定量分析结果。由表可知,在原始状态,合金的晶粒尺寸为 3.23 μm。在较佳应变条件下(950 ℃、$3.3\times10^{-4}\ s^{-1}$),合金形变后的晶粒尺寸为 7.60 μm,增加了一倍以上。在 1 010 ℃,$3.3\times10^{-4}\ s^{-1}$ 条件下形变,合金的晶粒尺寸达到 25.32 μm。

表 6-11　合金在不同试验条件下的显微组织

编号	应变条件	晶粒尺寸/μm	晶粒级别/ASTM 级	孔洞面积分数/%
1	原始材料	3.23	13.3	—
2	950 ℃保温 15 min	3.23	13.3	—
3	930 ℃，$3.3\times10^{-4}s^{-1}$	5.77	11.6	0.97
4	950 ℃，$3.3\times10^{-4}s^{-1}$	7.60	10.8	1.25
5	970 ℃，$3.3\times10^{-4}s^{-1}$	20.58	7.9	0.81
6	1 010 ℃，$3.3\times10^{-4}s^{-1}$	25.32	7.3	1.61
7	950 ℃，$1.6\times10^{-4}s^{-1}$	8.86	0.3	1.84
8	950 ℃，$8.0\times10^{-4}s^{-1}$	8.07	10.6	3.81
9	950 ℃，$2.0\times10^{-3}s^{-1}$	7.72	10.7	2.21

由表 6-11 还可以看出，合金经过超塑性拉伸后，在均匀变形部分，其孔洞面积分数为 1%左右，最大不超过 4%。随应变速率增加，孔洞面积分数有增加的趋势。

将合金在最佳应变条件(950 ℃，$3.3\times10^{-4}\ s^{-1}$)下进行不同应变量的超塑性拉伸，然后停止试验，将试样取下制备金相样品，并测定合金在不同应变量的孔洞情况。表 6-12 为孔洞面积分数随应变量的变化数据。由表 6-12 可以看出，孔洞的面积分数随应变量的增加而增加。在应变量为 150%时，试样内的孔洞面积分数已经达 0.68%，比 50%形变时的孔洞面积分数高 2 倍。随后孔洞面积分数增加速度变慢。达到临界形变量后，在试样的均匀形变部分测得孔洞面积分数为 1.25%。

表 6-12　合金在不同应变量的孔洞情况

编号	应变条件	应变量/%	孔洞面积分数/%
1	950 ℃，$3.3\times10^{-4}s^{-1}$	50	0.21
2	950 ℃，$3.3\times10^{-4}s^{-1}$	150	0.68
3	950 ℃，$3.3\times10^{-4}s^{-1}$	420	1.25

比较表 6-11 和表 6-12 还可以看出，合金在不同条件下进行超塑性变形直至断裂，样品最终的孔洞面积是不同的。不存在一个发生断裂的临界孔洞面积值。

图 6-32 显示的是 GH4169 合金在不同条件下超塑性变形后的高倍 SEM 组织。由图可知，在各种超塑性变形条件下，孔洞基本都在晶界处和大尺寸第二相与基体的界面处产生。所不同的是，凡是超塑性性能比较好的试样，孔洞尺寸都比较小而分布较为均匀(图 6-32a、6-32b)，而超塑性性能较差的试样，孔洞分布都不均匀，孔洞的不均匀长大或相互连接倾向十分显著(图 6-32c～6-32f)。

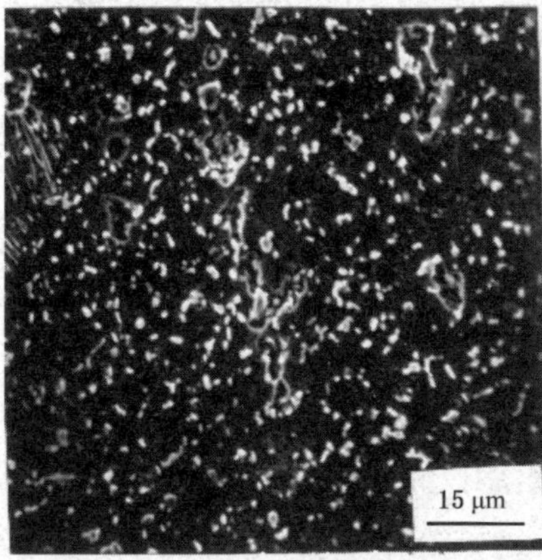

a) 930 ℃，$\dot{\varepsilon}=3.3\times10^{-4}\ s^{-1}$

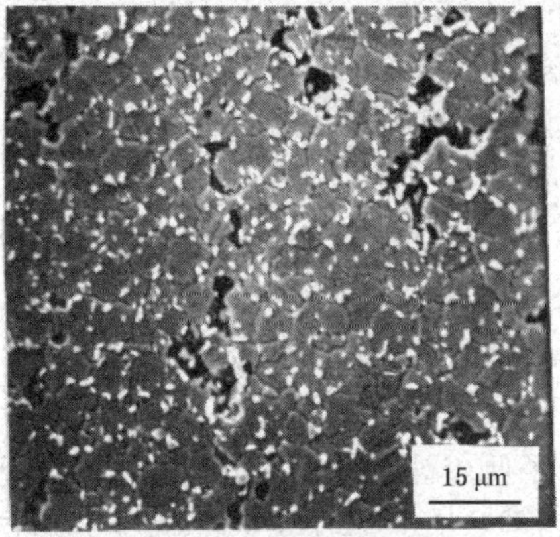

b) 950 ℃，$\dot{\varepsilon}=3.3\times10^{-4}\ s^{-1}$

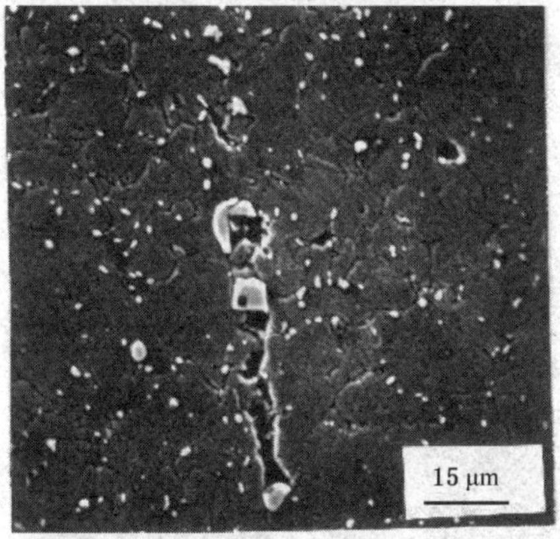

c) 970 ℃，$\dot{\varepsilon}=3.3\times10^{-4}\ s^{-1}$

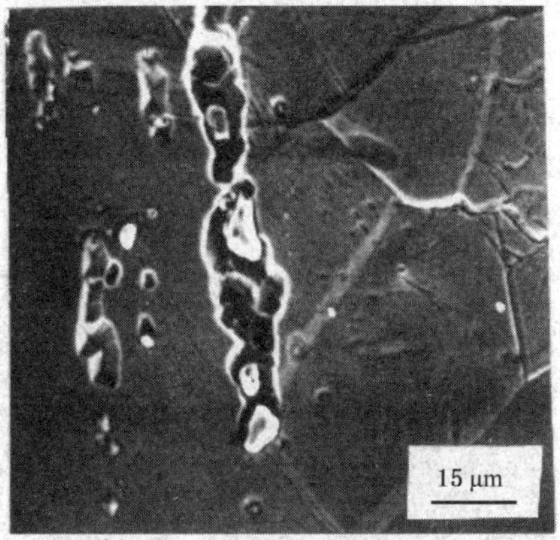

d) 1 010 ℃，$\dot{\varepsilon}=3.3\times10^{-4}\ s^{-1}$

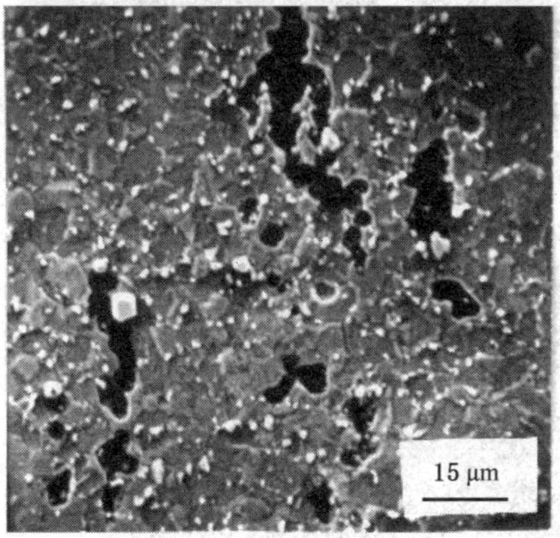

e) 1 010 ℃，$\dot{\varepsilon}=8.0\times10^{-4}\ s^{-1}$

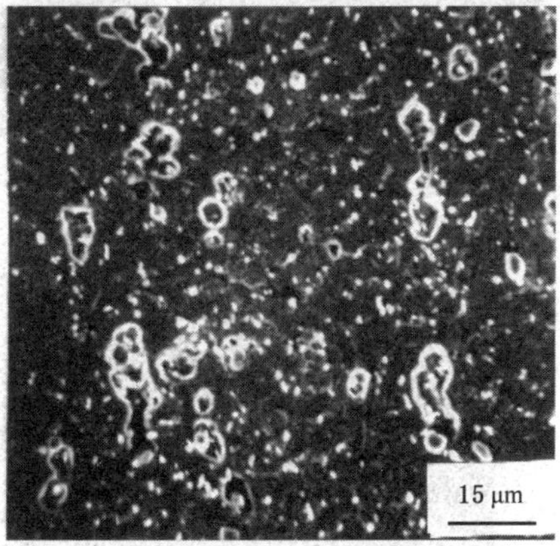

f) 950 ℃，$\dot{\varepsilon}=2.0\times10^{-3}\ s^{-1}$

图 6-32　GH4169 合金在不同超塑性变形条件下超塑性变形后的高倍 SEM 组织

孔洞定量测定表明，GH4169 合金在拉伸形变为 50%时就可以观察到孔洞。而对铜合金的超塑性研究发现，拉伸形变量达到 100%时就可以发现孔洞，另一些合金往往要拉伸到很大形变量时才显示出孔洞。相比之下，GH4169 合金在超塑性变形过程中，孔洞产生得较早。

6.4.5.2 超塑性变形中相组成的变化分析

利用扫描电镜(SEM)和能谱分析仪对 GH4169 合金超塑成形过程中相组成变化情况进行了分析研究。

图 6-33 显示的是 GH4169 合金在不同条件下超塑性变形后的低倍 SEM 组织，为了便于对比，加上了合金原始态 SEM 组织。由图 6-33a 可知：在原始状态，第二相十分细小且均匀分布；第二相有两类。一类尺寸较大，一类尺寸较小；第二相中，尺寸较小的占绝大多数。图 6-34 为图 6-33a 中基体成分能谱分析结果，图 6-35 为图 6-33a 中大尺寸第二相成分能谱分析结果，图 6-36 为图 6-33a 中小尺寸第二相成分能谱分析结果；表 6-13 给出了图 6-33a 所示合金中基体及第二相的成分能谱分析定量结果。由图 6-35、图 6-36 及表 6-13 可知，合金中绝大部分第二相为 δ 相(Ni_3Nb)，尺寸细小；少部分为(Nb，Ti)C 相，尺寸相对较大。

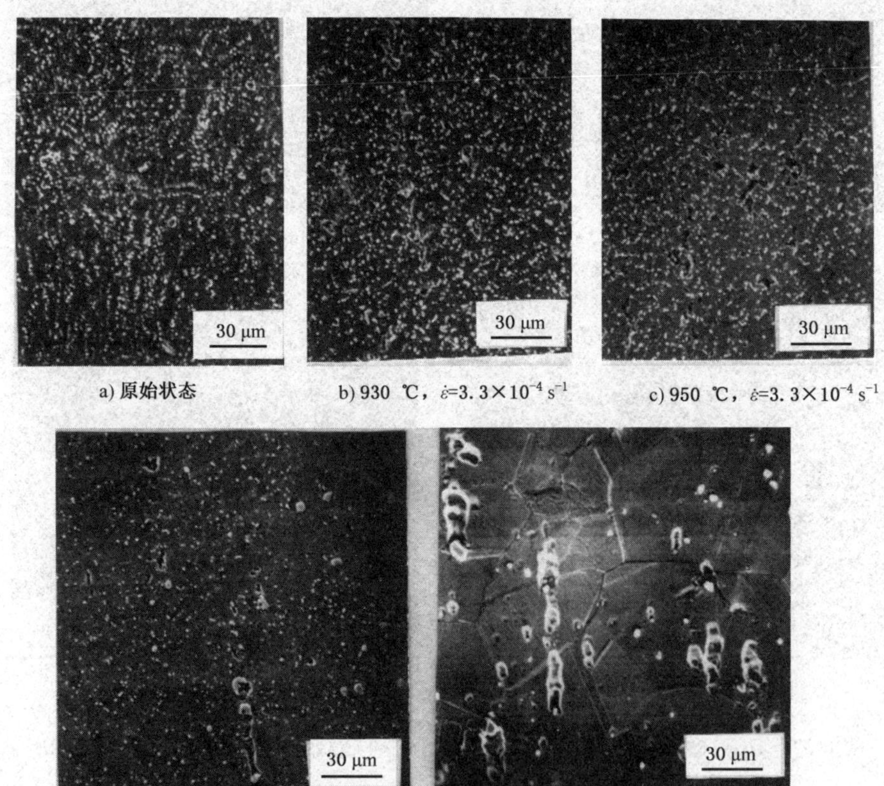

a) 原始状态　b) 930 ℃，$\dot{\varepsilon}=3.3\times10^{-4}\ s^{-1}$　c) 950 ℃，$\dot{\varepsilon}=3.3\times10^{-4}\ s^{-1}$

d) 970 ℃，$\dot{\varepsilon}=3.3\times10^{-4}\ s^{-1}$　f) 1 010 ℃，$\dot{\varepsilon}=3.3\times10^{-4}\ s^{-1}$

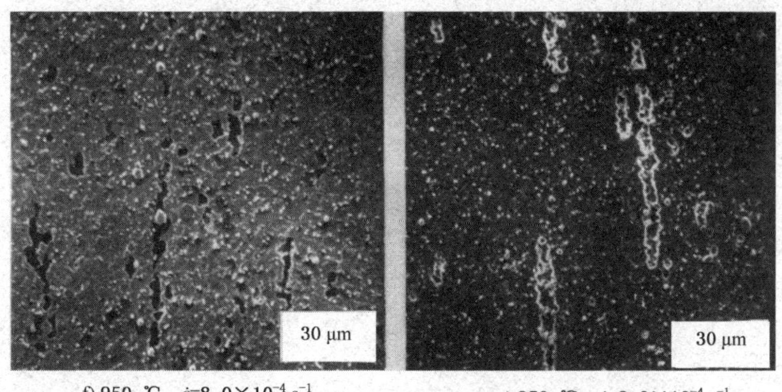

f) 950 ℃，$\dot{\varepsilon}$=8.0×10^{-4} s^{-1}　　g) 950 ℃，$\dot{\varepsilon}$=2.0×10^{-4} s^{-1}

图 6-33　GH4169 合金在不同超塑性变形条件下超塑性变形后的低倍 SEM 组织

由图 6-33b～g 可知，GH4169 合金经过超塑性变形后，晶粒发生了粗化，并产生了孔洞（与本章 4.3 节中的观察结果一致），第二相也发生回溶。

这种晶粒粗化和第二相回溶随变形温度的增加变得十分显著。经过 930 ℃和 950 ℃超塑性变形，第二相回溶已经比较显著（图 6-33b、c）。经过 970 ℃超塑性变形，回溶的第二相已超过 70%（图 6-33d）。在 1 010 ℃进行超塑性拉伸，第二相接近全部回溶（图 6-33e）。同时比较图 6-33c、f 及 g 可知，在相同温度下，改变应变速率对第二相回溶影响不大。

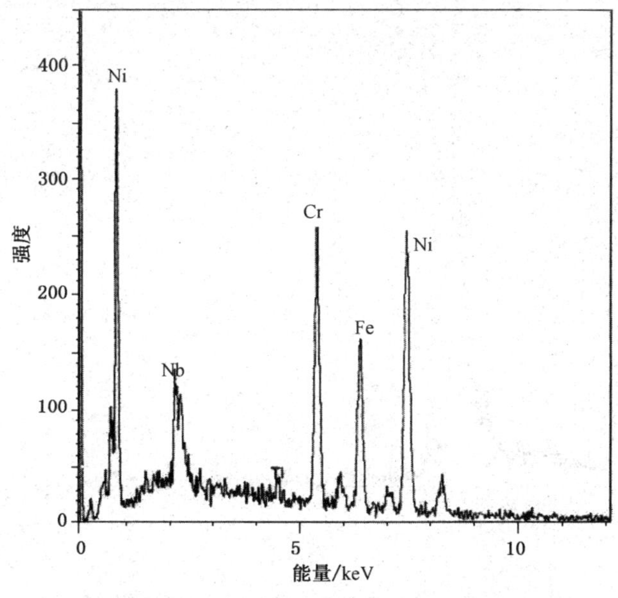

图 6-34　图 6-33 中基体成分能谱分析

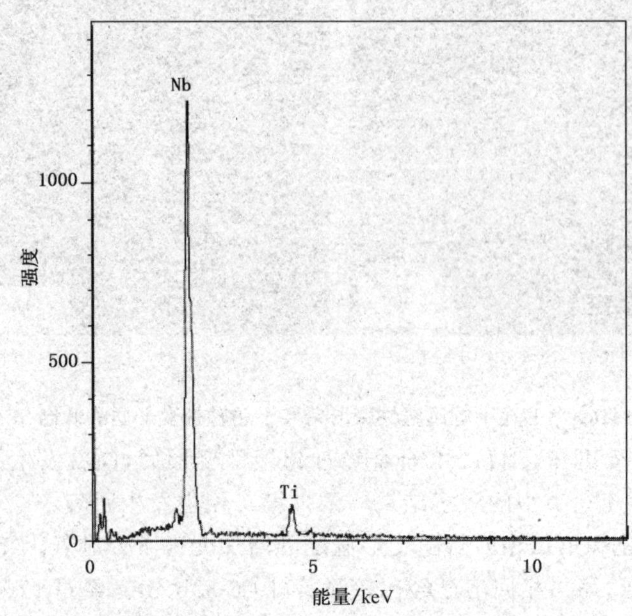

图 6-35　图 6-33 中大尺寸第二相成分能谱分析

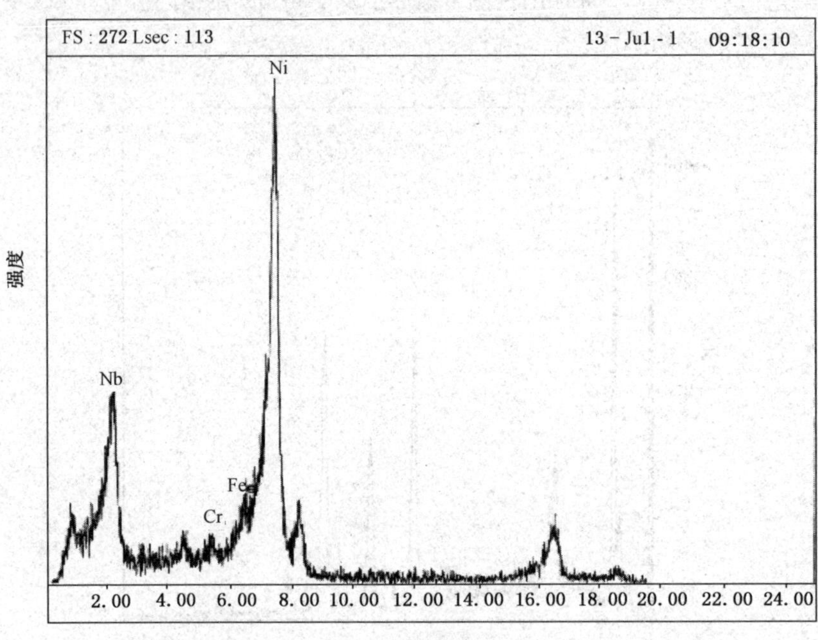

图 6-36　图 6-33 中小尺寸第二相成分能谱分析

表 6-13　能谱分析结果(原子分数)　%

	Nb	Ni	Cr	Ti	Fe	Mo	Al	Si	Co
基体	2.61	54.72	19.44	1.55	18.07	2.18	0.68	0.47	0.27
大尺寸第二相	72.57	4.29	1.35	18.17	1.77	1.34	0.53	—	—
小尺寸第二相	22.5	73.8	1.3	—	2.4	—	—	—	—

表 6-14 给出了合金在不同超塑性变形条件下第二相回溶定量情况，由表可知，合金在原始条件下，第二相含量为 6.93%，经过超塑性变形后，合金的第二相数量发生回溶，数量下降。

表 6-14　合金在不同条件下的第二相情况

编号	应变条件	应变量/%	第二相含量/%
1	原始材料	—	6.93
2	930 ℃，3.3×10^{-4} s^{-1}	471	6.52
3	950 ℃，3.3×10^{-4} s^{-1}	475	4.43
4	970 ℃，3.3×10^{-4} s^{-1}	240	1.63
5	1010 ℃，3.3×10^{-4} s^{-1}	190	0.80
6	950 ℃，8.6×10^{-4} s^{-1}	288	4.02
7	950 ℃，2.0×10^{-3} s^{-1}	275	4.33

由图 6-33b～g 还可知，发生回溶的第二相主要为小尺寸的 δ 相，大尺寸的(Nb,Ti)C 相对比较稳定，未观察到回溶现象。而合金在原始状态，δ 相的相对密度远远高于 NbC 相，所以 δ 相在超塑性拉伸时的回溶使合金组织中的第二相的密度显著降低。

δ 相在超塑性变形过程中发生回溶，这同变形时组织的高度活化状态有关。而 δ 相的回溶又引起晶粒的粗化，从而影响合金的超塑性性能(见第 3 章 3.3.2 节所述)。据原始工艺，合金在超塑性变形前经过 1 050 ℃固溶处理，50%冷轧，890 ℃加热保温 10 h 水淬，再进行 20%～30%的冷轧，最后在 950 ℃加热并保温 3 h，空冷。超细晶处理后合金形成以 δ 相为主要第二相弥散分布的细晶组织。其中 890 ℃加热保温 10 h 造成 δ 相的均匀析出，最终处理为 950 ℃加热保温 3 h。冷轧后的组织经过最终加热保温后达到稳定状态，而在前面 890 ℃加热时形成的 δ 相也会得到稳定化，接近或达到此温度下 δ 相的饱和含量。考虑到合金的最终加热温度为 950 ℃，组织中的 δ 相在 950 ℃或 950 ℃以下似乎应该是稳定的。而在实际研究中发现，δ 相不仅在 970～1 010 ℃发生回溶，即使在 930 ℃和 950 ℃也会发生回溶。由表 6-14 可知，合金在 930 ℃超塑性变形后，δ 相的含量下降 5%。在

950 ℃不同应变速率下应变，合金中的 δ 相含量下降 36%～41%，下降幅度相当惊人。该试验结果和 δ 相析出以及回溶动力学数据表明，超塑性变形起到了促进 δ 相回溶的作用。

6.4.5.3 超塑性变形的机理分析研究

用透射电镜(TEM)对 GH4169 合金在超塑性变形前后的组织进行了系统研究。图 6-37 显示的是合金在超塑性变形前(即原始状态)的透射电镜组织。由图可观察到第二相析出物，与前面光学显微镜(图 6-30a)及扫描电镜(图 6-33a)观察结果相同，这些第二相绝大多数为 δ 相(Ni_3Nb)。同时，可以观察到许多孪晶组织(图 6-37b)，以及晶界、晶内第二相分布形态。此外，还可观察到组织内的位错密度相当低。

合金在温度为 950 ℃、初始应变速率为 $3.3\times10^{-4}s^{-1}$ 的条件下，经 50%形变后的 TEM 组织如图 6-38 所示。对比图 6-38 与图 6-37 可知，合金在上述条件下经 50%形变后，晶内可观察到的位错密度有较明显的增加，位错在第二相附近塞积。合金在上述条件下经 150%形变后 TEM 组织如图 6-39 所示。由图 6-39 和图 6-38 可知，随形变量增加到 150%，位错密度不再有明显增加，同时由图 6-39 可观察到典型的第二相粒子引起的位错发射(图 6-39a)，第二相和晶界造成的位错塞积(图 6-39b)和晶内位错分布情况(图 6-39c、d)。图 6-40 显示的是合金在相同条件下，变形量为 400%的 TEM 组织。由该图看出，进一步增加应变量，组织未见显著变化。总之，合金在上述条件下超塑性变形时，应变量由 50%增加到 400%，位错密度随着合金的应变量增加基本保持不变。

由图 6-40b 还可看出，当合金在上述条件下超塑性变形，变形量达 400%后，晶界出现了较明显的褶皱带。

图 6-41 显示的是合金在温度为 950 ℃、初始应变速率为 $2.0\times10^{-3}s^{-1}$ 的条件下，经 50%形变后的 TEM 组织。对比图 6-41 和图 6-38 可知，提高应变速率会使合金组织内的位错密度显著升高。同时，合金在 950 ℃、$2.0\times10^{-3}s^{-1}$ 条件下形变 50%，会造成位错缠结(图 6-41a)，加剧位错同晶界和第二相的交互作用(图 6-41b，6-41c)，或引起位错发射(图 6-41d)。

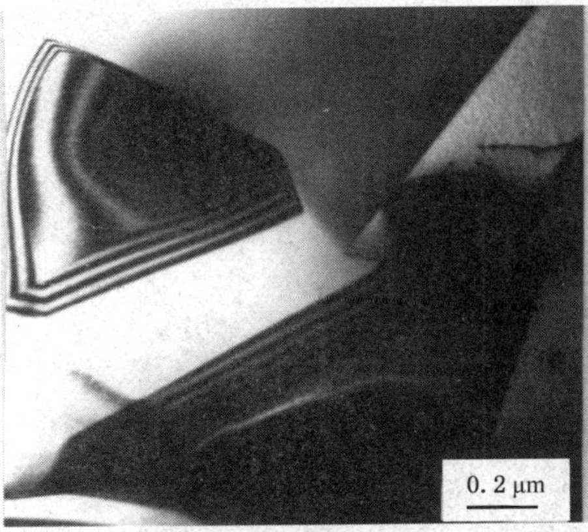

a) 晶粒形态 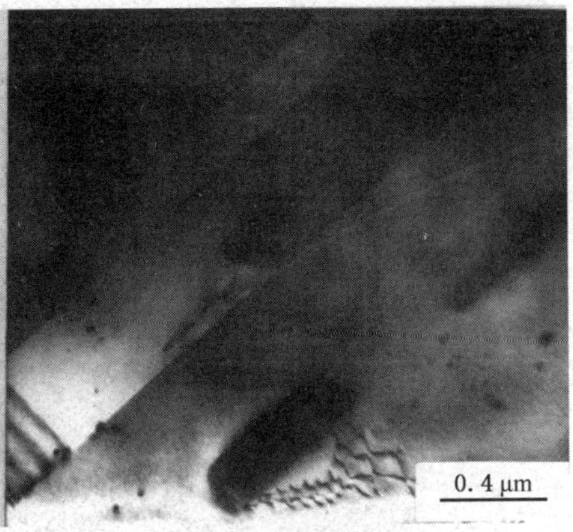　　b) 孪晶形态

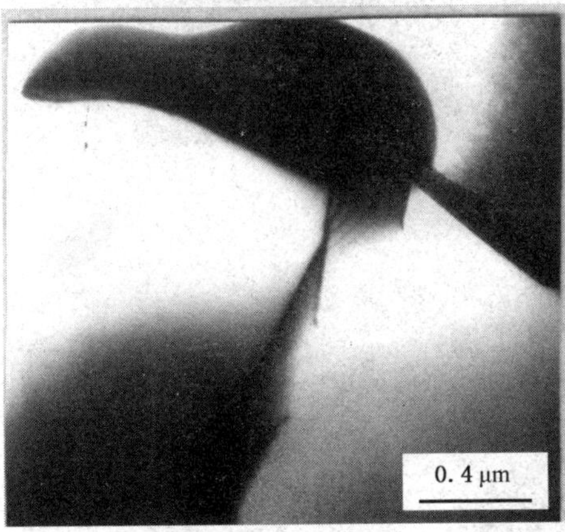

c) 晶界第二相形态 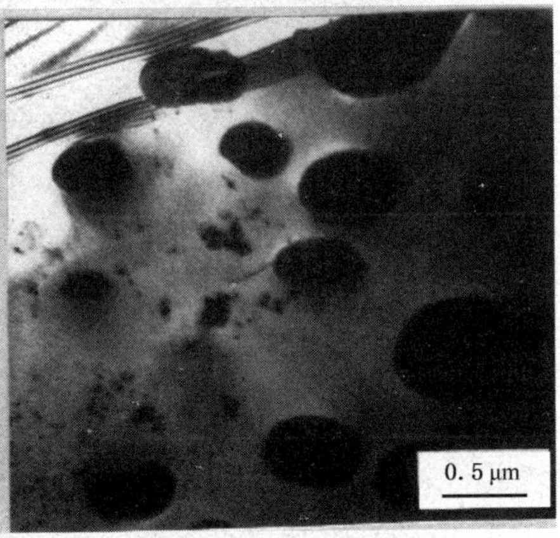　　d) 晶内第二相形态

图 6-37　GH4169 合金在超塑性变形前(即原始状态)的透射电镜组织

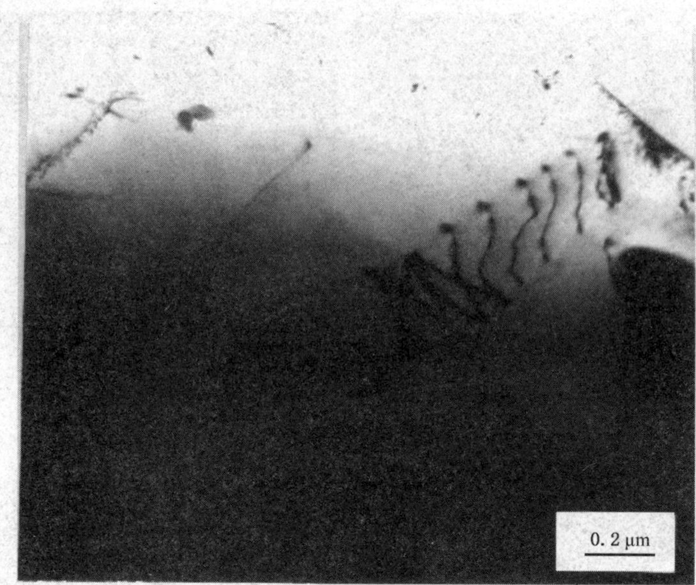

a) 晶内位错形态

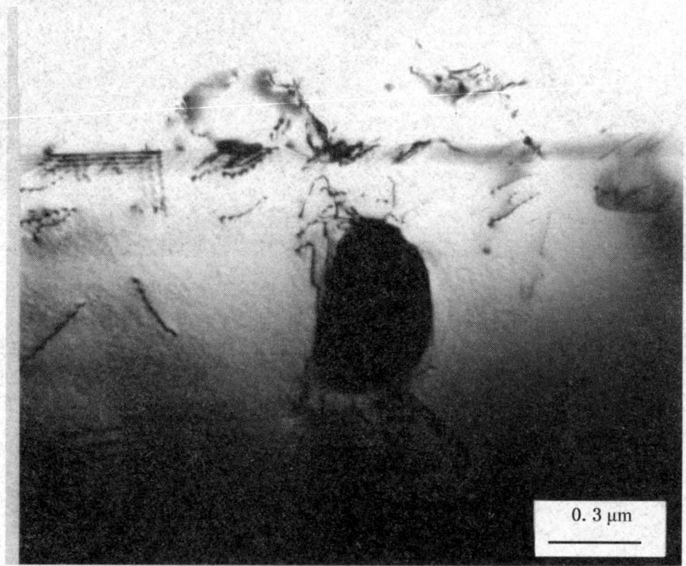

b) 位错同第二相的交互作用

图 6-38　GH4169 合金在 950 ℃、$3.3\times10^{-4}s^{-1}$ 的条件下经 50%超塑性变形后的透射电镜组织

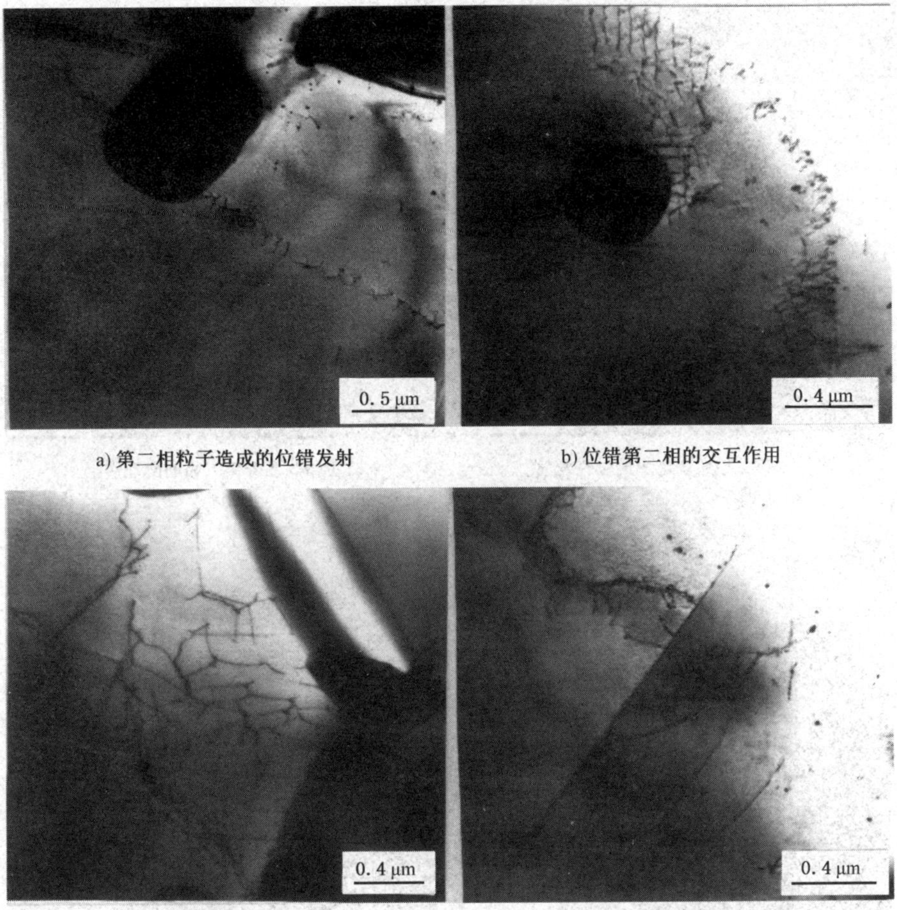

a) 第二相粒子造成的位错发射

b) 位错第二相的交互作用

c) 晶内位错形态

d) 晶内位错形态

图 6-39　GH4169 合金在 950 ℃、$3.3\times10^{-4}s^{-1}$ 的条件下经 150%超塑性变形后的透射电镜组织

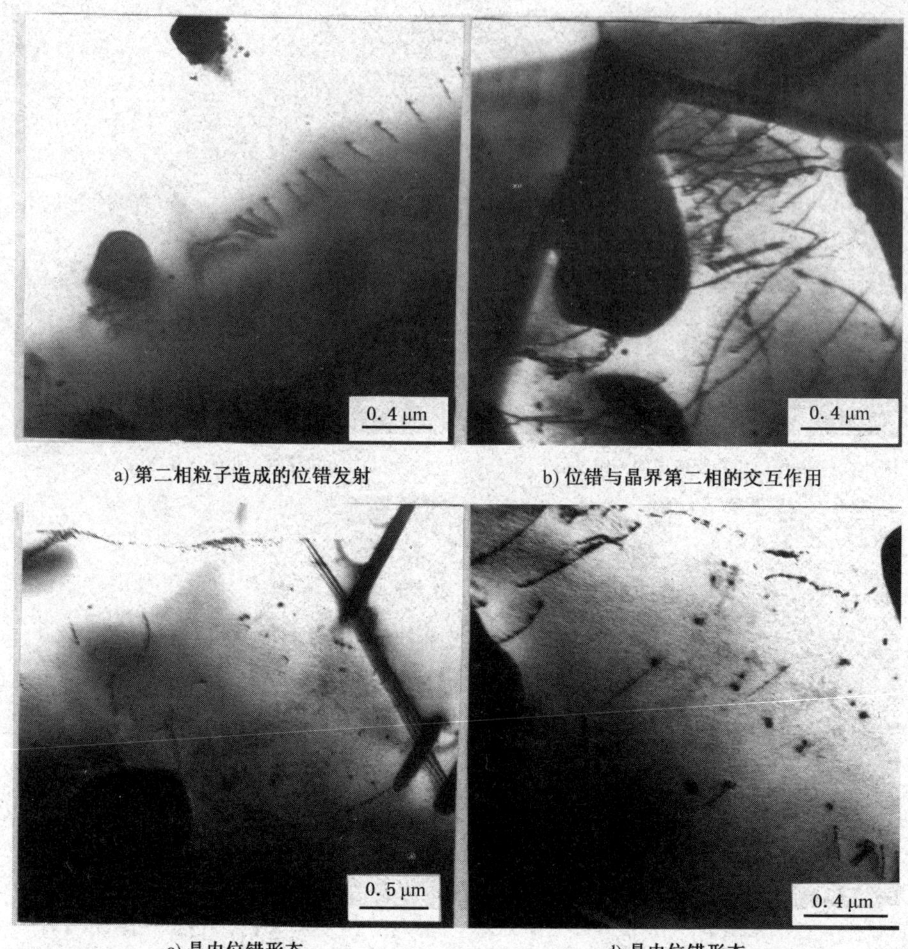

a) 第二相粒子造成的位错发射　　b) 位错与晶界第二相的交互作用

c) 晶内位错形态　　d) 晶内位错形态

图 6-40　GH4169 合金在 950 ℃、$3.3\times10^{-4}s^{-1}$ 的条件下经 400%超塑性变形后的透射电镜组织

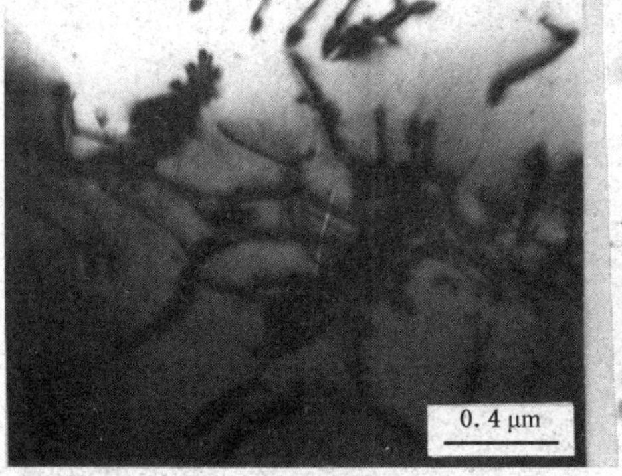

a) 位错缠结

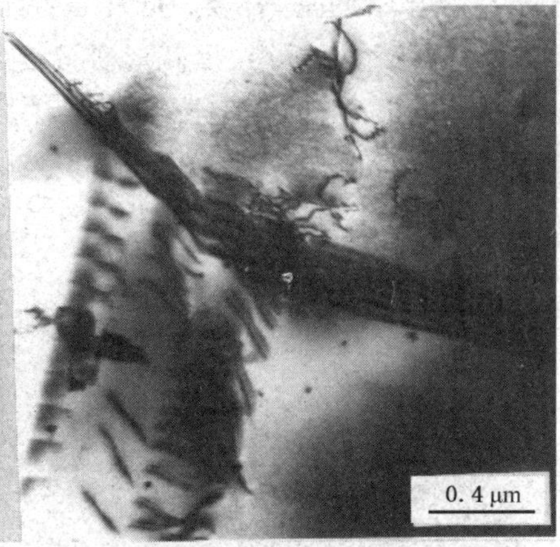

b) 位错同晶界的交互作用

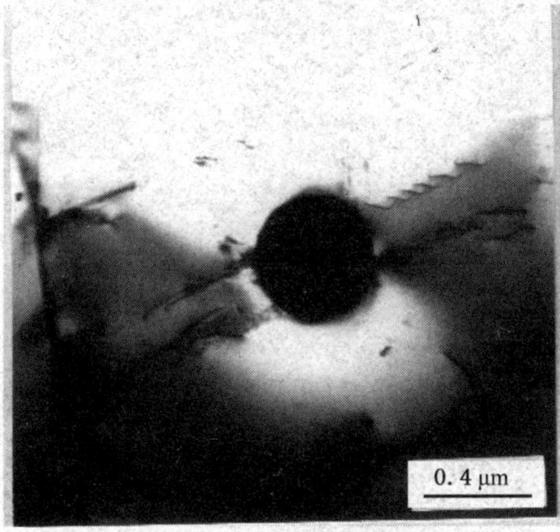

c) 位错与第二相的交互作用

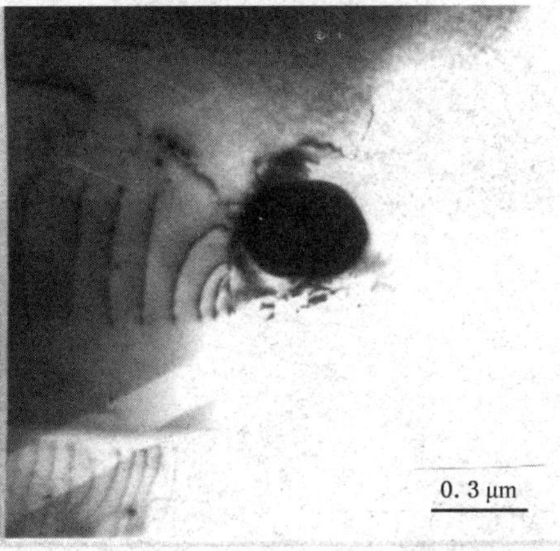

d) 第二相造成的位错发射

图 6-41　GH4169 合金在 950 ℃、$2.0\times10^{-3}s^{-1}$ 的条件下经 50%超塑性变形后的透射电镜组织

图 6-42 显示的是，合金在同样条件下，变形量为 200%后的 TEM 组织。对比图 6-42 和 6-41 可以看出，提高形变量，会使位错密度进一步升高，此时的位错形态（图 6-42a、6-42b）接近一般拉伸形变组织形态，但仍存在具有超塑变形特征的位错发射（图 6-42c）和低位错密度区（图 6-42d）。总之，在高应变速率条件下，位错密度随着合金的应变量增加而有较明显的增高。

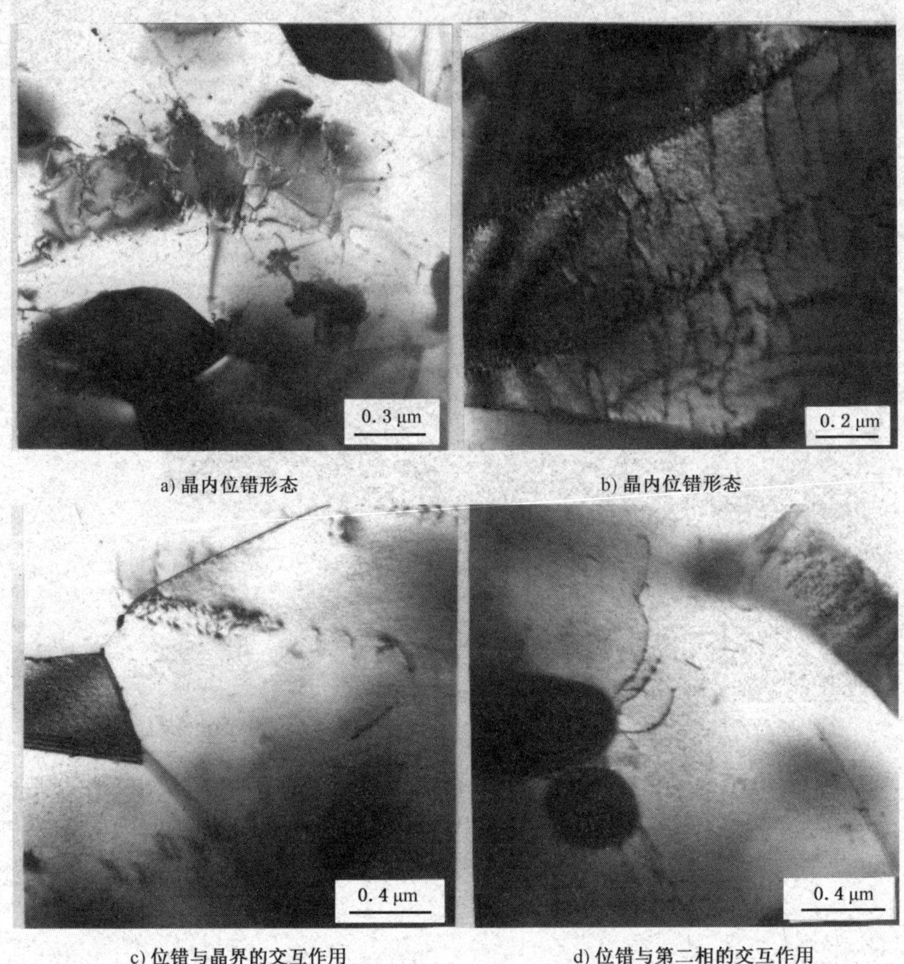

a) 晶内位错形态　b) 晶内位错形态

c) 位错与晶界的交互作用　d) 位错与第二相的交互作用

图 6-42　GH4169 合金在 950 ℃、$2.0\times10^{-3}s^{-1}$ 的条件下经 200%超塑性变形后的透射电镜组织

GH4169 合金在较佳的条件下超塑性变形，出现了晶界褶皱带，虽然褶皱带的形成还没有定论，但是一般认为，褶皱带的出现与晶界的滑移过程有关；合金在各种条件下超塑性变形后，晶粒没有伸长，而仍然保持等轴晶组织（图 6-30、图 6-31、图 6-32、图 6-33）；合金在最佳条件下进行超塑性变形，组织内的位错密度并不高，在 50%应变量已经接近饱和状态,再提高应变量,组织内的位错密度未见增高。所有这些表明,GH4169 合金在超塑性变形过程中主要的变形方式是晶界滑移,而位错运动只会起到协调作用。随着超塑性变形量增加,新产生的位错通过攀移和异号相消而消失。继续进行超塑性变形,不会使位错密度再有明显升高。而孔洞的产生和扩展也会成为位错消失的陷阱,使得超塑性变形平稳进行。当应变速率提高时,仅仅靠晶界滑移就不能够满足应变量,位错的产生和协调作用加剧,组织内的位错密度升高,对超塑性性能不利(见第 3 章 3.3.3 节所述)。

6.4.6 细晶合金拉伸曲线分析

6.4.6.1 室温拉伸曲线分析

拉伸曲线一般会呈现两种曲线类型:一种是具有明显的屈服平台的曲线,通常规定的屈服强度指标为下屈服点;一种是具有连续屈服特征的曲线,没有或呈现不明显的屈服平台。

通过查阅相关文献可知合金晶粒尺寸细小普遍具有屈服平台效应,如鲍成人等研究发现热镀锌双相钢 DP780 当晶粒尺寸在 3.88 μm、马氏体体积分数为 8%时其拉伸曲线会出现屈服平台;赵明春等在研究双峰双相细晶钢的屈服强度与晶粒尺寸间关系时发现该钢在晶粒尺寸小于 6.4 μm 时均会出现屈服平台;熊自柳等认为不稳定的奥氏体颗粒产生的应力松弛和 TRIP 钢组织内部柯氏气团的钉扎作用,造成了 TRIP 钢拉伸时屈服平台的产生。由此可以推断细晶 GH4169 合金常温拉伸时具备屈服平台效应,进行如下试验。

本章将 900 ℃δ 相析出后的细晶 GH4169 合金与原始 GH4169 合金进行常温拉伸试验,应变速率为 $1.67\times10^{-3}s^{-1}$。图 6-43 与图 6-44 分别为细晶 GH4169 合金和原始 GH4169 合金的常温拉伸对比曲线,图 6-43 中曲线 1 是未经任何热处理的细晶板材拉伸曲线,其屈服平台尤为明显,可以明显得出 900 ℃热处理时间越长,δ 相含量越高,细晶 GH4169 合金拉伸曲线的区服平台越小。原始 GH4169 合金试样常温拉伸曲线均表现出连续屈服现象,并没有屈服平台产生。

综上所述,具有超塑性组织条件的细晶 GH4169 合金在室温拉伸时表现为屈服平台现象。

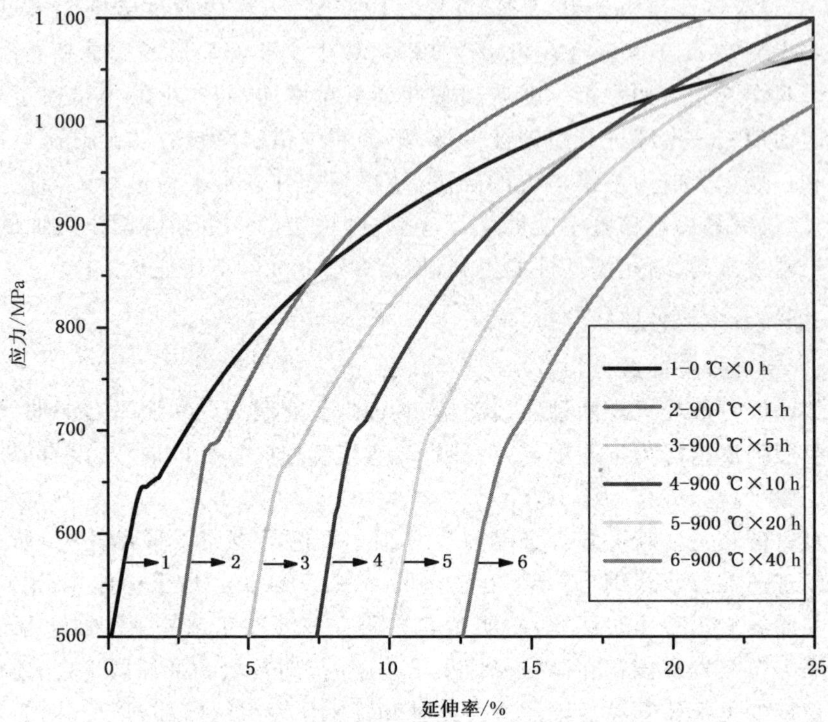

图 6-43　细晶 GH4169 合金常温拉伸曲线

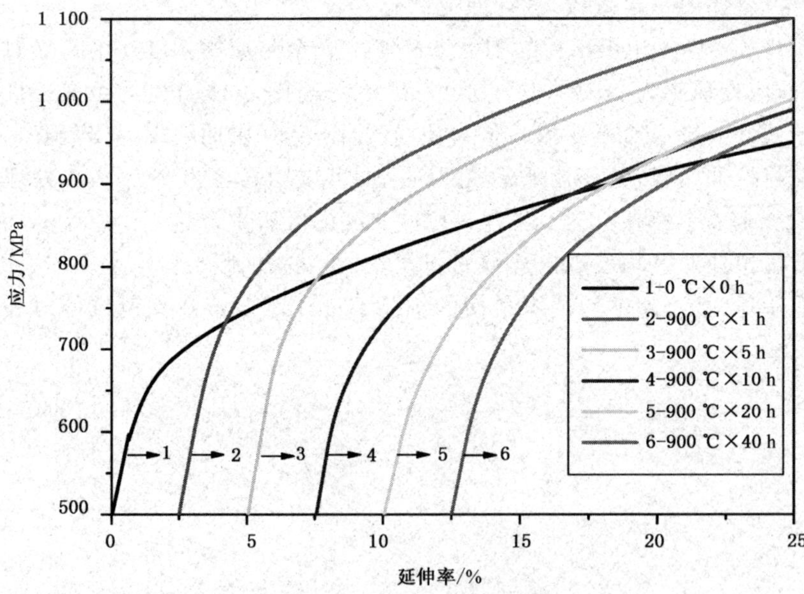

图 6-44　原始 GH4169 合金常温拉伸曲线

为了研究细晶合金室温拉伸过程中是否都具备屈服平台效应，将 GH4169 合金原始合金试样和细晶合金试样在 620 ℃、740 ℃、1 000 ℃进行热处理并进行室温拉伸试验。图 6-45 和图 6-46 分别表示细晶 GH4169 合金与原始 GH4169 合金 γ 相、γ′相、γ″相拉伸曲线比较，7 号试样主要含有 γ 相、γ′相，8 号试样主要含有 γ 相、γ″相，9 号试样则主要包含 γ 相，上述试样拉伸曲线均表现为连续屈服，无屈服平台出现，将上述室温拉伸曲线比较结果汇总得到表 6-15。

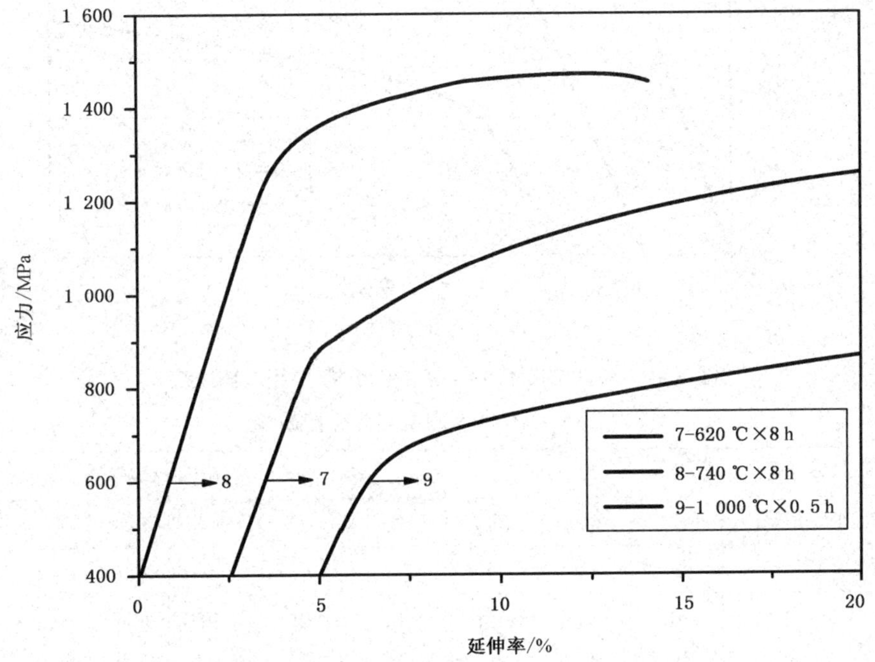

图 6-45　细晶 GH4169 合金 γ 相、γ′相、γ″相拉伸效应

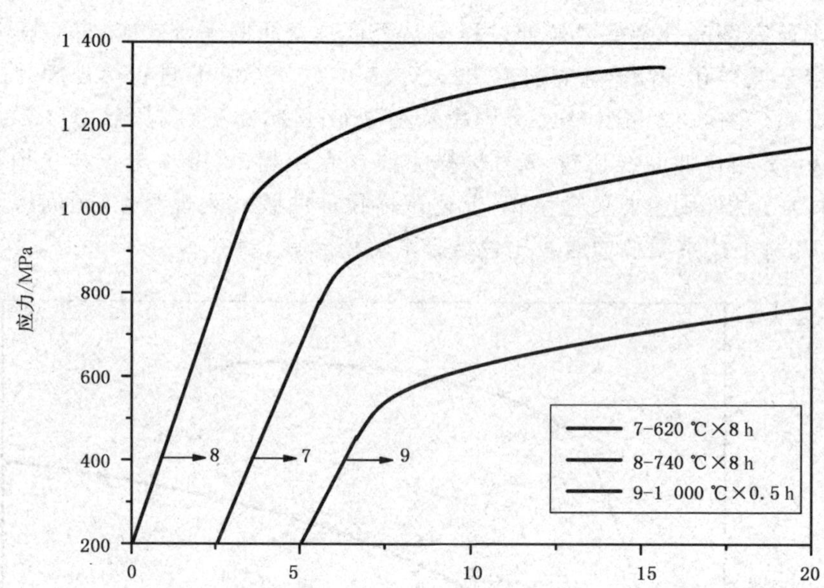

图 6-46　原始 GH4169 合金γ相、γ′相、γ″相拉伸效应

表 6-15　GH4169 合金室温拉伸曲线

拉伸曲线编号		1	2	3	4	5	6	7	8	9
热处理温度/℃		0	900	900	900	900	900	620	740	1 000
保温时间/h		0	1	5	10	20	40	8	8	0.5
所含主要相	原始板材	γ相、δ-Ni_3Nb	γ相、δ-Ni_3Nb	γ相、δ-Ni_3Nb	γ相、δ-Ni_3Nb	γ相、δ-Ni_3Nb	γ相、δ-Ni_3Nb	γ相、γ′相	γ相、γ″相	γ相
	细晶板材	γ相、δ-$NbNi_4$	γ相、δ-$NbNi_4$	γ相、δ-$NbNi_4$	γ相、δ-$NbNi_4$	γ相、δ-$NbNi_4$	γ相、δ-$NbNi_4$	γ相、γ′相	γ相、γ″相	γ相
屈服平台	原始板材	否	否	否	否	否	否	否	否	否
	细晶板材	是	是	是	是	是	是	否	否	否

由细晶板材 XRD 图谱可以确认合金中有δ相-Ni_3Nb 和δ相-$NbNi_4$ 残留。将 900 ℃δ相析出的细晶板材试样与原始板材试样对比分析：细晶合金试样为等轴状晶粒，尺寸在 4～5 μm 之间，弥散有δ相；原始合金试样虽然含有δ相但晶粒大小不一，在 20～100 μm 之间。

由图 6-47 可知虽然含有γ″相和γ′相的细晶 GH4169 合金试样晶粒细小，但γ″相和γ′相作为 GH4169 合金的强化相，与基体γ相相比具有较高的强度和硬度，所以细晶合金 7、8 号拉伸曲线表现出屈服平台效应，而 9 号合金试样主要是γ相，没

有第二相存在，也并未表现出屈服平台效应。δ 相的强度与硬度均与基体 γ 相相似，符合超塑性第二相组织条件，即含有 δ 相的细晶合金拉伸曲线具有屈服平台。

6.4.6.2　高温拉伸曲线分析

为研究 GH4169 细晶合金屈服平台与超塑性的关系，本节将不同相组成的细晶合金与不同 δ 相体积分数的细晶合金进行高温拉伸试验，温度为 950 ℃，应变速率为 $1.6\times10^{-4}\,s^{-1}$，拉伸曲线分别如图 6-47 和图 6-48 所示。

在图 6-47 中细晶 GH4169 合金板材经不同温度处理后，基体中含有 δ 相的细晶 GH4169 板材才具备超塑性，含有 γ″相和 γ′相的细晶 GH4169 均不具备超塑性，这是由于 γ″相和 γ′相的强度和硬度太大不具备第二相粒子效应。在图 6-48 中当 δ 相体积分数低于 10.94％时，细晶合金均具有超塑性并且随着 δ 相含量的增加超塑性降低，当 δ 相体积分数高于 11.86％时含量过高的 δ 相作为裂纹萌生和发展的通道致使细晶合金塑性急剧下降。

表 6-16 为细晶 GH4169 合金常温与高温拉伸性能比较，结合图 6-43 与图 6-48 对比分析常温与高温拉伸时，不同 δ 相体积分数对细晶 GH4169 高温合金屈服平台长度及塑性的影响。高温合金的延伸率与屈服平台长度均随着 δ 相含量的增加而减少，屈服平台越长 GH4169 合金的超塑性越好，由此可见具有适量 δ 相的细晶合金在高温塑性变形时屈服平台扩展延伸使其具有超塑性，最大流变应力差为 42.7 MPa，当 δ 相体积分数低于 10.94％时细晶合金均表现出超塑性且具备稳态流变的特点。

表 6-16　细晶 GH4169 合金拉伸性能比较

曲线编号	δ 相体积分数/％	常温拉伸延伸率/％	屈服平台长度％	高温拉伸延伸率/％
1	1.92	39.2	0.82	534
2	4.63	36.7	0.69	462
3	7.56	33.5	0.53	420
4	10.94	30.7	0.48	295
5	11.86	26.8	0.21	89
6	12.56	24.4	0.16	68

综上所述具备适量 δ 相的 GH4169 细晶合金在常温拉伸时具有屈服平台效应，在高温拉伸时屈服平台将会扩展延伸从而表现为超塑性。

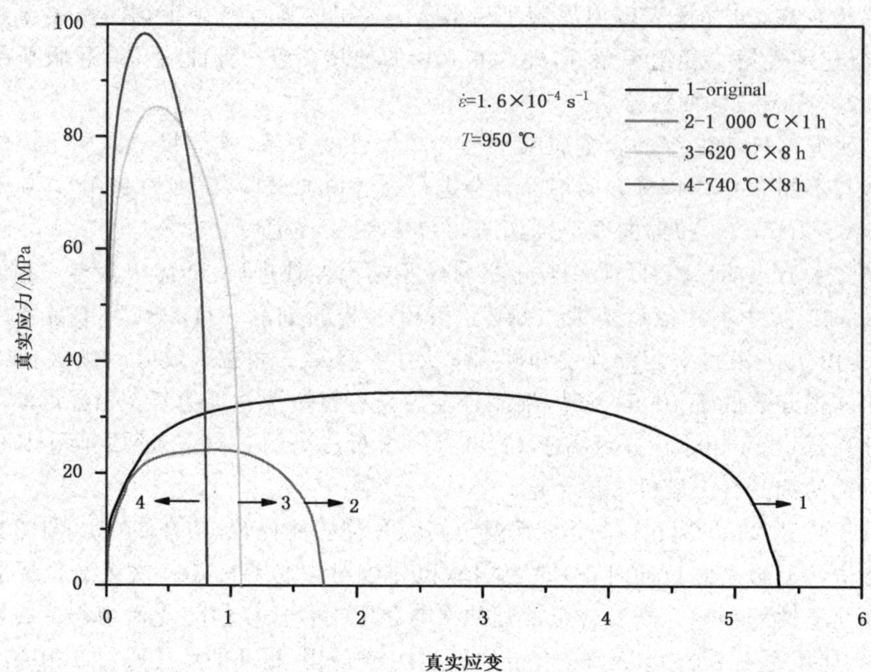

图 6-47 不同相组成的 GH4169 细晶合金高温拉伸曲线

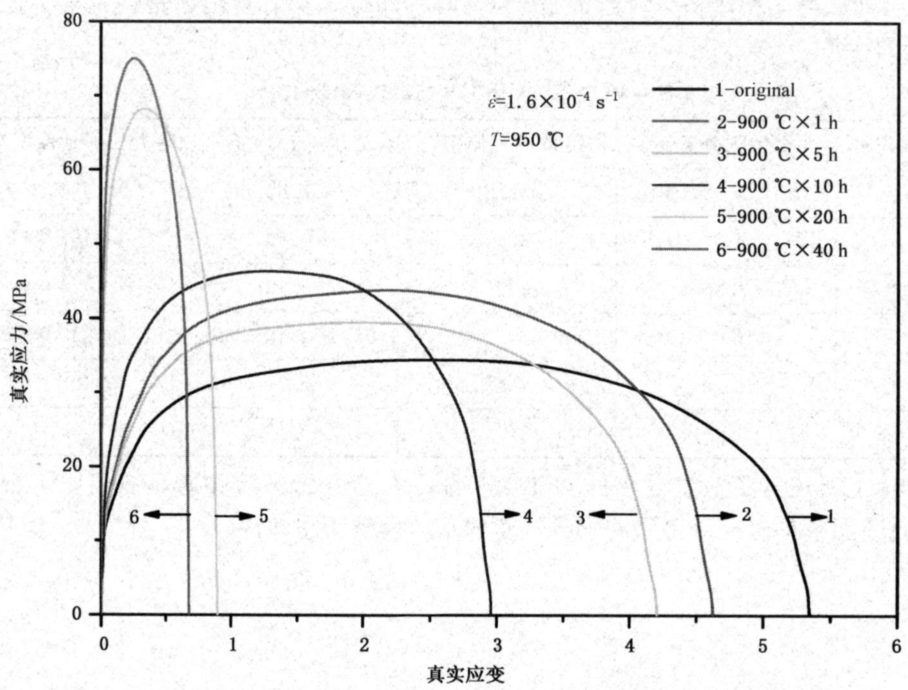

图 6-48 不同 δ 相体积分数的 GH4169 细晶合金高温拉伸曲线

6.5　集合器超塑性成形工艺研究

集合器是航空航天运载设备动力燃烧室的重要部件，它的工作条件苛刻，工作温度高达 600～700 ℃，所处应力环境复杂，对材料性能和结构要求很高。

高温合金(GH4169/Inconel 718)是制造集合器的理想材料，但是集合器呈鼓形，且有两个连接管路的突起部分，采用普通的制造工艺较为复杂。本节引入超塑性成形技术来制造高温合金集合器，为传统工艺的改进另辟蹊径。由于航天器零件的特殊工作环境，要求轻量化和高强度。而采用超塑性成形工艺制造高温合金集合器最大的问题就是厚度分布控制。本节研究超塑性成形高温合金集合器的方案工艺并确定成形工艺参数。这是国内首次进行高温合金板材超塑性成形的研究。

由于 SPF 工艺的迅速发展及实际成果经验的积累，国际上把 SPF 的应用领域扩大到了高温合金。而于此之中，对 GH4169 超塑成形工艺的研究就成为首要的问题。GH4169 SPF 工艺的实际意义是不言而喻的，它不仅能大幅度提高生产效率，生产出结构复杂的零件，同时又可观地减少产品重量。这一点对宇航工业具有重大意义。

6.5.1　试验材料

试验用料：按 1 050 ℃×0.5 h+50%冷轧变形+890 ℃×10 h+30%冷轧变形+950 ℃×3 h 的工艺所获超细晶 GH4169 合金板材，厚度 2.0 mm，板材晶粒度为 ASTM 13～14 级。

6.5.2　制造方案确定

集合器零件图如图 6-49 所示，本方案利用材料的超塑成形新技术对材料 GH4169 进行成形处理。该方案先将坯料焊成密封件，置于模具中。将坯料及模具加热到材料超塑性变形温度范围，利用 5 000 kN 超塑成形压力机加压，压紧模具，然后对密封坯料进行内冲氩气加高压胀形。模具中坯料在内高压的作用下，向模具周边变形移动并最终使坯料变形贴紧模腔，完成预想变形。制造工艺流程：坯料制造—切割—气管—上盖—装配焊接—涂防氧化剂—装模—装机—加热—压堆料—充气—冷却—卸模—取件。其主制造要流程示意说明如表 6-17 所示。

本集合器超塑性成形工艺所使用的关键设备是 5 000 kN 超塑性成形压力机，该压力机主要是由 5 000 kN 液压机和 150 kW 电阻丝加热炉及其控制系统组成。

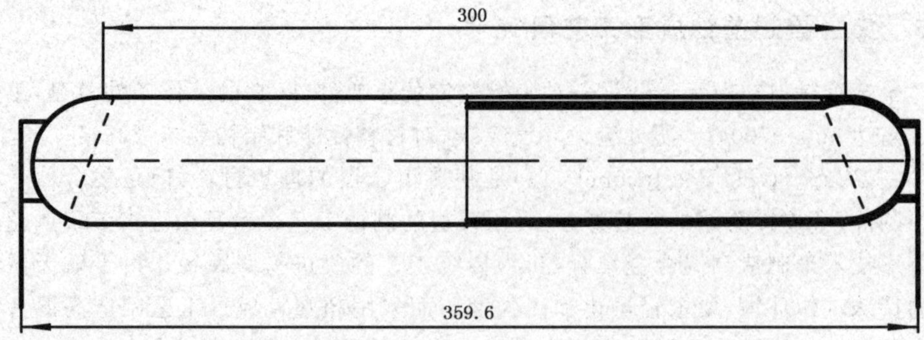

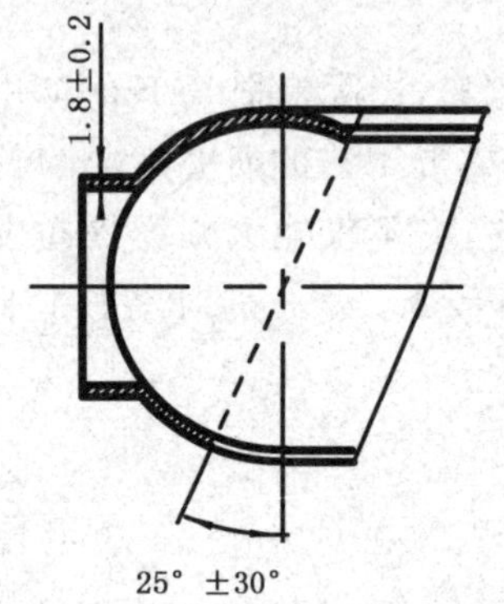

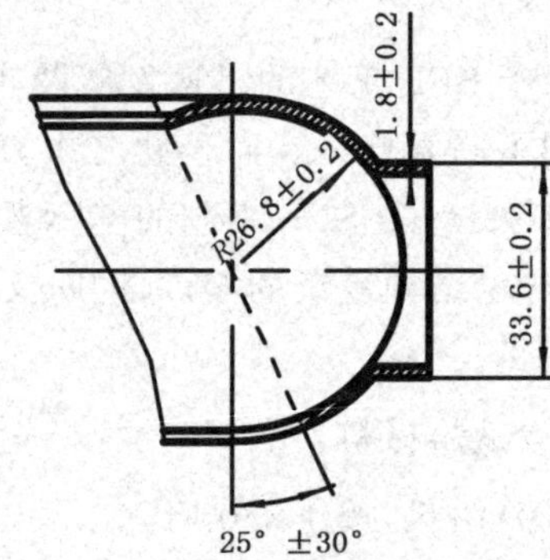

单位：mm

图 6-49　集合器零件图

表 6-17　主要流程示意

	图示	操作说明
1. 高温合金筒形坯料		根据试验设计的方案，首先使用压力机拉深的筒形 ϕ317 mm×83 mm×2 mm 的预成形件
2. 坯料的再加工		对预成形件进行车制，为 ϕ317 mm×76 mm×2 mm。为了保证焊接质量，件内倒角 1×45°，以增加焊缝接触面积，提高焊缝强度
3. 上盖板的加工		使用不锈钢 1Cr21Ni5TI 材料切割圆形板料，板料倒角 1×45°，钻通气管中心孔 ϕ9 mm

续表

	图示	操作说明
4. 试验件的焊接装配	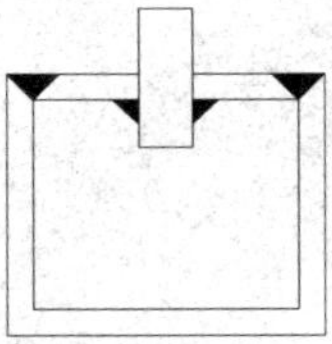	将不锈钢气管/上盖板，上盖板/筒料之间按如图顺序用氩弧焊（不锈钢焊丝）焊好
5. 试验件的装模	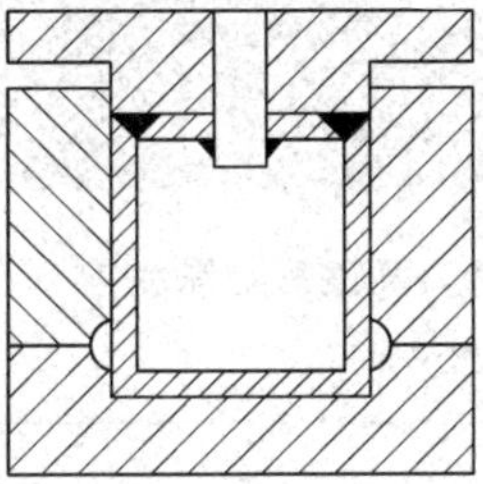	(1) 将气管穿入上模具中心孔，焊好气管与高压气瓶的接口 (2) 将试验件涂上高温抗氧化剂 (3) 将中模/下模/对正/合模 (4) 吊起上模，把筒件装入模腔，并使上模与中模部分合模(如图) (5) 将气管弯入槽内
6. 模具吊装进机		(1) 注意将模具中心对准压力机压力中心 (2) 加好垫块 (3) 插好电偶 (4) 关炉
7. 开始加热/加压	记录温度值/加压值为分析试验结果作准备	(1) 记录炉腔/模具温度 (2) 炉腔温度升至 400 ℃ 时，开始通入冷却循环水 (3) 炉腔温度升值 960 ℃ 时，调整电炉加热功率，使炉保温至模具温度为 950 ℃，此后再保温 1/2 h 后开始下压，合模后充气胀形。5 MPa 下保压 60 min
8. 翻边		根据计算，在鼓形处开出椭圆孔，然后进行热翻边
9. 机加工		车削内孔，达到设计尺寸

6.5.3　成形结果

经如上所叙述的试验方案和试验过程，试验最后所得件如图 6-50 所示。试验结果分析如表 6-18 所示。

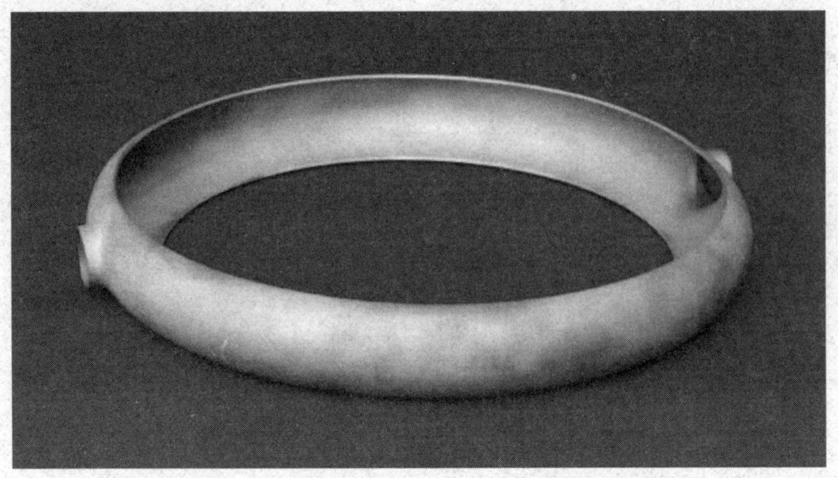

图 6-50　GH4169 高温合金火箭集合器制品

表 6-18　试验结果分析

	1Cr21Ni5Ti 件	GH4169 件	分析
1. 成形结果总体评价	件充满周边及两个外凸起成形良好	件周边成形良好，但未出现外凸起	设计的试验方案是正确的，完成预想目标，突起部分充满情况不同是由于两种材料性能差别较大
2. 变形抗力(930 ℃)	σ_s=1.2 MPa 试验中加压 4 MPa	σ_s=8.5 MPa 试验中加压最大 5 MPa	由于 σ_s 的较大差别，而试验中却加以相近的气压，尽量延长保压时间
3. 加热/加压	加热至 950 ℃，保温 1/2 h 后加压，成形良好	加热至 950 ℃，保温 1 h 后加压，未出现突起	据试验升至 1 000 ℃时塑性改善不明显，设备有限制在 950 ℃的基础上，再延长保温至 2 h

参 考 文 献

[1] 刘永长,张宏军,郭倩颖,等. Inconel 718 变形高温合金热加工组织演变与发展趋势[J]. 金属学报,2018,54(11):1653-1664.

[2] 刘永长,郭倩颖,李冲,等. Inconel 718 高温合金中析出相演变研究进展[J]. 金属学报,2016,52(10):1259-1266.

[3] 吕宏军. GH4169 高温合金板材超细晶处理及超塑成形研究[D]. 哈尔滨:哈尔滨工业大学,2005.

[4] 马春晖. GH4169 高温合金高压扭转超细晶工艺及有限元模拟[D]. 秦皇岛:燕山大学, 2016.

[5] 骆俊廷,刘永康,张春祥,等. 一种超细晶 GH4169 高温合金板材的制备方法:201410410373.6[P]. 2016-05-04.

[6] 骆俊廷. 一种电场辅助高压扭转装置及高压扭转方法:201710251146.7[P]. 2017-07-07.

[7] 刘永康. GH4169 高温合金热锻-冷轧细晶工艺及性能研究[D]. 秦皇岛:燕山大学, 2016.

[8] 吴桂芳. GH4169 高温合金热加工微观组织仿真预测研究[D]. 秦皇岛:燕山大学, 2014.

[9] 王泗瑞. GH4169 高温合金多向锻造工艺微观组织演变模拟研究[D]. 秦皇岛:燕山大学, 2019.

[10] 靳永波. GH4169 合金多向锻造组织演变仿真及神经网络预测研究[D]. 秦皇岛:燕山大学, 2022.

[11] LUO Junting,CHU Ruihua,YU Wenlu, et al. Fine-grained processing and electron backscatter ddiffraction (EBSD) analysis of cold-rolled Inconel 617 [J]. Journal of Alloys and Compounds,2019,799:302-313.

[12] LUO Junting, YU Wenlu, XI Chenyang, et al. Preparation of ultrafine-grained GH4169 superalloy by high-pressure torsion and analysis of grain refinement mechanism[J]. Journal of Alloys and Compounds,2019,777:157-164.

[13] 骆俊廷,陈艺敏,尹宗美,等. TA15 钛合金热变形应力应变曲线及本构模型[J]. 稀有金属材料与工程,2017,46(2):399-405.

[14] 尹宗美,骆俊廷,郝增亮,等.坯料形状对 GH4169 合金镦粗锻件组织均匀性的影响[J].塑性工程学报,2014,21(4):123-127.

[15] LIU Yongkang, YIN Zongmei, LUO Junting, et al. The constitutive relationship and processing map of hot deformation in A100 steel[J]. High Temperature Materials & Processes,2016,35(4):399-405.

[16] JIN Yongbo, XUE Hao, YANG Zheyi, et al. Constitutive equation of GH4169 superalloy and microstructure evolution simulation of double-open multi-directional forging[J]. Metals, 2019,9(11):1146.

[17] JIN Yongbo, XI Chenyang, XUE Peng, et al. Constitutive model and microstructure evolution finite element simulation of multidirectional forging for GH4169 superalloy[J]. Metals, 2020,10(12):1695.

[18] XUE Hao, ZHAO Jingqi, LIU Yongkang, et al. δ-phase precipitation regularity of cold-rolled fine-grained GH4169 alloy plate and its effect on mechanical properties[J]. Trans. Nonferrous Met. Soc. China, 2020,30(12):3287-3295.

[19] JIN Yongbo, ZHAO Jingqi, ZHANG Chunxiang, et al. Research on neural network prediction of multi-directional forging microstructure evolution of GH4169 superalloy[J]. Journal of Materials Engineering and Performance, 2021,30:2708-2719.